大学物理实验

鄢仁文　编著

同濟大學出版社
TONGJI UNIVERSITY PRESS
·上海·

内 容 提 要

本书是以教育部高等学校物理学与天文学教学指导委员会物理基础课程教学指导分委会制定的《理工科类大学物理实验课程教学基本要求》为依据编写的，全书共7章，内容包括物理实验课程介绍及实验要点、实验测量与数据处理、力学与热学实验、电磁学实验、光学实验、近代物理实验、设计性实验。

本书适合普通高等院校非物理类专业学生学习使用，也可作为教师或相关人员的参考用书。

图书在版编目(CIP)数据

大学物理实验 / 鄢仁文编著. -- 上海：同济大学出版社，2012.12(2023.1 重印)

ISBN 978-7-5608-5032-0

Ⅰ.①大… Ⅱ.①鄢… Ⅲ.①物理学—实验—高等学校—教材 Ⅳ.①O4-33

中国版本图书馆 CIP 数据核字(2012)第 286943 号

大学物理实验

鄢仁文　编著

责任编辑　李小敏　　**责任校对**　张德胜　　**封面设计**　潘向蓁

出版发行　同济大学出版社　　www.tongjipress.com.cn
(地址：上海市四平路 1239 号　邮编：200092　电话：021-65985622)

经　　销　全国各地新华书店

印　　刷　常熟市华顺印刷有限公司

开　　本　787 mm×1 092 mm　1/16

印　　张　16.5

字　　数　411 000

版　　次　2012 年 12 月第 1 版

印　　次　2023 年 1 月第 6 次印刷

书　　号　ISBN 978-7-5608-5032-0

定　　价　36.00 元

前　言

本书是以教育部高等学校物理学与天文学教学指导委员会物理基础课程教学指导分委会制定的《理工科类大学物理实验课程教学基本要求(2010 年版)》为依据,并参考和吸收各高校物理实验教学的成果和经验,结合我校物理实验室仪器设备的实际情况,在我校多年使用并不断修正的《大学物理实验讲义》的基础上编写而成。

全书共收有 38 个实验。第 1 章和第 2 章主要介绍物理实验课程特点、地位和作用,物理实验的基本程序和要求,实验测量中的不确定度评定以及数据处理方法。第 3 章至第 7 章的实验项目分别从我校普通物理实验和近代物理实验中选编了一些经典实验以供非物理专业的学生使用。

本书的编写由鄢仁文(第 1, 2, 5, 6, 7 章的部分),苏启录(第 3 章的部分,第 4 章,第 7 章的部分),许鸿鹤(第 3 章的部分)等完成,全书由鄢仁文组织统稿。另外,在本书的编写过程中,陈曦曜、林丹阳、沈耀国、郑辉、王建彬、林珠妹、余华梁等几位老师也提供了不少的修改意见和建议。

实验教学是一项集体的事业,本书的编写是闽江学院全体实验教师和实验技术人员长期以来辛勤耕耘、努力工作、不断改革创新的结果,是集体智慧的结晶。本书的出版还得到了物理系主任李玉良教授和学校有关部门的大力支持,在此向帮助编写和支持出版的老师表示衷心的感谢!

编　者

2012 年 9 月

目　　录

第 1 章　物理实验课程介绍及实验要点

物理学本质上是一门实验科学. 物理实验是科学实验的先驱，体现了大多数科学实验的共性，在实验思想、实验方法及实验手段等方面是各学科科学实验的基础.

1. 物理实验课程的地位、作用和任务

物理实验课是高等理工科院校对学生进行科学实验基本训练的必修基础课程，是本科生接受系统实验方法和实验技能训练的开端.

物理实验课覆盖面广，具有丰富的实验思想、方法、手段，同时能提供综合性很强的基本实验技能训练，是培养学生科学实验能力、提高科学素质的重要基础. 它在培养学生严谨的治学态度、活跃的创新意识、理论联系实际和适应科技发展的综合应用能力等方面具有其他实践类课程不可替代的作用.

本课程的具体任务是：

(1) 培养学生的基本科学实验技能，提高学生的科学实验基本素质，使学生初步掌握实验科学的思想和方法. 培养学生的科学思维和创新意识，使学生掌握实验研究的基本方法，提高学生的分析能力和创新能力.

(2) 提高学生的科学素养，培养学生理论联系实际和实事求是的科学作风，认真严谨的科学态度，积极主动的探索精神，遵守纪律，团结协作，爱护公共财产的优良品德.

2. 教学目的与基本要求

1) 教学目的

本课程是各高校理工科专业开设的一门公共基础必修课. 主要目的是使学生在物理实验的基本知识、基本方法和基本技能等方面受到较系统的训练，理论联系实际，培养学生初步的实验能力、良好的实验习惯以及严谨求实的科学作风，提高学生科学实验的素质、创新精神，使学生较早地参加科研活动，为今后用物理方法解决本学科的问题打好基础. 它与大学物理理论课既紧密联系，又相互独立.

2) 基本要求

学生在本课程中，通过一定数量的力、热、电、光等实验，应达到如下基本要求：

(1) 养成良好的实验习惯和严谨的科学作风.

(2) 掌握常用基本物理实验仪器的原理和性能，学会正确调节、使用和读数；懂得物理实验的安全防护知识.

(3) 掌握一些物理量的常用测量方法，如比较法、替代法、放大法等.

(4) 掌握实验数据的一些基本处理方法，如列表法、作图法、逐差法等.

(5) 学会对实验数据进行误差分析和不确定度评定，正确运用有效数字，学会定性判断和定量估算实验数据的可靠性.

(6) 建立用实验去观察、分析、研究物理现象和验证物理规律的基本观念. 初步具备实验设计能力，如知道如何根据实验要求确定实验方案、选择实验仪器、分析实验问题等.

3. 物理实验课的基本程序

1) 课前预习

认真阅读教材和相关参考资料，并写出实验预习报告. 一般包含以下几个部分：实验原理摘要(画出电路图或光路图)、实验主要步骤、原始数据记录表格、实验注意事项. 填写这部分内容首先要认真阅读实验教材或者相关资料，然后进行简要的概括.

实验课之前一定要完成实验预习报告，否则不允许进入实验室.

2) 实验操作和记录数据

认真听老师讲解实验(如有相关资料，应仔细阅读)，严格按照老师要求进行实验，爱护实验仪器.

实际操作内容有以下几点：

(1) 熟悉即将使用的仪器的性能以及正确的操作规程，进一步理解操作程序.

(2) 安装和调整仪器.

(3) 按实验步骤实验，记录实验的原始数据(不得用铅笔).

(4) 指导教师审核数据，认可签字.

(5) 学生整理好仪器，并做好清洁工作后，方可离开实验室.

对不合理的和错误的实验结果，需补做或重做实验(不可随便改数据)，教师对有抄袭嫌疑的数据，可责成学生重做，或取消该实验的成绩. 只有数据正确，仪器还原，教师在实验报告上签字后该实验才有效，并且不得擅自提前离开实验教室.

3) 撰写实验报告

实验报告应撰写在专用设计好的大学物理实验报告纸上. 实验报告要求文字通顺、字迹端正、数据完整、图表规范、结果正确. 应包括以下主要内容：

(1) 实验目的.

(2) 实验仪器.

(3) 实验原理.

(4) 实验内容及步骤(写出实际操作过程中仪器的调整方法和测量技巧，不要照抄教材中的操作步骤).

(5) 数据处理与分析(用自己的语言简单描述所观察到的实验现象以列表形式出现，写出数据计算的主要过程、图表和实验结果).

(6) 误差分析及讨论.

(7) 思考题.

4. 学生实验守则

(1) 实验前必须认真预习实验教材及有关参考资料，掌握实验原理和方法，并写出预习报告.

(2) 准时参加实验，无故迟到 10 min 禁止进实验室参加实验.

(3) 实验开始时，首先检查熟悉仪器，根据仪器操作规程正确调试. 学生应在规定的仪器上进行实验，未经教师同意，不得任意调换其他组仪器.

(4) 实验过程中，应集中精力仔细观察和思考所研究的物理现象，实事求是地记录实验数据，不得随意拼凑篡改原始数据.

(5) 实验过程中如发生仪器损坏以及其他异常情况应及时向指导教师汇报,说明原因.

(6) 实验观测结束不要急于拆卸实验装置,实验记录数据经指导教师检查认可并签字后,方可整理仪器;如果实验数据不正确应找出原因并重新测量.

(7) 实验完毕应整理好实验仪器,放好凳子,清除垃圾,桌面整理干净,并填写好实验情况记录表格,经指导教师同意后方可离开实验室.

(8) 实验后及时完成实验总结报告,并在下次实验前交给指导教师,不得拖欠.

第2章 实验测量与数据处理

2.1 实验测量的基本概念

2.1.1 测量的分类

在物理实验中，要用实验的方法研究各种物理规律，必然要对有关的物理量进行测量. 测量可分为直接测量和间接测量两类.

(1) 直接测量. 在测量中，某物理量可从仪器刻度上直接读出的就叫直接测量. 如用米尺测长度、用天平称重量、用温度计测温度等.

(2) 间接测量. 在大多数情况下，物理量并不能直接由仪器读出，而需要依据待测量和某几个直接测量量间的函数关系式求出，例如测某地区重力加速度，可以由测量单摆的摆长和周期的公式算出，这一类的测量称为间接测量. 在误差分析和估算中，要注意直接测量与间接测量的区别.

2.1.2 误差及其来源

每一个物理量的大小(真值)总是客观存在的，但不论是直接测量还是间接测量，由于测量仪器的灵敏度和分辨能力的局限性，环境的不稳定及实验理论的近似性以及测量者本身观测能力的局限性，都使得测量结果不可能绝对正确，总是和被测量的真值存在或多或少的偏差，这种偏差就称为测量误差.

设被测量的真值为 A_0，测量所得值为 A，则误差可表示为：$\Delta A=A-A_0$；误差 ΔA 可能是正的，也可能是负的.

测量误差的大小，直接反映了测量结果的可靠性和测量的技术水平.

根据误差产生的原因，误差可分为系统误差和偶然误差两大类.

1. 系统误差

在一定条件下，多次测量同一物理量时，测量结果总是向某一方向偏离，其误差的绝对值恒定或有规律变化，这种误差称为系统误差. 系统误差主要来源于以下几个方面：

(1) 仪器误差：由仪器不良或调节不当引起的误差，例如米尺的刻度不均匀、砝码的质量不准确、钟表走时不准确等. 只要找出产生误差的原因并与标准仪器比较，这种误差可以尽可能地减小.

(2) 理论(方法)误差：由理论公式本身的近似性或实验方法粗糙等原因所引起的. 例如：单摆周期公式 $T=2\pi\sqrt{\dfrac{L}{g}}$，是在摆角 θ 极小时方成立. 但在实际上是做不到的，因而可能引起误差. 伏安法测电阻也存在测量的系统误差.

(3) 环境误差:由外界环境影响而产生的误差(如光照温度、电磁场等).

(4) 个人误差:由于实验者本身技术不够熟练和个人的不良习惯造成的误差,如用秒表测时间,有的人总是提前或推迟计时等.

在许多情况下,系统误差是影响测量结果准确度的主要因素,由于系统误差的出现一般都是有较明确的原因,因此找出系统误差,并算出它对结果的影响,设法修正它或清除它的影响,是误差分析的一个重要内容.

2. 偶然误差(随机误差)

在同一条件下多次测量同一物理量时,测量值总存在稍许差异,而这种差异是随机变化的,在消除系统误差之后依然存在,这种误差称为偶然误差.这种误差的产生是由各种偶然因素造成的,而且这种偶然变动的因素是难以控制和确定的,因此它无法像系统误差那样找出原因加以排除,但在测量次数足够多时,则可发现这种误差的分布遵守统计规律:

(1) 正负误差出现的几率相等.

(2) 绝对值小的误差比绝对值大的误差出现的机会多.

(3) 误差不会超出一定范围.

因此,多次反复地对同一量进行测量求平均值可以减少偶然误差的影响.

3. 测量的精度

反映测量结果与真值接近程度的量称为精度,它与误差大小相对应.精度可分为:

(1) 准确度:指测量数据的平均值偏离真值的程度,它反映了系统误差的大小.

(2) 精密度:指测量数据本身的离散程度,它反映了偶然误差的大小.

(3) 精确度:指测量数据偏离真值的离散程度,它是对测量的偶然误差与系统误差的综合评定.

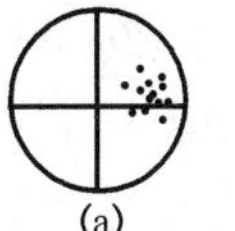
(a)

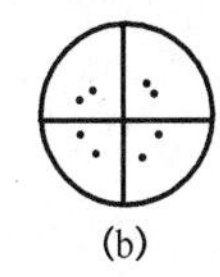
(b)

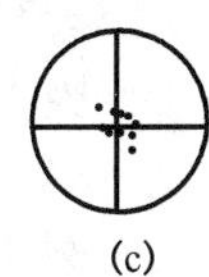
(c)

图 2-1-1　打靶的弹点分布

图 2-1-1 为打靶的弹点的三种情况:(a)图表示射击精密度高但准确度较差,即偶然误差小,系统误差大.(b)图表示准确度高但精密度低,即系统误差小而偶然误差大.(c)图表示精密度和准确度均较好,即系统误差和偶然误差都小.

我们在误差分析、处理问题时,一般是将系统误差和偶然误差分别单独处理然后再合起来,综合考虑它们对测量结果的总影响.

应当指出,由于粗心大意,违反操作规程等原因(如读错刻度、记错数据等)而明显歪曲了测量结果的“错误”(平时我们称之为粗大误差)是不允许发生的.

2.2　有效数字及其运算

实验中总要记录很多数据,并进行计算,但是在记录时应取几位?运算后应留几位?这是实验数据处理的重要问题.我们把测量结果中可靠的几位数字加上末一位可疑数字统称为测量结果的有效数字.

2.2.1 仪器读数、数据记录与有效数字

一般地说，所有直接测量量都应该估计读出仪器最小分度以下的一位数字并加以记录. 如图 2－2－1 所示：可估读出测量长度为 1.67 cm，其中 1.6 是可靠的数字，最后一位数字0.07是估计的，可能是“6”，也可能是“7”，也可能是“8”……总之“7”是可疑数字，所以“1.67”是三位有效数字. 仪器上显示或估计的最后一位数是“0”时，此“0”也是有效数字，也要读出并记录.

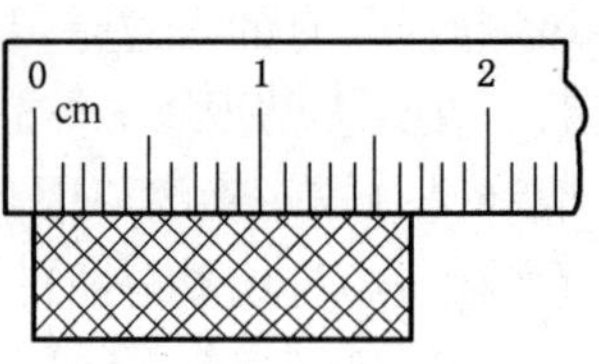

图 2-2-1　估读

另外在记录时，由于选择的单位不同，也会出现一些“0”，如 3.50 cm 也可记为0.035 0 m. 此时由于 3.50 cm 和 0.035 0 cm 都是三位有效数字，在物理实验中常用一种被称为标准式的写法，就是任何数值都只写出有效数字，而数量级则用 10 的幂级数去表示，例如上述例子可写成 3.50×10^{-2} m.

2.2.2 有效数字运算规则

有效数字的运算有两条基本规定：①计算最终结果中只保留一位可疑数字；②有效数字的保留与取舍采用“四舍六入五凑偶”法.

下面根据上述两条基本规定讨论运算后判断有效数字位数的一般规则.

1. 加减运算后的有效数字

几个数值相加减，只保留所得结果中最左的那一位可疑数字，把这数字右边的其他数字按“四舍六入五凑偶”法取舍.

例 1　176.5 cm＋0.294 cm = 176.8 cm.

$176.\underline{5} + 0.29\underline{4} = 176.\underline{794} = 176.\underline{8}$.

例 2　43.325 6 cm－36.25 cm = 7.08 cm.

$43.325\underline{6} - 36.2\underline{5} = 7.0\underline{75\,26} = 7.0\underline{8}$.

几个数相加减，结果的可疑数字所在位数与参与加减数中可疑数字位数最高(左)者相同.

2. 乘除运算后有效数字

几个数值相乘除，积或商所保留的有效数字位数与诸数中有效数字位数最少的那一个相同.

例 3　$4.325 \times 1.5 = 6.487\,5 = 6.5$.

例 4　$4.178 \div 10.1 \times 5.625\,78 = 2.33$.

例 5　$783\,264 \div 2.50 = 3.13 \times 10^5$.

*3. 乘方与开方

结果的有效数字位数与其底数的有效数字位数相同.

例 6　$100^2 = 100 \times 10^2$，$\sqrt{100} = 10.0$.

*4. 函数运算

① 对数函数

$\lg x$ 的尾数(小数点后的数)的位数与 x 的有效数字位数相同.

例 7　$\lg 100 = 2.000$，$\lg 1\,983 = 3.297\,322\,714 = 3.297\,3$.

② 指数函数

10^x 或 e^x 的位数与 x 小数点后的数的位数相同(包括紧接小数点后的零).

例 8　$10^{6.25} = 1\,778\,279.41 = 1.8 \times 10^6$，$e^{0.003\,5} = 1.008\,096\,1 = 1.008$.

③ 三角函数

三角函数的有效数字的位数取法与角度的大小有关. 所用函数表的位数随角度误差的减少而增加；角度误差为 $1'$，$10''$，$1''$时所取的位数分别为 4 位，5 位，6 位.

例 9　$\cos 20°18' = 0.937\,889\cdots = 0.937\,9$

*5. *有效数字与自然数或常数的运算*

① 常数(如 π)的取值

例 10　$\pi = 3.141\,592\,654$，圆半径 $r = 2.562\,6$ cm，求圆的面积 S.

$S = 3.141\,59 \times 2.562\,6^2 = 20.630\,566\,31 = 20.630$.

π 的位数比 r 多取 1 位.

② 有效数字与自然数的乘除运算

例 11　连续测量 50 周的时间 t，求周期 T.

$$t = 101.0\ \text{s},\ U_t = 0.1\ \text{s};\ U_T = \frac{0.1\ \text{s}}{50} = 0.002\ \text{s},\ T = \frac{101.0\ \text{s}}{50} = 2.020\ \text{s}.$$

在要求不严格的情况下，通常取相同位数.

各数值在参加运算过程中，可根据情况多保留一位，但在运算最后仍应按“四舍六入五凑偶”法取舍.

2.2.3　取舍有效数字的基本依据

实验后须计算误差时，根据误差确定有效数字是正确决定有效数字的基本依据.

一般误差只取一位有效数字，误差首位数字较小(如 1，2)时可以保留两位. 测量值有效数字的末位与误差末位应对齐，当不能对齐时应对可疑数字所在的位数低者进行取舍. 对测量值的取舍应按“四舍六入五凑偶”法取舍，而对误差只能“入”不能“舍”. 例如：

(1) $g = (981.27 \pm 0.85)\text{cm/s}^2 = (981.3 \pm 0.9)\text{cm/s}^2$；

(2) $g = (981.27 \pm 0.25)\text{cm/s}^2$；

(3) $g = (981.27 \pm 0.8)\text{cm/s}^2 = (981.3 \pm 0.8)\text{cm/s}^2$；

(4) $g = (981.27 \pm 0.014)\text{cm/s}^2 = (981.27 \pm 0.02)\text{cm/s}^2$.

说明：式(1)，误差数字较大只取一位，测量值的有效数字的末位“3”与误差所在的那一位“9”取齐. 式(2)，误差数字较小取二位，测量值末位“7”与误差末位“5”对齐. 式(3)，为了使测量值有效数字的末位与误差末位对齐，对测量值按“四舍六入五凑偶”法取舍. 式(4)，为了使测量值有效数字的末位与误差末位对齐，对误差只能“入”.

2.3 误差估计及不确定度评定

由于真值无法精确得到，因此误差不仅不能完全避免，而且也不能完全确定，误差只能通过各种方法加以估计，下面假设在没有系统误差和粗大误差的情况下，来讨论一组数据的偶然误差的估计问题.

2.3.1 直接测量值的误差估计

1. 算术平均值

在测量条件相同的情况下，用多次测量的算术平均值作为测量结果的最佳估计值. 由于测量存在着偶然误差，即使测量条件相同，多次测量中每一次测量结果也会有所差异，那么如何才能更好表达测量结果呢？由理论可证明，当 $K\to\infty$ 时，$\overline{A}\to A_0$，因此在有限次(K 次)测量中，常用 K 次测量的算术平均值作为测量结果.

设 A_1，A_2，…，A_K 为对某一物理量进行 K 次的测量所得的数据，则其算术平均值为

$$\overline{A}=\frac{A_1+A_2+A_3+\cdots+A_K}{K}. \tag{2-3-1}$$

2. 多次直接测量结果偶然(随机)误差的估计

(1) 测量结果遵从正态分布规律

在大学物理实验中，对一个物理量在同一条件下进行很多次测量时，其结果遵从正态分布. 物理量 A 测量 K 次的结果为：A_1，A_2，…，A_K，任意一次测量结果的标准偏差为 σ_A：

$$\sigma_A=\sqrt{\frac{(\overline{A}-A_1)^2+(\overline{A}-A_2)^2+(\overline{A}-A_3)^2+\cdots+(\overline{A}-A_K)^2}{K-1}}. \tag{2-3-2}$$

任意 K 次测量结果平均值的标准偏差为：

$$\sigma_{\overline{A}}=\frac{\sigma_A}{\sqrt{K}}=\sqrt{\frac{(\overline{A}-A_1)^2+(\overline{A}-A_2)^2+(\overline{A}-A_3)^2+\cdots+(\overline{A}-A_K)^2}{K(K-1)}}. \tag{2-3-3}$$

(2) 测量结果遵从 t 态分布

在实际实验测量中，一般情况下测量次数都不多(测量次数少于 10 次)，测量结果的分布更接近 t 态分布. 所以应对正态分布的标准偏差进行修正：

t 态分布“标准偏差”$=t_p\times$正态分布“标准偏差”. 即

$$\sigma_{t\overline{A}}=t_p\cdot\sigma_{\overline{A}}. \tag{2-3-4}$$

t_p 的取值与测量次数有关，具体大小如表 2-3-1 所示.

表 2-3-1　　不同自由度($r=K-1$)下几种常用的置信水平 P 下的 t_p 值

K	2	3	4	5	6	7	8	9	10	11	∞
r	1	2	3	4	5	6	7	8	9	10	∞
$t_{0.683}$	1.84	1.32	1.20	1.14	1.11	1.09	1.08	1.07	1.06	1.05	1.00
$t_{0.90}$	6.31	2.92	2.35	2.13	2.02	1.94	1.90	1.86	1.83	1.81	1.65
$t_{0.95}$	12.71	4.30	3.18	2.78	2.57	2.45	2.36	2.31	2.26	2.23	1.96
$t_{0.98}$	31.82	6.96	4.54	3.75	3.36	3.14	3.00	2.90	2.82	2.76	2.33
$t_{0.99}$	63.66	9.93	5.84	4.60	4.03	3.71	3.50	3.36	3.25	3.17	2.58

(3) 标准偏差的物理意义

对于无限次(K 足够大)测量,测量结果的偶然(随机)误差遵从正态分布.任一次测量的标准偏差在区间 $(-3\sigma_A, +3\sigma_A)$ 的概率为 99.7%,在区间 $(-2\sigma_A, +2\sigma_A)$ 的概率大约为 95%,在区间 $(-\sigma_A, +\sigma_A)$ 的概率大约为 68.3%.任意 K 次测量结果平均值的标准偏差在区间 $(-3\sigma_{\bar{A}}, +3\sigma_{\bar{A}})$ 的概率为 99.7%,在区间 $(-2\sigma_{\bar{A}}, +2\sigma_{\bar{A}})$ 的概率大约为 95%,在区间 $(-\sigma_{\bar{A}}, +\sigma_{\bar{A}})$ 的概率大约为 68.3%.

对于有限次(实际实验测量中,一般 $K\leqslant 10$)测量,测量结果的偶然(随机)误差遵从 t 态分布.任一次测量的标准偏差在区间 $(-3\sigma_{tA}, +3\sigma_{tA})$ 的概率为 99.7%,在区间 $(-2\sigma_{tA}, +2\sigma_{tA})$ 的概率大约为 95%,在区间 $(-\sigma tA, +\sigma_{tA})$ 的概率大约为 68.3%.任意 K 次测量结果平均值的标准偏差在区间 $(-3\sigma_{t\bar{A}}, +3\sigma_{t\bar{A}})$ 的概率为 99.7%,在区间 $(-2\sigma_{t\bar{A}}, +2\sigma_{t\bar{A}})$ 的概率大约为 95%,在区间 $(-\sigma_{t\bar{A}}, +\sigma_{t\bar{A}})$ 的概率大约为 68.3%.

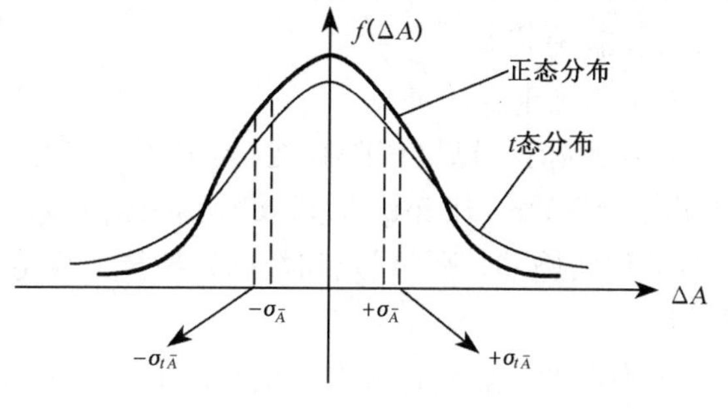

图 2-3-1　随机误差概率分布

随机误差分布如图 2-3-1 所示.

(4) 仪器误差简介

仪器误差是指在仪器规定的使用条件下,正确使用仪器时,仪器的指示值和被测量的真值间可能产生的最大绝对误差.它的数值通常由厂家和计量单位用更精密的仪器,经过检测比较后给出的,其符号可正可负,用 $\Delta_{仪}$ 表示.如果没有注明,一般用仪器的最小分度值的一半(或最小分度值)作为 $\Delta_{仪}$.如千分尺的仪器误差取其最小分度值的一半,数字式秒表的仪器误差取其最小分度值;或者根据仪器的级别进行计算,即:$\Delta_{仪}=(A_{max}-A_{min})\times$级别%,式中 A_{max} 为仪表量程的上限值、A_{min} 为仪表量程的下限值,常见仪表的量程下限值为零.我国电工仪表中常用的精度等级有以下七种:0.1,0.2,0.5,1.0,1.5,2.5,5.0.对数字仪表而言,如果没有其他附加说明,该仪表的最后一位表示的数值即为最大绝对误差.

通常仪器误差既含系统误差又含偶然误差,其性质主要取决于仪器的精度.一般级别高的仪器(0.5 级以上),主要是偶然误差,级别低的仪器(1.0 级以下),主要是系统误差.

仪器误差的概率密度函数遵从“均匀分布”：误差在区间($-\Delta_{仪}$，$+\Delta_{仪}$)内等概率出现. 误差在区间($-\Delta_{仪}$，$+\Delta_{仪}$)内出现的概率为 100%，误差在区间($-\Delta_{仪}$，$+\Delta_{仪}$)外出现的概率为零，误差在区间($-0.683\Delta_{仪}$，$+0.683\Delta_{仪}$)内出现的概率为 68.3%，如图 2-3-2 所示.

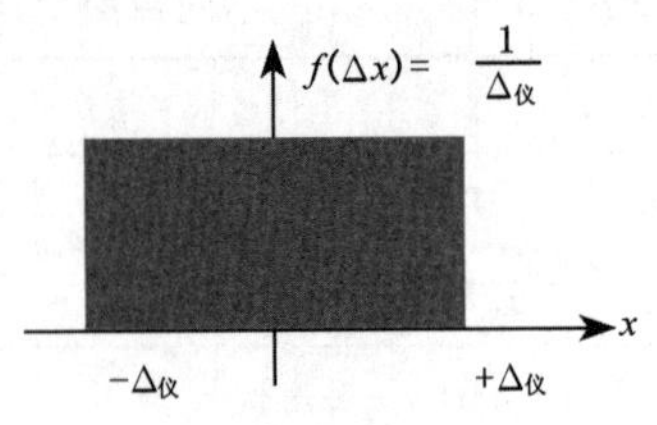

图 2-3-2　均匀分布仪器误差

* 误差未注明的仪器的仪器误差，约定如下：能对最小分度下一位进行估计的仪器，取最小分度值的一半作为仪器误差，如米尺、千分尺；对于不能对最小分度下一位进行估计的仪器，取最小分度值作为仪器误差，如游标卡尺、数字式仪表等.

* 说明：误差未注明的仪器的仪器误差取法，目前各校(从新出版的教科书中可见)并未统一，取最小分度值的 1/2，1/3，1/5，1/10 不等.

* 3. 单次测量的误差估计

在有些情况下，由于条件所限，对某一物理量只能测量一次或测一次就够了，或者多次重复测量的结果数据都相同时，一般来说测量结果的误差估计取“仪器误差”. 当然也应考虑测量过程的其他误差：如米尺测量长度时，米尺两端是否对准的判断误差，秒表计时过程中起始与停止计时的误差，等等.

4. 不确定度

(1) 不确定度的定义

自从国际计量局(BIPM)在《实验不确定度的规定：建议书 INC(1980)》中提出使用“不确定度”(Uncertainty)表示实验结果的误差后，世界各国已普遍采纳. 我国从 1992 年 10 月开始实施的《测量误差和数据处理技术规范》中，也确定了使用不确定度评定测量结果的误差.

不确定度是建立在误差理论基础上的一个新概念，是误差的数字指标. 它表示由于测量误差的存在而对被测量值不能肯定的程度，即测量结果不能肯定的误差范围. 每个测量结果总存在着不确定度，作为一个完整的测量结果不仅要标明其量值大小，还要标出测量不确定度，以表明该测量结果的可信赖程度. 由于误差来源众多，测量结果不确定度一般包含几个分量. 为了估算方便，按估计其数值的不同方法，它可以分为 A、B 两类分量.

“A 类分量”：能用统计方法计算出的标准误差，用符号 s_i 表示.

“B 类分量”：能用其他方法估计出来的“等价标准误差”，用符号 u_i 表示.

采用不确定度表示误差范围，改变了以往测量误差分系统误差和随机误差的传统处理方法. 它在将可修正的系统误差修正后，将余下的全部误差(包含传统意义的系统误差和随机误差)划分为 A、B 两类分量，且均以标准误差形式表示.

(2) 不确定度的计算

下面介绍 A、B 两类分量简化的具体估算方法.

“A 类分量”简化估算：测量次数 $K>10$ 时，偶然(随机)误差当作正态分布，$s=\sigma_{\overline{A}}$；测量次数 $K\leqslant 10$ 时，偶然(随机)误差当作 t 分布，$s=t_p\sigma_{\overline{A}}$. P 为概率，通常取 $P=68.3\%$.

"B 类分量"简化估算：仪器误差一般属于 B 类分量，只需考虑其"等价标准误差"，即"等概率标准误差". 如对于误差呈平均分布的仪器误差，其"等价标准误差" $\sigma_{仪} = 0.683\Delta_{仪}$，即 $u = 0.683\Delta_{仪}$，对应概率 $P=68.3\%$.

* 说明：①仪器误差一般属于不确定度的 B 类分量，但仪器误差一般只是不确定度 B 类分量的一个部分，B 类分量还可能包含各种各样的测量误差. 如：秒表测量时间，秒表本身的误差为仪器误差，而测量时起始与停止计时的人为反应误差也应考虑到 B 类分量中. ②仪器误差的"等价标准误差"还有其他取法，如 $\sigma_{仪} = \dfrac{\Delta_{仪}}{\sqrt{3}}$.

最后测量结果的不确定度，应将 A、B 两类分量合成. 在 A 类、B 类分量各只有一个以标准误差形式表示的、互相独立的分量 s_1 和 u_1 的简单情况下，合成不确定度 U 为

$$U = \sqrt{s_1^2 + u_1^2}. \tag{2-3-5}$$

在 A 类、B 类分量分别有 n 个和 m 个以标准误差形式表示的、互相独立的分量 s_1，s_2，s_3，…，s_n 和 u_1，u_2，u_3，…，u_m 的情况下，合成的不确定度 U 为

$$U = \sqrt{(s_1^2 + s_2^2 + s_3^2 + \cdots + s_n^2) + (u_1^2 + u_2^2 + u_3^2 + \cdots + u_m^2)}. \tag{2-3-6}$$

2.3.2　间接测量不确定度的传递

大部分实验所测定的物理量都属于间接测量. 由于直接测量有不确定度，必然引起间接测量的不确定度，这就是不确定度传递.

以单摆法测重力加速度为例说明间接测量不确定度的求法：

$$g = \frac{4\pi^2 L}{T^2}. \tag{2-3-7}$$

求解步骤：

对式(2-3-7)求函数全微分(或取对数后求全微分). 将微分号变成不确定度号，"－"号变"＋"，各项取平方.

求法①　对式(2-3-7)求全微分，得

$$\mathrm{d}g = \frac{\partial g}{\partial L}\mathrm{d}L + \frac{\partial g}{\partial T}\mathrm{d}T = \frac{g}{L}\mathrm{d}L - \frac{2g}{T}\mathrm{d}T.$$

将微分号变成不确定度号，"－"号变"＋"，各项取平方，得

$$U_g^2 = \left(\frac{g}{L}U_L\right)^2 + \left(\frac{2g}{T}U_T\right)^2.$$

$$\frac{U_g}{g} = \sqrt{\left(\frac{U_L}{L}\right)^2 + 4\left(\frac{U_T}{T}\right)^2}.$$

求法②　对式(2-3-7)取对数后求全微分，得

$$\ln g = \ln(4\pi^2) + \ln L - 2\ln T.$$

$$\frac{\mathrm{d}g}{g}=\frac{\mathrm{d}L}{L}-2\frac{\mathrm{d}T}{T}.$$

将微分号变成不确定度号,“—”号变“+”,各项取平方,得

$$\frac{U_g}{g}=\sqrt{\left(\frac{U_L}{L}\right)^2+4\left(\frac{U_T}{T}\right)^2}.$$

其中 T, L, g 若是多次测量时都以平均值代入计算. 采用上述方法可推出常用函数的不确定度传递公式,具体如表 2-3-2 所示.

表 2-3-2 常用函数的不确定度传递公式

函数表达式	不确定度传递公式
$y=x_1+x_2$	$U_y^2=U_{x1}^2+U_{x2}^2$
$y=x_1x_2$	$\left(\frac{U_y}{y}\right)^2=\left(\frac{U_{x1}}{x_1}\right)^2+\left(\frac{U_{x2}}{x_2}\right)^2$
$y=\frac{x_1}{x_2}$	$\frac{U_y}{y}=\sqrt{\left(\frac{U_{x_1}}{x_1}\right)^2+\left(\frac{U_{x_2}}{x_2}\right)^2}$
$y=x_1^kx_2^mx_3^n$	$\frac{U_y}{y}=\sqrt{\left(k\frac{U_{x_1}}{x_1}\right)^2+\left(m\frac{U_{x_2}}{x_2}\right)^2+\left(n\frac{U_{x_3}}{x_3}\right)^2}$
$y=kx^m$	$\frac{U_y}{y}=m\frac{U_x}{x}$
$y=\sin x$	$U_y=\lvert\cos x\rvert\cdot U_x$
$y=\ln x$	$U_y=\frac{U_x}{x}$

2.3.3 测量结果表示

被测量物理量 A,测量计算得平均值 $\overline{A}$,平均值合成不确定度为 $U_{\overline{A}}$,则测量结果表示为

$$A=\overline{A}\pm U_{\overline{A}}(\text{单位})\quad(P=68.3\%).\tag{2-3-8}$$

式(2-3-8)表示测量结果在区间($\overline{A}-U_{\overline{A}}$, $\overline{A}+U_{\overline{A}}$)的置信概率为 68.3%.

2.3.4 相对不确定度(相对误差)

U 称“绝对不确定度”,它的大小还不能确切表示出测量结果的近真程度,如(35.0±0.3)cm 和(3.5±0.1)cm 比较,前者虽然绝对不确定度大,但它的测量却比后者近真程度高,所以必须引入相对不确定度 E(也叫相对误差):

$$E=\frac{U}{\overline{A}}\times100\%.\tag{2-3-9}$$

例 12　用米尺对某一长度测量 10 次，数据如下：$L_i = 63.57$，63.58，63.55，63.56，63.56，63.59，63.55，63.54，63.57，63.57(单位：cm).

求：(1)测量结果；(2)测量结果的相对误差.

解

$$L = \frac{63.57 + 63.58 + 63.55 + 63.56 + 63.56 + 63.59 + 63.55 + 63.54 + 63.57 + 63.57}{10}$$

$$= 63.564 \text{ cm}.$$

$$\sigma_{\overline{L}} = \sqrt{\frac{(63.564 - 63.57)^2 + (63.564 - 63.58)^2 + \cdots + (63.564 - 63.57)^2}{10 \times (10 - 1)}} = 0.048 \text{ cm}.$$

$$\sigma_{t\overline{L}} = t_p \cdot \sigma_{\overline{L}} = t_{0.683} \cdot \sigma_{\overline{L}} = 1.06 \times 0.048 = 0.05 \text{ cm}.$$

A 类分量不确定度：$S_1 = \sigma_{t\overline{L}} = 0.05$ cm.

米尺的仪器误差取其最小分度值，即 $\Delta_{仪} = 0.5$ mm $= 0.05$ cm，假定仪器误差为平均分布，则 B 类分量不确定度：$u_1 = 0.683\Delta_{仪} = 0.683 \times 0.05 = 0.034$ cm.

合成不确定度 U 为

$$U = \sqrt{S_1^2 + u_1^2} = \sqrt{0.05^2 + 0.034^2} = 0.034 \text{ cm} = 0.06 \text{ cm}.$$

(1) 测量结果：$L = \overline{L} \pm U = (63.564 \pm 0.06)\text{cm} = (63.56 \pm 0.06)\text{cm} \quad (P = 68.3\%)$；

(2) 测量结果的相对不确定度：$E = \dfrac{U}{L} \times 100\% = \dfrac{0.06}{63.56} \times 100\% = 0.093\%$.

例 13　单摆法测某地的重力加速度，测量得周期 $T = (2.014 \pm 0.003)$ s，摆长 $L = (1.002 \pm 0.002)$ m，它们的置信概率均为 0.683，求重力加速度 g 的测量计算结果.

解：$g = \dfrac{4\pi^2 L}{T^2}$.

$$\overline{g} = \frac{4\pi^2 \overline{L}}{\overline{T}^2} = \frac{4 \times 3.1416^2 \times 1.002}{2.014^2} = 9.752 \text{ m} \cdot \text{s}^{-2}.$$

不确定度的传递公式：

$$\frac{U_g}{g} = \sqrt{\left(\frac{U_L}{L}\right)^2 + 4\left(\frac{U_T}{T}\right)^2}.$$

$$U_{\overline{g}} = \overline{g}\sqrt{\left(\frac{U_{\overline{L}}}{\overline{L}}\right)^2 + 4\left(\frac{U_{\overline{T}}}{\overline{T}}\right)^2} = 9.752\sqrt{\left(\frac{0.002}{1.002}\right)^2 + 4\left(\frac{0.003}{2.014}\right)^2} = 0.04 \text{ m} \cdot \text{s}^{-2}.$$

重力加速度 g 的测量计算结果为

$$g = \overline{g} \pm U_{\overline{g}} = (9.752 \pm 0.04)\text{m} \cdot \text{s}^{-2} = 9.75 \pm 0.04 \text{ m} \cdot \text{s}^{-2} \quad (P = 68.3\%).$$

*2.3.5　“极限误差”及“极限误差”的传递

“极限误差”即误差的最大可能值. 如前述“仪器误差”即为“极限误差”的一种.

在物理实验中,有时需要对物理量的最坏测量结果进行估计,这时候探讨的就是测量结果误差的最大可能值.在对物理实验测量方法以及测量结果的误差估计分析中,通常采用"极限误差"分析法."极限误差"分析,实际上就是考虑测量方法的各种可能导致测量误差的因素,在最不理想的情况下,对测量结果误差的最坏估计.任何一次测量结果的误差都有可能达到"极限误差",在"极限误差"范围内的测量结果都是合理可能的测量结果.

以单摆法测重力加速度为例说明间接测量"极限误差"的求法:

$$g=\frac{4\pi^2 L}{T^2}. \tag{2-3-10}$$

求解步骤:①求函数全微分(或取对数后求全微分);②将微分号变成误差号,"-"号变"+",各项取绝对值.

求法① 对式(2-3-10)求全微分,得

$$\mathrm{d}g=\frac{\partial g}{\partial L}\mathrm{d}L+\frac{\partial g}{\partial T}\mathrm{d}T=\frac{g}{L}\mathrm{d}L-\frac{2g}{T}\mathrm{d}T.$$

将微分号变成误差号,"-"号变"+",各项取绝对值,得

$$|\Delta g|=\left|\frac{g}{L}\Delta L\right|+\left|\frac{2g}{T}\Delta T\right|.$$

求法② 对式(2-3-10)先取对数后求全微分,得

$$\ln g=\ln(4\pi^2)+\ln L-2\ln T,$$

$$\frac{\mathrm{d}g}{g}=\frac{\mathrm{d}L}{L}-2\,\frac{\mathrm{d}T}{T}.$$

将微分号变成不确定度号,"-"号变"+",各项取绝对值,得

$$|\Delta g|=\left|\frac{g}{L}\Delta L\right|+\left|\frac{2g}{T}\Delta T\right|.$$

其中 T, g, L 若是多次测量时都以平均值代入计算.采用上述方法可推出常用函数的极限误差传递公式,如表 2-3-3 所示.

表 2-3-3 常用函数的极限误差传递公式

函数表达式	极限误差传递公式	函数表达式	极限误差传递公式
$y=x_1+x_2$	$\lvert\Delta y\rvert=\lvert\Delta x_1\rvert+\lvert\Delta x_2\rvert$	$y=kx^m$	$\left\lvert\frac{\Delta y}{y}\right\rvert=\left\lvert m\frac{\Delta x}{x}\right\rvert$
$y=x_1x_2$	$\left\lvert\frac{\Delta y}{y}\right\rvert=\left\lvert\frac{\Delta x_1}{x_1}\right\rvert+\left\lvert\frac{\Delta x_2}{x_2}\right\rvert$	$y=\sin x$	$\lvert\Delta y\rvert=\lvert\cos x\cdot\Delta x\rvert$
$y=\frac{x_1}{x_2}$	$\left\lvert\frac{\Delta y}{y}\right\rvert=\left\lvert\frac{\Delta x_1}{x_1}\right\rvert+\left\lvert\frac{\Delta x_2}{x_2}\right\rvert$	$y=\ln x$	$\lvert\Delta y\rvert=\left\lvert\frac{\Delta x}{x}\right\rvert$
$y=x_1^k x_2^m x_3^n$	$\left\lvert\frac{\Delta y}{y}\right\rvert=\left\lvert k\frac{\Delta x_1}{x_1}\right\rvert+\left\lvert m\frac{\Delta x_2}{x_2}\right\rvert+\left\lvert n\frac{\Delta x_3}{x_3}\right\rvert$		

例 14　利用单摆法测某地的重力加速度(单次测量)，要求测量结果的相对误差 $\frac{\Delta g}{g} \leqslant 0.2\%$，问：如何选择测量仪器(已知摆长约为 2 m，周期约为 2 s).

解　在忽略摆角及各种阻力误差的情况下，将单摆振动看成简谐振动，有：$g = \frac{4\pi^2 L}{T^2}$，$|\Delta g| = \left|\frac{g}{L}\Delta L\right| + \left|\frac{2g}{T}\Delta T\right|$，$\left|\frac{\Delta g}{g}\right| = \left|\frac{\Delta L}{L}\right| + \left|\frac{2\Delta T}{T}\right| \leqslant 0.2\%$.

设误差平均分配：$\left|\frac{\Delta L}{L}\right| \leqslant 0.1\%$，$\left|\frac{2\Delta T}{T}\right| \leqslant 0.1\%$.

即

$$\Delta L \leqslant L \times 0.1\% = 2 \times 0.1\% = 0.002\ \text{m} = 2\ \text{mm}.$$

$$\Delta T \leqslant \frac{T}{2} \times 0.1\% = \frac{2}{2} \times 0.1\% = 0.001\ \text{s}.$$

显然，用最小分度值为 1 mm 的米尺测摆长 l 即可. 用最小分度值为 0.1 s 的秒表测量周期，则：$\Delta T = \frac{0.1}{n}$ s，又 $\frac{0.1}{n} \leqslant 0.001$，得 $n \geqslant 100$；所以应至少连续测量 100 个摆动周期.

2.4　实验数据的记录与处理

2.4.1　实验数据记录

正确记录实验数据是正确分析实验结果的前提. 实验数据的记录应注意三个方面：①实事求是. 真实完整地记录下实验过程中观看到的现象和测量的数据. ②全面正确. 实验现象和数据的产生和实验环境条件密不可分，必须记录下产生相应实验现象和数据的相关环境和实验条件，如周围环境的温度、湿度，测量设备的型号和规格以及主要特性参数等. ③简单明了. 设计好数据记录表格.

数据记录表格应考虑以下几个方面：

(1) 说明实验现象和数据产生的环境因素和实验条件，如所用仪器的名称、型号与精度.

(2) 表格应包含所有直接测量物理量. 间接测量物理量是否列入表格应视具体情况而定，简便明了是目的. 间接测量物理量在表格列出时，应说明间接测量物理量与直接测量物理量之间的关系，其关系式是否列于表格内要看是否简便明了. 各物理量的符号、单位都必须明确.

(3) 为便于数据处理，表格应列出有关物理量的中间计算结果. 如测量平均值、绝对误差(各次测量值与测量平均值的差值的绝对值)、标准误差或平均值的标准误差. 中间计算结果可多保留一位有效数字.

(4) 测量物理量、测量次数、每次测量值都应该做到简洁明了.

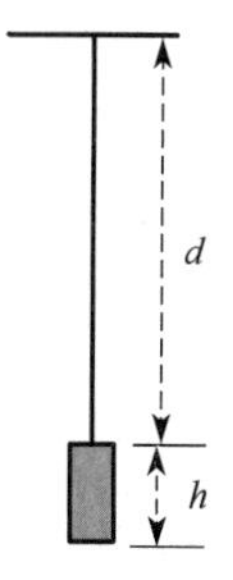

图 2-4-1　单摆

以单摆法测重力加速度 g 为例，如图 2-4-1 所示. 要求：用米尺测

量摆线长 d，用游标卡尺测量摆锤高 h，各 3 次；用秒表测单摆连续摆动 50 个周期的时间 t，共 3 次；具体测量数据见表 2-4-1.

表 2-4-1　单摆法测重力加速度实验数据

测量次序	1	2	3	平均值
d/cm	93.39	93.38	93.37	93.38
Δd/cm	0.01	0.00	0.01	
h/cm	2.008	2.006	2.010	2.008
Δh/cm	0.000	0.002	0.002	
t/s	97.50	97.65	97.35	97.50
Δt/s	0.00	0.15	0.15	
T/s	1.950	1.953	1.947	1.950

注：游标尺：精度 0.02 mm，零点读数 0.00 mm；米尺：精度 1 mm；秒表：精度 0.1 s.

2.4.2　实验数据处理方法

实验数据处理的方法有很多种，主要有"一般数据处理方法"、" 图解法"、"逐差法"和"最小二乘法"等.

1. *一般数据处理方法*

计算测量量的平均值及其平均值的合成不确定度 U.

例 15　以表 2-4-1 测量数据处理为例，计算测量结果：$g=\bar{g}\pm U_{\bar{g}}(P=68.3\%)$.

解　(1) 计算摆线长 d 的测量结果

$$\bar{d}=\frac{93.39+93.37+93.38}{3}\text{ cm}=93.38\text{ cm}.$$

$$\sigma_{\bar{d}}=\sqrt{\frac{0.01^2+0.01^2+0.00^2}{3\times2}}\text{ cm}=0.0058\text{ cm}.$$

$$\sigma_{t\bar{d}}=t_{0.683}\sigma_{\bar{d}}=1.32\times0.0058\text{ cm}=0.0077\text{ cm}.$$

摆线长 d 的不确定度"A 类分量"：$s_d=\sigma_{t\bar{d}}=0.0077$ cm. 摆线长 d 的不确定度"B 类分量"：$u_d=0.683\Delta_{仪}=0.683\times0.5\text{ mm}=0.034$ cm.

摆线长 d 的合成不确定度：$U_d=\sqrt{s_d^2+u_d^2}=0.035$ cm.

(2) 计算摆锤高 h 的测量结果

$$\bar{h}=\frac{2.008+2.006+2.010}{3}\text{ cm}=2.008\text{ cm}.$$

$$\sigma_{\bar{h}}=\sqrt{\frac{0.002^2+0.002^2+0.00^2}{3\times2}}\text{ cm}=0.0012\text{ cm}.$$

$$\sigma_{t\bar{h}}=t_{0.683}\sigma_{\bar{h}}=1.32\times0.0012\text{ cm}=0.0016\text{ cm}.$$

摆锤高 h 的不确定度"A 类分量"：$s_h = s_{t\bar{d}} = 0.001\,6\ \text{cm}$. 摆锤高 h 的不确定度"B 类分量"：$u_h = 0.683\Delta_{仪} = 0.683 \times 0.02\ \text{mm} = 0.001\,4\ \text{cm}$.

摆锤高 h 的合成不确定度：$U_h = \sqrt{s_h^2 + u_h^2} = 0.002\,1\ \text{cm}$.

(3) 计算周期 T 的测量结果

$$\bar{t} = \frac{97.50 + 97.65 + 97.35}{3}\ \text{s} = 97.50\ \text{s}.$$

$$\sigma_{\bar{t}} = \sqrt{\frac{0.15^2 + 0.15^2 + 0}{3 \times 2}}\ \text{s} = 0.087\ \text{s}.$$

$$\sigma_{t\bar{t}} = t_{0.683}\sigma_{\bar{t}} = 1.32 \times 0.087\ \text{s} = 0.115\ \text{s}.$$

时间 t 的不确定度"A 类分量"：$s_t = \sigma_{t\bar{t}} = 0.115\ \text{s}$. 时间 t 的不确定度"B 类分量"：$u_t = 0.683\Delta_{仪} = 0.683 \times 0.1\ \text{s} = 0.068\,3\ \text{s}$.

时间 t 的合成不确定度：$U_t = \sqrt{s_t^2 + u_t^2} = 0.134\ \text{s}$.

周期 T 的平均值：$\bar{T} = \frac{97.50}{50}\ \text{s} = 1.950\ \text{s}$.

周期 T 平均值的合成不确定度：$U_T = \frac{U_t}{50} = 0.002\,68\ \text{s}$.

(4) 计算摆长 L 的测量结果

$$L = d + \frac{h}{2}.$$

$$\bar{L} = \bar{d} + \frac{\bar{h}}{2} = 93.38\ \text{cm} + \frac{2.008}{2}\ \text{cm} = 94.38\ \text{cm}.$$

$$U_L = \sqrt{U_d^2 + \left(\frac{U_h}{2}\right)^2} = \sqrt{0.034^2 + \left(\frac{0.002\,1}{2}\right)^2}\ \text{cm} = 0.034\ \text{cm}.$$

(5) 计算重力加速度 g 的测量结果

$$g = \frac{4\pi^2 L}{T^2}.$$

$$\bar{g} = \frac{4\pi^2 \bar{L}}{\bar{T}^2} = \frac{4 \times 3.141\,6^2 \times 94.38}{1.950^2}\ \text{cm} \cdot \text{s}^{-2} = 979.8\ \text{cm} \cdot \text{s}^{-2}.$$

$$U_{\bar{g}} = \bar{g}\sqrt{\left(\frac{U_{\bar{L}}}{\bar{L}}\right)^2 + 4\left(\frac{U_{\bar{T}}}{\bar{T}}\right)^2} = 979.8\sqrt{\left(\frac{0.034}{94.38}\right)^2 + 4\left(\frac{0.002\,68}{1.950}\right)^2}\ \text{cm} \cdot \text{s}^{-2}$$
$$= 2.7\ \text{cm} \cdot \text{s}^{-2}.$$

$$g = \bar{g} \pm U_{\bar{g}} = (979.8 \pm 2.7)\text{cm} \cdot \text{s}^{-2} \quad (P = 68.3\%).$$

2. 图解法(图示法)

用作图法研究物理量之间的变化规律，计算物理量的数值. 作图法既是一种处理数据的方法，也是一种实验的方法，想根据作图法处理实验数据必须根据作图的要求来设计安排实验过程.

例 16 利用单摆法测重力加速度. $g=\frac{4\pi^2 L}{T^2}$，即 $L=\left(\frac{g}{4\pi^2}\right)T^2$，一定地点的重力加速度 g 是一个恒量，L 和 T^2 是一种线性关系. 实验过程中，可以通过改变摆长 L，测出不同摆长下的周期 T，作 $L-T^2$ 图线，由图线(图线是一条直线)求出斜率 K，再根据 $k=\frac{g}{4\pi^2}$ 计算出 g. 这就是作图法求得重力加速度的实验过程.

在实验测量中，许多函数并非线性函数，为了作图方便、直观，可将函数进行线性变换. 常见函数的线性变换如表 2-4-2.

表 2-4-2　常见函数的线性变换

原函数关系	变换	线性关系
$y=ax^b$	$y'=\ln y,\ x'=\ln x$	$y'=\ln a+bx'$
$y=ab^x$	$y'=\ln y,\ x'=x$	$y'=\ln a+\ln b\cdot x'$
$y=\sqrt{a+bx}$	$y'=y^2,\ x'=x$	$y'=a+bx'$
$y=(a+bx)^2$	$y'=\sqrt{y},\ x'=x$	$y'=a+bx'$

作图规则如下：

(1) 选取坐标纸. 根据不同的实验内容和函数形式来选取不同的坐标纸，在物理实验中最常用的有直角坐标纸、对数坐标纸. 再根据所测得数据的有效数字和实验点的分布确定坐标纸的大小，一般坐标纸上的最小分格至少应是有效数字的最后一位可靠数字.

(2) 定坐标和坐标刻度. 通常以横坐标表示自变量，纵坐标表示因变量. 标明坐标轴所代表的物理量的名称和单位. 坐标轴的起点不一定从变量的“0”开始，尽量使图线在坐标纸上有合理的布局. 坐标轴刻度值的位数应与实验数据有效数字位数一致.

(3) 标点. 根据测量数据，找到每个实验点在坐标纸上的位置，用铅笔以“×”作标记. 一张图上要画几条曲线时，每条曲线可用不同的标记如“+”、“⊙”等以示区别. 一般不用圆点“·”，特别不用小圆点，主要是因小圆点容易被图线盖住.

(4) 连线. 用直尺、曲线板、铅笔将测量点连成直线或光滑曲线，校正曲线要通过校正点连成折线. 因为实验值都有一定误差，曲线不一定要通过所有实验点，只要求线的两旁实验点分布均匀且离曲线较近，并在曲线的转折处多测几个点. 异常实验点经分析后决定取舍.

(5) 写出图线名称. 实验图线应有所说明：①图线名称，坐标轴所表示的物理量及单位；②测量图线的实验条件.

(6) 图线求解. 图线为直线，一般情况下要求直线的斜率和截距. 先在直线上任意选取两点 (x_1, y_1)，(x_2, y_2)，一般不取数据点，两点尽量拉开距离以减少误差. 则斜率和截距的计算公式为：$k=\frac{y_2-y_1}{x_2-x_1}$ 和 $b=\frac{x_2 y_1-x_1 y_2}{x_2-x_1}$.

3. *逐差法*

由误差理论可知：算术平均值最接近于真值，因此实验中应进行多次测量. 但是，在下例中多次测量并不能达到好的效果.

例 17　测量弹簧的劲度系数，将弹簧挂在装有竖直标尺的支架上，先记下弹簧端点在标尺上的读数 x_0，然而依次加上 1 kg，2 kg，…，7 kg 重的砝码的重力，则可读得 7 个标尺读数，分别为 x_1，x_2，…，x_7.

其相应的弹簧长度变化量为：

$$\Delta x_1 = x_1 - x_0,$$
$$\Delta x_2 = x_2 - x_1,$$
$$\vdots$$
$$\Delta x_7 = x_7 - x_6.$$

$$\Delta \bar{x} = \frac{(x_1 - x_0) + (x_2 - x_1) + \cdots + (x_7 - x_6)}{7} = \frac{x_7 - x_0}{7}.$$

为保持多次测量的优越性，把数据分为两组计算.

$$\Delta x_1 = x_4 - x_0,$$
$$\Delta x_2 = x_5 - x_1,$$
$$\Delta x_3 = x_6 - x_2,$$
$$\Delta x_4 = x_7 - x_3.$$

$$\Delta \bar{x} = \frac{\Delta x_1 + \Delta x_2 + \Delta x_3 + \Delta x_4}{4 \times 4}.$$

可见后一种数据处理方法更准确，此方法称为逐差法. 逐差法是对等间距测量的有序数据，进行逐项或相等间隔项相减得到结果.

逐差法的适用条件是：①自变量 x 是等间距变化的；②因变量（实际是被测量）y 为 x 的多项式，即：$y = a_0 + a_1x + a_2x^2 + a_3x^3 + \cdots + a_nx^n$. 待测物理量成线性关系时，也可利用逐差法很方便地求得斜率，但没有最小二乘法准确.

4. 直线拟合——最小二乘法

前面讨论过，用图解法处理实验数据时，可先将非线性关系的函数线性化，然后选择坐标纸描下各组合测量数据点，再根据各测量点描绘出直线. 这种直线的描绘往往带有较大的随意性，现在要探讨的是如何得到最佳直线.

x 和 y 为线性关系，即：$y = a + bx$. 对 x 和 y 测得 n 组数据：(x_1, y_1)，(x_2, y_2)，…，(x_n, y_n). 对 x_1 来讲，相应的测量值 y_1 和根据关系 $y = a + bx$ 计算出来的 $y_1^* = a + bx_1$ 一般存在误差 $\Delta_1 = y_1 - y_1^* = y_1 - (a + bx_1)$. 同理有：$\Delta_2 = y_2 - (a + bx_2)$，$\Delta_3 = y_3 - (a + bx_3)$，…，$\Delta_n = y_n - (a + bx_n)$.

最小二乘法原理：$\sum \Delta_i^2 = \Delta_1^2 + \Delta_2^2 + \cdots + \Delta_n^2 = \min$（最小值）时，$y = a + bx$（$a$，$b$ 为待定系数）为由测量数据组 (x_1, y_1)，(x_2, y_2)，…，(x_n, y_n) 所决定的最佳直线.

$$\Delta_1^2 = y_1^2 + (a + bx_1)^2 - 2y_1(a + bx_1),$$
$$\Delta_2^2 = y_2^2 + (a + bx_2)^2 - 2y_2(a + bx_2),$$
$$\vdots$$

$$\Delta_n^2 = y_n^2 + (a+bx_n)^2 - 2y_n(a+bx_n).$$

$$\sum \Delta_i^2 = \Delta_1^2 + \Delta_2^2 + \Delta_3^2 + \cdots + \Delta_n^2 = \sum y_i^2 + \sum (a+bx_i)^2 - 2\sum y_i(a+bx_i) = \min.$$

则应有：
$$\frac{\partial(\sum \Delta_i^2)}{\partial a} = 0 \text{ 和 } \frac{\partial(\sum \Delta_i^2)}{\partial b} = 0.$$

$$\frac{\partial(\sum \Delta_i^2)}{\partial a} = 2\sum (a+bx_i) - 2\sum y_i = 2na + 2b\sum x_i - 2\sum y_i = 0.$$

$$\sum x_i = n\bar{x},\ \sum y_i = n\bar{y},$$

则有

$$a + b\bar{x} - \bar{y} = 0. \tag{2-4-1}$$

$$\frac{\partial(\sum \Delta_i^2)}{\partial b} = 2\sum (a+bx_i)x_i - 2\sum (y_i x_i) = 2a\sum x_i + 2b\sum x_i^2 - 2\sum (y_i x_i) = 0.$$

$$\sum x_i = n\bar{x},\ \sum x_i^2 = n\overline{x^2},\ \sum y_i x_i = n\cdot\overline{xy},$$

则有

$$a\bar{x} + b\overline{x^2} - \overline{xy} = 0. \tag{2-4-2}$$

式(2-4-1)和式(2-4-2)联立，解得

$$a = \frac{\bar{x}\cdot\overline{xy} - \overline{x^2}\cdot\bar{y}}{\bar{x}^2 - \overline{x^2}}, \tag{2-4-3}$$

$$b = \frac{\bar{x}\cdot\bar{y} - \overline{xy}}{\bar{x}^2 - \overline{x^2}}. \tag{2-4-4}$$

系数 a、b 由式(2-4-3)和式(2-4-4)确定，则 $y=a+bx$ 为最佳线性关系，图线为最佳直线.

两个变量的关系不能确定是否为线性关系的情况下，先假设其为线性关系，测得一系列数据，根据以上方法求得线性参数量. 必须判别线性关系的合理性. 线性相关系数：

$$r = \frac{\overline{xy} - \bar{x}\cdot\bar{y}}{\sqrt{(\overline{x^2} - \bar{x}^2)(\overline{y^2} - \bar{y}^2)}}. \tag{2-4-5}$$

可以证明：$-1 \leqslant r \leqslant 1$，$|r|$ 的值越接近 1 说明假设其为线性关系越合理.

2.5 计算机处理实验数据方法简介

随着现代教育技术的快速发展，实验教学的方式发生了较大的变化. 尤其是计算机技术的发展，为实验数据的采集以及处理带来极大的方便. 对实验数据进行处理时，特别是在较复杂的数据处理进程中，引入计算机数据处理软件这一现代化的手段，可以省去大量

繁杂的人工计算工作,减少中间环节的计算错误,提高效率,节约宝贵的时间. 本节主要介绍如何应用中文版 Excel 软件对实验数据进行处理.

Excel 中有大量定义好的函数可供选择. 实验中进行数据处理的很多计算,都可以方便地使用 Excel 提供的函数. 如 AVERAGE(求平均值),STDEV(求测量列的标准差),DEVSQ(求偏差的平方和),SLOPE(求直线的斜率),INTERCEPT(求直线的截距),CORREL(求相关系数)等.

例 18　以圆柱筒的内外径测量为例,简单介绍应用 Excel 函数处理实验数据(仅供参考). 具体步骤如下:

(1) 打开一空白工作表,将项目和实验测得的数据输入后,选择单元格"G2"为活动单元格,如图 2-5-1 所示.

Microsoft Excel - 标准偏差的计算方法.xls

文件(F)　编辑(E)　视图(V)　插入(I)　格式(O)　工具(T)　数据(D)　窗口(W)　帮助(H)

G2　　f_x

	A	B	C	D	E	F	G	H	I
1	n	1	2	3	4	5	平均值	标准差	平均值的标准偏差
2	D(mm)	16.08	16.06	16.1	16.08	16.08			
3	d (mm)	12.38	12.36	12.38	12.34	12.4			
4									
5									

图 2-5-1　输入实验数据框图

(2) 单击菜单栏中的[插入]菜单,选[f_x 函数]命令,在[常用函数]中选择[AVERAGE] 函数,单击[确定];如图 2-5-2 所示.

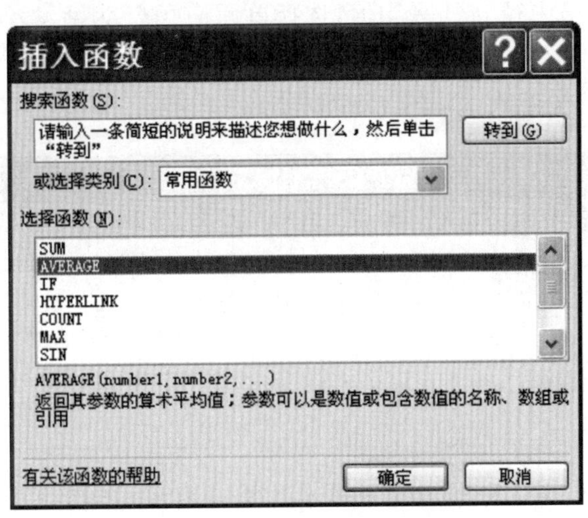

图 2-5-2　选择插入函数的名称

(3) 在活动单元格"G2"中就显示圆柱筒外径 D 的平均值,如图 2-5-3 所示. 在图 2-5-3中的" f_x "栏中显示为"=AVERAGE(B2:F2)",小括号中的":"表示从要计算的起始单元格"B2"到终止单元格"F2".

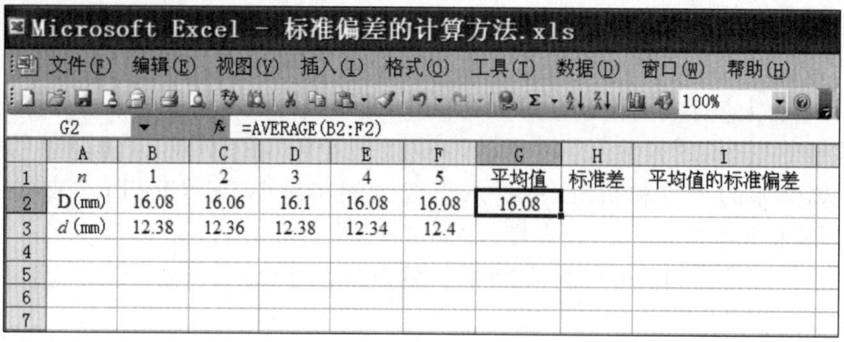

Microsoft Excel - 标准偏差的计算方法.xls

文件(F) 编辑(E) 视图(V) 插入(I) 格式(O) 工具(T) 数据(D) 窗口(W) 帮助(H)

G2 =AVERAGE(B2:F2)

	A	B	C	D	E	F	G	H	I
1	n	1	2	3	4	5	平均值	标准差	平均值的标准偏差
2	D(mm)	16.08	16.06	16.1	16.08	16.08	16.08		
3	d(mm)	12.38	12.36	12.38	12.34	12.4			
4									
5									
6									
7									

图 2-5-3　输出测量列的平均值框图

也可用这种方法求得圆柱筒外径 D 的平均值，在“图 2-5-1 输入实验数据框图”的活动单元格“G2”中直接输入计算公式“=(B2+C2+D2+E2+F2)/5”，然后按回车，也能得到同样的计算结果，如图 2-5-4 所示.

Microsoft Excel - 标准偏差的计算方法.xls

文件(F) 编辑(E) 视图(V) 插入(I) 格式(O) 工具(T) 数据(D) 窗口(W) 帮助(H)

G2 =(B2+C2+D2+E2+F2)/5

	A	B	C	D	E	F	G	H	I
1	n	1	2	3	4	5	平均值	标准差	平均值的标准偏差
2	D(mm)	16.08	16.06	16.1	16.08	16.08	16.08		
3	d(mm)	12.38	12.36	12.38	12.34	12.4			
4									
5									

图 2-5-4　直接输入公式法得到的输出测量列的平均值框图

(4) 要计算圆柱筒内径 d 的平均值，选择单元格“G2”为活动单元格，单击工具栏中[复制]按钮，再选择单元格“G3”为活动单元格，单击工具栏中[粘贴]按钮，即可在单元格“G3”中显示出内径的平均值，如图 2-5-5 所示.

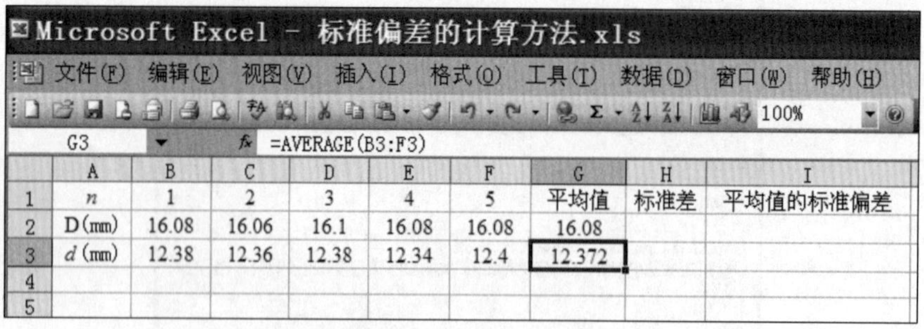

Microsoft Excel - 标准偏差的计算方法.xls

文件(F) 编辑(E) 视图(V) 插入(I) 格式(O) 工具(T) 数据(D) 窗口(W) 帮助(H)

G3 =AVERAGE(B3:F3)

	A	B	C	D	E	F	G	H	I
1	n	1	2	3	4	5	平均值	标准差	平均值的标准偏差
2	D(mm)	16.08	16.06	16.1	16.08	16.08	16.08		
3	d(mm)	12.38	12.36	12.38	12.34	12.4	12.372		
4									
5									

图 2-5-5　通过“复制”求其他测量列的平均值框图

还可以用这种方法求得圆柱筒内径 d 的平均值，选择单元格“G2”为活动单元格，移动鼠标在“G2”活动单元格的右下方，此时鼠标的标识会从虚十字符号“✞”变为实十字符号“+”时，按住鼠标左键，往下拉，则所经过的单元格，都以“G2”单元格相同的计算方法显示出计算结果，如图 2-5-6 所示.

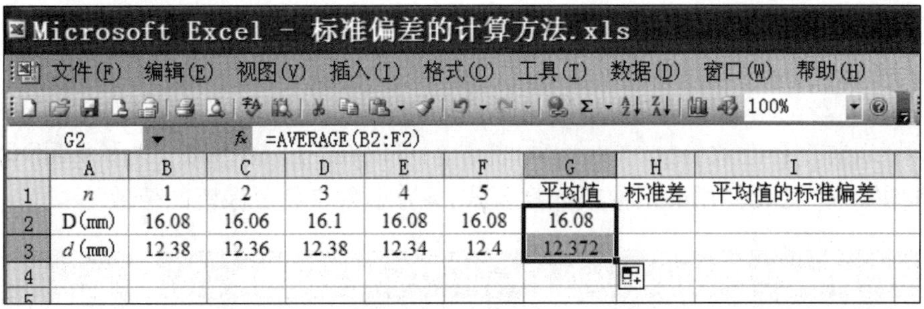

Microsoft Excel - 标准偏差的计算方法.xls

文件(F)　编辑(E)　视图(V)　插入(I)　格式(O)　工具(T)　数据(D)　窗口(W)　帮助(H)

G2　　f_x =AVERAGE(B2:F2)

	A	B	C	D	E	F	G	H	I
1	n	1	2	3	4	5	平均值	标准差	平均值的标准偏差
2	D(mm)	16.08	16.06	16.1	16.08	16.08	16.08		
3	d(mm)	12.38	12.36	12.38	12.34	12.4	12.372		
4									

图 2-5-6　通过下拉鼠标法求其他测量列的平均值框图

(5) 求测量列的标准差：选择单元格“H2”为活动单元格，单击菜单栏中的[插入]菜单，选[f_x 函数]命令，在[常用函数]中选择[STDEV] 函数，仿照前面求平均值的操作步骤，即可方便地求出测量列的标准差 $s(D)$，$s(d)$ 的值(其中标准差 s 的定义 $s(x)=\sqrt{\dfrac{\sum\limits_{i=1}^{n}(x_1-\overline{x})^2}{n-1}}$)，并在单元格“H2”中显示出来，如图 2-5-7 所示.

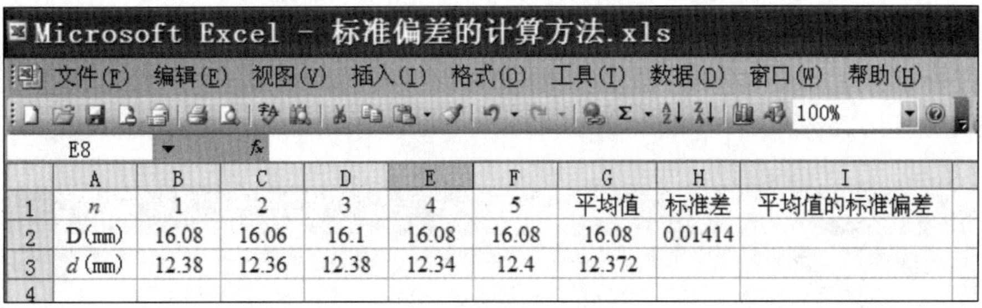

Microsoft Excel - 标准偏差的计算方法.xls

文件(F)　编辑(E)　视图(V)　插入(I)　格式(O)　工具(T)　数据(D)　窗口(W)　帮助(H)

E8　　f_x

	A	B	C	D	E	F	G	H	I
1	n	1	2	3	4	5	平均值	标准差	平均值的标准偏差
2	D(mm)	16.08	16.06	16.1	16.08	16.08	16.08	0.01414	
3	d(mm)	12.38	12.36	12.38	12.34	12.4	12.372		
4									

图 2-5-7　输出测量列的标准差框图

与计算平均值的方法相同，用“复制”法或“下拉鼠标”法，也能求出圆柱筒内径 d 的标准差.

(6) 求平均值的标准差：选择单元格“I2”为活动单元格，输入“=H2/SQRT(5)”后按回车键，即可在单元格“I2”中显示出由 $s(\overline{x})=\dfrac{s(x)}{\sqrt{5}}$ 计算得出的外径 D 的平均值标准差的值，如图 2-5-8 所示.

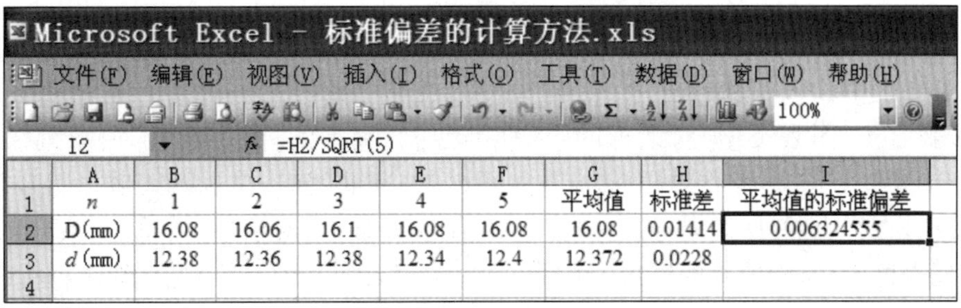

Microsoft Excel - 标准偏差的计算方法.xls

文件(F)　编辑(E)　视图(V)　插入(I)　格式(O)　工具(T)　数据(D)　窗口(W)　帮助(H)

I2　　f_x =H2/SQRT(5)

	A	B	C	D	E	F	G	H	I
1	n	1	2	3	4	5	平均值	标准差	平均值的标准偏差
2	D(mm)	16.08	16.06	16.1	16.08	16.08	16.08	0.01414	0.006324555
3	d(mm)	12.38	12.36	12.38	12.34	12.4	12.372	0.0228	
4									

图 2-5-8　求测量列平均值的标准差框图

与计算平均值的方法相同,用“复制”法或“下拉鼠标”法,也能求出圆柱筒内径 d 的平均值的标准偏差.

(7) 在图 2-5-8 求测量列平均值的标准差框图中,得到的平均值的标准差的计算结果位数很多,要进行有效位数的取舍,此时,我们可以在“ f_x 栏”中输入“ROUND(f_x, n)”函数,其中“ f_x ”为要使用的函数或计算公式,n 为小数点后要保留的位数.

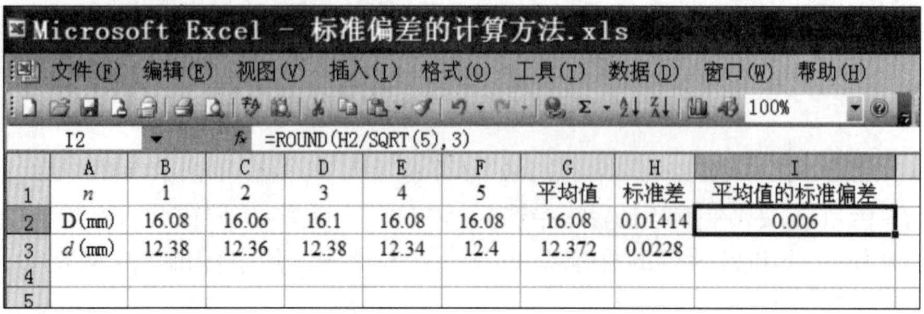

Microsoft Excel - 标准偏差的计算方法.xls

文件(F) 编辑(E) 视图(V) 插入(I) 格式(O) 工具(T) 数据(D) 窗口(W) 帮助(H)

I2 f_x =ROUND(H2/SQRT(5),3)

	A	B	C	D	E	F	G	H	I
1	n	1	2	3	4	5	平均值	标准差	平均值的标准偏差
2	D(mm)	16.08	16.06	16.1	16.08	16.08	16.08	0.01414	0.006
3	d(mm)	12.38	12.36	12.38	12.34	12.4	12.372	0.0228	
4									
5									

图 2-5-9　调整有效数字框图

例 19　在研究电阻阻值与温度关系的实验中,可以通过作图,并进行直线拟合,得到相关线性函数.

打开一空白工作表,将项目和实验测得的数据输入后,按鼠标选择要作图的所有单元格,如图 2-5-10 所示.

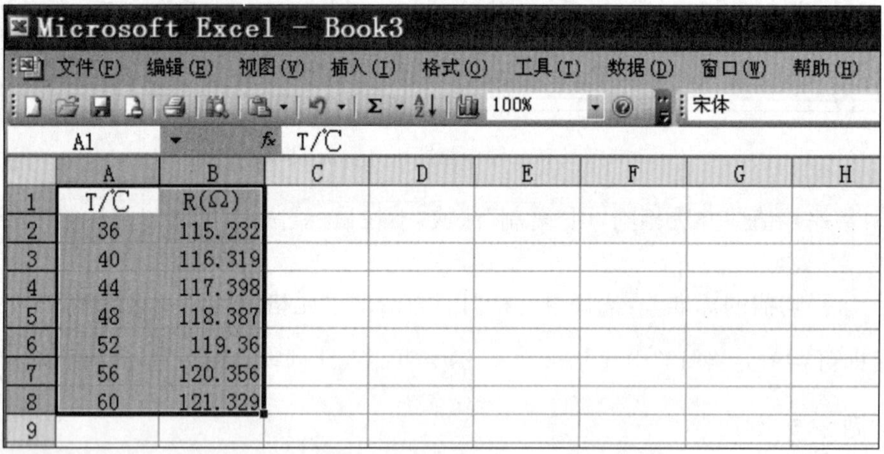

Microsoft Excel - Book3

文件(F) 编辑(E) 视图(V) 插入(I) 格式(O) 工具(T) 数据(D) 窗口(W) 帮助(H)

100% 宋体

A1 f_x T/℃

	A	B	C	D	E	F	G	H
1	T/℃	R(Ω)						
2	36	115.232						
3	40	116.319						
4	44	117.398						
5	48	118.387						
6	52	119.36						
7	56	120.356						
8	60	121.329						
9								

图 2-5-10　选择单元格进行作图的框图

在工作表中输入实验数据后,单击[插入]菜单中的[图表]命令,在弹出的[图表向导...步骤之 1-图表类型]对话框的[标准类型]标签下的[图表类型]窗口列表中选择[XY 散点图],在[子图表类型]中选择散点图(作校准曲线时,应选折线散点图),单击[下一步]按钮,在弹出的[图表向导...步骤之 2-图表源数据]对话框中,单击[系列]标签,在[系列]列表框中,删除原有内容后,单击[添加]按钮,在[X 值]和[Y 值]编辑框中,输入 X 值和 Y 值的数据所在的单元格区域,单击[下一步]按钮;在弹出的[图表向导...步骤之

3 -图表选项]对话框的[标题]标签中,键入图表标题、X 轴和 Y 轴代表的物理量及单位,单击[完成]按钮后,即可显示如图 2-5-11(c)所示的散点图.

生成散点图后进行直线拟合,鼠标对着图线,按右键,选择“添加趋势线”,在弹出的[添加趋势线]对话框中,单击[类型]标签后,根据实验数据所体现的关系或规律,从[线性]、[乘幂]、[对数]、[指数]、[多项式]等类型中,选择一适当的拟合图线.单击[选项]标签,在[趋势预测]域中通过前推和倒推的数字增减框可将图线按需要延长,以便能应用

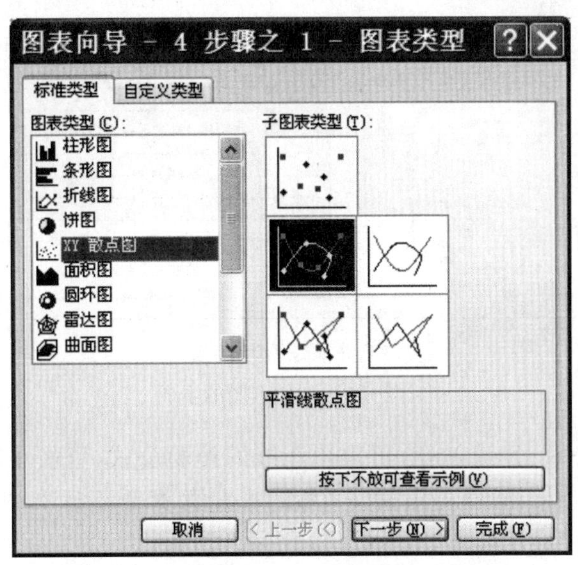

(a) 选择 XY 散点图框图

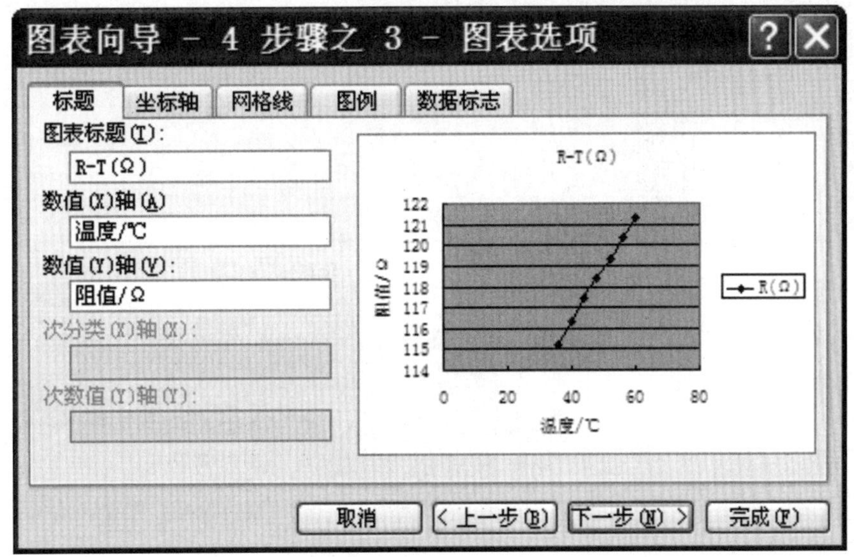

(b) 输入图表选项框图

	A	B
1	T/℃	R(Ω)
2	36	115.232
3	40	116.319
4	44	117.398
5	48	118.387
6	52	119.36
7	56	120.356
8	60	121.329

(c) 生成散点图的框图

图 2-5-11　散点图的生成

外推法;选中[显示公式]复选按钮,可得出图线的经验公式,省去了求常数的过程;选中[显示 R 平方值]复选按钮,可得出相关系数的平方值,R 越接近 1,表明拟合程度越高.单击[确定]按钮后,即可显示如图 2-5-12(b)所示的图表.

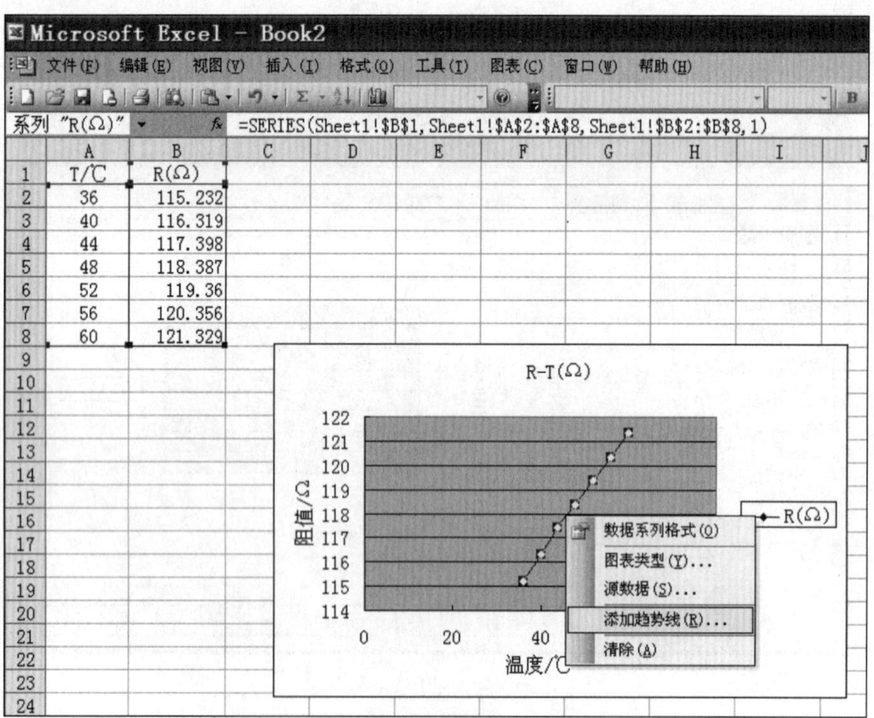

(a) 添加趋势线框图

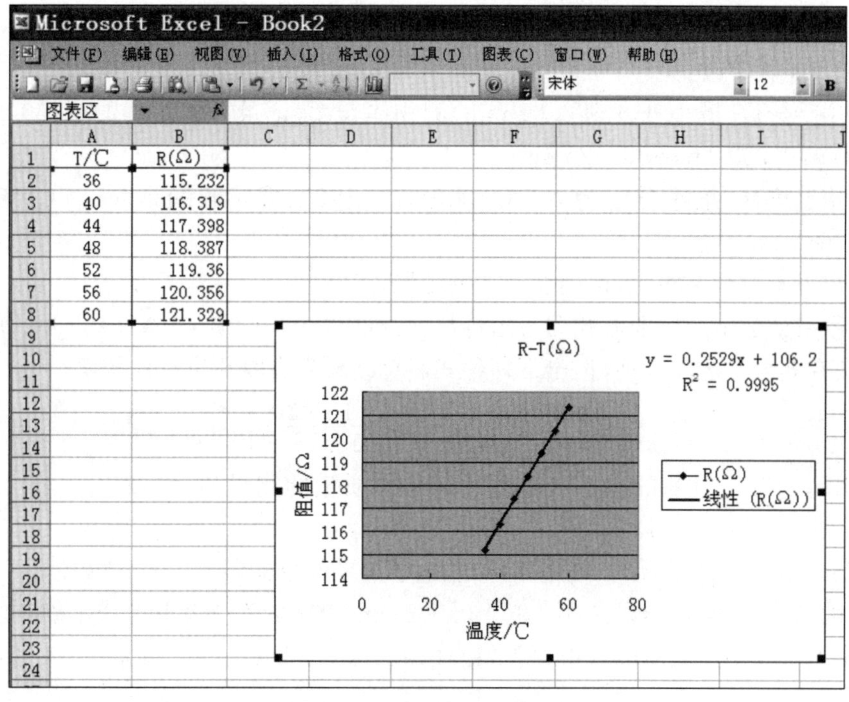

(b) 显示图线方程公式的框图

图 2-5-12　趋势线的添加

例 20　在落球法测液体的黏滞系数实验中，我们也可以通过作图，进行曲线拟合，求落球法测液体的黏滞系数的曲线方程.

具体方法可以参考例 19 中的方法，但在进行拟合时，应从[乘幂]、[对数]、[指数]、[多项式]等类型中，选择一适当的进行曲线拟合，可生成如图 2-5-13.

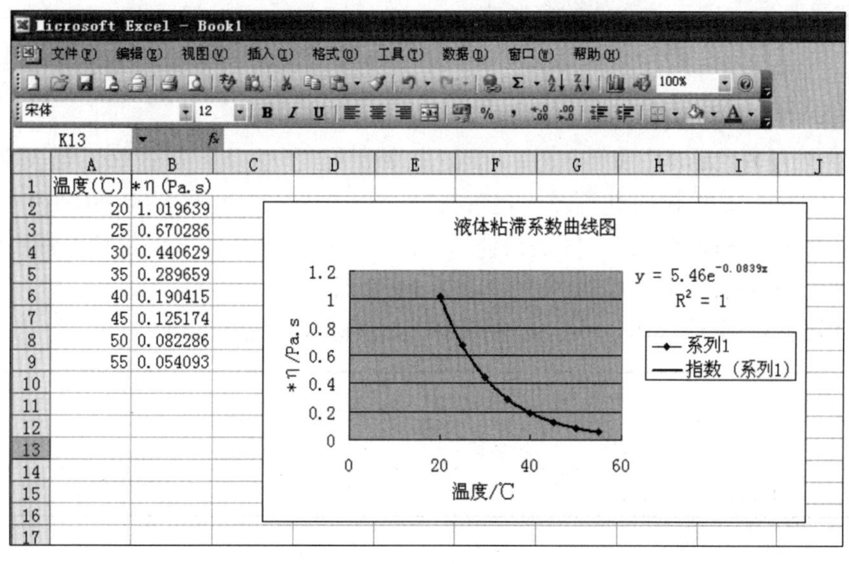

图 2-5-13　落球法测液体的黏滞系数曲线图

【练习题】

1. 指出错误并改正:

(1) 用千分尺(最小分度为 0.01 mm)测物体长度,记录数据正确的是:30.203 mm,30.20 mm,30.203 2 mm,30.2 mm.

(2) 用温度计(最小分度为 0.5℃)测温度,记录数据正确的是:68.4℃,68.50℃,68.53℃,68℃.

(3) 根据有效数字概念,正确表示下列结果:(123.48±0.1),(534.21±1).

(4) 用有效数字的标准形式书写出各数:(321 000±1 000),(0.000 156±0.000 001).

2. 按有效数字运算规则,指出下列各式运算结果应当取几位有效数字.

(1) $\frac{99.3}{2.000\ 2}$; (2) $\frac{6.5+8.43}{133.75-109.8}$; (3) $\frac{1.362\times 840}{110.75-100.6}-28.6$.

3. 用精度为 0.01 g 的电子天平测得某物体质量的测量值为:32.125 g,32.116 g,32.121 g,32.124 g,32.122 g,32.122 g.

要求:计算测量结果,作不确定度评定(电子天平的仪器误差取 0.01 g).

4. 某圆直径的测量结果是(0.596±0.002)cm,求圆的面积及其合成不确定度.

5. 将毛细管中注入一段水银,测水银柱的长度 L 和水银的质量 m、毛细管半径 $r=\sqrt{\frac{m}{\pi\rho L}}$,其中 ρ 为水银密度. 已测得 m, L, ρ 结果:$m=(72.5\pm 0.6)$mg,$L=(1.765\pm 0.002)$cm,$\rho=(13.56\pm 0.019)\text{g}\cdot\text{cm}^{-3}$. 求毛细管半径 r 及其合成不确定度.

6. 下面的说法对吗?为什么?

(1) 因为间接测量误差是由各直接测量误差所致,所以间接测量的误差为各直接测量误差相加.

(2) 间接测量误差是计算出来的.

7. 在研究匀加速运动物体的实验中,$s=\frac{1}{2}at^2$,为了求得加速度 a,现测得 $t=10$ s,$s=100$ cm,请问哪个量的测量精度对实验结果影响更大些?如果要保证实验误差小于1%,应各选用精度为多少的仪器?

8. 测量结果表示为"$A=\overline{A}\pm U$, $P=0.683$"的物理意义是什么?如测量结果为(4.28±0.03)cm,是否说明其直径一定落在(4.28−0.03, 4.28+0.03)范围内?为什么?

9. 系统误差和偶然的根本区别是什么?游标卡尺的零读数误差是什么性质的误差?

10. 指出下列有效数字位数:1.010, 1.010 0, 0.010 1, 0.001 01.

11. 用最小二乘法求出 $y=b+kx$ 中的 b, k 并检验线性关系.

测量次序	1	2	3	4	5	6	7
x_i	2.0	4.0	6.0	8.0	10.0	12.0	14.0
y_i	14.34	16.35	18.36	20.34	22.39	24.38	26.33

第 3 章　力学与热学实验

3.1　长度的测量

【实验目的】

(1) 学习游标卡尺、螺旋微测器及读数显微镜的结构及原理，并掌握它们的正确使用方法.

(2) 学习读取、记录和处理数据的正确方法.

【实验仪器】

游标卡尺、螺旋测微计(千分尺)、测量显微镜、待测物体.

【实验原理】

1. 游标卡尺构造及原理

(1) 游标卡尺构造

主要由主尺 A(最小刻度为 1 mm)以及套在主尺上可滑动的游标副尺(简称游标)B 组成. 外卡口 D、F 用来夹被测物体. 内卡口 C、E 用于测孔径或槽宽. 螺丝 G 用于固定游标，以保证卡尺从被测物体上取下后再读数时，卡口之间的距离不变. 游标卡尺的外形如图 3-1-1 所示.

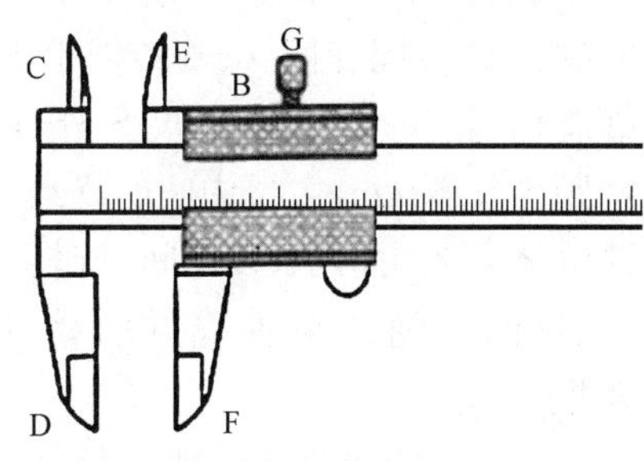

图 3-1-1　游标卡尺

(2) 游标原理和读数

游标尺是利用主尺的单位刻度与游标副尺的单位刻度之间固定的微量差值来提高测量准确度的.

设游标上的每个刻度长为 x，相应主尺上的最小刻度为 1 mm，游标上的 n 格的长度总是等于主尺上$(n-1)$格的长度，即：$(n-1)\times 1=nx$.

则主尺与游标上每个分格的长度之差为$\frac{1}{n}$，则称为游标的精度(即游标的最小分度值).

当游标分为 10 分度时(即 $n=10$)，其精度为 0.1 mm；

当游标分为 20 分度时(即 $n=20$)，其精度为 0.05 mm；

当游标分为 50 分度时(即 $n=50$)，其精度为 0.02 mm.

在测量时，被测物体的长度等于主尺 C 到 E 线的距离，当游标第 n 个刻线与主尺某一刻线重合，则游标上的刻线直接读出被测物体长度毫米以下的数值(而不是刻序线)，在使用时，只要读出游标零线前主尺刻线所示的毫米整数加上游标上跟主尺任一刻线重合的刻线标数所代表的毫米小数(图 3-1-2).

当被测物体的长度不正好是准确度(亦称最小示度)的整数倍时,游标将没有任何线与主尺线对齐,此时应按相对来说对得最准的那线读数,由此产生的误差,称为读数误差.

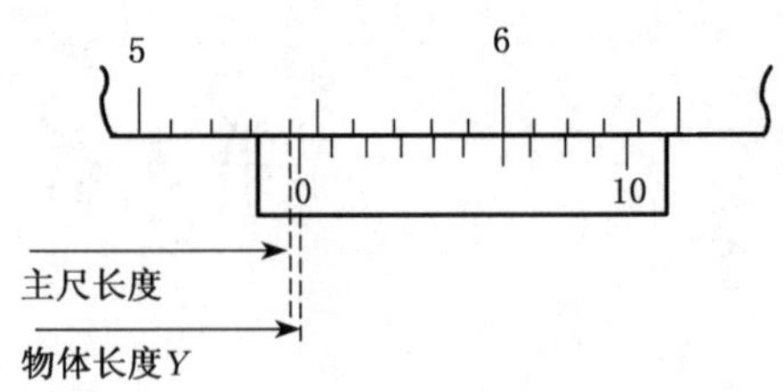

图 3-1-2　游标尺读数放大图

(3) 使用方法和注意事项

① 检查零点、推动游标下面的凸起部位使卡口 C、E 密合,此时卡口 D、F 也应密合,游标上的零线应与主尺零线对齐. 如果不能对齐,应记下起始读数,称零点误差,测得值应为尺示读数减去零点误差.

② 移动游标时,右手握住主尺用拇指按在凸起部位或推或拉,不要用力过猛. 当卡到被测物体时,要松紧适度,以免损伤卡尺或被测物体. 需要把卡尺从被测物体上取下后才能读数时,一定要先将固定螺丝拧紧.

③ 在测量时,被测物体要卡正,特别是测孔、环内径,要找到最大值,否则会增大测量误差.

④ 卡尺在长期不用时,应涂以脱水黄油,置于避光干燥处封存.

2. 螺旋测微计

(1) 结构

螺旋测微计又称千分尺. 结构如图 3-1-3. 螺杆 C 与螺旋柄 T、旋转把手 H 固定相连. 螺旋柄(副尺)T 套在主尺 S 外,内部为螺旋;螺距为 0.5 mm,主尺中间的横线为指示线,被测物体夹在钳口 A、B 之间,旋转旋柄把手,螺杆、螺柄均随之在轴线方向移动. G 为锁紧转把.

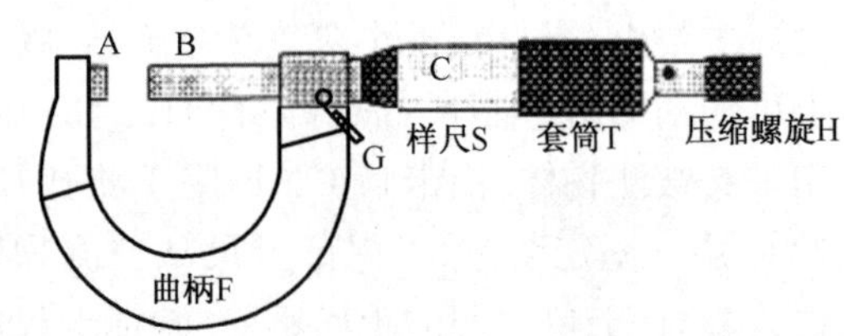

图 3-1-3　螺旋测微计

(2) 螺旋测微计原理与读数

如果螺距为 0.5 mm,副尺周长分为 50 个刻度,当螺旋柄 E 转过一周,也就是 50 个刻度时,副尺和螺杆同时前进(或后退)0.5 mm,这样当副尺转进一个刻度时,C 和 T 都移动了 0.01 mm,由于副尺 E 转两周,C 和 T 才轴向移动 1 mm,所以主尺上除横线一侧有整数刻线外,下侧还标有半刻线.

测量时,先读主尺的整半毫米数,再读副尺上与主尺横线对齐的那一刻线标数. 即:测量读数＝主尺读数＋副尺刻线读数 × 0.01 mm, 副尺应估读到 0.001mm 这一线,如图 3-1-4 所示.

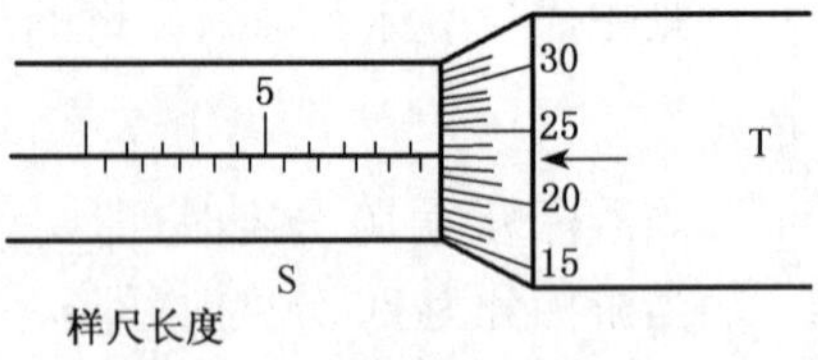

其读数为:$9.5+23.1\times0.01=9.731$ mm.

图 3-1-4　螺旋测微计读数放大图

(3) 使用方法和注意事项

① 确定零点误差. 零点误差有如图 3-1-5 和图 3-1-6 所示两种情况. 图 3-1-5 圆周刻度的零线在主尺轴向刻线的下方,主尺零线稍露在圆周尺外,此种情况称为正的零点误差,其读数为 0.057 mm. 而图 3-1-6 圆周刻度的零线在主尺轴向刻线的上方,主尺零线被

圆周尺边缘压盖了,此种情况称为负的零点误差,其读数为 -0.072mm. 因此读数值应为:测量值-修正值.

② 测量或对零点读数时,当测杆与被测物体(或钳口 A)快接近时,应轻轻转动链杆轮 F,不要直接拧转螺旋柄 E,以免损坏仪器,影响读数,当听到小棘轮发出嚓嚓声时,即可停止转动.

③ 测量完毕后,应使钳口 A、B 间留有间隙,以防热胀冷缩损坏仪器.

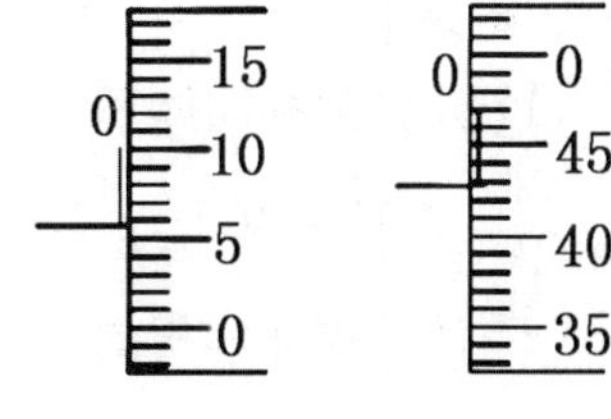

图 3-1-5　　图 3-1-6

3. 读数显微镜

(1) 构造原理

显微镜是将螺旋测微计和显微镜组合起来作精确测量长度的仪器,其外形如图 3-1-7 所示.

读数显微镜是一种用来精密测量位移或长度的仪器,它是由一个显微镜和一个类似于千分尺的移动装置构成. 如图 3-1-7所示,当转动转鼓时,镜筒就会来回移动,从目镜中可以看到,十字叉丝在视场中移动,从固定标尺和转鼓上就可以读出十字叉丝的移动距离. 固定标尺内螺杆的螺距为 1 mm,转鼓转动一圈时,镜筒移动 1 mm,转鼓上刻有 100 个等分格,转鼓转动一格,镜筒移动 0.01 mm,所以读数显微镜的分度值为 0.01mm,具体测量时还可以估读到千分之一毫米位.

图 3-1-7　读数显微镜

(2) 使用方法和读数

① 调节目镜,使清楚看到叉丝.

② 调焦,使待测物成像清楚并消除像差.

③ 测量,先让叉丝对准待测物始端 A 记下读数,转动鼓转使叉丝再对准终端 B,再记下读数,两数差即为待测物 AB 的长度 L.

④ 读数. 如图 3-1-8 所示,在 A 点时,叉丝读数 1 mm,鼓轮读数为 0.373 mm;在 B 点时,叉丝读数为 3 mm,鼓轮读数为 0.550 mm. 则 $L=3.550-1.373=2.177$ mm.

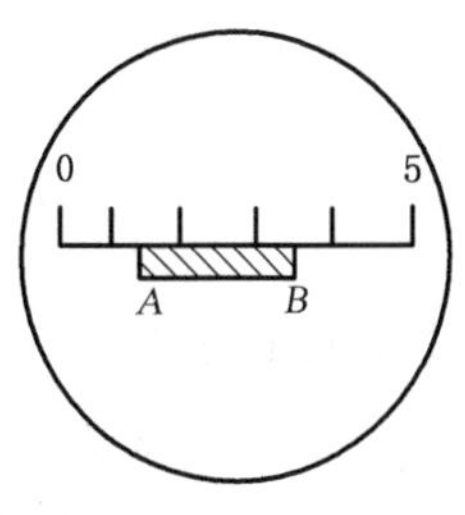

图 3-1-8　读数

(3) 注意事项

① 应使显微镜叉丝移动方向和被测两点间的联线平行.

② 防止回程误差,即测量时应向同一方向转动鼓轮,防止在螺旋改变转动方向时引起误差.

【实验内容】

(1) 测量圆柱筒的体积:

① 用游标卡尺测量圆柱筒的内径 d_2、外径 d_1 和高度 h. 各测量 5 次,求平均值、标准误差. 要求记录游标卡尺最小分度值________,零读数________.

② 计算圆柱筒的体积测量平均值及其标准误差,写出测量结果表达式.

(2) 用螺旋测微计(千分尺)测小钢球的直径(10 次),求平均值,计算体积测量结果.

(3) 用读数显微镜测挡光片宽度(5 次),计算宽度测量结果.

【数据处理】

(1) 计算圆柱筒体积的测量结果

$$V=\overline{V}\pm t_P\cdot\sigma_V=\_\_\_\_\_\_\_\_,K=\_\_\_\_\_\_\_\_,P=\_\_\_\_\_\_\_\_.$$

(2) 计算钢球体积的测量结果

$$V=\overline{V}\pm t_P\cdot\sigma_V=\_\_\_\_\_\_\_\_,K=\_\_\_\_\_\_\_\_,P=\_\_\_\_\_\_\_\_.$$

(3) 计算挡光片宽度的测量结果

$$L=\overline{L}\pm t_P\cdot\sigma_L=\_\_\_\_\_\_\_\_,K=\_\_\_\_\_\_\_\_,P=\_\_\_\_\_\_\_\_.$$

圆柱筒体积和小钢球体积的测量结果的计算公式如下:

圆柱筒:

$$V=\frac{\pi(d_1^2-d_2^2)h}{4}.$$

$$\sigma_V=\sqrt{\left(\frac{\pi d_1 h\sigma_{d1}}{2}\right)^2+\left(\frac{\pi d_2 h\sigma_{d2}}{2}\right)^2+\left(\frac{\pi(d_1^2-d_2^2)\sigma_h}{4}\right)^2}.$$

钢球:

$$V=\frac{\pi d^3}{6},\quad \frac{\sigma_V}{V}=\frac{3\sigma_d}{d}.$$

【思考题】

1. 现有一块大约长 20 cm、宽 2 cm、厚 0.2 cm 的铁块要测量其体积,问应如何选用量具才能使结果为四位有效数字.

2. 通过测定直径 D 及高 h,求圆柱体的体积 V. 已知:$D=0.8$ cm, $h=3.2$ cm,只考虑偶然误差. 问:D 和 h 的误差 ΔD、Δh 对 V 的影响哪个大?

3.2 物体密度的测量

【实验目的】

(1) 掌握电子天平的使用.

(2) 掌握实验数据处理方法.

(3) 掌握测定物体密度的基本方法.

【实验仪器】

电子天平、游标卡尺、千分尺、待测物体(金属圆柱筒、金属圆柱体、金属圆球、金属小滚珠若干、烧杯、比重瓶).

【实验原理】

根据密度的定义:

$$\rho=\frac{m}{V},\tag{3-2-1}$$

密度的测定归结为质量和体积的测定.

1. 直接称衡法

用天平测出物体的质量 m,规则物体可用游标卡尺或千分尺测量有关几何尺寸,计算出体积 V 值,不规则物体则可用量筒测量它的体积,即可求出该物体密度.

2. 流体静力称衡法

(1) 测固体密度 ρ

用天平称得固体在空气中的质量 M 和全部浸没在水中的质量 M_1(水的密度 ρ_0),根据阿基米德定律,物体所受浮力

$$F=(M-M_1)g=\rho_0 gV.\tag{3-2-2}$$

其中,V 为物体的体积,可得

$$V=\frac{M-M_1}{\rho_0}.\tag{3-2-3}$$

代入式(3-2-1)得

$$\rho=\frac{M}{V}=\frac{M\rho_0}{M-M_1}.\tag{3-2-4}$$

(2) 测液体密度 ρ_x

再把固体浸没在待测液体中,测得质量为 M_2,同理可得

$$\rho=\frac{M}{V}=\frac{M\rho_0}{M-M_1}=\frac{M\rho_x}{M-M_2}.$$

则

$$\rho_x=\frac{(M-M_2)\rho_0}{M-M_1}.\tag{3-2-5}$$

3. 比重瓶法

(1) 粒状固体的密度 ρ 的测量

若测得装满液体(密度为 ρ_0) 的比重瓶(图 3-2-1)的质量为 M_0,再将质量为 m 的小颗粒固体投入比重瓶中,这时将有一部分液体从塞中毛细管中溢出,由于比重瓶体积一定,所以溢出部分液体的体积等于小固体的体积,若投入固体后比重瓶的质量为 M_1,则小固体体积为

$$V=\frac{M_0+m-M_1}{\rho_0}.\tag{3-2-6}$$

图 3-2-1　比重瓶

所以粒状固体的密度为

$$\rho=\frac{m}{V}=\frac{m\rho_0}{M_0+m-M_1}.\tag{3-2-7}$$

(2) 测液体的密度 ρ

设比重瓶质量为 $M_{比}$，在充满密度为 ρ_x 的待测液体时称得重量为 M，比重瓶充满蒸馏水时的质量为 M_0（蒸馏水和待测液体温度相同），则比重瓶在该温度下的容积为

$$V=\frac{M_0-M_{比}}{\rho_0}.$$

所以，待测液体的密度为

$$\rho_x=\frac{M-M_{比}}{V}=\frac{(M-M_{比})\rho_0}{M_0-M_{比}}. \tag{3-2-8}$$

【实验内容】

1. 物体密度测量方法1（直接称衡法）

(1) 熟悉数显电子天平的调整与使用（T为去皮键，C为校正键）.

(2) 熟悉游标卡尺、千分尺的使用. 记下游标卡尺、千分尺的零读数的值，以便修正测量值的系统误差.

(3) 用电子天平称出金属圆柱筒、金属圆球的质量.

(4) 用游标卡尺测金属圆柱筒的体积，实验数据填入表3-2-1中. 游标卡尺零读数 Δ =________.

表 3-2-1　　用游标卡尺测金属圆柱筒的体积

项目＼次数	1	2	3	4	5	平均值
圆柱筒长度 L/mm						
绝对误差 ΔL/mm						
圆柱筒内径 d/mm						
绝对误差 Δd /mm						
圆柱筒外径 D/mm						
绝对误差 ΔD/mm						
圆柱筒质量 M_1/g						
绝对误差 ΔM_1/g						

说明：绝对误差为平均值与每次测量值的差值的绝对值.

(5) 用千分尺测金属圆球的体积. 实验数据填入表3-2-2中. 千分尺零读数 Δ=______.

表 3-2-2　　用千分尺测金属圆球的体积

项目＼次数	1	2	3	4	5	平均值
圆球直径 D/mm						
绝对误差 ΔD/mm						
圆球质量 M_2/g						
绝对误差 ΔM_2/g						

2. 物体密度测量方法 2(液体静力称衡法)

(1) 用电子天平称金属圆柱体在空气中的质量 M_{11}(表 3-2-3).

(2) 用电子天平称装约半杯水的烧杯的质量 M_{21}.

(3) 手提金属圆柱体悬线让其完全浸入装水的烧杯中,用天平测出此时烧杯的质量 M_{22}. 则金属圆柱体的体积约为: $V=\dfrac{M_{22}-M_{21}}{\rho_0}$, 则 $\rho=\dfrac{M_{11}}{V}$, 其中 ρ_0 为水的密度.

(4) 用密度计测出水的密度 ρ_0.

表 3-2-3　　测量圆柱体的密度数据

项目 / 次数	1	2	3	4	5	平均值
圆柱体质量 M_{11}/g						
盛水的烧杯质量 M_{21}/g						
圆柱体悬浮于 M_{21} 后,烧杯的质量 M_{22}/g						

3. 物体密度测量方法 3(比重瓶法)

(1) 用电子天平称若干金属小圆珠质量 m(表 3-2-4).

(2) 用电子天平称装满水的比重瓶质量 M_0.

(3) 用电子天平称包括水、小圆珠的比重瓶的质量 M.

(4) 测水的密度 ρ_0.

则金属小滚珠的体积为: $V=\dfrac{M_0+m-M}{\rho_0}$.

表 3-2-4　　测量小滚珠的密度数据

次数 / 项目	1	2	3	4	5	平均值
10 个小滚珠质量 m/g						
盛满水的比重瓶质量 M_0/g						
滚珠倒入比重瓶后的质量 M/g						

【数据处理】

1. 计算圆柱筒的体积 V_1(只要求计算圆柱筒体积的平均值、平均值的标准偏差).

2. 计算圆柱筒的密度 ρ_1(只要求计算圆柱筒密度的平均值、平均值的标准偏差).

3. 计算圆球的体积 V_2(要求计算圆球体积的平均值、平均值的标准偏差、不确定度,写出圆球体积测量结果的不确定度评定正确表达式).

4. 计算圆球的密度 ρ_2(要求计算圆球密度的平均值、平均值的标准偏差、不确定度,写出圆球密度测量结果的不确定度评定正确表达式).

5. 计算圆柱体铝块的密度 ρ_3（只要求计算圆柱体的密度平均值、平均值的标准偏差）.

6. 计算金属小滚珠的密度 ρ_4（只要求小滚珠的密度平均值、平均值的标准偏差）.

提示：(1) 仪器误差取值：游标卡尺取最小分度值；千分尺取最小分度值的一半；电子天平参考“数字仪表”，若无说明则取最小分度值.

(2) 以上各量计算过程步骤一般不能省略.

(3) 圆柱筒的体积：$V_{筒} = \frac{\pi}{4}(D^2 - d^2) L$；球的体积：$V_{球} = \frac{\pi}{6}D^3$.

【思考题】

1. 如何用静力称衡法和比重瓶法测液体的密度？请说明实验原理，列出实验步骤和方法.

2. 用数字显示仪表（电子天平）测量物理量时，连续记下一定时间间隔的各个显示值. 如各个显示值不同是否为偶然误差？如各个显示值相同是否认为没有误差？

3. 用天平称得物体在空气中的质量为 M_1，若手提物体全部浸没在水中（水的密度 ρ_0）时的质量为 M_2，则此时电子天平显示的数值是多少？如果手不提着物体，让物体沉入水中，此时电子天平显示的数值又是多少？（假设烧杯及水的质量为 M_0）

4. 如果不规则物体的密度比水小，试设计一种测量其密度的方法.

3.3 单摆法测量重力加速度

【实验目的】

(1) 掌握用单摆测定重力加速度的方法.

(2) 研究单摆振动及周期和摆长之间的关系，实验结果用线性化的图线表示.

(3) 掌握停表的使用方法.

【实验仪器】

单摆、米尺、秒表、游标卡尺.

【实验原理】

1. 停表

停表是测量时间间隔的常用仪表，它有各种规格，其构造和用法略有不同，使用前首先要明白其规格和用法.

一般的停表，表盘上装有两条针：长针是秒针，每转一圈是 30 s；短针是分针，当秒针转两圈，分针则移过一个刻度. 分针是在小圆圈内读出，大圆圈的分度指示秒的读数. 停表的最小分度值有 0.1 s 和 0.2 s 两种，最小分度值为 0.1 s.

停表上端有把钮，旋转它上紧发条后，按下它控制表启动和制动. 使用前先上发条，测量时用手握住停表，大姆指按在把钮上，先按下一小截，待需启动时，再稍用力按下，秒针立即走动，这样可以缩短按表延误时间，提高按表准确度. 第二次再按把钮，秒针立即制动，这时即可读出所测的时间间隔，第三次按把钮时，秒针即可回到零点（称为回表）.

使用停表时要注意下列几点：

(1) 使用前先上紧发条，用力不可太猛，以免旋断发条.

(2) 检查秒针、分针是否回到零点，如不回到零点，则应记下零点读数，并对测量数据作零点误差的修正.

(3) 测量时，应握紧停表，或将其挂在脖子上，以免失落而损坏.

(4) 实验完毕，应让秒针继续走动，使发条完全放松，停表放回盒中.

2. 单摆

把一个金属小球拴在一根细长的线上，如图 3-3-1 所示. 如果细线的质量比小球质量小很多，而球的直径又比细线的长度小很多，则此装置可看作是一个不计质量的细线系住一个质点，这样的装置就是单摆. 略去空气的阻力和浮力不计，在摆角很小时，小球的运动方程是

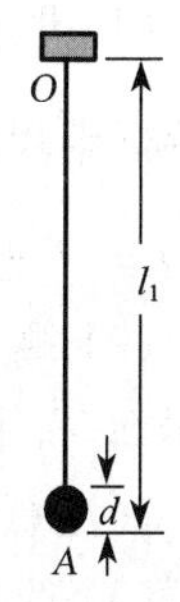

图 3-3-1　单摆

$$\ddot{x} + \frac{g}{l}x = 0. \tag{3-3-1}$$

其中，x 是从平衡点开始计算的位移.

式(3-3-1)的解为

$$x = A\cos(\omega t + \alpha). \tag{3-3-2}$$

其中，A，α 由初始条件决定，ω 是角频率. 其大小为 $\omega = \sqrt{\frac{g}{l}}$.

则单摆周期为

$$T = \frac{2\pi}{\omega} = 2\pi\sqrt{\frac{l}{g}}. \tag{3-3-3}$$

式中，l 是单摆的摆长，就是从悬点到小球球心的距离；g 是重力加速度. 因而，单摆周期只与摆长和重力加速度有关. 如果测量出单摆的摆长和周期，就能计算出重力加速度 g. 若把式(3-3-3)改写成

$$T^2 = \frac{4\pi^2}{g}l. \tag{3-3-4}$$

显然 T^2 和 l 之间具有线性关系，$\frac{4\pi^2}{g}$ 为其斜率. 对各种不同的摆长测出其对应的周期，则可从 T^2-l 图线的斜率求出 g 值.

单摆摆动时，设其摆角为 θ，单摆的振动周期 T 和摆角 θ 之间的关系，经理论推导可得

$$T = T_0\left(1 + \frac{1}{4}\sin^2\frac{\theta}{2} + \cdots\right). \tag{3-3-5}$$

其中，T_0 为 θ 接近 0°时的周期，略去后面各项，则

$$T = T_0\left(1 + \frac{1}{4}\sin^2\frac{\theta}{2}\right). \tag{3-3-6}$$

如测出不同摆角的周期 T，作 T-$\sin^2\left(\frac{\theta}{2}\right)$图线就可检验周期与摆角 θ 的关系.

【实验内容】

(1) 取摆长 l 约为 100 cm 的单摆，用米尺测量悬点 O 到小球最低点 A 的距离 l_1，再用游标卡尺测小球的直径 d，各重复测量多次(不少于 3 次). 则摆长 $l = l_1 - \dfrac{d}{2}$，测量结果：$l = \overline{l} \pm \Delta l$.

(2) 测单摆周期. 使单摆作小角度摆动，待摆动稳定后，用停表测量摆动 50 次所需的时间 $50T$，重复测量多次，求其平均值. ($T = \overline{T} \pm \Delta T$)

* 注意摆角要小，并且不要出现锥摆，当摆锤在平衡位置时开始记时.

(3) 改变摆长 l，测量重力加速度 g. 使 l 大概在 80～160 cm 之间基本等间距取多个值，测出不同摆长下的 T.

【数据处理】

(1) 用直角坐标纸作 l-T^2 图，如果是直线，说明什么？由直线的斜率求 g.

*(2) 以 l 及相应的 T^2 的数据用最小二乘法作直线拟合，求斜率，并由此求出 g.

要求数据一律表格化.

【思考题】

(1) 摆锤从平衡位置移开的距离为摆长的几分之一时摆角才小于 5°?

(2) 测周期时能否用测得数据 $50T$ 代替 T 来参加数据处理？请说明理由.

(3) 用长为 1 m 的单摆测重力加速度，要求结果的相对误差不应超过 0.1%，若要用精度 0.1 s 的停表去测周期，应连续测多少周期(设 T=2 s)?

(4) 从实验中得到的几个 g 值分别与当地重力加速度值进行比较(求其相对误差)，说明它们产生误差的原因.

(5) 某学生制作一单摆，并用来测重力加速度，实验情况大致如下：①用一根细棉线系一小木球；②用米尺量摆长约 10 cm；③将摆球拉至水平处放开(球悬点同高)；④摆球经平衡位置时开始记时，第二次经平衡位置时终止记时，记下时间；⑤将数据代入公式计算求 g. 请你指出该学生实验过程中有哪些错误？分析这些不正确做法所带来的误差影响.

3.4 牛顿第二定律的验证

【实验目的】

(1) 熟悉气垫导轨的构造，掌握其正确的调整方法.

(2) 熟悉 WUJ-IIB 电脑通用计数器的使用.

(3) 掌握验证牛顿第二定律的方法.

【实验仪器】

气垫导轨及其配件、WUJ-IIB 电脑通用计数器、物理天平、砝码、气泵.

【实验原理】

根据牛顿第二定律：

$$\boldsymbol{F} = m\boldsymbol{a}, \tag{3-4-1}$$

当物体的质量一定时，其所受合外力 $\boldsymbol{F}$ 和物体运动的加速度 $\boldsymbol{a}$ 成正比，当合外力一定时，物体加速度 $\boldsymbol{a}$ 的大小和质量 m 成反比. 据此原理，我们用一个外加砝码在水平导轨上的滑块，使滑块受一个恒力作用从静止开始作匀加速度运动，如图 3-4-1 所示.

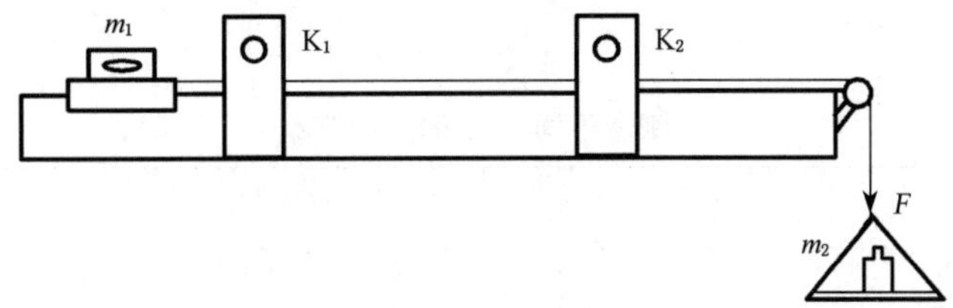

图 3-4-1　实验装置图

K_1，K_2 为光电门，滑块 m_1 在气垫导轨上作水平直线运动. 运动的物体不仅是一个滑块，而且是由滑块、砝码盘、砝码组成的运动系统，因此物体的质量应理解为运动系统的总质量 m，它应等于砝码(包括盘的)质量 m_f 和滑块的质量 m_1 总和. 在不考虑系统运动的阻力时，牛顿第二定律可以写成

$$\boldsymbol{F} = m_f g = (m_f + m_1)\boldsymbol{a}. \tag{3-4-2}$$

式中，滑块 m_1 不仅是滑块本身的质量，同时也包括放在滑块上的砝码的质量.

【实验内容】

(1) 将气垫导轨平放安装在水平桌面上. 在气垫导轨上安装两个光电门，使相距大约为 60～70 cm.

(2) 测量凹形挡光片的宽度(L 为两次挡光的距离. 实验中所配置的挡光片宽度为 5 cm). 将挡光片安装在滑块上. 挡光片外形如图 3-4-2 所示.

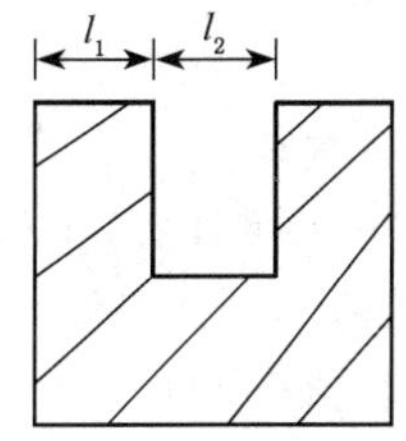

图 3-4-2　挡光片

(3) 在 MUJ-IIB 型电脑计数器上设定所选挡光片的宽度. 电脑计数器能测出挡光片通过 K_1，K_2 两光电门的各自挡光时间间隔以及两光电门间相邻两次挡光时间间隔，再告知挡光片的宽度，则电脑计数器可自动计算并显示速度、加速度等. 若挡光片宽度设定与实际情况不符，则电脑计数器显示时间(ms)正确，而显示速度(cm/s)和加速度(cm/s^2)时将是错误的.

(4) 气垫导轨调水平：在气垫导轨通气的情况下轻放滑块于两光电门间，在没有施加外力的情况下看滑块是否发生定向运动，若定向运动说明气垫导轨明显倾斜应调节底座水平螺丝. 在滑块基本静止或在两光电门间来回游动的情况下，将滑块轻放于一光电门外侧并给予初速度测其通过两光电门的速度是否相近(允许±10%以内的相差)，若相近说明气垫导轨基本调水平.

(5) 根据图 3-4-1，保持 $F=m_2 g$ 不变，改变 m_1，测量不同 $m(m=m_1+m_2)$下的加速度 a. 按表 3-4-1 要求测量记录数据.

(6) 根据图 3-4-1，保持 $m(m=m_1+m_2)$不变，改变 m_2，测量在不同合外力 F($F=$

m_2g)下的加速度 a. 按表 3-4-2 要求测量记录数据.

【数据处理】

$m=m_1+m_2$,改变 m(实际上增减 m_1)时每次成对增(减)两个配重块. 对应每个 m 值,加速度 a 重复测量 3 次并求平均值的倒数. 作 m-$\frac{1}{a}$ 关系图线,应该是一条直线,且斜率 $k=F$.

表 3-4-1　　测量不同 m 下的加速度 a　　$F=$______

<table>
<tr><td>m/g</td><td colspan="3"></td><td colspan="3"></td><td colspan="3"></td><td colspan="3"></td><td colspan="3"></td></tr>
<tr><td>a/(cm/s^2)</td><td></td><td></td><td></td><td></td><td></td><td></td><td></td><td></td><td></td><td></td><td></td><td></td><td></td><td></td><td></td></tr>
<tr><td>$\frac{1}{a}$/(s^2/cm)</td><td colspan="3"></td><td colspan="3"></td><td colspan="3"></td><td colspan="3"></td><td colspan="3"></td></tr>
</table>

$F=m_2g$. m_2 每次增(减)2 g. 对应每一个 F 值,加速度 a 重复测 3 次并求平均值. 作 F-$\frac{1}{a}$ 关系图线,应该是一条直线,且斜率 $k=m$.

表 3-4-2　　测量在不同 F 下的 a　　$m=$______

<table>
<tr><td>F/(g·cm/s^2)</td><td colspan="3"></td><td colspan="3"></td><td colspan="3"></td><td colspan="3"></td><td colspan="3"></td></tr>
<tr><td>a/(cm/s^2)</td><td></td><td></td><td></td><td></td><td></td><td></td><td></td><td></td><td></td><td></td><td></td><td></td><td></td><td></td><td></td></tr>
<tr><td>$\frac{1}{a}$/(cm/s^2)</td><td colspan="3"></td><td colspan="3"></td><td colspan="3"></td><td colspan="3"></td><td colspan="3"></td></tr>
</table>

【附录】

相关仪器使用介绍

1. 气泵

气泵一般不宜长时间持续工作,否则极易过热烧毁. 当气泵压出的空气较热时应及时断开气泵电源. 一般情况下,气泵持续工作半个小时应停止散热几分钟.

2. 气垫导轨

气垫导轨是一种多用途的力学试验仪器,它的外型构造如图 3-4-3 所示.

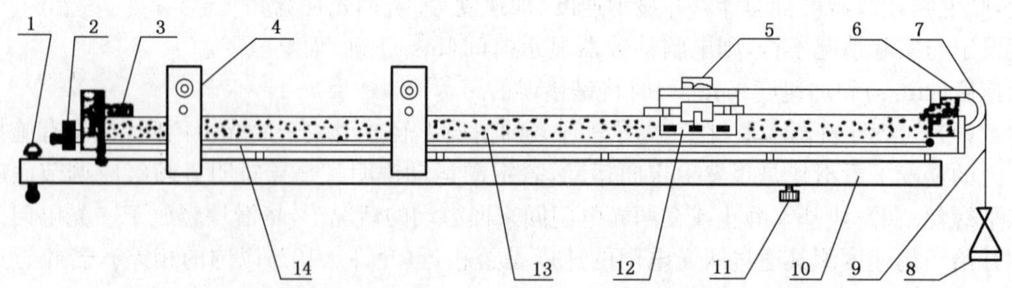

1—水平调节旋钮;2—进气口;3—缓冲弹簧;4—光电门;5—遮光片;6—气垫滑轮;7—滑轮气量调节螺钉(在背后);8—秤盘;9—细线;10—支承架;11—支脚螺钉;12—滑块;13—导轨;14—标尺

图 3-4-3　气垫导轨

通过导轨表面上均匀分布的小孔喷出气流，在导轨表面与滑块之间形成一层很薄的“气膜”将滑块浮起，造成滑块在导轨上作近似于无摩擦运动的条件，从而极大减少了在实验中摩擦阻力的影响，使实验效果大为提高，在气垫导轨上进行的各种力学试验，其相对误差一般不大于 5%.

使用时必须注意：

(1) 为保持气垫导轨表面的平直度和光洁度，在使用搬动和存放时都应非常谨慎，防止碰伤轨面.

(2) 使用前，要用棉纱酒精擦拭轨面和滑块的工作面，并检查气孔是否全部畅通，如有堵塞可用 0.5 mm钢丝进行疏通.

(3) 滑块与气垫导轨是配套使用，不要互相调换，在导轨未压入空气时，切勿将滑块在导轨上滑动，滑块的几何精度要求较高，每次装卸时要注意轻拿轻放，绝不允许随意抛掷.

(4) 使用完毕，应将导轨上的滑块取下，按规定放入附件盒内保存，并用塑料套把气垫导轨盖好，以免沾染灰尘.

3. MUJ-IIB 电脑计数器使用说明

(1) 特性

计时范围：0.01 ms～99.999 9 s；测速范围：0.2～5 000 cm/s；测频范围：1 Hz～20 MHz；电周期范围：0.5 Hz～200 kHz；输入灵敏度：≤100 mV；光电输入：双路，4 门；电源电压：220 V±10%；额定功耗：8 W；整机重量：1.8 kg；外型尺寸：275 mm×230 mm×95 mm.

(2) 前后面板

前后面板如图 3-4-4 和图 3-4-5 所示.

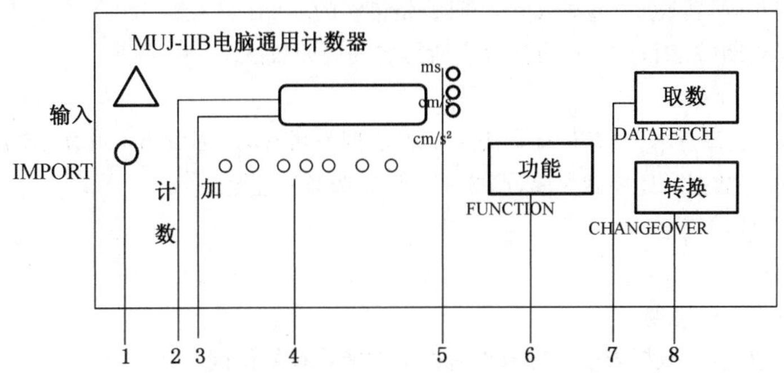

1—测频输入口；2—溢出指示；3—LED 显示屏；4—功能转换指示灯；5—测量单位指示灯；6—功能选择复位键；7—数值提取键；8—数值转换键；9—P1 光电门插口；10—P2 光电门插口；11—电源保险；12—电源开关；13—电源线

图 3-4-4　前面板图

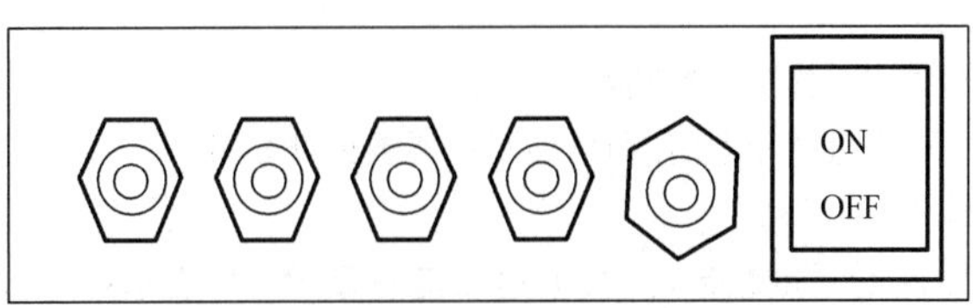

图 3-4-5　后面板图

(3) 功能、使用、操作与选择

本机以 51 系列单片微机为中央处理器，并编入与气垫导轨实验相适应的数据处理程序，并具备多组实验的记忆存储功能，功能选择复位键输入指令，数值转换键设定所需数值，数据提取键提取记忆存储的实验数据. P1、P2 光电输入口采集数据信号，由中央处理器处理，LED 数码管显示各种测量结果.

● 三个按键的功能

○ 功能选择复位键：用于七种功能的选择及取消显示数据、复位.

○ 数据转换键：用于挡光片宽度的设定、简谐运动周期值的设定、测量单位的转换.

○ 数值提取键：用于提取您已存入的实验数据.

● 使用、操作

○ 开机前接驳好电源.

○ 根据实验的需要，选择所需光电门的数量，将光电门线插入 P1 和 P2 插口(注意一定要接驳可靠).

○ 按下电源开关. 按功能选择复位键，选择所需要的功能. 注：当光电门没遮光时每按键一次转换一种功能，发光管显示功能. 当光电门遮光后按一下此键复位清零功能不变.

○ 当每次开机时，挡光片宽度会自动设定为 1.0 cm，周期自动设定为 10 次. 以上数据如重新设置将保留到关电源.

○ 当选择计时、加速度或碰撞功能时，按下数值转换键小于 1.5 s 时，测量数值自动在 ms、cm/s、cm/s^2 之间改变显示供选择.

○ 按下数值转换键大于 1.5 s 将提示已设定挡光片的宽度(1.0 cm 显示 1.0，3.0 cm 显示 3.0，…)，此时如有已完成的实验数据可保持，按数值转换键不放，可重新选择所需要的挡光片宽度，前面所保持的实验数据将被清除. 确认选用的挡光片宽度放开此键即可. 注：使用挡光片宽度与选定挡光片宽度数值应相符，否则显示 ms 时正确，转换成 cm/s、cm/s^2 时将是错误的.

○ 当功能选择周期(T)时，按上述方法设定所需要的周期数值.

● 数值提取键

做完实验后数据自动存入，当存储器存满后实验数据不再存入. 可取出前几次实验值，具体方法在实验与操作中介绍. 取完数据后还要做实验，请按一下功能选择复位键.

清除记忆值可用如下方法：

○ 改变实验功能.

○ 改变挡光片设定的宽度.

○ 在按数值提取键后，数据未被全部取出时按动功能选择复位键.

(4) 实验与操作

请注意实验开始时，应确认所使用的挡光片与本机设定的挡光片宽度应相等. 仅显示时间可忽略此项操作.

● 计时(S1)

测量 P1 口或 P2 口两次挡光时间间隔及滑块通过 P1 和 P2 口两只光电门的速度.

○ 将光电门连接线接驳可靠.

○ 按下功能选择复位键，设定在计时功能.

○ 让带有凹形挡片的滑块通过光电门，即可显示所需要的测量数据.

○ 此项实验可连续测量.

本仪器可以记忆前 20 次的测量结果，按数据提取键将显示 E1(表示第一次测量)，然后显示测量数据，再显示 E2……. 全部数据显示完后将显示按数值提取键前的测量值. 如只想看第 10 次测量数据按下数值提取键将显示 E1，E2，…，E10 放开按键即显示所需要数据.

● 加速度(a)

测量滑块通过每个光电门的速度及通过相邻光电门的时间或这段路程的加速度 a.

○ 将您选择的 2—4 个光电门接驳可靠.

○ 按功能选择复位键，设定在加速度功能.

○ 让带凹形挡光片的滑块通过光电门.

○ 本机会循环显示下列数据：

1	第一个光电门
×××××	第一个光电门测量值(速度)
2	第二个光电门
×××××	第二个光电门测量值(速度)
1—2	第一至第二光电门
×××××	第一至第二光电门测量值(加速度)

注：如接驳 3 个或 4 个光电门时，将继续显示 3，2—3，4，3—4 段的测量值. 本机具有保护功能，只有按下功能选择复位键方可选择下一次测量.

本仪器除显示本次实验数据外，还可：

○ 记忆存储 2 只光电门 4 次实验测量数据.

○ 3—4 只光电门 2 次实验测量数据.

○ 2 只光电门 3 次实验加 3 只光电门 1 次实验的测量数据.

○ 3 只光电门 2 次实验加 2 只光电门 1 次实验的测量数据.

○ 清除记忆存储的方法(请看前面有关章节).

● 碰撞(S2)

等质量、不等质量碰撞.

○ 将 P1、P2 各接一只光电门.

○ 按下功能选择复位键，设定在碰撞功能.

○ 在两只滑块上装好相同宽度的凹形挡光片和碰撞弹簧，让滑行器从气轨两端向中间运动，各自通过一个光电门后相撞，相撞后根据滑块质量、初速度分别通过光电门.

○ 本机会循环显示下列数据：

P1. 1	P1 口光电门第一次通过
×××××	P1 口光电门第一次测量值(速度)
P1. 2	P1 口光电门第二次通过
×××××	P1 口光电门第二次测量值(速度)
P2. 1	P2 口光电门第一次通过
×××××	P2 口光电门第一次测量值(速度)
P2. 2	P2 口光电门第二次通过
×××××	P2 口光电门第二次测量值(速度)

○ 为提高循环显示效率，本机只显示遮过光的光电门的测量值.

○ 如滑块 3 次通过 P1 口，本机将不显示 P2. 2 而显示 P1. 3.

○ 如滑块 3 次通过 P2 口，本机将不显示 P1. 2 而显示 P2. 3.

注：本机具有保护功能，只有按下功能选择复位键方可选择下一次测量.

本仪器除显示本次实验数据还可以记忆存储前 4 次实验的测量值、提取数据.

● 周期(T)

测量简谐运动 1～100 周期的时间.

○ 滑块装好挡光片，接驳好光电门接口.

○ 按下功能选择复位键，设定在周期(T)功能.

○ 按下数值转换键不放，确认所需周期数放开此键即可.

○ 简谐运动每完成一个周期，显示的周期数会自动减 1，当最后一次遮光完成，本机会自动显示累计时间值.

○ 当需要重新测量时，请按功能选择键复位.

本仪器可以记忆存储本次实验前 20 周期每个周期的测量值，按数据提取键将显示 E1(表示第一个周期)，××××(第一个周期的时间)，E2(表示第二个周期)，××××(第 2 个周期的总时间)…….

● 计数(J)

测量遮光次数.

○ 将光电门接驳可靠.

○ 按下功能选择复位键，设定在计数功能.

○ 滑块安装好挡光片，并通过光电门计数开始.

● 测频(f)

可测量正弦波、方波、三角波、调幅波(包括峰谷值应满足本机灵敏度要求).

○ 按功能选择复位键，设定在测频功能. 注：在电周期功能时可按数值转换键.

○ 将本机附带的信号线接驳在前面板测频输入口上，另一端的红黑两色夹子分别夹在被测信号的输出端及公用地线上.

特别说明：当被测信号大于 1 MHz 时，如显示 5 628.86 kHz，按取数键将会在显示屏左端显示“×”. 则此次测量值应为 5 628.86×kHz.

● 电周期(T_D)

○ 按功能选择复位键设定在电周期功能.

○ 接驳方法详见测频章节.

○ 在测量过程中根据被测周期的不同倍乘率会自动设定.

(5) 本机的自检

本机具有自检功能，按住数据提取键不放，再开启电源开关，数码管循环显示，执行自检，最终显示 36.36 ms. 按下数值转换键显示 26.77 cm/s，表示本机工作正常. 若整机无计时功能，请检查光电门是否正常，出现其他故障请与厂家联系或请专业人员修理.

3.5 动量守恒定律的验证

【实验目的】

(1) 进一步熟悉气垫导轨的使用方法.

(2) 验证动量守恒定律.

(3) 研究完全弹性碰撞和完全非弹性碰撞的特性.

【实验仪器】

气垫导轨、光电门、数字毫秒计、气源、物理天平、橡皮泥、游标卡尺.

【实验原理】

对于某一力学系统，如果它所受到的合外力为零，则系统的总动量保持不变，这就是动量守恒定律，即 $K = \sum_{i=1}^{n} m_i v_i =$ 恒量.

当两块滑块在水平导轨上沿直线作对心碰撞(正碰)时，若忽略滑块运动过程中受到的黏滞性阻力和空气阻力，则两滑块在水平方向除受到碰撞时彼此相互作用的内外力，不

受其他力的作用(在碰撞方向上合外力为零),水平方向上满足动量守恒定律,即两滑块在碰撞前后的总动量保持不变:

$$m_1 v_1 + m_2 v_2 = m_1 v_1' + m_2 v_2'. \tag{3-5-1}$$

式中,m_1、m_2 分别为两滑块的质量;v_1、v_2 为两滑块碰撞前的速度;v_1'、v_2' 为两滑块碰撞后的速度.式中各速度均为代数值,速度的符号决定于速度的方向与坐标轴方向是否一致.

碰撞后是否有动能损失,可用碰撞后与碰撞前的总动能比 R 来衡量.令 $v_2=0$,则

$$R = \frac{\dfrac{m_1 v_1'^2 + m_2 v_2'^2}{2}}{\dfrac{m_1 v_1^2}{2}}. \tag{3-5-2a}$$

定义恢复系数 e:

$$e = \frac{v_2' - v_1'}{v_2 - v_1}. \tag{3-5-2b}$$

式中,$v_2 - v_1$、$v_1' - v_2'$ 分别为碰撞前、后的瞬间相对速度.

当恢复系统 $e=0$ 时,为完全非弹性碰撞,其机械能损耗最大;

当恢复系统 $e=1$ 时,为完全弹性碰撞,机械能守恒,这是一种理想状态,较难实现;

当恢复系数 $0<e<1$ 时,为非完全弹性碰撞,损失一定的机械能,也是较常见的情况.

1. 完全非弹性碰撞

在滑块 1 和滑块 2 的相碰端贴上橡皮泥,当两滑块相碰撞时,便粘在一起以同一速度运动,这就可以实现完全非弹性碰撞.

设两滑块的质量 m_1、m_2,且 $v_2' = v_1' = v$,取 $v_2=0$,则由式(3-5-1)可写为

$$m_1 v_1 = m_1 v_1' + m_2 v_2' = (m_1 + m_2) v. \tag{3-5-3}$$

当 $m_1 = m_2$ 时,则有 $$v = \frac{m_1}{m_1 + m_2} v_1.$$

当 $m_1 \neq m_2$ 时,则有 $$v = \frac{m}{2} v_1.$$

2. 全弹性碰撞

此时机械能守恒,有

$$\frac{1}{2} m_1 v_1^2 + \frac{1}{2} m_2 v_2^2 = \frac{1}{2} m_1 v_1'^2 + \frac{1}{2} m_2 v_2'^2. \tag{3-5-4}$$

联立式(3-5-1),可得

$$v_1' = \frac{(m_1 - m_2) v_1 + 2 m_2 v_2}{m_1 + m_2}; \tag{3-5-5a}$$

$$v_2' = \frac{(m_2 - m_1)v_2 + 2m_1 v_1}{m_1 + m_2}. \tag{3-5-5b}$$

实验时可取 $v_2=0$.

【实验内容】

1. 熟悉气垫导轨的使用方法

用纱布沾少许酒精擦拭导轨表面后调平气轨，并检查光电计时系统，使之能正常工作.

2. 利用完全弹性碰撞验证动量守恒定律

(1) 取 $m_1=m_2$，滑块 m_2 停放在光电门 K_1、K_2间，且靠近 K_2 处，使 $v_2=0$，弹射滑块 m_1 和滑块 m_2 相碰，用数字毫秒计测量 v_1、v_1'、v_2'，重复测量 5 次，验证式(3-5-5)是否成立.

(2) 再取 $m_1 \neq m_2$，测出 v_1、v_1'、v_2'数据 5 组，验证式(3-5-5)是否成立.

3. 用完全非弹性碰撞验证动量守恒定律

(1) 在两滑块之间安装粘器(可用橡皮泥)，使它们碰后能结合在一起. 取 $m_1=m_2$，滑块 m_2 停放在光电门 K_1、K_2间，且靠近 K_2 处，使 $v_2=0$，弹射滑块 m_1 使和滑块 m_2 相碰，用数字毫秒计测量 v_1、v_2'，重复测量 5 次，验证式(3-5-3)是否成立.

(2) 取 $m_1 \neq m_2$，测出 v_1、v_2'数据 5 组，验证式(3-5-3)是否成立.

(以上 m_1、m_2 用物理天平称量，挡光片宽度 L 用游标尺测量.)

【数据处理】

从以上各次测量结果自行设计表格，分别计算碰撞前后动量、动能及其它们前后的比值，并与理论值进行比较，看其在误差范围内是否一样，从而可验证定律是否正确.

【注意事项】

(1) 保证碰撞是对心碰撞(正撞)，且尽量避免出现振动现象. 因而，在弹性碰撞中必须很仔细地调整缓冲弹簧的准直. 在完全非弹性碰撞中，要保证碰撞面的平整，使两滑块在碰撞后没有左右摇晃的现象.

(2) 及时测量碰撞前后滑块的速度. 为了满足碰撞前后的瞬间内速度的测定，要求两光电门的距离应尽可能靠近，实验者可通过练习，熟练地掌握实验的操作技巧和快速读数的能力.

(3) 为了修正黏带性摩擦阻力的存在所带来的速度损失，在调节导轨水平时，可让导轨稍许倾斜，使滑块通过光电门 K_1 和 K_2 的时间相等，以补偿速度损失，使滑块在碰撞方向保持匀速运动.

【思考题】

1. 为了验证动量守恒定律，本实验该满足哪些实验条件？

2. 碰撞前后的速度太大、太小有什么不好，注意在实验中观察并在验证后分析说明.

3. 在相碰时出现震动对实验为何不利.

4. 本实验的测量误差范围如何确定？如果碰撞后测得的动量总是小于碰撞前测得的，说明什么问题？能否出现碰撞后测得的动量大于碰撞前测的得的动量呢？

3.6　扭摆法测定物体转动惯量

【实验目的】

(1) 用扭摆测定几种不同形状物体的转动惯量和弹簧的劲度系数.

(2) 验证转动惯量平行轴定理.

(3) 掌握作图法、定标法处理实验数据.

【实验仪器】

扭摆仪、几种待测转动惯量的物体(金属圆柱筒、塑料圆柱体、塑料圆球;验证转动惯量平行轴定理用的细金属杆,杆上有两块可以自由移动的金属滑块)、TH-2 型转动惯量测试仪、电子天平、游标卡尺.

【实验原理】

转动惯量是刚体转动时惯性大小的量度,是表明刚体特性的一个物理量. 刚体转动惯量除了与物体质量有关外,还与转轴的位置和质量分布(即形状、大小和密度分布)有关. 如果刚体形状简单,且质量分布均匀,可以直接计算出它绕特定转轴的转动惯量. 对于形状复杂,质量分布不均匀的刚体,计算将极为复杂,通常采用实验方法来测定,例如机械部件、电动机转子和枪炮的弹丸等.

转动惯量的测量,一般都是使刚体以一定形式运动,通过表征这种运动特征的物理量与转动惯量的关系,进行转换测量. 本实验使物体作扭转摆动,由摆动周期及其他参数的测定计算出物体的转动惯量. 转动惯量的测量方法很多,常用的有:"三线摆法"、"扭摆法"、"转动法"等. 本实验采用"扭摆"法测量物体的转动惯量.

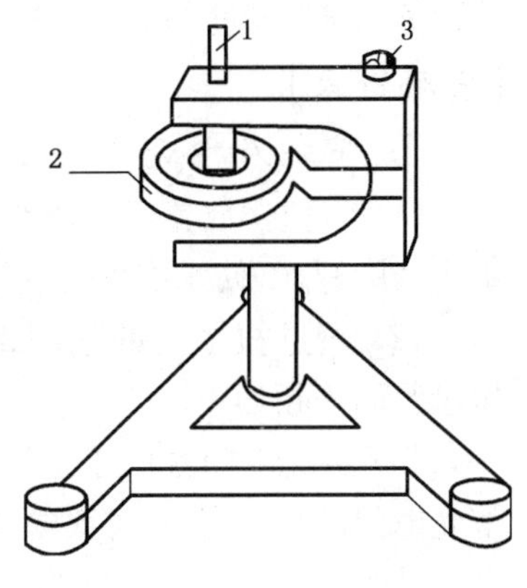

1—垂直轴; 2—螺旋弹簧; 3—水平仪

图 3-6-1　扭摆构造

扭摆的构造如图 3-6-1 所示. 在垂直轴上装有一根薄片状的螺旋弹簧,用以产生恢复力矩. 在垂直轴的上方可以装上各种待测物体. 垂直轴与支座间装有轴承,以降低摩擦力矩. 水平仪用来调整系统平衡.

将物体在水平面内转过一角度 θ 后,在弹簧的恢复力矩作用下物体就开始绕垂直轴作往返扭转运动. 根据胡克定律,弹簧受扭转而产生的恢复力矩 M 与所转过的角度 θ 成正比,即

$$M = -K\theta. \tag{3-6-1}$$

式中,K 为弹簧的扭转常数(劲度系数),根据转动定律 $M = I\beta$,得

$$\beta = \frac{M}{I}. \tag{3-6-2}$$

式中,I 为物体绕转轴的转动惯量;β 为角加速度.

令 $\omega=\frac{K}{I}$，忽略轴承的摩擦阻力矩，由式(3-6-1)和式(3-6-2)得：

$$\beta=\frac{\mathrm{d}^2\theta}{\mathrm{d}t^2}=\frac{K\theta}{I}=-\omega^2\theta.$$

上述方程表示扭摆运动具有角简谐振动的特性，角加速度与角位移成正比，且方向相反. 此方程的解为

$$\theta=A\cos(\omega t+\phi).$$

式中，A 为简谐振动的角振幅；ω 为角速度；ϕ 为初相位角. 此简谐振动的周期为

$$T=\frac{2\pi}{\omega}=2\pi\sqrt{\frac{I}{K}}. \tag{3-6-3}$$

由式(3-6-3)可知，只要实验测得物体扭摆的摆动周期，并在 I 和 K 中任何一个量已知时即可计算出另一个量.

本实验用一个几何形状规则的物体，它的转动惯量可以根据它的质量和几何尺寸用理论公式直接计算得到，测量出其摆动周期，再根据式(3-6-3)算出本仪器弹簧的 K 值. 若要测定其他形状物体的转动惯量，只需将待测物体安放在本仪器顶部的各种夹具上，测定其摆动周期，由式(3-6-3)即可算出该物体绕转动轴的转动惯量.

理论分析证明，若质量为 m 的物体绕通过质心轴的转动惯量为 I_0 时，当转轴平行移动距离 X 时，则此物体对新轴线的转动惯量变为 I_0+mX^2，称为转动惯量的平行轴定理.

【实验内容】

1. 安装及检查 TH-I 型转动惯量实验仪(图 3-6-2)

(1) 将扭摆放置于实验台上，调整扭摆基座底脚螺丝，使水准仪的气泡位于中心.

(2) 通过扭摆上的紧固螺丝将金属载物盘紧固于扭摆上.

(3) 将光电门紧固于金属支架上，并调整光电门的位置使金属载物盘上的金属挡光杆处于其缺口中央且能遮住发射、接收红外光线的小孔，使被测物体上的挡光杆能自由往返地通过光电门，将光电门的信号传输线连接到转动惯量测试仪后面板上的信号输入端插座.

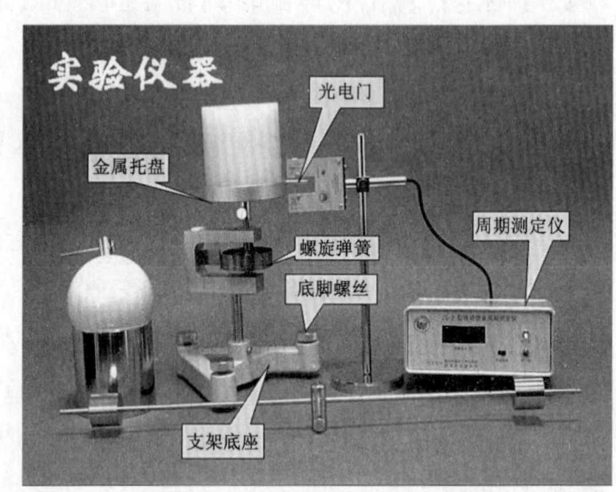

图 3-6-2 实验仪器

(4) 分别将高矮塑料圆柱体、金属圆筒垂直放在载物盘上.

(5) 旋转扭摆上的紧固螺丝将金属载物盘从扭摆上取下，将塑料圆球紧固于扭摆上.

(6) 旋转扭摆上的紧固螺丝将塑料圆球从扭摆上取下，将夹具紧固于扭摆上，将验证

转动惯量平行轴定理用的细金属杆插进夹具的孔中，使位于细金属杆中央的凹槽对准夹具上的固定螺丝并加以固定.

经过以上步骤检查仪器后即可投入使用.

2. 待测物体相关物理量的测量

测出大号塑料圆柱体的外径 D_1，质量 M_1；金属圆柱筒的内径 d_2、外径 D_2、质量 M_2；金属细长杆每节的长度 X，金属滑块质量 m_1 和 m_2；塑料圆球直径 D_3、质量 M_3. 各测量 3 次，数据填入表 3-6-1.

表 3-6-1　　待测物体相关物理量的数据记录表

					平均值
大号塑料圆柱体	外径 D_1/cm				
	质量 M_1/g				
金属圆柱筒	内径 d_2/cm				
	外径 D_2/cm				
	质量 M_2/g				
金属细杆	每节长度 X/cm				
金属滑块	质量 m_1/g				
	质量 m_2/g				
塑料圆球	直径 D_3/cm				
	质量 M_3/g				

3. 测定扭摆弹簧的扭转常数 K 并作 $I \sim T^2$ 关系图定标线

(1) 将金属载物盘安装紧固于扭摆上，测量其摆动周期 T_0. 假定其转动惯量为 I_0. 由式(3-6-3)可得

$$T_0 = 2\pi\sqrt{\frac{I_0}{K}}. \tag{3-6-4}$$

(2) 将金属圆柱筒安装紧固于载物盘上测量其摆动周期 T_2. 金属圆柱筒及金属载物盘的转动惯量为 I_2.（其中，$I_{圆柱筒}$ 的值：$I_{圆柱筒} = \frac{1}{8}M_2(d_2^2 + D_2^2)$.）代入公式计算，由(3-6-3) 可得，

$$T_2 = 2\pi\sqrt{\frac{I_2}{K}} = 2\pi\sqrt{\frac{I_0 + I_{圆柱筒}}{K}}. \tag{3-6-5}$$

由式(3-6-4)和式(3-6-5)可得仪器弹簧的扭转系数 K 为

$$K = 4\pi^2\,\frac{I_2}{T_2^2 - T_0^2}. \tag{3-6-6}$$

由式(3-6-6)即可求得 K.

式(3-6-3)可转换为

$$I=\left(\frac{K}{4\pi^2}\right)\cdot T^2. \tag{3-6-7}$$

如果弹簧的扭转系数 K 为常数,式(3-6-7)表明 I 与 T^2 的关系图线为一直线,直线过原点且斜率为 $\frac{K}{4\pi^2}$. 要求在毫米方格纸上画出 I-T^2 关系图线. 具体方法如下:由式(3-6-6)式求出 K 值,代入式(3-6-7)求得金属载物盘及金属圆柱筒的转动惯量 I_2. 过坐标原点(0, 0)及(I_2, T_2^2)作一直线,用作图法求得载物盘的转动惯量为 I_0. 此关系图线就是扭摆测量转动惯量的"定标线"——任何一个物体,只要测定其在扭摆上的周期,就可根据"定标线"确定其转动惯量.

4. 测定塑料圆柱体的转动惯量

将塑料圆柱体安装紧固于载物盘上测量其平均摆动周期 T_1(摆动周期至少测量 3 次以上,取其平均值).

(1) 用作图法(根据"定标线")求得塑料圆柱体的转动惯量为 I_1.

(2) 代入式(3-6-7)求出塑料圆柱体的转动惯量,并与理论值比较,求相对误差 E_1. (注:在计算时,应扣除金属载盘物的转动惯量,即:$I_{圆柱体}=\frac{K}{4\pi^2}T_1^2-I_0$;塑料圆柱体转动惯量的理论值为 $I_1^*=\frac{1}{8}M_1D_1^2$.)

5. 测定塑料圆球的转动惯量

取下载物金属盘、装上塑料圆球,测定塑料圆球的平均摆动周期 T_3(摆动周期至少测量 3 次以上,取其平均值).

(1) 用作图法(根据"定标线")求得塑料圆球的转动惯量 I_3.

(2) 代入式(3-6-7)求出塑料圆球的转动惯量,并与理论值比较,求相对误差 E_3. (注:在计算时,应扣除支架的转动惯量,即:$I_{圆球}=\frac{K}{4\pi^2}T_3^2-I_{支架}$,$I_{支架}=\frac{K}{4\pi^2}T_{支架}^2\approx 138.51\ \mathrm{g\cdot cm^2}$;塑料圆球转动惯量的理论值为 $I_3^*=\frac{1}{10}M_3D_3^2$.)

6. 测定金属细杆的转动惯量

取下塑料圆球,装上金属细杆(金属细杆中心必须与转轴重合). 测定金属细杆的平均摆动周期 T_4(摆动周期至少测量 3 次以上,取其平均值).

(1) 用作图法(根据"定标线")求得金属细杆的转动惯量 I_4.

(2) 代入式(3-6-7)求出金属细杆的转动惯量,并与理论值比较,求相对误差 E_4. (注:在计算时,应扣除夹具的转动惯量,即:$I_{细杆}=\frac{K}{4\pi^2}T_4^2-I_{夹具}$,$I_{夹具}=\frac{K}{4\pi^2}T_{夹具}^2\approx 152.47\ \mathrm{g\cdot cm^2}$;细杆转动惯量的理论值为 $I_4^*=\frac{1}{12}M_4L^2$.)

*7. 验证转惯量平行轴定理

将滑块对称放置在细杆两边的凹槽内,使滑块质心离转轴的距离依次为 X_1(约 5.00 cm),X_2(约 10.00 cm),X_3(约 15.00 cm),X_4(约 20.00 cm),X_5(约 25.00 cm). 测定对应摆

动周期 T_{51}，T_{52}，T_{53}，T_{54}，T_{55}. 用“最小二乘法”验证转动惯量平行轴定理.

$$I = I_{X=0} + (m_1 + m_2) \cdot X^2. \tag{3-6-8}$$

式中，$I_{X=0}$ 为滑块质心与转轴重合时“两滑块与细杆”的转动惯量；m_1，m_2 为两滑块的质量；X 为滑块质心离转轴的距离.

由式(3-6-8)与式(3-6-3)可得：

$$T^2 = \frac{4\pi^2}{K} I_{X=0} + 4\pi^2 (m_1 + m_2) \frac{X^2}{K}. \tag{3-6-9}$$

由式(3-6-9)可得出：T^2 与 X^2 的关系图线为一直线，直线斜率为 $4\pi^2(m_1 + m_2)/K$. 用“最小二乘法”进行线性拟合，检验线性相关，并求 $I_{X=0}$ 和 K.（“最小二乘法”有关内容详见绪论部分，也可用 Excel 软件进行直线拟合，求出斜率，验证其相关性.）

以上各物体的摆动周期均重复测量 3 次，列表记录所有测量数据(表 3-6-2).

表 3-6-2　　待测物体的摆动周期数据记录表

<table>
<tr><td colspan="2" rowspan="2">金属载物盘</td><td>摆动时间 $t_0 = 10T_1$/s</td><td></td><td></td><td></td><td>平均值</td></tr>
<tr><td>周期 T_0/s</td><td></td><td></td><td></td><td></td></tr>
<tr><td colspan="2" rowspan="2">大号塑料圆柱体(含金属载物盘)</td><td>摆动时间 $t_1 = 10T_1$/s</td><td></td><td></td><td></td><td></td></tr>
<tr><td>周期 T_1/s</td><td></td><td></td><td></td><td></td></tr>
<tr><td colspan="2" rowspan="2">金属圆柱筒(含金属载物盘)</td><td>摆动时间 $T_2 = 10T_2$/s</td><td></td><td></td><td></td><td></td></tr>
<tr><td>周期 T_2/s</td><td></td><td></td><td></td><td></td></tr>
<tr><td colspan="2" rowspan="2">塑料圆球(含支架及小钉)</td><td>摆动时间 $t_3 = 10T_3$/s</td><td></td><td></td><td></td><td></td></tr>
<tr><td>周期 T_3/s</td><td></td><td></td><td></td><td></td></tr>
<tr><td colspan="2" rowspan="2">金属细杆(含夹具)</td><td>摆动时间 $t_4 = 10T_4$/s</td><td></td><td></td><td></td><td></td></tr>
<tr><td>周期 T_4/s</td><td></td><td></td><td></td><td></td></tr>
<tr><td rowspan="10">金属滑块位置 X/cm</td><td rowspan="2">5</td><td>摆动时间 $t_{51} = 10T_{51}$/s</td><td></td><td></td><td></td><td></td></tr>
<tr><td>周期 T_{51}/s</td><td></td><td></td><td></td><td></td></tr>
<tr><td rowspan="2">10</td><td>摆动时间 $t_{52} = 10T_{52}$/s</td><td></td><td></td><td></td><td></td></tr>
<tr><td>周期 T_{52}/s</td><td></td><td></td><td></td><td></td></tr>
<tr><td rowspan="2">15</td><td>摆动时间 $t_{53} = 10T_{53}$/s</td><td></td><td></td><td></td><td></td></tr>
<tr><td>周期 T_{53}/s</td><td></td><td></td><td></td><td></td></tr>
<tr><td rowspan="2">20</td><td>摆动时间 $t_{54} = 10T_{54}$/s</td><td></td><td></td><td></td><td></td></tr>
<tr><td>周期 T_{54}/s</td><td></td><td></td><td></td><td></td></tr>
<tr><td rowspan="2">25</td><td>摆动时间 $t_{55} = 10T_{55}$/s</td><td></td><td></td><td></td><td></td></tr>
<tr><td>周期 T_{55}/s</td><td></td><td></td><td></td><td></td></tr>
</table>

【注意事项】

(1) 由于弹簧的扭转常数 K 值不是固定常数，它与摆动角度略有关系，摆角在 90°左右基本相同,在小角度时变小. 为了降低实验时由于摆动角度变化过大带来的系统误差,在测定各种物体的摆动周期时,摆角不宜过小,也不宜变化过大,整个测量过程宜使摆角在 90°左右.

(2) 光电探头宜放置在挡光杆平衡位置处,挡光杆不能和它相接触,以免增大摩擦力矩.

(3) 机座应保持水平状态.

(4) 在安装待测物体时,其支架必须全部套入扭摆主轴,并将止动螺丝旋紧,否则扭摆不能正常工作.

(5) 在称金属细杆与塑料圆球的质量时,必须将支架取下,否则会带来极大误差.

(6) 为了提高测量精度,应先让扭摆自由摆动,然后按“执行”键进行计时.

(7) 在使用过程中,若遇强磁场等原因而使系统死机,请按“复位”键或关闭电源重新启动. 但以前的一切数据都将丢失.

【思考题】

1. 扭摆法测量转动惯量的基本原理是什么? 实验中是怎样实现的?

2. 实验中为什么要测量扭转常数? 采用了什么方法?

3. 物体的转动惯量与哪些因素有关?

4. 验证平行轴定理实验中,验证的是金属滑块还是金属细杆? 为什么?

5. 验证平行轴定理实验中,金属细杆的作用是什么?

6. 实验中,滑块质心离转轴的距离与转动周期成什么关系? 请解释说明.

7. 摆动角的大小是否会影响摆动周期? 如何确定摆动角的大小?

8. 实验过程中要进行多次重复测量对每一次摆角应做如何处理?

9. 测量转动周期时为什么要采用测量多个周期的方法? 此方法叫做什么方法? 一般用于什么情况下?

10. 根据误差分析,要使本实验做得准确,关键应抓住哪几个量的测量,为什么?

11. 实验中各个长度的测量为什么要使用不同的测量仪器?

12. 实验中如何判断测量数据是否合理?

【附录】

TH-2 型转动惯量测试仪使用说明

“TH-2 型转动惯量测试仪”由主机和光电传感器两部分组成. 主机采用单片机作控制系统,用于测量物体转动和摆动的周期,以及旋转体的转速,能自动记录、存贮多组实验数据并能够精确地计算多组实验数据的平均值.

光电传感器主要由红外发射管和红外接收管组成,将光信号转换为脉冲电信号,送入主机工作. 因人眼无法直接观察仪器工作是否正常,但可用遮光物体往返遮挡光电探头发射光束通路,检查计时器是否开始计数和到预定周期数时是否停止计数. 为防止过强光线对光探头的影响,光电探头不能置放在强光下,实验时采用窗帘遮光,确保计时的准确.

TH-2 型转动惯量测试仪面板如图 3-6-3 所示,仪器使用方法如下:

(1) 调节光电传感器在固定支架上的高度,使被测物体上的挡光杆能自由往返地通过光电门,再将光电传感器的信号传输线插入主机输入端(位于测试仪背面).

(2) 开启主机电源,操动指示灯亮,参量指示为“P1”、数据显示为“----”. 若情况异常(死机),可按复位键,即可恢复正常. 按键有:“功能”、“置数”、“执行”、“查询”、“自检”、“返回”、“复位”. 开机默认状态为“摆动”,默认周期数为 10(可更改),执行数据皆空,为零.

(3) 功能选择:按“功能”键,可以选择摆动、转动两种功能(开机及复位默认值为摆动).

(4) 置数:按“置数”键,显示“n:10”,按“上调”键,周期数依次加 1,按“下调”键,周期数依次减 1,周期数能在 1—20 范围内任意设定, 再按“置数”键确认,显示“F1 end”或“F2 end”,周期数一旦预置完毕,除复位和再次置数外,其他操作均不改变预置的周期数.

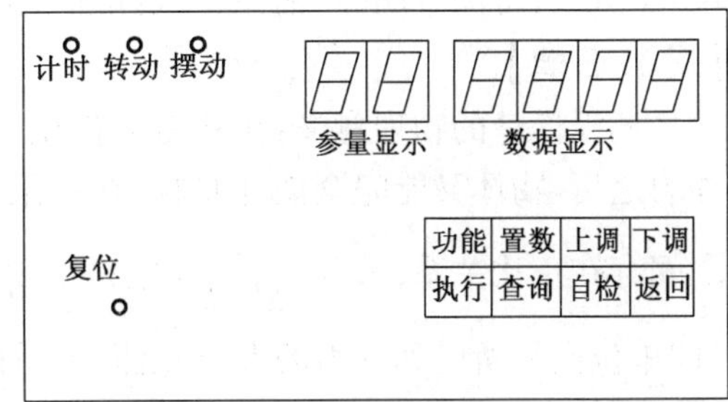

图 3-6-3　转动惯量测试仪面板图

(5) 执行:以扭摆为例,将刚体水平旋转约 90°后让其自由摆动,按“执行”键,即时仪器显示“P1 000.0”,当被测物体上的挡光杆第一次通过光电门时开始计时,状态指示的计时灯同时点亮. 随着刚体的摆动,仪器开始连续计时,直到周期数等于设定值时,停止计时,计时指示灯随之熄灭,此时仪器显示第一次测量的总时间. 重复上述步骤,可进行多次测量. 本机设定重复测量的最多次数为 5 次,即(P1, P2, P3, P4, P5). 执行键还具有修改功能,例如要修改第三组数据,按执行键直到出现“P3 000.0”后,重新测量第三组数据.

(6) 查询:按“查询”键,可知每次测量的周期(C1, C2, C3, C4, C5)以及多次测量的周期平均值 CA,及当前的周期数 n,若显示“NO”表示没有数据.

(7) 自检:按“自检”键,仪器应依次显示“n=N−1”,“2n=N−1”,“SC GOOD”,并自动复位到“P1 --”,表示单片机工作正常.

(8) 返回:按“返回”键,系统将无条件地回到最初状态,清除当前状态的所有执行数据,但预置周期数不改变.

(9) 复位:按“复位”键,实验所得数据全部清除,所有参量恢复初始时的默认值.

* 显示信息说明

P1——初始状态

n=N−1	转动计时的脉冲次数 N 与周期数 n 的关系
2n=N−1	扭摆计时的脉冲次数 N 与周期数 n 的关系
n=10	当前状态的预置周期数
F1 end	扭摆周期预置确定
F2 end	转动周期预置确定
Px 000.0	执行第 X 次测量(X 为 1～5)
Cx XXX.X	查询第 X 次测量(X 为 1～5, A)
SC GOOD.	自检正常

3.7　动态法测杨氏弹性模量

【实验目的】

(1) 了解杨氏弹性模量的基本测量方法.

(2) 掌握用动态法(共振法)测定金属棒的杨氏弹性模量.

【实验仪器】

FH2729A 型杨氏模量实验仪、FH1601A 型信号发生器、示波器、电子天平、游标卡尺、千分尺、待测金属棒(铜棒、不锈钢棒、铝棒).

【实验原理】

杨氏模量的物理意义:在外力的作用下,当物体的长度变化不超过某一限度时,撤去外力之后,物体又能完全恢复原状.在该限度内,物体的长度变化程度与物体内部恢复力之间存在正比关系:$E=\dfrac{F/S}{\Delta L/L}$,它是反映材料应变(即单位长度变化量)与物体内部应力(即单位面积所受到的力的大小)之间关系的物理量.所以杨氏模量 E 是反映材料的抗拉或抗压能力.

杨氏模量是固体材料的重要物理量,杨氏模量的测量是物理学的基本测量之一,属于力学的范围.对它的测量方法可分为静态法、动态法和波传播法三类.

常用的静力学法有“拉伸法”和“弯曲法”,“拉伸法”一般要求将被测材料做成线形,“弯曲法”一般要求将被测材料做成板型.对图 3-7-1(a),设钢丝截面积为 S、长为 L,在外力 F 的作用下伸长 ΔL,根据胡克定律,在弹性限度内,应力“$\dfrac{F}{S}$”与应变“$\dfrac{\Delta L}{L}$”成正比,即:

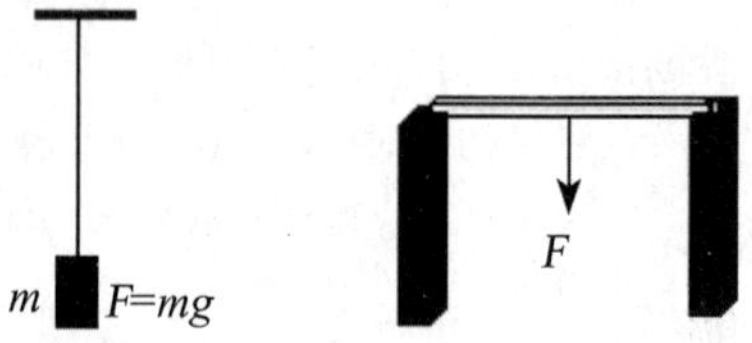

(a)拉伸法　(b)弯曲法

图 3-7-1　常用的静力学法

$$\frac{F}{S}=E\cdot\frac{\Delta L}{L}.$$

比例系数 E 的大小取决于材料的性质,叫“杨氏弹性模量”.

对图 3-7-1(b),杨氏弹性模量为

$$E=\frac{d^3\cdot F}{4a^3\cdot b\cdot\Delta Z}.$$

式中,d 为两支架间距;F 为拉力;a 为板的厚度;b 为板的宽度;ΔZ 为板中心由于外力作用而下降的距离.

静态法通常适用于在大形变及常温下测量金属试样,其缺点是测量载荷大、加载速度慢并伴有弛豫过程,对脆性材料(如石墨、玻璃、陶瓷等)不适用,也不能在高温状态下测量.而波传播法所用设备复杂、换能器转变温度低且价格昂贵,普遍应用受到限制.动态法(又称共振法)包括横向(弯曲)共振法、纵向共振法和扭转共振法,其中弯曲(横向)共振法所用设备精确易得,理论同实验吻合度好,适用于各种金属及非金属(脆性)材料的测量,测定的温度范围极广,可从液氮温度至 3 000℃左右.由于在测量上的优越性,动态法在实际应用中已经被广泛采用,也是国家标准(GB/T 2105—91)推荐使用的测量杨氏弹性模量的一种方法.本实验就是采用动态弯曲共振法测定常温条件下固体材料的杨氏弹性模量.

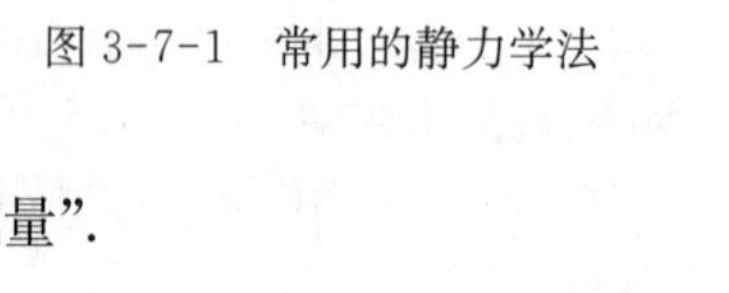

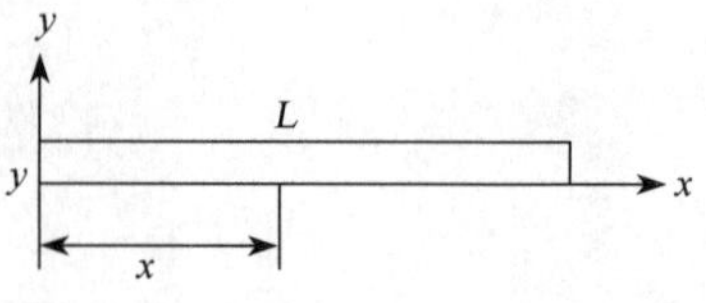

图 3-7-2　细长棒的弯曲振动

用“动态弯曲共振法测量杨氏模量”,一般将被测材料做成细长圆形或方形棒状.如图 3-7-2 所示,长度 L 远远大于直径 $d\,(L\gg d)$ 的一细长棒,作微小横振动(弯曲振动)时满足的动力学方程(横振动方程)为

$$\frac{\partial^4 y}{\partial x^4}+\frac{\rho S}{EJ}\frac{\partial^2 y}{\partial t^2}=0. \tag{3-7-1}$$

棒的轴线沿 x 方向，式中 y 为棒上距左端 x 处截面的 y 方向位移，ρ 为材料密度；S 为截面积；E 为杨氏模量，单位为 Pa 或 N/m^2；J 为某一截面的转动惯量，$J=\iint_S y^2 dS$.

横振动方程的边界条件为：棒的两端（$x=0$, L）是自由端，端点既不受正应力也不受切向力. 用分离变量法求解方程(3-7-1)，令 $y=(x, t)=X(t)T(t)$，则有

$$\frac{1}{X}\frac{d^4 X}{dx^4}=-\frac{\rho S}{EJ}\cdot\frac{1}{T}\frac{d^2 T}{dt^2}. \tag{3-7-2}$$

由于等式两边分别是两个变量 x 和 t 的函数，所以只有当等式两边都等于同一个常数时等式才成立. 假设此常数为 K_4，则可得到下列两个方程

$$\frac{d^4 X}{dx^4}-K^4 X=0, \tag{3-7-3}$$

$$\frac{d^2 T}{dt^2}+\frac{K^4 EJ}{\rho S}T=0. \tag{3-7-4}$$

如果棒中每点都作简谐振动，则上述两方程的通解分别为

$$\begin{cases}X(x)=a_1\mathrm{ch}Kx+a_2\mathrm{sh}Kx+a_3\cos Kx+a_4\sin Kx,\\ T(t)=b\cos(\omega t+\varphi).\end{cases} \tag{3-7-5}$$

于是可以得出

$$y(x, t)=(a_1\mathrm{ch}Kx+a_2\mathrm{sh}Kx+a_3\cos Kx+a_4\sin Kx)\cdot b\cos(\omega t+\phi). \tag{3-7-6}$$

式中，

$$\omega=\left[\frac{K^4 EJ}{\rho S}\right]^{\frac{1}{2}}. \tag{3-7-7}$$

式(3-7-7)称为频率公式，适用于不同边界条件任意形状截面的试样. 如果试样的悬挂点（或支撑点）在试样的节点，则根据边界条件可以得到

$$\cos KL\cdot\mathrm{ch}KL=1. \tag{3-7-8}$$

采用数值解法可以得出本征值 K 和棒长 L 应满足如下关系：

$$K_n L=0,\ 4.730,\ 7.853,\ 10.996,\ 14.137,\ \cdots \tag{3-7-9}$$

其中第一个根 $K_0 L=0$ 对应试样静止状态；第二个根记为 $K_1 L=4.730$，所对应的试样振动频率称为基振频率（基频）或称固有频率，此时的振动状态如图 3-7-3(a)所示；第三个根 $K_2 L=7.853$ 所对应的振动状态如图 3-7-3(b)所示，称为一次谐波. 由此可知，试样在作基频振动时存在两个节点，它们的位置分别距端面 $0.224L$ 和 $0.776L$. 将基频对应的 K_1 值代入频率公式，可得到杨氏模量为

$$E = 1.9978 \times 10^{-3} \frac{\rho L^4 S}{J} \omega^2 = 7.8870 \times 10^{-2} \frac{L^3 m}{J} f^2. \qquad (3-7-10)$$

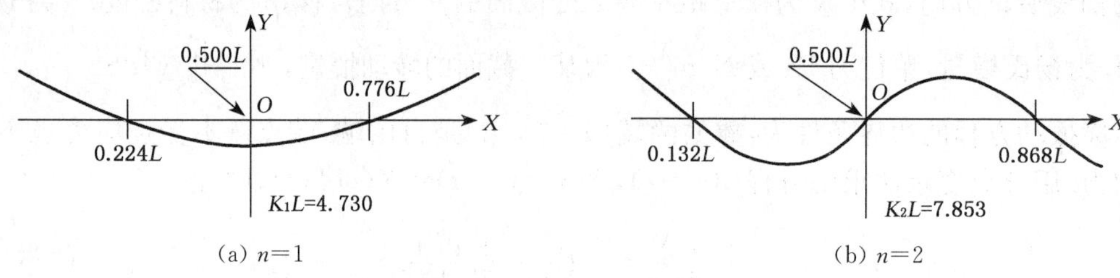

图 3-7-3 两端自由的棒作基频振动波形和一次谐波振动波形

如果试样为圆棒($d \ll L$),则 $J = \frac{\pi d^4}{64}$,所以式(3-7-10)可改写为

$$E_{圆} = 1.6067 \frac{L^3 m}{d^4} f^2. \qquad (3-7-11)$$

同样,对于矩形棒试样则有

$$E_{矩} = 0.9464 \frac{L^3 m}{bh^3} f^2. \qquad (3-7-12)$$

式中,m 为棒的质量;f 为基频振动的固有频率;d 为圆棒直径;b 和 h 分别为矩形棒的宽度和高度.如果圆棒试样不能满足 $d \ll L$ 时,式(3-7-11)应乘上一个修正系数 T_1,即

$$E_{圆} = 1.6067 \frac{L^3 m}{d^4} f^2 T_1. \qquad (3-7-13)$$

式(3-7-13)中的修正系数 T_1 可以根据径长比 d/L 的泊松比查表 3-7-1 得到.

表 3-7-1 径长比与修正系数的对应关系

径长比 d/L	0.01	0.02	0.03	0.04	0.05	0.06	0.08	0.10
修正系数 T_1	1.001	1.002	1.005	1.008	1.014	1.019	1.033	1.055

由式(3-7-10)—(3-7-12)可知,对于圆棒或矩形棒试样只要测出固有频率就可以计算试样的动态杨氏模量,所以整个实验的主要任务就是测量试样的基频振动的固有频率.

本实验只能测出试样的共振频率,物体固有频率 $f_{固}$ 和共振频率 $f_{共}$ 是相关的两个不同概念,二者之间的关系为

$$f_{固} = f_{共}\sqrt{1 + \frac{1}{4Q^2}}. \qquad (3-7-14)$$

式中,Q 为试样的机械品质因数.一般 Q 值远大于 50,共振频率和固有频率相比只偏低 0.005%,二者相差很小,通常忽略二者的差别,用共振频率代替固有频率.

1. 杨氏模量的测量

动态法测量杨氏模量的实验装置如图3-7-4所示.由信号源 1 输出的等幅正弦波信号

加在发射换能器(激振器)2 上,使电信号变成机械振动,再由试样一端的悬丝或支撑点将机械振动传给试样 3,使试样受迫作横振动,机械振动沿试样以及另一端的悬丝或支撑点传送给接收换能器(拾振器)4,这时机械振动又转变成电信号,该信号经放大处理后送示波器 5 显示. 当信号源的频率不等于试样的固有频率时,试样不发生共振,示波器上几乎没有电信号波形或波形很小,只有试样发生共振时,示波器上的电信号突然增大,这时通过频率计读出信号源的频率即为试样的共振频率. 测出共振频率,由上述相应的公式可以计算出材料的杨氏模量. 这一实验装置还可以测量不同温度下材料的杨氏模量,通过可控温加热炉可以改变试样的温度.

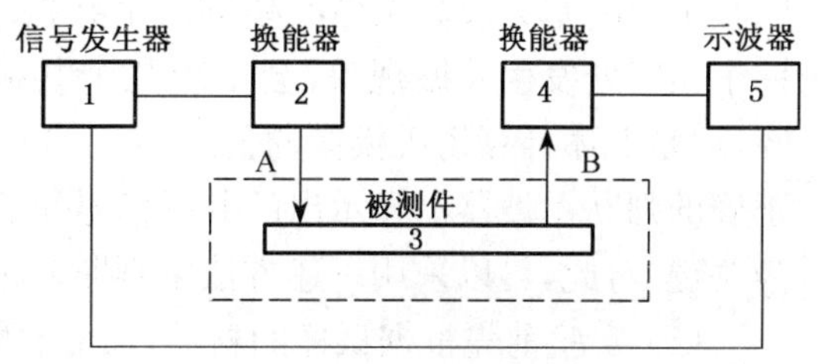

图 3-7-4　动态法测量杨氏模量实验原理图

2. 李萨如图法观测共振频率

实验时也可采用李萨如图法测量共振频率. 激振器和拾振器的信号分别输入示波器的 X 和 Y 通道,示波器处于观察李萨如图形状态,从小到大调节信号发生器的频率,直到出现稳定的正椭圆时,即达到共振状态. 这是因为,拾振器和激振器的振动频率虽然相同,但是当激振器的振动频率不是被测样品的固有频率时,试样的振动振幅很小,拾振器的振幅也很小甚至检测不到振动,在示波器上无法合成李萨如图形(正椭圆),只能看到激振器的振动波形;只有当激振器的振动频率调节到试样的固有频率达到共振时,拾振器的振幅突然很大,输入示波器的两路信号才能合成李萨如图形(正椭圆).

3. 外延法精确测量基频共振频率

所谓的外延法,就是所需要的数据在测量数据范围之外,一般很难直接测量,采用作图外延求值的方法求出所需要的数据. 外延法的适用条件是在所研究的范围内没有突变,否则不能使用. 本实验中就是以悬挂点或支撑点的位置为横坐标、以相对应的共振频率为纵坐标做出关系曲线,求出曲线最低点(即节点)所对应的共振频率即试样的基频共振频率.

理论上试样在基频下共振有两个节点,要测出试样的基频共振频率,只能将试样悬挂或支撑在 $0.224L$ 和 $0.776L$ 的两个节点处. 但是,在两个节点处振动振幅几乎为零,悬挂或支撑在节点处的试样难以被激振和拾振. 实验时由于悬丝或支撑架对试样的阻尼作用,所以检测到的共振频率是随悬挂点或支撑点的位置变化而变化的. 悬挂点偏离节点越远(距离棒的端点越近),可检测的共振信号越强,但试样所受到的阻尼作用也越大,离试样两端自由这一定解条件的要求相差越大,产生的系统误差就越大. 由于压电陶瓷换能器拾取的是悬挂点或支撑点的加速度共振信号,而不是振幅共振信号,因此所检测到的共振频率随悬挂点或支撑点到节点的距离增大而变大. 为了消除这一系统误差,测出试样的基频共振频率,可在节点两侧选取不同的点对称悬挂或支撑,用外延测量法找出节点处的共振频率.

4. 基频共振的判断(真假共振的识别)

实验测量中,激发换能器、接收换能器、悬丝、支架等部件都有自己的共振频率,可能以其本身的基频或高次谐波频率发生共振. 另外,根据实验原理可知,试样本身也不只在一个频率处发生共振现象,会出现几个共振峰,以致在实验中难以确认哪个是基频共振峰,但是上述计算杨氏模量的公式(3-7-11)—(3-7-13)只适用于基频共振的情况. 因此,正确的判断示波器上显示出的共振信号是否为试样真正共振信号并且是否为基频共振成为关键. 对此,可以采用下述方法来判断和解决.

(1) 实验前先根据试样的材质、尺寸、质量等参数通过理论公式估算出基频共振频率的数值,在估算频率附近寻找.

(2) 换能器或悬丝发生共振时可通过对上述部件施加负荷(例如用力夹紧),可使此共振信号变化或消失.

(3) 试样发生共振需要一个孕育过程,共振峰有一定的宽度,信号亦较强,切断信号源后信号亦会逐渐衰减. 因此,发生共振时,迅速切断信号源,除试样共振会逐渐衰减外,其余假共振会很快消失.

(4) 试样共振时,可用一小细杆沿纵向轻碰试样的不同部位,观察共振波振幅. 波节处波的振幅不变,波腹处波的振幅减小. 波形符合图 3-7-3(a)的规律即为基频共振.

(5) 用听诊器沿试样纵向移动,能明显听出波腹处声大,波节处声小,并符合图 3-7-3(a)的规律. 对一些细长棒状(或片状)试样,有时能直接听到波腹和波节.

(6) 当输入某个频率在显示屏出现共振时,即时托起试样,示波器显示的波形仍然很少变化,说明这个共振频率不属于试样. 悬丝共振时可明显看见悬丝上形成驻波.

(7) 试样振动时,观察各振动波形的幅度,波幅最大的共振是基频共振;出现几个共振频率时,基频共振频率最低.

5. 仪器简介

本实验的关键是测量试样的固有频率. 测量试样固有频率的实验仪器与实验装置如下:

(1) 动态杨氏模量实验架

支架(图 3-7-5)上分别安装有两个激振、拾振换能器,分别印有“发射、接收”标识. 换能器是一种实现机械振动信号与电信号相互转换的器件,如耳机、喇叭等. 换能器分为“激振”换能器和“拾振” 换能器. 激振换能器是将电信号转换成振动信号的换能器,拾振换能器是将振动信号转换成电信号的换能器.

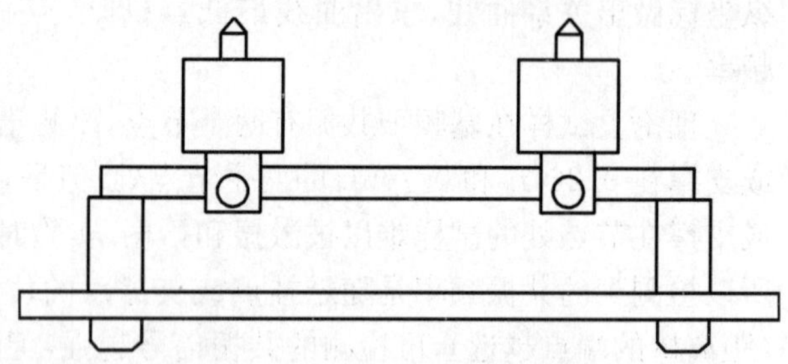

图 3-7-5　FH2729A 动态杨氏模量实验架

(2) 信号发生器

FH1601A 物理实验用数字合成扫频信号发生器是一种通用的信号发生器(图3-7-6). 它能输出正弦波、正弦脉冲波、三角波、方波等不同波形,且能调节各输出波形的幅值及频率大小.

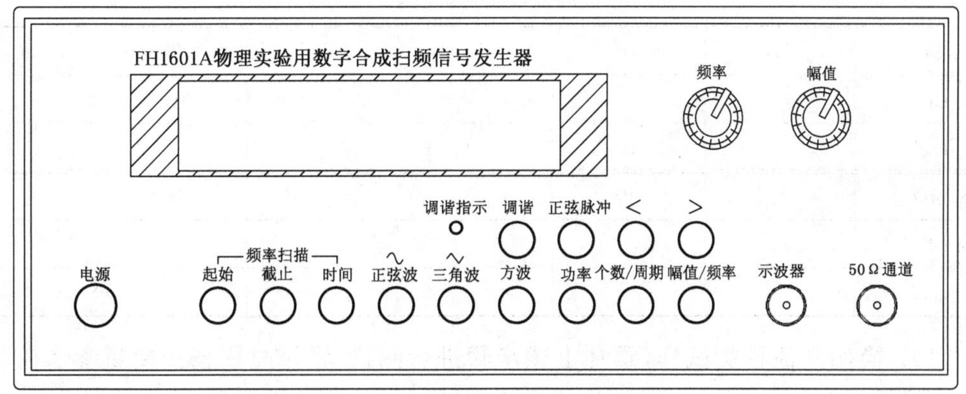

图 3-7-6　FH1601A 物理实验用扫频信号发生器

(3) 示波器

见示波器介绍.

【实验内容】

用支撑法测量不同试样的杨氏模量:

(1) 测定样品圆形棒的直径 d、长度 L(或矩形棒的宽度 b、厚度 h、长度 L)各 5 次.(注意读取千分尺的零读数,表格自拟.)

(2) 测定样品的质量 m 大小 5 次.

(3) 连接测量仪器. 如图 3-7-5 所示,函数信号发生器的正弦波输出端接激发器的输入端,激振信号的输出端接示波器的 X 通道,拾振信号的输出端接示波器 Y 通道. 同时还要小心地将试样放在支撑支架上,要求试样棒横向水平,左支撑点到试样棒左端点的距离与右支撑点到试样棒右端点的距离相同.

(4) 根据式(3-7-11)或式(3-7-12)估算样品的固有频率. 估算样品的固有频率是为了便于寻找共振点.

(5) 开机调试. 开启仪器的电源,调节示波器处于正常工作状态,信号发生器的频率置于适当档位(例如 2.5 kHz 档),连续调节输出频率,f_a 为粗调,f_c 为细调,此时激发换能器应发出相应声响. 轻敲桌面,示波器 Y 轴信号大小立即变动并与敲击强度有关,这说明整套实验装置已处于工作状态.

(6) 测量样品固有频率. 当函数信号发生器的频率等于样品的固有频率时,测试样品发生共振,示波器接收到的信号最强(波形突然增大到最大幅度). 此时的信号频率为共振频率,即“样品固有频率”. 因测试样品共振状态的建立需要一个过程,且共振峰十分尖锐,因此在振状点附近调节信号频率时应十分细致缓慢.

(7) 用外延法测量基频共振频率. 在两个节点位置两侧各取几个测试点,各点间隔 5 mm左右. 从外向内依次同时移动两个支撑点的位置,每次移动 5 mm,分别测出不同位置处相应的基频共振频率. 作图,并求出基频共振频率(表 3-7-2).

*(8) 用李萨如图法观测共振频率.

(9) 代入式(3-7-13)求出样品的杨氏模量 E 并分析说明.

表 3-7-2　　测量基频共振频率

x/mm	5	10	15	20	25	30
$x \cdot L^{-1}$						
f/Hz						
x/mm	35	40	45	50	55	
$x \cdot L^{-1}$						
f/Hz						

(10) 换用其他种类试样，重复上述步骤进行测量. 常用材料杨氏模量参考值如表3-7-3所示.

表 3-7-3　　常用材料杨氏模量参考值

材料名称	杨氏模量 E (10^{11} N·m^{-2})	材料名称	杨氏模量 E (10^{11} N·m^{-2})
钢	2.0	铜及其合金	1.0
铸铁	1.15～1.60	铝及硬铝	0.7

【注意事项】

(1) 实验中除了测试样品发生共振外，还有其他假共振（如换能器、悬丝、支撑物等的共振），如何辩别？

① 迅速切断信号源，观察真假共振信号变化情况.

② 取下测试样品，观察真假共振信号变化情况.

③ 使测试样品温度发生变化（如用打火机加热），观察真假共振信号变化情况. 如果是测试样品共振，共振频率随测试样品温度变化而变化. 提示：测试样品的固有频率与其温度相关.

④ 用听诊器在测试样品上移动寻找波腹和波节，波腹处声大、波节处声小.

⑤ 信号源信号逐渐减弱，观察真假共振信号变化情况.

⑥ 将一细弦线两端与测试样品两端相粘连，观察真假共振信号变化情况.

(2) 换能器由厚度约为 0.1～0.3 mm 的压电晶体用胶粘接在 0.1 mm 左右的黄铜片上构成，故极其脆弱. 测定时一定要轻拿轻放，不能用力，也不能敲打.

(3) 试样棒不能随处乱放，要保持清洁；拿放时应特别小心，避免弄断悬丝摔坏试样棒.

(4) 安装试样棒时，应先移动支架到既定位置后再悬挂试样棒.

(5) 实验时，悬丝必须捆紧，不能松动，且在通过试样轴线的同一截面上，一定要等试样稳定之后才可正式测量.

(6) 尽可能采用较小的信号激发，激振器所加正弦信号的峰-峰值幅度限制在 6 V 内，这时发生虚假信号的可能性较小.

(7) 信号源、换能器、放大器、示波器等测试仪器均应共"地".

(8) 悬挂点或支撑点如在节点时极难进行测量；全放在端点，测量虽很方便但易引入系统误差.

(9) 如试样材质不均匀或呈椭圆形，就会有多个共振频率出现，这时只能通过更换合格试样来解决.

【思考题】

1. 在实验中是否发现假共振峰？是何原因？如何消除？是否有新的判据？

2. 悬挂时捆绑的松紧，悬丝的长短、粗细、材质、钢性都对实验结果有影响，是何原因？可否消除？

3. 如何用外延法算出试样棒真正的节点基频共振频率？

4. 试样的固有频率和共振频率有何不同？有何关系？可否不测量质量而引入材料密度 ρ？这时杨氏模量计算公式应作何变动？

5. 实验时发现用悬挂方式很难测出一次谐波频率，而用支撑法测却很易测量；同时发现悬挂和支撑的位置和基频关系密切，但用支撑法测出的一次谐波频率和支撑位置关系不大，你能分析出其中原因吗？

6. 在实验过程中如何判别是否有假共振信号的出现？

7. 如果试样不满足 $d \ll L$ 条件，则对测量结果应如何修正？

3.8　落球法测量液体的黏滞系数

当液体内各部分之间有相对运动时，接触面之间存在内摩擦力，阻碍液体的相对运动，这种性质称为液体的黏滞性，液体的内摩擦力称为黏滞力. 黏滞力的大小与接触面面积以及接触面处的速度梯度成正比，比例系数 η 称为黏度(或黏滞系数).

对液体黏滞性的研究在流体力学、化学化工、医疗、水利等领域都有广泛的应用，例如在用管道输送液体时要根据输送液体的流量、压力差、输送距离及液体黏度，设计输送管道的口径.

测量液体黏度可用落球法、毛细管法、转筒法等方法，其中落球法适用于测量黏度较高的液体.

黏度的大小取决于液体的性质与温度，温度升高，黏度将迅速减小. 例如对于蓖麻油，在室温附近温度改变 1℃，黏度值改变约 10%. 因此，测定液体在不同温度的黏度有很大的实际意义，欲准确测量液体的黏度，必须精确控制液体温度.

【实验目的】

(1) 练习用停表记时，用螺旋测微器测直径.

(2) 了解 PID 温度控制的原理.

(3) 用落球法测量不同温度下蓖麻油的黏度.

【实验仪器】

变温黏度测量仪、ZKY-PID 温控实验仪、停表、螺旋测微器、钢球若干.

【实验原理】

1. 落球法测定液体的黏度

1 个在静止液体中下落的小球受到重力、浮力和黏滞阻力 3 个力的作用，如果小球的

速度 v 很小，且液体可以看成在各方向上都是无限广阔的，则从流体力学的基本方程可以导出表示黏滞阻力的斯托克斯公式：

$$F = 3\pi\eta v d. \tag{3-8-1}$$

式(3-8-1)中，d 为小球直径. 由于黏滞阻力与小球速度 v 成正比，小球在下落很短一段距离后(参见本节附录的推导)，所受三力达到平衡，小球将以 v_0 匀速下落，此时有

$$\frac{1}{6}\pi d^3(\rho-\rho_0)g = 3\pi\eta v_0 d. \tag{3-8-2}$$

式(3-8-2)中，ρ 为小球密度；ρ_0 为液体密度. 由式(3-8-2)可解出黏度 η 的表达式：

$$\eta = \frac{(\rho-\rho_0)gd^2}{18v_0}. \tag{3-8-3}$$

本实验中，小球在直径为 D 的玻璃管中下落，液体在各方向无限广阔的条件不满足，此时黏滞阻力的表达式可加修正系数 $\left(1+2.4\frac{d}{D}\right)$，而式(3-8-3)可修正为

$$\eta = \frac{(\rho-\rho_0)gd^2}{18v_0\left(1+2.4\frac{d}{D}\right)}. \tag{3-8-4}$$

当小球的密度较大，直径不是太小，而液体的黏度值又较小时，小球在液体中的平衡速度 v_0 会达到较大的值，奥西思-果尔斯公式反映出了液体运动状态对斯托克斯公式的影响：

$$F = 3\pi\eta v_0 d\left(1+\frac{3}{16}Re-\frac{19}{1\,080}Re^2+L\right). \tag{3-8-5}$$

其中，Re 称为雷诺数，是表征液体运动状态的量纲为一的参数.

$$Re = \frac{v_0 d\rho_0}{\eta}. \tag{3-8-6}$$

当 Re 小于 0.1 时，可认为式(3-8-1)，(3-8-4)成立. 当 $0.1<Re<1$ 时，应考虑式(3-8-5)中 1 级修正项的影响，当 Re 大于 1 时，还须考虑高次修正项.

考虑式(3-8-5)中 1 级修正项的影响及玻璃管的影响后，黏度 η_1 可表示为

$$\eta_1 = \frac{(\rho-\rho_0)gd^2}{18v_0\left(1+2.4\frac{d}{D}\right)\left(1+3\frac{Re}{16}\right)} = \eta\frac{1}{1+3\frac{Re}{16}}. \tag{3-8-7}$$

由于$\frac{3Re}{16}$是远小于 1 的数，将$\frac{1}{\left(1+\frac{3Re}{16}\right)}$按幂级数展开后近似为 $1-\frac{3Re}{16}$，式(3-8-7)又可表示为

$$\eta_1 = \eta-\frac{3}{16}v_0 d\rho_0. \tag{3-8-8}$$

已知或测量得到 ρ, ρ_0, D, d, v 等参数后，由式(3-8-4)计算黏度 η，再由式(3-8-6)计算 Re，若需计算 Re 的1级修正，则由式(3-8-8)计算经修正的黏度 η_1.

在国际单位制中，η 的单位是 Pa·s(帕斯卡·秒)，在厘米-克-秒制中，η 的单位是 P(泊)或 cP(厘泊)，它们之间的换算关系是：

$$1\ \mathrm{Pa\cdot s}=10\ \mathrm{P}=1\,000\ \mathrm{cP}. \tag{3-8-9}$$

2. PID调节原理

PID调节是自动控制系统中应用最为广泛的一种调节规律，自动控制系统的原理可用图3-8-1说明.

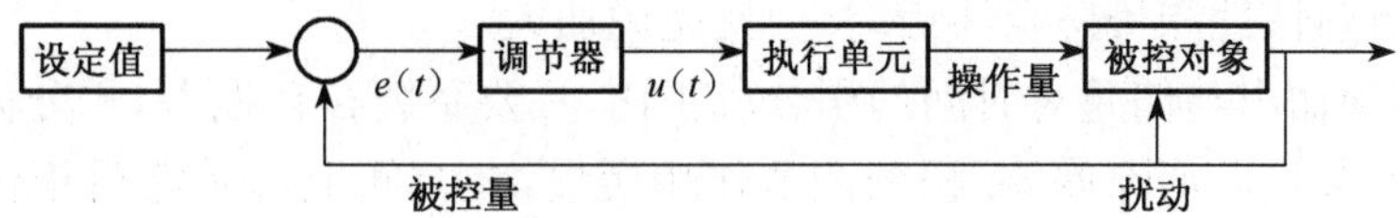

图3-8-1　自动控制系统框图

假如被控量与设定值之间有偏差 $e(t)$=设定值－被控量，调节器依据 $e(t)$ 及一定的调节规律输出调节信号 $u(t)$，执行单元按 $u(t)$ 输出操作量至被控对象，使被控量逼近直至最后等于设定值. 调节器是自动控制系统的指挥机构.

在我们的温控系统中，调节器采用PID调节，执行单元是由可控硅控制加热电流的加热器，操作量是加热功率，被控对象是水箱中的水，被控量是水的温度.

PID调节器是按偏差的比例(proportional)、积分(integral)、微分(differential)进行调节，其调节规律可表示为

$$u(t)=K_{\mathrm{P}}\left[e(t)+\frac{1}{T_{\mathrm{I}}}\int_0^t e(t)\mathrm{d}t+T_{\mathrm{D}}\frac{\mathrm{d}e(t)}{\mathrm{d}t}\right]. \tag{3-8-10}$$

式中，第一项为比例调节，K_{P} 为比例系数. 第二项为积分调节，T_{I} 为积分时间常数. 第三项为微分调节，T_{D} 为微分时间常数.

PID温度控制系统在调节过程中温度随时间的一般变化关系可用图3-8-2表示，控制效果可用稳定性、准确性和快速性评价.

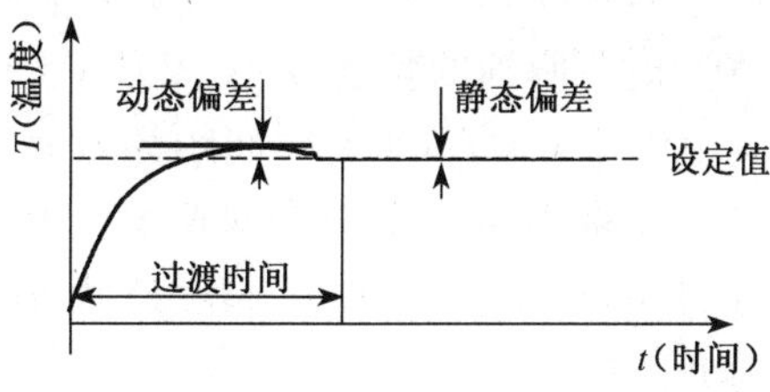

图3-8-2　PID调节系统过渡过程

系统重新设定(或受到扰动)后经过一定的过渡过程能够达到新的平衡状态，则为稳定的调节过程；若被控量反复振荡，甚至振幅越来越大，则为不稳定调节过程，不稳定调节过程是有害而不能采用的. 准确性可用被调量的动态偏差和静态偏差来衡量，二者越小，准确性越高. 快速性可用过渡时间表示，过渡时间越短越好. 实际控制系统中，上述三方面指标常常是互相制约、互相矛盾的，应结合具体要求综合考虑.

由图3-8-2可见，系统在达到设定值后一般并不能立即稳定在设定值，而是超过设定值后经一定的过渡过程才重新稳定，产生超调的原因可从系统惯性、传感器滞后和调节器

特性等方面予以说明.系统在升温过程中,加热器温度总是高于被控对象温度,在达到设定值后,即使减小或切断加热功率,加热器存储的热量在一定时间内仍然会使系统升温,降温有类似的反向过程,这称之为系统的热惯性.传感器滞后是指由于传感器本身热传导特性或是由于传感器安装位置的原因,使传感器测量到的温度比系统实际的温度在时间上滞后,系统达到设定值后调节器无法立即作出反应,产生超调.对于实际的控制系统,必须依据系统特性合理整定 PID 参数,才能取得好的控制效果.

由式(3-8-10)可见,比例调节项输出与偏差成正比,它能迅速对偏差作出反应,并减小偏差,但它不能消除静态偏差.这是因为任何高于室温的稳态都需要一定的输入功率维持,而比例调节项只有偏差存在时才输出调节量.增加比例调节系数 K_P 可减小静态偏差,但在系统有热惯性和传感器滞后时,会使超调加大.

积分调节项输出与偏差对时间的积分成正比,只要系统存在偏差,积分调节作用就不断积累,输出调节量以消除偏差.积分调节作用缓慢,在时间上总是滞后于偏差信号的变化.增加积分作用(减小 T_I)可加快消除静态偏差,但会使系统超调加大,增加动态偏差,积分作用太强甚至会使系统出现不稳定状态.

微分调节项输出与偏差对时间的变化率成正比,它阻碍温度的变化,能减小超调量,克服振荡.在系统受到扰动时,它能迅速作出反应,减小调整时间,提高系统的稳定性.

PID 调节器的应用已有 100 多年的历史,理论分析和实践都表明,应用这种调节规律对许多具体过程进行控制时,都能取得满意的结果.

3. 仪器介绍

(1) 落球法变温黏度测量仪

变温黏度仪的外型如图 3-8-3 所示.待测液体装在细长的样品管中,能使液体温度较快地与加热水温达到平衡,样品管壁上有刻度线,便于测量小球下落的距离.样品管外的加热水套连接到温控仪,通过热循环水加热样品.底座下有调节螺钉,用于调节样品管的铅直.温控实验仪面板见图 3-8-4.

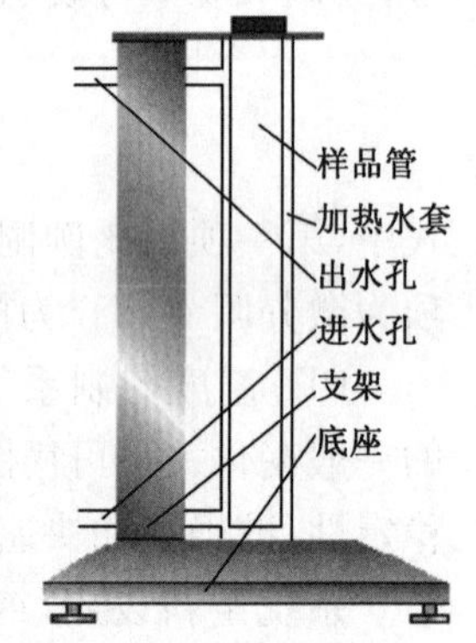

图 3-8-3 变温黏度仪

若钢球直径为 10^{-3}m,代入钢球的密度 ρ,蓖麻油的密度 ρ_0 及 40℃时蓖麻油的黏度 $\eta=0.231$ Pa·s,可得此时的平衡速度约为 $v_0=0.016$ m/s,平衡时间约为 $t_0=0.013$ s.

平衡距离 L 小于平衡速度与平衡时间的乘积,在我们的实验条件下,小于 1 mm,基本可认为小球进入液体后就达到了平衡速度.

温控实验仪包含水箱、水泵、加热器、控制及显示电路等部分.

本温控试验仪内置微处理器,带有液晶显示屏,具有操作菜单化,能根据实验对象选择 PID 参数以达到最佳控制,能显示温控过程的温度变化曲线和功率变化曲线及温度和功率的实时值,能存储温度及功率变化曲线,控制精度高等特点.仪器面板如图 3-8-4 所示.

开机后,水泵开始运转,显示屏显示操作菜单,可选择工作方式,输入序号及室温,设定温度及 PID 参数.使用◀▶键选择项目,▲▼键设置参数,按确认键进入下一屏,按返回

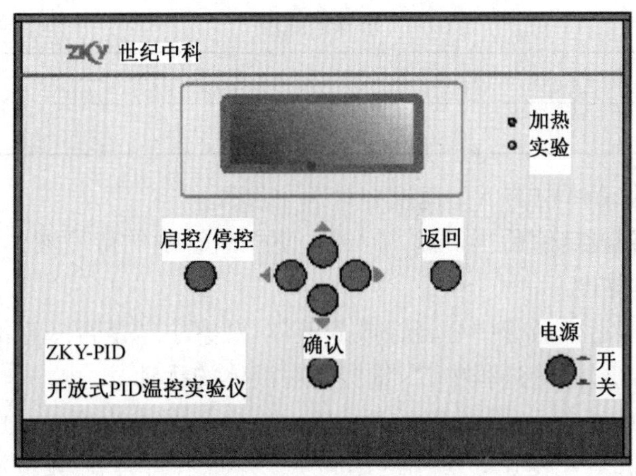

图 3-8-4　温控实验仪面板

键返回上一屏.

进入测量界面后，屏幕上方的数据栏从左至右依次显示“序号、设定温度、初始温度、当前温度、当前功率、调节时间”等参数. 图形区以横坐标代表时间，纵坐标代表温度(以及功率)，并可用▲▼键改变温度坐标值. 仪器每隔 15 s 采集 1 次温度及加热功率值，并将采得的数据标示在图上. 温度达到设定值并保持 2 min 温度波动小于 0.1℃，仪器自动判定达到平衡，并在图形区右边显示过渡时间 t_s，动态偏差 σ，静态偏差 e. 一次实验完成退出时，仪器自动将屏幕按设定的序号存储(共可存储 10 幅)，以供必要时查看、分析、比较.

(2) 停表

PC396 电子停表具有多种功能. 按功能转换键，待显示屏上方出现符号“-------”且第 1 和第 6、7 短横线闪烁时，即进入停表功能. 此时按开始/停止键可开始或停止记时，多次按开始/停止键可以累计记时. 一次测量完成后，按暂停/回零键使数字回零，准备进行下一次测量.

【实验内容】

(1) 检查仪器后面的水位管，将水箱水加到适当值(比水位下限值再高 2 cm 左右). 平常加水从仪器顶部的注水孔注入. 若水箱排空后第 1 次加水，应该用软管从出水孔将水经水泵加入水箱，以便排出水泵内的空气，避免水泵空转(无循环水流出)或发出嗡鸣声. (一般情况下，实验室人员都已加好水，不必再加水，以免水量过多，影响实验.)

(2) 设定 PID 参数. 若对 PID 调节原理及方法感兴趣，可在不同的升温区段有意改变 PID 参数组合，观察参数改变对调节过程的影响，探索最佳控制参数.

若只是把温控仪作为实验工具使用，则保持仪器设定的初始值，也能达到较好的控制效果.

(3) 测定小球直径. 由式(3-8-4)及式(3-8-6)可见，当液体黏度及小球密度一定时，雷诺数 $Re \propto d^3$. 在测量蓖麻油的黏度时建议采用直径 1～2 mm 的小球，这样可不考虑雷诺修正或只考虑 1 级雷诺修正.

用螺旋测微器测定小球的直径 d，将数据记入表 3-8-1 中. 螺旋测微器(千分尺)的零读数：________mm.

表 3-8-1　　小球的直径

次数	1	2	3	4	5	平均值
$d/(10^{-3}\text{m})$						

(4) 测定小球在液体中的下落速度并计算黏度.

温控仪温度达到设定值后再等约 10 min,使样品管中的待测液体温度与加热水温完全一致,才能测液体黏度.

用镊子夹住小球沿样品管中心轻轻放入液体,观察小球是否一直沿中心下落,若样品管倾斜,应调节其铅直.测量过程中,尽量避免对液体的扰动.

用停表测量小球落经一段距离的时间 t,并计算小球速度 v_0,用式(3-8-4)或式(3-8-8)计算黏度 η,记入表 3-8-2 中.(用同一个小球进行实验,反复测量 5 次.)

注:$\rho=7.8\times10^3\ \text{kg/m}^3$,$\rho_0=0.95\times10^3\ \text{kg/m}^3$,$D=2.0\times10^{-2}\text{m}$.

表 3-8-2　黏度测量数据记录表

温度 T /℃	时间 t/s						速度 v /(m/s)	η 测量值 /(Pa·s)	* η 标准值 /(Pa·s)
	1	2	3	4	5	平均			
20									0.986
25									
30									0.451
35									
40									0.231
45									
50									
55									

● 其他 *η的标准值的计算,可依 $\eta=5.455\,2e^{-0.083\,9T}$ 公式计算得出.

实验全部完成后,用磁铁将小球吸引至样品管口,用镊子夹入蓖麻油中保存,以备下次实验使用.

【数据处理】

将表 3-8-2 中 η 的测量值根据雷诺修正的条件进行修正计算,并将计算得到的修正值记入表中.

表 3-8-2 中,列出了部分温度下黏度的标准值,可将这些温度下黏度的测量值与标准值比较,并计算相对误差.

将表 3-8-2 中 η 的测量值在坐标纸上作图,画出黏度随温度的变化关系曲线.

【思考题】

1. 斯托克斯公式的应用条件是什么?本实验是怎样去满足这些条件的?又如何进行修正的?

2. 温控仪器达到稳定后,为什么要等一会再进行测量?

3. 为什么液位线要比零刻度线高出相当多,而让小球先下落一段时间才进行计时(由受力情况进行分析)?

4. 若小球不是沿样品管中心放入,而是靠近管壁一侧放入液体,则其对实验影响如何?若小钢球更换成直径更大一点的小钢球,则其对实验影响如何,请分析说明.

【附录】

小球在达到平衡速度之前所经路程 L 的推导

由牛顿运动定律及黏滞阻力的表达式,可列出小球在达到平衡速度之前的运动方程:

$$\frac{1}{6}\pi d^3\rho\frac{\mathrm{d}v}{\mathrm{d}t}=\frac{1}{6}\pi d^3(\rho-\rho_0)g-3\pi\eta dv. \tag{3-8-11}$$

经整理后得:

$$\frac{\mathrm{d}v}{\mathrm{d}t}+\frac{18\eta}{d^2\rho}v=\left(1-\frac{\rho_0}{\rho}\right)g. \tag{3-8-12}$$

这是一个一阶线性微分方程,其通解为

$$v=\left(1-\frac{\rho_0}{\rho}\right)g\cdot\frac{d^2\rho}{18\eta}+C\mathrm{e}^{-\frac{18\eta}{d^2\rho}t}. \tag{3-8-13}$$

设小球以零初速放入液体中,代入初始条件($t=0,\ v=0$),定出常数 C 并整理后得

$$v=\frac{d^2g}{18\eta}(\rho-\rho_0)\cdot\left(1-\mathrm{e}^{-\frac{18\eta}{d^2\rho}t}\right). \tag{3-8-14}$$

随着时间增大,式(3-8-14)中的负指数项迅速趋近于零,由此得平衡速度:

$$v_0=\frac{d^2g}{18\eta}(\rho-\rho_0). \tag{3-8-15}$$

式(3-8-15)与式(3-8-3)是等价的,平衡速度与黏度成反比.设从速度为零到速度达到平衡速度的 99.9% 这段时间为平衡时间 t_0,即令

$$\mathrm{e}^{-\frac{18\eta}{d^2\rho}t_0}=0.001. \tag{3-8-16}$$

由式(3-8-16)可计算平衡时间.

3.9　声速的测量

【实验目的】

(1) 学会用驻波法、相位法以及时差法测量声速.

(2) 掌握用电声换能器进行电声转换的测量方法.

(3) 学会用逐差法处理实验数据.

【实验仪器】

SVX-5 综合声速测试仪信号源、SV-DH-5A 声速测试仪、示波器.

【实验原理】

1. 超声波与压电陶瓷换能器

频率 20 Hz～20 kHz 的机械振动在弹性介质中传播形成声波，高于 20 kHz 称为超声波，超声波的传播速度就是声波的传播速度，而超声波具有波长短、易于定向发射等优点，声速实验所采用的声波频率一般都在 20 Hz～40 kHz 之间. 在此频率范围内，采用压电陶瓷换能器作为声的发射器、接收器效果最佳.

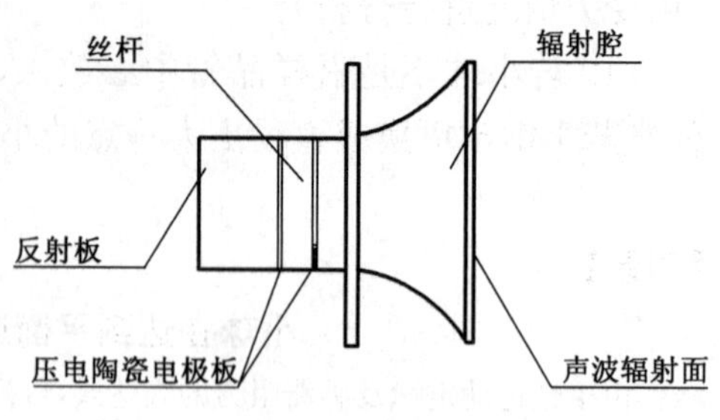

图 3-9-1　压电陶瓷换能器结构

压电陶瓷换能器根据它的工作方式，分为纵向(振动)换能器、径向(振动)换能器及弯曲振动换能器. 声速教学实验中所用的大多数采用纵向(振动)换能器. 结构如图 3-9-1 所示.

2. 共振干涉法(驻波法)测量声速

假设在无限声场中，仅有一个点声源 S_1(发射换能器)和一个接收平面(接收换能器 S_2). 当点声源发出声波后，在此声场中只有一个接收面(即接收换能器平面 S_2)，S_2 在接收声波的同时还反射一部分声波，并且只产生一次反射(图 3-9-2).

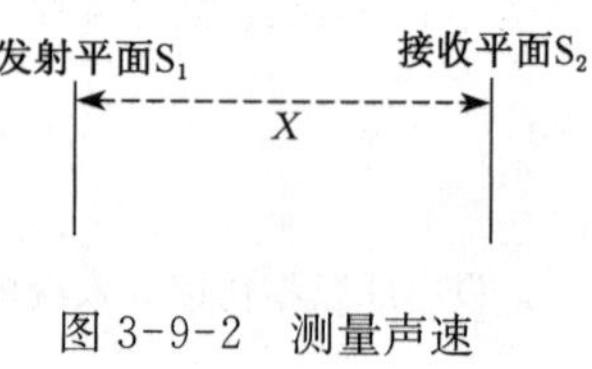

图 3-9-2　测量声速

在上述假设条件下，发射波 $\xi_1 = A_1\cos\left(\omega t - \frac{2\pi x}{\lambda}\right)$. 在接收面 S_2 处产生反射，反射波 $\xi_2 = A_2\cos\left(\omega t - \frac{2\pi x}{\lambda}\right)$，假定 $A_1 = A_2 = A$. ξ_1 与 ξ_2 在接收面 S_2 处相遇干涉，合成波束

$$\xi_3 = \xi_1 + \xi_2 = \left(2A\cos\frac{2\pi x}{\lambda}\right)\cos\omega t. \tag{3-9-1}$$

由此可见，合成后的波束幅度随 $\cos\frac{2nx}{\lambda}$ 呈周期性变化. 当 $\frac{2nx}{\lambda} = n\pi$ 时，在 $X = \frac{n\lambda}{2}$，$n=1, 2, 3, \cdots$ 位置上振幅最大，称为波腹. 当 $\frac{2nx}{\lambda} = \frac{(2n-1)\pi}{2}$ 时，在 $X = \frac{(2n-1)\lambda}{4}$，$n=1, 2, 3, \cdots$ 位置上振幅最小，称为波节.

由上可知：相邻两波腹(波节)之间的距离均为 $\frac{\lambda}{2}$. 为了测量声波的波长，可以在一边观察示波器上声波合成振动幅值的同时，缓慢地改变 S_1 和 S_2 之间的距离. 示波器上就可以看到声波合成振动幅值不断地由最大变到最小再变到最大，二相邻的振幅最大(或最小)之间 S_2 移动过的距离为 $\frac{\lambda}{2}$. 超声换能器 S_2 至 S_1 之间的距离的改变可通过转动螺杆的鼓轮来实现，而超声波的频率又可由声速测试仪信号源频率显示窗口直接读出. 在连续多次测量相隔半波长的 S_2 的位置变化及声波频率 f 以后，用逐差法计算出声波长与声速.

$$V=\lambda f. \tag{3-9-2}$$

3. 相位法测量原理

由图 3-9-2 知发射换能器 S_1 处发射波的相位 Ψ_1，接收换能器 S_2 处接收波的相位 Ψ_2，发射波的相位与接收波的相位相差为

$$\Delta\Psi=\omega\cdot\Delta t=2\pi f\cdot\frac{X}{v} \tag{3-9-3}$$

用李萨如图法观察测出 $\Delta\Psi$：将 S_1 处发射波与 S_2 处接收波分别接示波器 X 和 Y，观察李萨如图如图 3-9-3 所示.

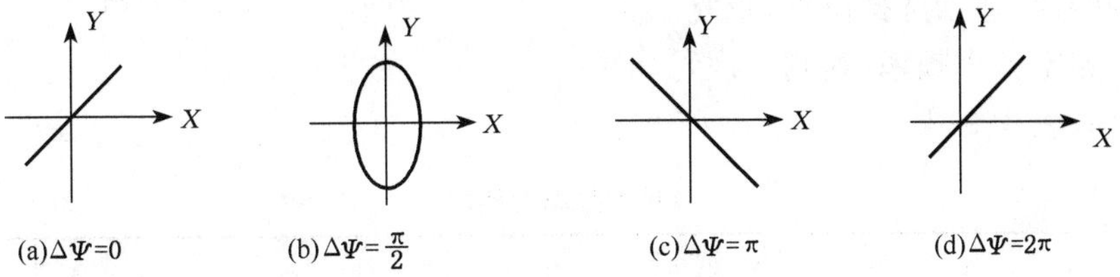

图 3-9-3　李萨如图

f 可由声速测试仪信号源频率显示窗口直接读出，X 为换能器 S_2 至 S_1 之间的距离，可通过转动螺杆的鼓轮读数.

对于图 3-9-3(a)和(d)相位差 $\Delta\Psi=2\pi$，S_2 至 S_1 之间的距离差 $\Delta X=\lambda$.

$$V=\lambda f \tag{3-9-4}$$

4. 时差法测量原理

连续波经脉冲调制后由发射换能器发射至被测介质中，声波在介质中传播，经过 t 时间后，到达 L 距离处的接收换能器(图 3-9-4). 由运动定律可知，声波在介质中传播的速度

$$v=\frac{L}{t} \tag{3-9-5}$$

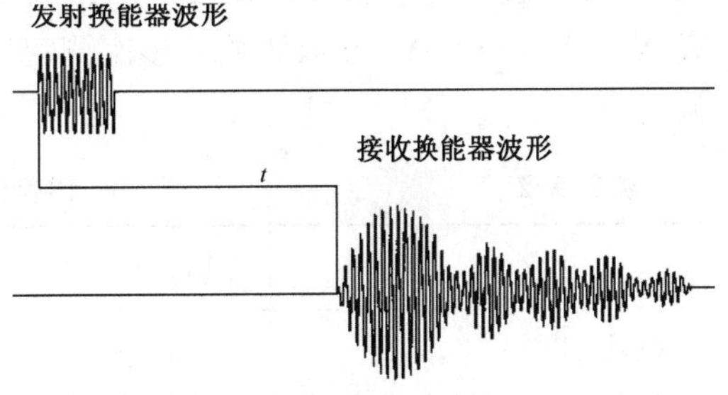

图 3-9-4　时差法测量原理

通过测量发射换能器平面 S_1 和接收换能器平面 S_2 之间的距离和波的传播时间 t 即可求得速度 v.

【实验内容】

1. 实验装置的连接

按图 3-9-5 连接好线路.

2. 寻找压电陶瓷换能器的最佳工作点

只有当换能器 S_1 与 S_2 发射面与接收面保持平行时才有较好的接收效果；为了得到较清晰的接收波形，应将外加的驱动信号频率调节到发射换能器 S_1 谐振频率点处时，才能较好地进行声能与电能的相互转换，以得到较好的实验效果. 超声换能器工作状态的调

节方法如下：各仪器都正常工作以后，首先调节声速测试仪信号源输出电压（10～15 V），调整信号频率（25～45 kHz），观察频率调整时接收波的电压幅度变化，在某一频率点处（34.5～37.5 kHz）电压幅度最大，同时声速测试仪信号源的信号指示灯亮，此频率即是压电换能器 S_1，S_2 相匹配频率点，记录频率 F_n. 改变 S_1 和 S_2 间的距离，适当选择位置，重复调整，再次测定工作频率，共测 5 次，取平均频率（表 3-9-1）.

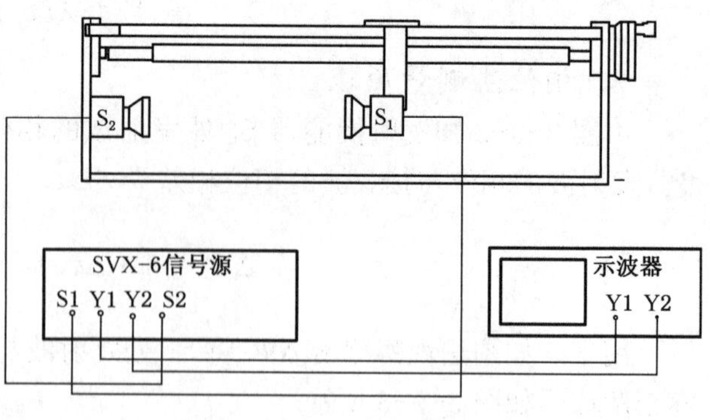

图 3-9-5　实验装置图

表 3-9-1　**平均频率的测定**

	1	2	3	4	5	平均值
F_n/kHz						

3. 共振干涉法（驻波法）测量声速

将测试方法设置到连续波方式. 完成实验内容“2”以后，观察示波器显示的接收波形图，找到接收波形的最大值. 然后，转动距离调节鼓轮，这时波形的幅度会发生变化，记录下幅度为最大时 S_1 和 S_2 间的距离 X_1，再向前或者向后（必须是一个方向）移动距离，当接收波经变小后再到最大时，记录下此时的距离 X_2，同理依次记录 S_1 和 S_2 间的距离 X_3，X_4，…，X_n（n 取偶数）. 多次测定用逐差法求得波长 λ（表 3-9-2）. 计算波长 λ 和波速 v.

表 3-9-2　**逐差法求波长 λ**

	1	2	3	4	5	6	7	8	平均值
X/cm									
ΔX/cm	X_5-X_1		X_6-X_2		X_7-X_3		X_8-X_4		

4. 相位法（李萨如图法）测量声速

将测试方法设置到连续波方式. 将示波器设置为“X-Y”工作方式，观察示波器显示的“李萨如图”. 转动距离调节鼓轮，观察示波器波形为一定角度的斜线，记录下此时 S_1 和 S_2 间的距离 X_1，再向前或者向后（必须是一个方向）移动距离，使观察到的波形又回到前面所说的特定角度的斜线，记录下此时的距离 X_2，同理依次记录 S_1 和 S_2 间的距离 X_3，X_4，…，X_n（n 取偶数）. 多次测定用逐差法求得波长 λ（表 3-9-3）. 计算波长 λ 和波速 v.

表 3-9-3　逐差法求波长 λ

	1	2	3	4	5	6	7	8	平均值
X/cm									
ΔX/cm	X_5-X_1		X_6-X_2		X_7-X_3		X_8-X_4		

注:因声速还与介质温度有关,所以有必要记下介质温度 t,其修正公式参见本实验末的附录说明.

5. 时差法测量声速

将测试方法设置到脉冲波方式. 将 S_1 和 S_2 之间的距离调到一定值(≥50 mm). 再调节接收增益,使显示的时间差值读数稳定,此时仪器内置的定时器工作在最佳状态. 然后记录此时的距离值 X_1 和显示的时间值 t_1(时间由声速测试仪信号源时间显示窗口直接读出);转动距离调节鼓轮,同时调节接收增益使接收波信号幅度始终保持一致,记录此时的距离值 X_2 和显示的时间值 t_2,同方向等间隔改变距离依次记下时间 t_3, t_4, …, t_8,用逐差法求得波速 v.

若当使用液体为介质测试声速时,先在测试槽中注入液体,直至把换能器完全浸没,但不能超过液面线. 然后将信号源面板上的介质选择键切换至“液体”,即可进行测试,步骤相同.

【注意事项】

(1) 在测试槽内注入液体时请用液体进出通道.

(2) 在液体(水)作为传播介质测量时,严禁将液体(水)滴在尺杆和数显表头内,如果不慎将液体(水)滴到数显尺杆和数显表头上,请用 70℃以下的温度烘干即可.

(3) 应避免液体接触到其他金属物件,以免金属物件被腐蚀.

【思考题】

1. 在声速测量实验中,共振干涉法、相位法、时差法有何异同点?

2. 为什么要在谐振频率条件下进行声速测量? 如何判断测量系统处于谐振状态?

3. 在实验中,若固定两换能器之间的距离,而改变超声波的发射频率来求声速,此法是否可行?

4. 在时差法测量声速时,为什么不能用公式 $v=\dfrac{X_1}{t_1}$ 来计算声速,而用公式 $v=\dfrac{\Delta X}{\Delta t}$,是什么原因造成 $\dfrac{\Delta X}{\Delta t}>\dfrac{X_1}{t_1}$?

【附录】

(1) 标准大气压下干燥空气中的声速与空气的温度关系为

$$v=331.45\times\sqrt{1+\frac{t}{273.15}}.$$

式中,t 为室温,单位为摄氏度. 另外声速随空气湿度增大而略有增大,在此修正公式中不考虑空气的湿度对声速的影响.

(2) 液体(或气体)中的声速与液体(或气体)的体变弹性模量 B、密度 ρ 的关系为 $v=\left(\frac{B}{\rho}\right)^{\frac{1}{2}}$. 常温时纯水中的声速约为 1 450 m/s.

3.10 冷却法测量金属的比热容

根据牛顿冷却定律用冷却法测定金属或液体的比热容是量热学中常用的方法之一. 若已知标准样品在不同温度时的比热容,通过作冷却曲线可测得各种金属在不同温度时的比热容. 本实验以铜样品为标准样品,测定铁、铝样品在 100℃时的比热容. 通过实验了解金属的冷却速率和它与环境之间温差的关系,以及进行测量的实验条件. 热电偶数字显示测温技术是当前生产实际中常用的测试方法,它比一般的温度计测温方法有着测量范围广、计值精度高、可以自动补偿热电偶的非线性因素等优点;其次,它的电量数字化还可以对工业生产自动化中的温度量直接起着监控作用.

【实验目的】

掌握用冷却法测定金属的比热容.

【实验仪器】

DH4603 型冷却法金属比热容测量仪一套、待测试样(铁、铝).

【实验原理】

1. 基本原理

单位质量的物质,其温度升高 1 K(或 1℃)所需的热量称为该物质的比热容,其值随温度而变化. 将质量为 M_1 的金属样品加热后,放到较低温度的介质(例如室温的空气)中,样品将会逐渐冷却. 其单位时间的热量损失 $\frac{\Delta Q}{\Delta t}$ 与温度下降的速率成正比,于是得到下述关系式:

$$\frac{\Delta Q}{\Delta t}=c_1 M_1 \frac{\Delta \theta_1}{\Delta t}. \tag{3-10-1}$$

式(3-10-1)中,c_1 为该金属样品在温度 θ_1 时的比热容; $\frac{\Delta \theta_1}{\Delta t}$ 为金属样品在 θ_1 的温度下降速率,根据冷却定律有

$$\frac{\Delta Q}{\Delta t}=\alpha_1 S_1\left(\theta_1-\theta_0\right)^m. \tag{3-10-2}$$

式(3-10-2)中 α_1 为热交换系数;S_1 为该样品外表面的面积;θ_1 为金属样品的温度;θ_0 为周围介质的温度;m 为常数. 由式(3-10-1)和(3-10-2),可得

$$c_1 M_1 \frac{\Delta \theta_1}{\Delta t}=\alpha_1 S_1\left(\theta_1-\theta_0\right)^m. \tag{3-10-3}$$

同理,对质量为 M_2,比热容为 c_2 的另一种金属样品,可有同样的表达式:

$$c_2 M_2 \frac{\Delta\theta_1}{\Delta t} = \alpha_2 S_2 (\theta_1 - \theta_0)^m. \tag{3-10-4}$$

由式(3-10-3)和(3-10-4)，可得：

$$\frac{c_2 M_2 \frac{\Delta\theta_2}{\Delta t}}{c_1 M_1 \frac{\Delta\theta_1}{\Delta t}} = \frac{\alpha_2 S_2 (\theta_2 - \theta_0)^m}{\alpha_1 S_1 (\theta_1 - \theta_0)^m}.$$

所以

$$c_2 = c_1 \frac{M_1 \frac{\Delta\theta_1}{\Delta t}}{M_2 \frac{\Delta\theta_2}{\Delta t}} \frac{\alpha_2 S_2 (\theta_2 - \theta_0)^m}{\alpha_1 S_1 (\theta_1 - \theta_0)^m}.$$

假设两样品的形状尺寸都相同(例如细小的圆柱体)，即 $S_1 = S_2$；两样品的表面状况也相同(如涂层、色泽等)，而周围介质(空气)的性质当然也不变，则有 $\alpha_1 = \alpha_2$. 于是当周围介质温度不变(即室温 θ_0 恒定)，两样品又处于相同温度 $\theta_1 = \theta_2 = \theta$ 时，上式可以简化为

$$c_2 = c_1 \frac{M_1 \left(\frac{\Delta\theta}{\Delta t}\right)_1}{M_2 \left(\frac{\Delta\theta}{\Delta t}\right)_2}. \tag{3-10-5}$$

如果已知标准金属样品的比热容 c_1，质量 M_1；待测样品的质量 M_2 及两样品在温度 θ 时冷却速率之比，就可以求出待测的金属材料的比热容 c_2. 几种金属材料的比热容见表3-10-1.

表 3-10-1　　金属材料的比热容

温度 \ 比热容	c_{Fe}/(cal·g^{-1}·℃$^{-1}$)	c_{Al}/(cal·g^{-1}·℃$^{-1}$)	c_{cu}(cal·g^{-1}·℃$^{-1}$)
100 ℃	0.110	0.230	0.094 0

注：1 cal·g^{-1}·℃$^{-1}$=4.186 8 J·g^{-1}·℃$^{-1}$.

2. 实验仪器简介

本实验装置由加热仪和测试仪组成(图 3-10-1). 加热仪的加热装置可通过调节手轮自由升降. 被测样品安放在有较大容量的防风圆筒(即样品室)内的底座上，测温热电偶放置于被测样品内的小孔中. 当加热装置向下移动到底后，对被测样品进行加热；样品需要降温时则将加热装置移上. 仪器内设有自动控制限温装置，防止因长期不切断加热电源而引起温度不断升高.

测量试样温度采用常用的铜-康铜做成的热电偶(其热电势约为 0.042 mV/℃)，测量扁叉接到测试仪的"输入"端. 热电势差的二次仪表由高灵敏、高精度、低漂移的放大器放大加上满量程为 20 mV 的三位半数字电压表组成. 实验仪内部装有冰点补偿电器，数字

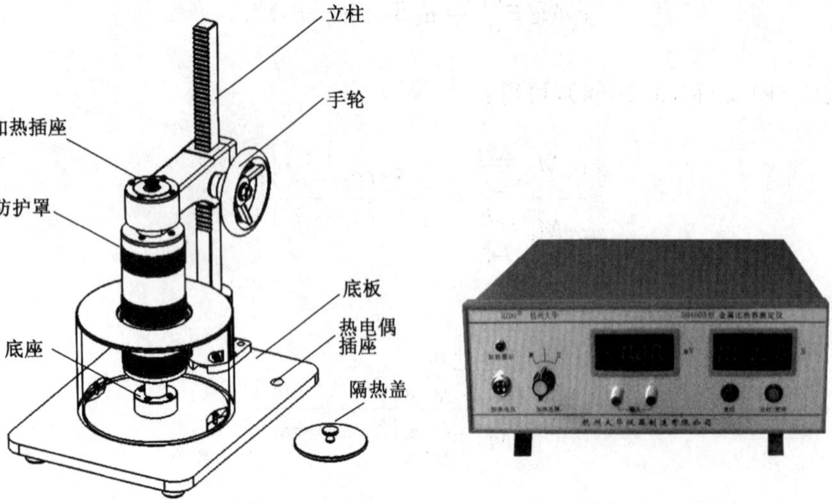

图 3-10-1　DH4603 型冷却法金属比热容测量仪

电压表显示的毫伏数可直接查表换算成对应待测温度值.

【实验内容】

开机前先连接好加热仪和测试仪,共有加热四芯线和热电偶线两组线.

(1) 选取长度、直径、表面光洁度尽可能相同的三种金属样品(铜、铁、铝),用物理天平或电子天平称出它们的质量 M_0. 再根据 $M_{Cu}>M_{Fe}>M_{Al}$ 这一特点,把它们区别开来.

(2) 使热电偶端的铜导线(即红色接插片)与数字表的正端相连;康铜导线(即黑色接插片)与数字表的负端相连. 当样品加热到 150 ℃(此时热电势显示约为 6.7 mV)时,切断电源移去加热源,样品继续安放在与外界基本隔绝的有机玻璃圆筒内自然冷却(筒口须盖上盖子),记录样品的冷却速率 $\left(\frac{\Delta\theta}{\Delta t}\right)_{\theta=100℃}$. 具体做法是记录数字电压表上示值约从 $E_1=4.36\ \mathrm{mV}$ 降到 $E_2=4.20\ \mathrm{mV}$ 所需的时间 Δt (因为数字电压表上的值显示数字是跳跃性的,所以 E_1、E_2 只能取附近的值),从而计算 $\left(\frac{\Delta E}{\Delta t}\right)_{E=4.28\mathrm{mV}}$. 按铁、铜、铝的次序,分别测量其温度下降速度,每一样品应重复测量 6 次. 因为热电偶的热电动势与温度的关系在同一小温差范围内可以看成线性关系,即 $\frac{\left(\frac{\Delta\theta}{\Delta t}\right)_1}{\left(\frac{\Delta\theta}{\Delta t}\right)_2}=\frac{\left(\frac{\Delta E}{\Delta t}\right)_1}{\left(\frac{\Delta E}{\Delta t}\right)_2}$, 式(3-10-5)可以简化为

$$c_2=c_1\frac{M_1(\Delta t)_2}{M_2(\Delta t)_1}.$$

(3) 仪器的加热指示灯亮,表示正在加热;如果连接线未连好或加热温度过高(超过 200 ℃)导致自动保护时,指示灯不亮. 升到指定温度后,应切断加热电源.

(4) 注意:测量降温时间时,按"计时"或"暂停"按钮应迅速、准确,以减小人为计时误差.

(5) 加热装置向下移动时,动作要慢,应注意要使被测样品垂直放置,以使加热装置

能完全套入被测样品.

【数据处理】

样品质量：M_{cu} = ______g；M_{Fe} = ______g；M_{Al} = ______g.

热电偶冷端温度：____ ℃.

测量样品由 4.36 mV 下降到 4.20 mV 所需时间(单位为 s)，填写表 3-10-2.

表 3-10-2　　样品电势下降所需时间

样品＼次数	1	2	3	4	5	6	平均值 Δt
Fe							
Cu							
Al							

以铜为标准：$c_1 = 0.0940$ cal/(g·℃). (1 cal=4.1868 J)

$$铁：c_2 = c_1 \frac{M_1(\Delta t)_2}{M_2(\Delta t)_1} = \underline{\qquad\qquad} \text{cal/(g·℃)}.$$

$$铝：c_3 = c_1 \frac{M_1(\Delta t)_3}{M_3(\Delta t)_1} = \underline{\qquad\qquad} \text{cal/(g·℃)}.$$

下面以一组实测的数据，来举例数据的处理和分析.

样品质量：$M_{Cu} = 9.549$ g；$M_{Fe} = 8.53$ g；$M_{Al} = 3.03$ g.

样品由 4.36 mV 下降到 4.20 mV 所需时间如表 3-10-3 所示.

表 3-10-3　　样品电势下降所需时间举例　　单位：s

样品＼次数	1	2	3	4	5	平均值 Δt
Cu	17.33	17.70	17.42	17.76	17.57	17.56
Fe	19.40	19.54	19.52	19.35	19.44	19.45
Al	13.89	13.82	13.82	13.83	13.80	13.83

以铜为标准：$c_1 = 0.0940$ cal/(g·℃).

$$铁：c_2 = c_1 \frac{M_1(\Delta t)_2}{M_2(\Delta t)_1} = 0.094 \times \frac{9.54}{8.53} \times \frac{19.45}{17.56} = 0.116 \text{ cal/(g·℃)}.$$

$$铝：c_3 = c_1 \frac{M_1(\Delta t)_3}{M_3(\Delta t)_1} = 0.094 \times \frac{9.54}{3.03} \times \frac{13.83}{17.56} = 0.233 \text{ cal/(g·℃)}.$$

以上数据仅供参考.

【思考题】

1. 为什么实验应该在防风筒(即样品室)中进行？

2. 测量三种金属的冷却速率，并在图纸上绘出冷却曲线，如何求出它们在同一温度点的冷却速率？

【附录】

表 3-10-4　　铜-康铜热电偶分度表

温度/℃	热电势/mV									
	0	1	2	3	4	5	6	7	8	9
−10	−0.383	−0.421	−0.458	−0.496	−0.534	−0.571	−0.608	−0.646	−0.683	−0.720
−0	0.000	−0.039	−0.077	−0.116	−0.154	−0.193	−0.231	−0.269	−0.307	−0.345
0	0.000	0.039	0.078	0.117	0.156	0.195	0.234	0.273	0.312	0.351
10	0.391	0.430	0.470	0.510	0.549	0.589	0.629	0.669	0.709	0.749
20	0.789	0.830	0.870	0.911	0.951	0.992	1.032	1.073	1.114	1.155
30	1.196	1.237	1.279	1.320	1.361	1.403	1.444	1.486	1.528	1.569
40	1.611	1.653	1.695	1.738	1.780	1.882	1.865	1.907	1.950	1.992
50	2.035	2.078	2.121	2.164	2.207	2.250	2.294	2.337	2.380	2.424
60	2.467	2.511	2.555	2.599	2.643	2.687	2.731	2.775	2.819	2.864
70	2.908	2.953	2.997	3.042	3.087	3.131	3.176	3.221	3.266	3.312
80	3.357	3.402	3.447	3.493	3.538	3.584	3.630	3.676	3.721	3.767
90	3.813	3.859	3.906	3.952	3.998	4.044	4.091	4.137	4.184	4.231
100	4.277	4.324	4.371	4.418	4.465	4.512	4.559	4.607	4.654	4.701
110	4.749	4.796	4.844	4.891	4.939	4.987	5.035	5.083	5.131	5.179
120	5.227	5.275	5.324	5.372	5.420	5.469	5.517	5.566	5.615	5.663
130	5.712	5.761	5.810	5.859	5.908	5.957	6.007	6.056	6.105	6.155
140	6.204	6.254	6.303	6.353	6.403	6.452	6.502	6.552	6.602	6.652
150	6.702	6.753	6.803	6.853	6.903	6.954	7.004	7.055	7.106	7.156
160	7.207	7.258	7.309	7.360	7.411	7.462	7.513	7.564	7.615	7.666
170	7.718	7.769	7.821	7.872	7.924	7.975	8.027	8.079	8.131	8.183
180	8.235	8.287	8.339	8.391	8.443	8.495	8.548	8.600	8.652	8.705
190	8.757	8.810	8.863	8.915	8.968	9.024	9.074	9.127	9.180	9.233
200	9.286									

注意：不同的热电偶的输出会有一定的偏差，所以以上表格的数据仅供参考.

3.11　金属线膨胀系数的测量

绝大多数物质具有热胀冷缩的特性，在一维情况下，固体受热后长度的增加称为线膨胀.在相同条件下,不同材料的固体,其线膨胀的程度各不相同,我们引入线膨胀系数来表征物质的膨胀特性.线膨胀系数是物质的基本物理参数之一,在道路、桥梁、建筑等工程设计,精密仪器仪表设计,材料的焊接、加工等各种领域,都必须对物质的膨胀特性予以充分的考虑.利用本实验提供的固体线膨胀系数测量仪和温控仪,能对固体的线膨胀系数予以准确测量.

【实验目的】

(1) 测量金属的线膨胀系数.

(2) 学习PID调节的原理并通过实验了解参数设置对PID调节过程的影响.

【实验仪器】

金属线膨胀实验仪、ZKY-PID温控实验仪、千分表.

【实验原理】

1. 线膨胀系数

设在温度为 t_0 时固体的长度为 L_0,在温度为 t_1 时固体的长度为 L_1.实验指出,当温度变化范围不大时,固体的伸长量 $\Delta L = L_1 - L_0$ 与温度变化量 $\Delta t = t_1 - t_0$ 及固体的长度 L_0 成正比,即

$$\Delta L = \alpha L_0 \Delta t. \qquad (3\text{-}11\text{-}1)$$

式中的比例系数 α 称为固体的线膨胀系数,由式(3-11-1)知:

$$\alpha = \frac{\Delta L}{L_0} \cdot \frac{1}{\Delta t}. \qquad (3\text{-}11\text{-}2)$$

可以将 α 理解为当温度升高1℃时,固体增加的长度与原长度之比.多数金属的线膨胀系数在$(0.8 \sim 2.5) \times 10^{-5}$/℃之间.

线膨胀系数是与温度有关的物理量.当 Δt 很小时,由式(3-11-2)测得的 α 称为固体在温度为 t_0 时的微分线膨胀系数.当 Δt 是一个不太大的变化区间时,我们近似认为 α 是不变的,由式(3-11-2)测得的 α 称为固体在 $t_0 \sim t_1$ 温度范围内的线膨胀系数.

由式(3-11-2)知,在 L_0 已知的情况下,固体线膨胀系数的测量实际归结为温度变化量 Δt 与相应的长度变化量 ΔL 的测量,由于 α 数值较小,在 Δt 不大的情况下,ΔL 也很小,因此准确地控制 t、测量 t 及 ΔL 是保证测量成功的关键.

2. 仪器介绍

(1) 金属线膨胀实验仪

仪器外型如图3-11-1所示.金属棒的一端用螺钉连接在固定端,滑动端装有轴承,金属棒可在此方向自由伸长.通过流过金属棒的水加热金属,金属的膨胀量用千分表测量.支架都用隔热材料制作,金属棒外面包有绝热材料,以阻止热量向基座传递,保证测量准确.

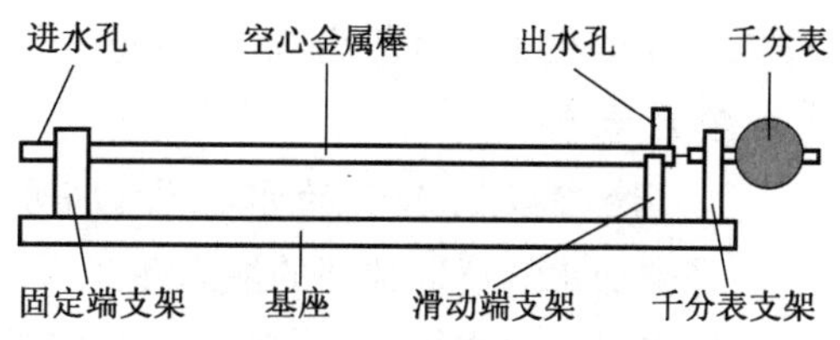

图3-11-1　金属线膨胀实验仪

(2) 开放式 PID 温控实验仪

温控实验仪包含水箱、水泵、加热器、控制及显示电路等部分.

本温控试验仪内置微处理器,带有液晶显示屏,操作菜单化,能根据实验对象选择 PID 参数以达到最佳控制,能显示温控过程的温度变化曲线和功率变化曲线及温度和功率的实时值,能存储温度及功率变化曲线,控制精度高. 仪器面板如图 3-11-2 所示.

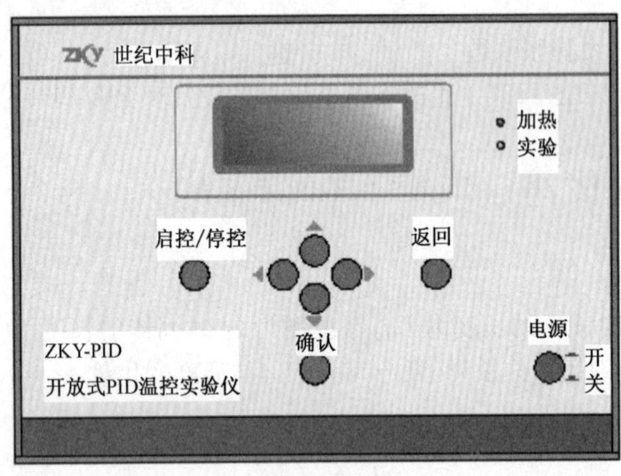

图 3-11-2　温控实验仪面板

开机后,水泵开始运转,显示屏显示操作菜单,可选择工作方式,输入序号及室温,设定温度及 PID 参数. 使用▲▼键选择项目,◀ ▶键设置参数,按确认键进入下一屏,按返回键返回上一屏.

进入测量界面后,屏幕上方的数据栏从左至右依次显示"序号、设定温度、初始温度、当前温度、当前功率、调节时间"等参数. 图形区以横坐标代表时间,纵坐标代表温度(功率),并可用▲▼键改变温度坐标值. 仪器每隔 15 s 采集 1 次温度及加热功率值,并将采得的数据标示在图上. 温度达到设定值并保持 2 min 温度波动小于 0.1℃,仪器自动判定达到平衡,并在图形区右边显示过渡时间 t_s,动态偏差 σ,静态偏差 e. 一次实验完成退出时,仪器自动将屏幕按设定的序号存储(共可存储 10 幅),以供必要时分析、比较.

(3) 千分表

千分表是用于精密测量位移量的量具,它利用齿条-齿轮传动机构将线位移转变为角位移,由表针的角度改变量读出线位移量. 大表针转动 1 圈(小表针转动 1 格),代表线位移 0.2 mm,最小分度值为 0.001 mm.

【实验内容】

1. 检查仪器后面的水位管,将水箱水加到适当值

平常加水从仪器顶部的注水孔注入. 若水箱排空后第 1 次加水,应该用软管从出水孔将水经水泵加入水箱,以便排出水泵内的空气,避免水泵空转(无循环水流出)或发出嗡鸣声.

2. 设定 PID 参数

若对 PID 调节原理及方法感兴趣,可在不同的升温区段有意改变 PID 参数组合,观察

参数改变对调节过程的影响.

若只是把温控仪作为实验工具使用,则可按以下的经验方法设定 PID 参数:

$$K_P = 3\,(\Delta T)^{\frac{1}{2}},\quad T_I = 30,\quad T_D = \frac{1}{99}.$$

ΔT 为设定温度与室温之差.

参数设置好后,用启控/停控键开始或停止温度调节.

3. 测量线膨胀系数

实验开始前检查金属棒是否固定良好,千分表安装位置是否合适.一旦开始升温及读数,避免再触动实验仪.

为保证实验安全,温控仪最高设置温度为 60 ℃.若决定测量 n 个温度点,则每次升温范围为 $\Delta T = \dfrac{60\ ℃ - 室温}{n}$. 为减小系统误差,将第 1 次温度达到平衡时的温度及千分表读数分别作为 T_0, l_0.温度的设定值每次提高 ΔT,温度在新的设定值达到平衡后,记录温度及千分表读数于表 3-11-1 中.

表 3-11-1　数据记录表

次数	0	1	2	3	4	5	6	7
千分表读数	$T_0 =$							
温度/℃	$l_0 =$							
$\Delta T_i = T_i - T_0$								
$\Delta L_i = l_i - l_0$								

【数据处理】

根据 $\Delta L = \alpha L_0 \Delta t$, 由表 3-11-1 数据用线性回归法或作图法求出 ΔL_i-ΔT_I 直线的斜率 K,已知固体样品长度 L_0=500 mm,则可求出固体线膨涨系数 $\alpha = \dfrac{K}{L_0}$.

【思考题】

1. 在不触动实验装置条件下,金属管冷却至室温时,指针是否回到初始位置? 为什么?

2. 在温控仪器中,每次预先设置升温幅度 Δt 的依据是什么? 最高温度不宜设为 60 ℃的主要原因是什么?

3. 某同学因不慎在实验中撞到千分表,使其指针发生大的偏移,他立刻将指针根据印象调回大概的位置,继续进行实验,问:这样对最后的数据处理和作图会产生什么影响? 如果你遇到这样的意外,对实验和下面的数据处理,有什么好的处理办法?

3.12　导热系数的测量

导热系数(热导率)是反映材料热性能的物理量,导热是热交换三种(导热、对流和辐射)基本形式之一,是工程热物理、材料科学、固体物理及能源、环保等各个研究领域的课题之一,要认识导热的本质和特征,需了解粒子物理,而目前对导热机理的理解大多数来自固体物理的实验. 材料的导热机理在很大程度上取决于它的微观结构,热量的传递依靠原子、分子围绕平衡位置的振动以及自由电子的迁移,在金属中电子流起支配作用,在绝缘体和大部分半导体中则以晶格振动起主导作用. 因此,材料的导热系数不仅与构成材料的物质种类密切相关,而且与它的微观结构、温度、压力及杂质含量相联系. 在科学实验和工程设计中所用材料的导热系数都需要用实验的方法测定(粗略的估计,可从热学参数手册或教科书的数据和图表中查寻).

1882 年法国科学家傅立叶奠定了热传导理论,目前各种测量导热系数的方法都是建立在傅立叶热传导定律基础之上,从测量方法来说,可分为两大类:稳态法和动态法. 本实验采用的是稳态平板法测量材料的导热系数.

【实验目的】

(1) 了解热传导现象的物理过程.

(2) 学习用稳态平板法测量材料的导热系数.

(3) 学习用作图法求冷却速率.

(4) 掌握一种用热电转换方式进行温度测量的方法.

【实验仪器】

YBF-3 导热系数测试仪、冰点补偿装置一台、测试样品(硬铝、硅橡胶、胶木板)、塞尺.

【实验原理】

为了测定材料的导热系数,首先从热导率的定义和它的物理意义入手. 热传导定律指出:如果热量是沿着 Z 方向传导,那么在 Z 轴上任一位置 Z_0 处取一个垂直截面积 dS(图 3-12-1)

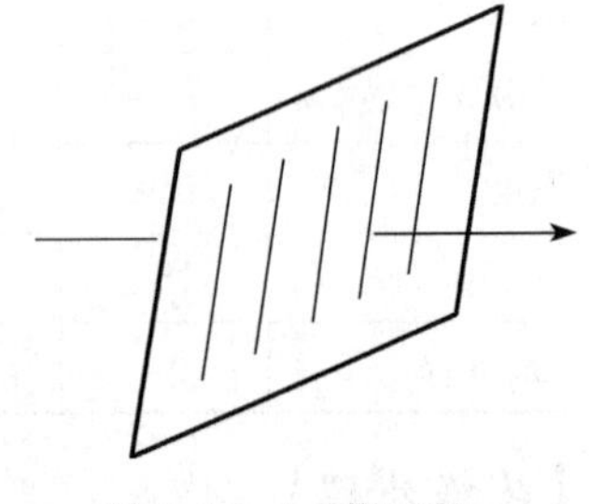

图 3-12-1　截面积

以 $\frac{dT}{dZ}$ 表示在 Z 处的温度梯度,以 $\frac{dQ}{dt}$ 表示在该处的传热速率(单位时间内通过截面积 dS 的热量),那么传导定律可表示成

$$dQ = -\lambda \left(\frac{dT}{dZ}\right)_{Z_0} dS \cdot dt. \tag{3-12-1}$$

式中的负号表示热量从高温区向低温区传导(即热传导的方向与温度梯度的方向相反). 式中比例系数 λ 即为导热系数,可见热导率的物理意义:在温度梯度为一个单位的情况下,单位时间内垂直通过单位面积截面的热量.

利用式(3-12-1)测量材料的导热系数 λ,需解决的关键问题有两个:一个是在材料内造成一个温度梯度 $\frac{dT}{dZ}$,并确定其数值;另一个是测量材料内由高温区向低温区的传热速率 $\frac{dQ}{dt}$.

1. 关于温度梯度 $\frac{\mathrm{d}T}{\mathrm{d}Z}$

为了在样品内造成一个温度的梯度分布，可以把样品加工成平板状，并把它夹在两块良导体——铜板之间，使两块铜板分别保持在恒定温度 T_1 和 T_2，就可能在垂直于样品表面的方向上形成温度的梯度分布(图 3-12-2). 样品厚度可做成 $h \leqslant D$(样品直径). 这样，由于样品侧面积比平板面积小得多，由侧面散去的热量可以忽略不计，可以认为热量是沿垂直于样品平面的方向上传导，即只在此方向上有温度梯度. 由于铜是热的良导体，在达到平衡时，可以认为同一铜板各处的温度相同，样品内同一平行平面上各处的温度也相同. 这样只要测出样品的厚度 h 和两块铜板的温度 T_1、T_2，就可以确定样品内的温度梯度 $\frac{T_1 - T_2}{h}$. 当然这需要铜板与样品表面的紧密接触(无缝隙)，否则中间的空气层将产生热阻，使得温度梯度测量不准确.

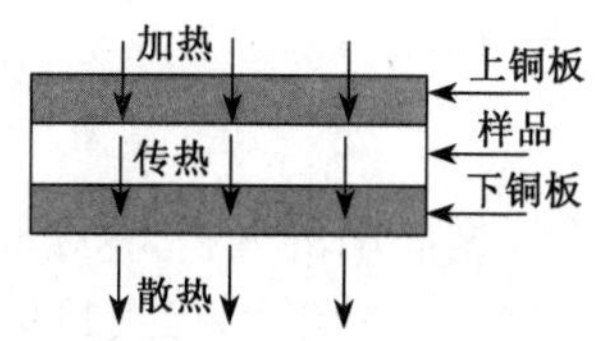

图 3-12-2　温度的梯度分布

为了保证样品中温度场的分布具有良好的对称性，把样品及两块铜板都加工成等大的圆形.

2. 关于传热速率 $\frac{\mathrm{d}Q}{\mathrm{d}t}$

单位时间内通过一截面积的热量 $\frac{\mathrm{d}Q}{\mathrm{d}t}$ 是一个无法直接测定的量，我们设法将这个量转化为较为容易测量的量，为了维持一个恒定的温度梯度分布，必须不断地给高温侧铜板加热，热量通过样品传到低温侧铜块，低温侧铜板则要将热量不断地向周围环境散出. 当加热速率、传热速率与散热速率相等时，系统就达到一个动态平衡状态，称之为稳态. 此时低温侧铜板的散热速率就是样品内的传热速率. 这样，只要测量低温侧铜板在稳态温度 T_2 下散热的速率，也就间接测量出了样品内的传热速率. 但是，铜板的散热速率也不易测量，还需要进一步作参量转换，我们已经知道，铜板的散热速率与其冷却速率(温度变化率 $\frac{\mathrm{d}T}{\mathrm{d}t}$) 有关，其表达式为

$$\left.\frac{\mathrm{d}Q}{\mathrm{d}t}\right|_{T_2} = -mc\left.\frac{\mathrm{d}T}{\mathrm{d}t}\right|_{T_2}. \tag{3-12-2}$$

式中，m 为铜板的质量；c 为铜板的比热容，负号表示热量向低温方向传递. 因为质量容易直接测量，c 为常量，这样对铜板的散热速率的测量又转化为对低温侧铜板冷却速率的测量. 铜板的冷却速率可以这样测量：在达到稳态后，移去样品，用加热铜板直接对下金属铜板加热，使其温度高于稳定温度 T_2(高出 10 ℃左右)，再让其在环境中自然冷却，直到温度低于 T_2，测出温度在大于 T_2 到小于 T_2 区间中随时间的变化关系，描绘出 T-t 曲线，曲线在 T_2 处的斜率就是铜板在稳态温度时 T_2 下的冷却速率.

应该注意的是，这样得出的 $\frac{\mathrm{d}T}{\mathrm{d}t}$ 是在铜板全部表面暴露于空气中的冷却速率，其散热面积为 $2\pi R_P^2 + 2\pi R_P h_P$(其中 R_P 和 h_P 分别是下铜板的半径和厚度)，然而在实验中稳态

传热时，铜板的上表面(面积为 πR_P^2)是样品覆盖的，由于物体的散热速率与它们的面积成正比，所以稳态时，铜板散热速率的表达式应修正为

$$\frac{dQ}{dt}=-mc\frac{dT}{dt}\cdot\frac{\pi R_P^2+2\pi R_P h_P}{2\pi R_P^2+2\pi R_P h_P}. \tag{3-12-3}$$

根据前面的分析，这个量就是样品的传热速率.

将式(3-12-3)代入热传导定律表达式，并考虑到 $dS=\pi R^2$ 可以得到导热系数：

$$\lambda=-mc\frac{2h_P+R_P}{2h_P+2R_P}\cdot\frac{1}{\pi R^2}\cdot\frac{h}{T_1-T_2}\cdot\frac{dT}{dt}\bigg|_{T=T_2}. \tag{3-12-4}$$

式中，R 为样品的半径；h 为样品的高度；m 为下铜板的质量；c 为铜块的比热容；R_P 和 h_P 分别是下铜板的半径和厚度. 右式中的各项均为常量或直接易测量.

【实验内容】

(1) 用自定量具测量样品、下铜板的几何尺寸和质量等必要的物理量，多次测量、然后取平均值. 其中铜板的比热容 $c=0.385$ kJ/(K·kg).

(2) 加热温度的设定：

① 按一下温控器面板上设定键(S)，此时设定值(SV)后一位数码管开始闪烁.

② 根据实验所需温度的大小，再按设定键(S)左右移动到所需设定的位置，然后通过加数键(▲)、减数键(▼)来设定好所需的加热温度.

③ 设定好加热温度后，等待 8 s 后返回至正常显示状态.

(3) 圆筒发热盘侧面和散热盘 P 侧面，都有供安插热电偶的小孔，安放时此二小孔都应与冰点补偿器在同一侧，以免线路错乱. 热电偶插入小孔时，要抹上些硅脂，并插到洞孔底部，保证接触良好，热电偶冷端接到冰点补偿器信号输入端.

根据稳态法的原理，必须得到稳定的温度分布，这就需要较长时间的等待.

手动控温测量导热系数时，控制方式开关打到“手动”. 将手动选择开关打到“高”档，根据目标温度的高低，加热一定时间后再打至“低”档. 根据温度的变化情况要手动去控制“高”档或“低”档加热. 然后，每隔 5 min 读一下温度示值(具体时间因被测物和温度而异)，如在一段时间内样品上、下表面温度 T_1、T_2 示值都不变，即可认为已达到稳定状态.

自动 PID 控温测量时，控制方式开关打到“自动”，手动选择开关打到中间一档，PID 控温表将会使发热盘的温度自动达到设定值. 每隔 5 min 读一下温度示值，如在一段时间内样品上、下表面温度 T_1、T_2 示值都不变，即可认为已达到稳定状态.

(4) 记录稳态时 T_1、T_2 值后，移去样品，继续对下铜板加热，当下铜盘温度比 T_2 高出 10 ℃左右时，移去圆筒，让下铜盘所有表面均暴露于空气中，使下铜板自然冷却. 每隔 30 s 读一次下铜盘的温度示值并记录，直至温度下降到 T_2 以下一定值. 作铜板的 T-t 冷却速率曲线(选取邻近的 T_2 测量数据来求出冷却速率).

(5) 根据式(3-12-4)计算样品的导热系数 λ.

(6) 本实验选用铜-康铜热电偶测温度，温差 100 ℃时，其温差电动势约 4.0 mV，故应配用量程 0～20 mV，并能读到 0.01 mV 的数字电压表(数字电压表前端采用自稳零放大器，故无须调零). 由于热电偶冷端温度为 0 ℃，对一定材料的热电偶而言，当温度变化范

围不大时，其温差电动势(mV)与待测温度(0 ℃)的比值是一个常数. 由此，在用式(3-12-4)计算时，可以直接以电动势值代表温度值.

【注意事项】

(1) 稳态法测量时，要使温度稳定 40 min 左右. 手动测量时，为缩短时间，可先将热板电源电压打在高档，一定时间后，毫伏表读数接近目标温度对应的热电偶读数，即可将开关拨至低档，通过调节手动开关的高档、低档及断电档，使上铜盘的热电偶输出的毫伏值在±0.03 mV 范围内. 同时每隔 30 s 记下上、下圆盘 A 和 P 对应的毫伏读数，待下圆盘的毫伏读数在 3 min 内不变即可认为已达到稳定状态，记下此时的 V_{T1} 和 V_{T2} 值.

(2) 测金属的导热系数的稳态值时，热电偶应该插到金属样品上的两侧小孔中；测量散热速率时，热电偶应该重新插到散热盘的小孔中. T_1、T_2 值为稳态时金属样品上、下两侧的温度，此时散热盘 P 的温度为 T_3，因此测量 P 盘的冷却速率应为

$$\left.\frac{\Delta T}{\Delta t}\right|_{T=T_3},$$

故

$$\lambda = mc\left.\frac{\Delta T}{\Delta t}\right|_{T=T_3} \cdot \frac{h}{T_1 - T_2} \cdot \frac{1}{\pi R^2}.$$

测 T_3 值时要在 T_1、T_2 达到稳定时，将上面测 T_1 或 T_2 的热电偶移下来插到金属下端的小孔中进行测量. 高度 h 按金属样品上的小孔的中心距离计算.

(3) 样品圆盘 B 和散热盘 P 的几何尺寸可用游标尺多次测量取平均值. 散热盘的质量 m 约 0.8 kg，可用药物天平称量.

(4) 本实验选用铜-康铜热电偶，温差 100 ℃时，温差电动势约 4.27 mV，故配用了量程 0～20 mV 的数字电压表，并能测到 0.01 mV 的电压.

备注：当出现异常报警时，温控器测量值显示“HHHH”，设置值显示“Err”，当故障检查并解决后可按设定键(S)复位和加数键(▲)、减数键(▼)键重设温度.

不同材料的密度和导热系数如表 3-12-1 所示，铜-康铜热电偶分度表如表 3-12-2 所示.

表 3-12-1　　不同材料的密度和导热系数

材料名称	温度/20 ℃		导热系数/($W \cdot m^{-1} \cdot K^{-1}$)			
	导热系数/($W \cdot m^{-1} \cdot K^{-1}$)	密度/($kg \cdot m^{-3}$)	温度/℃			
			−100	0	100	200
纯铝	236	2 700	243	236	240	238
铝合金	107	2 610	86	102	123	148
纯铜	398	8 930	421	401	393	389
金	315	19 300	331	318	313	310
硬铝	146	2 800				
橡皮	0.13～0.23	1 100				
电木	0.23	1 270				
木丝纤维板	0.048	245				
软木板	0.044～0.079					

表 3-12-2　　　　　　　　　　铜-康铜热电偶分度表

温度/℃	热电势/mV									
	0	1	2	3	4	5	6	7	8	9
−10	−0.383	−0.421	−0.458	−0.496	−0.534	−0.571	−0.608	−0.646	−0.683	−0.720
−0	0.000	−0.039	−0.077	−0.116	−0.154	−0.193	−0.231	−0.269	−0.307	−0.345
0	0.000	0.039	0.078	0.117	0.156	0.195	0.234	0.273	0.312	0.351
10	0.391	0.430	0.470	0.510	0.549	0.589	0.629	0.669	0.709	0.749
20	0.789	0.830	0.870	0.911	0.951	0.992	1.032	1.073	1.114	1.155
30	1.196	1.237	1.279	1.320	1.361	1.403	1.444	1.486	1.528	1.569
40	1.611	1.653	1.695	1.738	1.780	1.882	1.865	1.907	1.950	1.992
50	2.035	2.078	2.121	2.164	2.207	2.250	2.294	2.337	2.380	2.424
60	2.467	2.511	2.555	2.599	2.643	2.687	2.731	2.775	2.819	2.864
70	2.908	2.953	2.997	3.042	3.087	3.131	3.176	3.221	3.266	2.312
80	3.357	3.402	3.447	3.493	3.538	3.584	3.630	3.676	3.721	3.767
90	3.813	3.859	3.906	3.952	3.998	4.044	4.091	4.137	4.184	4.231
100	4.277	4.324	4.371	4.418	4.465	4.512	4.559	4.607	4.654	4.701
110	4.749	4.796	4.844	4.891	4.939	4.987	5.035	5.083	5.131	5.179

第 4 章　电磁学实验

4.1　电学实验基本知识和基本仪器使用

【实验目的】

(1) 了解电学实验基本仪器的型号规格和使用方法;

(2) 了解掌握电学实验控制电路知识;

(3) 初步掌握连接电路的方法和电学实验操作规程.

【实验仪器】

GDM-8135 台式数字万用表、C31-A 安培表、C31-V 伏特表、QJ3005S 直流稳压电源、ZX21 电阻箱、滑线变阻器(5 kΩ)、电阻(色环电阻).

【实验原理】

1. 电源

电源分交流电源和直流电源两种,直流电源包括直流稳压电源、蓄电池、干电池等.

(1) 实验室常用的直流电源

① 直流稳压电源. 直流稳压电源内阻很小,输出电压一般不受负载影响,有稳定的输出电压. 使用时输出电流不能超过其额定电流,特别注意避免输出"＋"、"－"电极直接短路. 有正、负输出电极之分:正极表示电流流出,负极表示电流流入. QJ3005S 直流稳压电源:输出电压 0～30 V、输出电流 0～5 A,保护方式有"短路"和"限流".

② 干电池. 干电池电动势多为 1.5 V,额定放电电流为 300 mA. 干电池是将化学能转化为电能的装置,使用后由于化学材料逐渐消耗,电动势不断下降、内阻不断上升,直至不能提供电流而报废.

③ 标准电池. 标准电池是直流电动势的标准器,具有稳定而准确的电动势,内阻很高,不能作为提供电能的一般直流电源使用,供电压校准比较时使用. 标准电池在 20 ℃时的电动势一般为 1.018 55～1.018 68 V,随温度变化而变化. 其输出和输入的最大电流不宜超过 5～10 μA,不能短路,不能用万用表或电压表直接测量其电压,不能振动摇晃、倾斜或倒置.

(2) 交流电源

交流电的常见符号为"AC"、"～". 交流电有位相问题但无正负极之分.

常用交流电源有两种:其一是单相 220 V, 50 Hz,多用于照明和一般电器;其二就是三相 380 V, 50 Hz ,多用于开动机器、马达等动力用电. 还可通过调压器、变压器得到不同大小的交流电压. 交流仪表(如交流电压、电流表,交流毫伏表等)的读数一般指有效值.

实验室中用到的函数信号发生器实际上也是一种交流电源. 函数信号发生器多种多样,有输出电压和频率都连续可调的(如低频信号发生器),有输出电压和频率都固定不变的，也有输出电压和频率其中之一固定另外一个可调节的. 有带功率输出和不带功率输出的，只有带功率输出的函数信号发生器才能带动负载提供能耗(如电流等).

2. 电表

电测仪表的种类很多，有“数字式”仪表和“指针式”(模拟式)仪表. “指针式”仪表根据结构原理不同，分磁电系仪表、电磁系仪表、电功系仪表等. 在物理实验室中常用的“指针式”仪表绝大多数为磁电系仪表.

(1) 磁电系仪表

磁电系仪表的结构原理如图 4-1-1 所示：圆形铁芯的作用是使得磁极与铁芯的空隙间形成均匀磁场，通电线圈受磁力矩的作用带动固定其上的指针偏转.

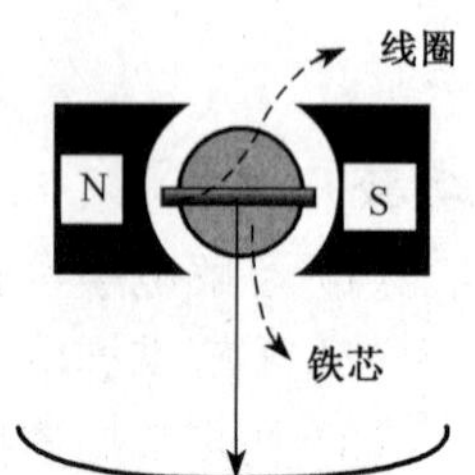

图 4-1-1 磁电系仪表结构原理

假设：空隙的磁感应强度为 B；线圈通入的电流为 I，匝数为 N，截面积为 S，通电线圈受磁力矩的作用转过的角度为 θ；悬挂线圈的游丝反扭转弹性恢复系数为 D. 则：电磁力矩为 $M_1 = BINS$，游丝反扭转恢复力矩为 $M_2 = D\theta$. 两力矩平衡：$M_1 = M_2$，即 $BINS = D\theta$，$\theta = KI$(K 决定于电表的结构). 说明线圈偏转角 θ 与线圈通入的电流 I 存在正比关系. 磁电系仪表的标尺刻度是均匀的. 常见电气仪表面板标记如表 4-1-1 所示.

表 4-1-1 常见电气仪表面板标记

名称	符号	名称	符号	名称	符号	名称	符号
检流计	G	欧姆表	Ω	直流	—	标尺位置垂直	⊥
安培表	A	兆欧表	MΩ	交流	～	绝缘强度试验电压为 2 kV	☆
毫安表	mA	负端钮	—	交直流	～——	接地端钮	
微安表	μA	正端钮	+	准确度等级	(1.5)	调零器	
伏特表	V	公共端钮	*	标尺位置水平、垂直	水平“—”，垂直“⊥”	Ⅱ级防外磁场及电场	Ⅱ
毫伏表	mV	磁电系仪表	□				
千伏表	kV	静电系仪表					

电表的主要参数：

量限：上量限——标尺最大指示值；下量限——标尺最小指示值.

量程：标尺指示值范围.

准确度等级 α：准确度等级 α 有系列值(0.1，0.2，0.5，1.0，1.5，2.5，5.0). 以 A_{max} 表示所选电表上量限，A_{min} 表示所选电表下量限，ΔA 表示仪表示值可能的最大绝对误差，则有：$\Delta A = (A_{max} - A_{min})\alpha\%$. 常用电磁学仪表下量限为零，有：$\Delta A = A_{max}\alpha\%$. 对多量程电表，所选量限越大其绝对误差也越大. 如对准确度等级 $\alpha = 0.5$ 的电流表，若量限为 30 mA，其绝对误差 $\Delta A = A_{max}\alpha\% = 30\text{ mA} \times 0.5\% = 0.15\text{ mA}$.

(2) 数字式仪表

数字电表是一种新型的电测仪表，在测量原理、仪器结构等方面都与指针式(模拟式)不同.数字式电表具有准确度高、灵敏度高、测量速度快的优点,并可以和计算机配合给出一定形式的编码输出等特点,目前已经越来越广泛地应用于电磁测量中,现作简要介绍如下.

数字式仪表的结构原理:随着科学技术的发展和自动化需要,各种数字式仪表的品种很多.尽管数字式仪表种类、型号和用途很多,但其基本构成是相似的,如图 4-1-2 所示.首先要把模拟量转变为数字量,用电子计数器将数字量加以计数,并以数字的形式显示测量结果.

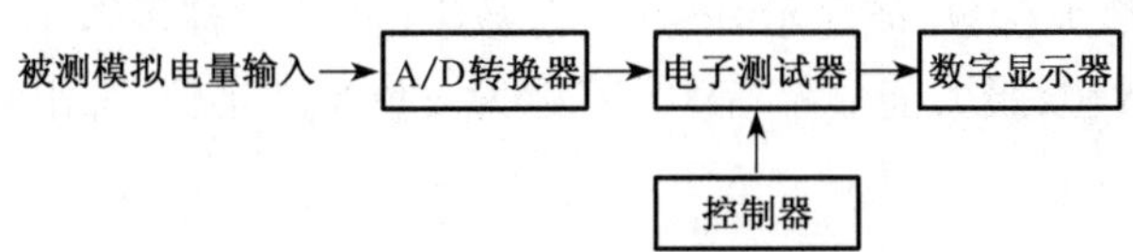

图 4-1-2　数字仪表的基本构成

在电磁测量中,各种电量(如电流、电压、功率、相位、频率等)都是模拟量,各种非电量(如温度、力、长度、角度、速度、转速等)也都是模拟量.电的模拟量可以直接通过“模拟量-数字量转换器”(简称为“模/数转换器”,用符号“A/D”表示)转换为数字量.非电量的模拟量则应先用传感器变成电的模拟量,再用 A/D 转换器变为数字量.

数字式仪表与模拟式仪表相比,其特点如下:

① 读数直观,能消除指针式仪表必有的视差.

② 测量速度快,还可以进行控制.

③ 测量精度高.数字式仪表比模拟式仪表的测量精确度提高了很多倍,有的甚至提高几个数量级.

④ 不易受噪声和外界干扰的影响.

⑤ 测量范围大,灵敏度高.目前一般的数字电压表的测量下限可达 10 μV 或 1 μV,而上限可高达 1 500 V.

⑥ 数字电压表内阻高(1 MΩ 以上,甚至达到 1 000 MΩ 以上,一般 10 MΩ 以上),而数字电流表的内阻低(接近于零),其接入误差可以忽略不计.

⑦ 使用方便,自动化程度高.

数字式仪表尽管有以上许多优点,但由于它的电路复杂,精确度较高的数字仪表,使用条件和使用范围也受到一定限制.

数字式仪表的主要规格:量程、内阻、精确度等级.

下面以数字电压表为例,讨论数字电表的测量误差.

数字电压表(DVM)的误差公式常表示为

$$\Delta = \pm (a\% U_x + bU_{\min}). \tag{4-1-1}$$

式中,Δ 为绝对误差;U_x 为测量指示值;$U_{\min}$ 为分辨力(仪器末位显示 1 所代表的量值);a 为误差的相对项系数(仪器说明书提供);b 为误差的固定项系数(仪器说明书提供).

从式(4-1-1)可以看出,数字电表的绝对误差分为两部分,第一项,即 $a\% U_x$ 为可变误差部分;第二项即 $bU_{\min}$ 为固定误差部分,与被测值无关,属于系统误差.

由式(4-1-1)得到测量值 U_x 的相对误差 r 为

$$r=\frac{\Delta}{U_X}=\pm\left(a\%+U_{\min}\frac{b}{U_X}\right). \tag{4-1-2}$$

式(4-1-2)说明，测量相对误差 r 大小与量程选择相关($U_{\min}$与量程选择相关).

数字电表的数字显示部分的误差很小，一般为最后一个数位±1.

分辨率与位数："分辨率"指数字仪表最小量程所能够显示的最小可测量值. 如最小量程满度值为 200 mV，显示值为 200.00，其分辨率为 0.01 mV=10 μV. "位数"指数字仪表能完整显示数字的最大位数. 能显示 0～9 十个数字的为"一整位"，不足的为"半位". 如能显示"99 999"称为 5 位，最大能显示"79 999"称为 4 位半. "半位"都出现在最高位.

3. 电阻

*(1) 固定电阻

阻值不能调节的电阻称固定电阻(图 4-1-3). 这种电阻体积小、造价低、应用广泛. 一般可分为碳膜电阻(R_T)、金属膜电阻(R_J)、线绕电阻(R_X)等多种类型. 每个电阻都注明了阻值大小和允许通过的电流(或功率). 注明的方式有两种，即数字或颜色. 颜色与数字的对应关系见表 4-1-2.

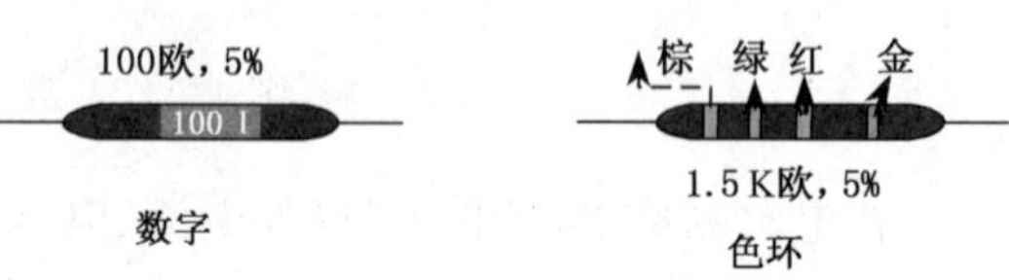

图 4-1-3　固定电阻

表 4-1-2　电阻颜色与数字的对应关系

黑	棕	红	橙	黄	绿	蓝	紫	灰	白
0	1	2	3	4	5	6	7	8	
金	银	本色							
5%	10%	20%							

(2) 滑线变阻器

滑线变阻器用于电路电流、电压调节控制. 在电路中有限流与分压两种电路连接方式，如图 4-1-4所示，R 表示"负载"或"测量电路". 分压式控制电路，"负载"电流、电压调节范围比较宽；限流式控制电路便于负载电流控制，如负载元器件有额定电流限制时可考虑选用. 实验室提供的直流稳压电源为输出电压连续可调，一般情况下限流与分压两种电路连接方式都可适应"负载"要求. 对于"负载"需要提供微小电压或电流的情况可考虑选用分压式控制电路.

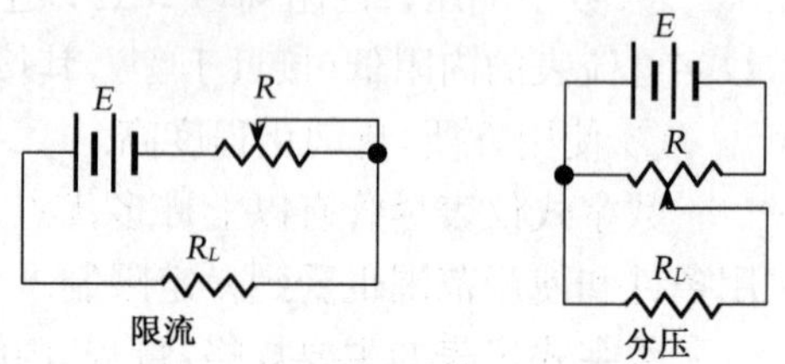

图 4-1-4　限流与分压电路

滑线变阻器的两个主要参数：总电阻和额定电流(允许通过的最大电流).

(3) 电阻箱

ZX21 型电阻箱面板与内部电路如图 4-1-5 所示.

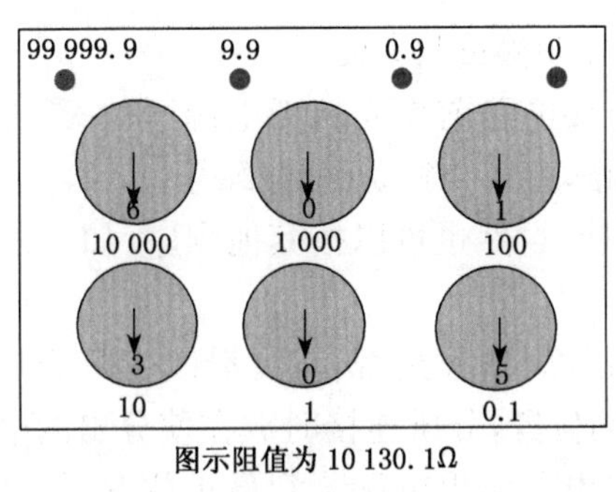

图示阻值为 10 130.1Ω

(a)

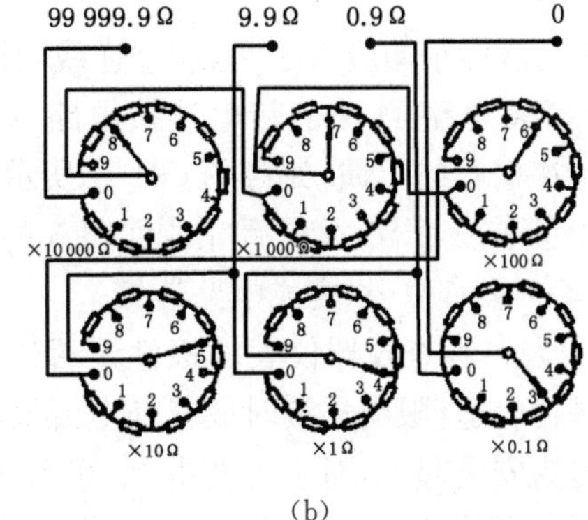

(b)

图 4-1-5　ZX21 型电阻箱面板与内部电路图

两个主要参数：额定电流，准确度等级.

① 额定电流. 电阻箱允许通过的最大电流即“额定电流”. 电阻箱各档电阻额定电流不同. ZX21 型电阻箱各档电阻额定电流如表 4-1-3 所示.

表 4-1-3　　ZX21 型电阻箱各档电阻额定电流

旋钮倍率	×0.1	×1	×10	×100	×1 000	×10 000
额定电流/A	1.5	0.5	0.15	0.05	0.015	0.005

② 准确度等级. 电阻箱的准确度等级有系列值(0.02，0.05，0.1，0.2，0.5).

电阻箱的仪器误差为：相对误差

$$\frac{\Delta R}{R}=\left(a+b\frac{m}{R}\right)\%.$$

式中，R 为电阻箱的指示值；ΔR 为电阻箱指示值的可能最大误差；a 为电阻箱的准确度等级；b 是与准确度等级相关的系数；m 是所使用的电阻箱的旋钮数. b 与准确度等级 a 的关系如表 4-1-4 所示.

表 4-1-4　　b 与 a 的关系

a	0.02	0.05	0.1	0.2
b	0.1	0.1	0.2	0.5

4. 万用表

本实验中使用 GDM-8135 台式数字万用表.

5. 电磁学实验操作规程

(1) 实验操作前的准备：① 预习实验原理方法、熟悉实验内容、画好数据记录表格. ②熟悉所用仪器的性能和使用方法. ③熟悉电路图及电路图上的元器件.

(2) 元器件参数调整到标定值或合适值. 如对多量程电压表，应根据被测电压大小选择合适量程，若无法估计被测电压大小，则应先选择最大量程，而后根据实际情况调整合适量程. 电源电压应调到规定值(若在电源电压不是定值的情况下，应将其调到输出电压较小的位置).

(3) 元器件布局应考虑两点:①连线便捷;②观测读数方便.

(4) 连接电路:①不能带电连接电路,即连接电路前应先切断电源开关. ②养成按回路顺序连接电路的习惯. 如对图 4-1-7 所示电路,有 3 个独立回路(编号:1, 2, 3),可先完成回路 1、再完成回路 2、最后完成回路 3 的连接. 自然也可以按其他顺序(如 3→2→1、1→3→2、2→3→1……)完成电路连接.

(5) 检查:检查仪器仪表的极性是否连接正确、量程是否合适. 滑线变阻器滑动触头的位置是否合适(限流连接时放在使电流最小的位置,分压连接时放在使分出的电压最小的位置). 为安全起见,对于可调电源,可预先将电源输出电压调到最小位置,待电路检查无误后再逐渐增大电源电压直至满足要求. 检查线路连接是否正确,包括有无接触不良等.

(6) 接通电源开关:如果发现异常应及时切断电源开关,重新检查.

(7) 实验操作过程要注意安全:搞清楚所用电源是交流还是直流、是高压还是低压. 不管电压高低都要养成安全用电的习惯,不要用手或身体直接接触电路中的导体部分.

(8) 实验数据检查:实验数据未经指导教师检查签字认可前不得随便拆卸电路.

(9) 实验结束:先断电源后拆电路,归整实验器材,填写实验情况登记表,经指导教师检查认可后方可离开实验室.

6. 电磁学实验应掌握的主要内容

(1) 了解基本电磁学实验仪器的主要特性参数和性能指标,并能正确操作使用.

(2) 熟悉基本电磁学物理量的测量方法. 一个物理量往往有多种测量方法,比较掌握不同测量方法的特点.

(3) 熟悉电磁学实验基本电路. 熟悉元器件的电路符号,了解每一部分电路以及元器件的作用,努力提高电路分析能力.

(4) 提高误差分析和数据处理能力. 电磁学实验误差教学的主要内容是有关测量方法与仪器误差的分析讨论. 电磁学物理量测量的主要误差来源有:仪器的基本误差、测量线路测量方法误差、灵敏度误差.

【实验内容】

(1) 熟悉电磁学实验规程.

(2) 熟悉电磁学实验基本仪器的性能与使用.

(3) 掌握 GDM-8135 台式数字万用表的使用方法.

① 万用表检测基本电学元器件(电阻、二极管).

② 万用表测量电流和电压.

按图 4-1-6 连接"限流式"控制电路:电阻箱 R_L 取值 1 kΩ,电源 E 输出电压取 1 V,R 选用 5 kΩ 滑线变阻器,估计图中毫安表可能通过的最大电流选择好量程. 当滑线变阻器的滑动触头依次处于 a 端、b 端、中间位置时分别用电流表和"GDM-8135 台式数字万用表"测量流过 R_L 的电流与其两端的电压值,记录于表4-1-5 中.

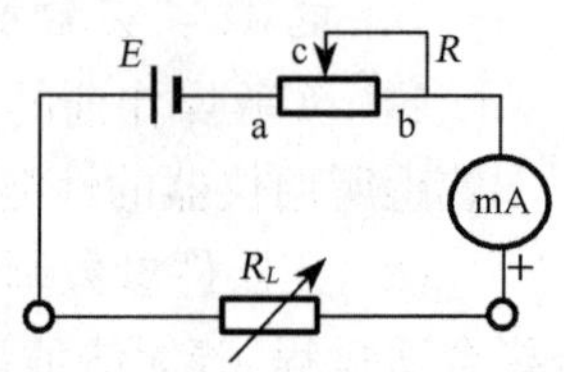

图 4-1-6　限流电路

表 4-1-5　　**流过 R_L 的电流与其两端电压值**

滑线变阻器的滑动触头位置	a	b	中间
I_L/mA			
V_L/V			

按图 4-1-7 连接“分压式”控制电路：电阻箱 R_L 取值 1 kΩ，电源 E 输出电压取 1 V，R 选用 5 kΩ 滑线变阻器，估计图中电压表可能的最大电压选择好量程. 当滑线变阻器的滑动触头依次处于 a 端、b 端、中间位置时分别用“C31-V 电压表”和“GDM-8135 台式数字万用表”测量 R_L 两端的电压值，记录于表 4-1-6 中.

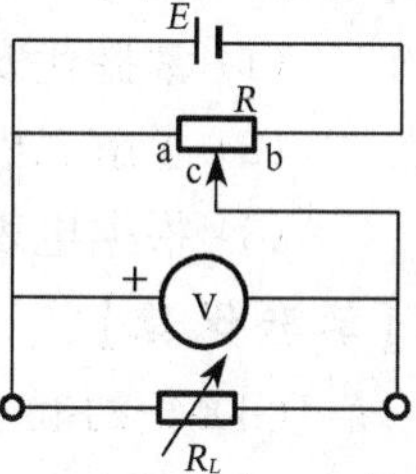

图 4-1-7　分压电路

表 4-1-6　　**R_L 两端电压值记录表**

滑线变阻器的滑动触头位置	a	b	中间
用 C31-V 测量 V_L/V			
用 GDM-8135 测量 V_L/V			

根据实验结果说明：“分压式”控制电路和“限流式”控制电路电压、电流调节范围的区别.

③ 万用表检查电路故障.

* 电路连接要求掌握“回路法”.

【思考题】

1. 万用表欧姆档为什么不能用于检查带电电路？

2. 选择电表量程主要考虑两点：电表使用安全与测量误差大小. 请从以上两点说明如何正确选择电表量程.

3. 多量程电压表（量限分别为：3 V，15 V，30 V，100 V，600 V），准确度等级为 0.5. 用此电压表测量一大约为 12 V 的电压，问：(1)选用哪个量限？(2) 测量误差多大？相对误差呢？测量值的有效数字位数呢？

4. 如图 4-1-8 所示，滑线变阻器在电路中一般起分压和限流作用. 在同样负载电阻 R_L 和电源的情况下：

(1) 比较(a)、(b)两电路的电压和电流调节范围.

(2) 安全起见，图(a)滑线变阻器滑动触头初始时刻应放 A 或 B？图(b)呢？

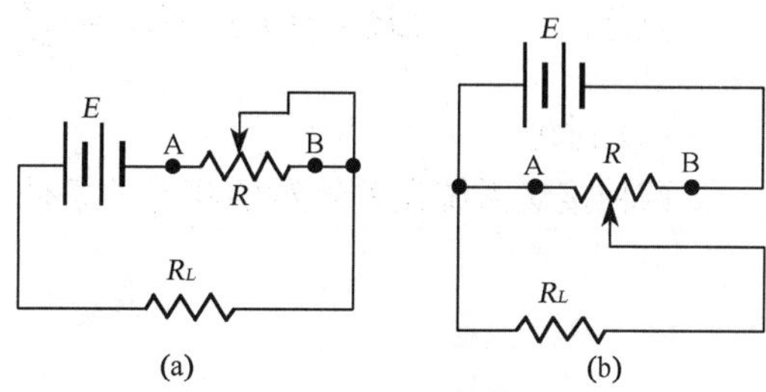

图 4-1-8　电路图

4.2 伏安法测二极管的特性曲线

【实验目的】

(1) 掌握伏安法测电阻的方法；

(2) 了解二极管的特性；

(3) 根据电表内阻及待测电阻的大小合理选择伏安法(电流表内接法或外接法).

【实验仪器】

GDM-8135 台式数字万用表、数字电流表、QJ3005S 直流稳压电源、ZX21 电阻箱、滑线变阻器(5 K)、二极管 1 个、稳压管 1 个.

【实验原理】

1. 测量电阻的“伏安法”

测量出流过待测电阻 R_x 的电流 I 及其两端的压降 V，根据 $R_x = \dfrac{V}{I}$ 计算待测电阻值，这种方法即称“伏安法”.

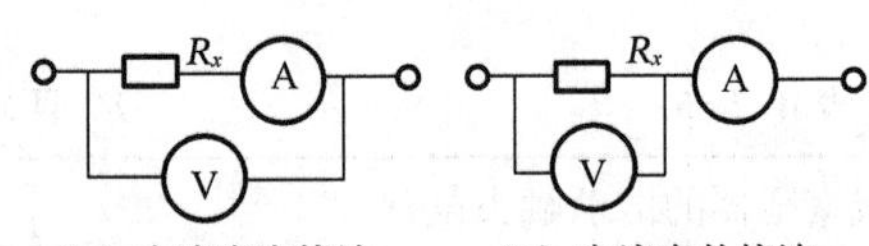

图 4-2-1　电流表内接法和外接法

“伏安法”有电流表内接法和外接法两种连接方式，如图 4-2-1 所示.

2. “电流表内接法”和“电流表外接法”测电阻系统误差比较

假定电流表内阻为 R_A，电压表内阻为 R_V.

(1) 电流表内接法测电阻系统误差

测量值：
$$R_1 = \frac{V}{I} = R_A + R_V.$$

误差：
$$\Delta R_{x1} = R_1 - R_x = R_A.$$

(2) 电流表外接法测电阻系统误差

测量值：
$$R_2 = \frac{V}{I} = \frac{R_x R_V}{R_x + R_V}.$$

误差：
$$\Delta R_{x2} = R_2 - R_x = \frac{R_x R_V}{R_x + R_V} - R_x = -\frac{R_x^2}{R_x + R_V}.$$

(3) 讨论

两种接法系统误差绝对值相等的条件：

$$R_A = -\frac{R_x^2}{R_x + R_V}. \tag{4-2-1}$$

由式(4-2-1)可解得：
$$R_x = \frac{R_A}{2} + \sqrt{\frac{R_A^2}{4} + R_A R_V}. \tag{4-2-2}$$

一般来说 $R_A \ll R_V$，由式(4-2-2)近似得：$R_x \approx \sqrt{R_A R_V}$.

结论：

① $R_x = \sqrt{R_A R_V}$ 时，两种接法系统误差相近；

② $R_x > \sqrt{R_A R_V}$ 时，电流表内接法优于外接法；

③ $R_x < \sqrt{R_A R_V}$ 时，电流表外接法优于内接法.

实验中如选用数字电压表测量电压，由于数字电压表的内阻都很大，一般达 10 MΩ 以上，一般情况下选用“电流表外接法”测电阻；实验中如选用数字电流表测量电流，由于数字电流表的内阻都很小，一般可忽略，一般情况下选用“电流表内接法”测电阻.

3. 二极管

二极管的符号如图 4-2-2 所示.

二极管的伏安特性曲线如图 4-2-3 所示.

图 4-2-2　二极管符号

二极管是单向导电的电子元件，在它两端加正向电压，当电压较小时，几乎没有电流，呈现较大的电阻值；当电压超过一定值(二极管的“阀值电压”，也称“门限电压”)后电流值随电压的增大而显著增大. 锗管的“阀值电压”约为 0.2～0.4 V，硅管的“阀值电压”约为 0.6～0.8 V. 二极管两端加反向电压时，其反向电流始终很小：硅管在纳安(nA, 10^{-9} A)级，锗管在微安级，反向电阻几乎为“∞”，一般可达几百千欧姆以上. 二极管的这种伏安特性就是所谓的“单向导电性”. 普通二极管的反向电压达到或超过某一数值 V_b 时电流急剧增大，这种情况称作“击穿”，V_b 叫二极管的反向击穿电压；而稳压二极管正是利用“反向击穿”特性实现稳压，对应的“V_b”叫稳定电压 V_z.

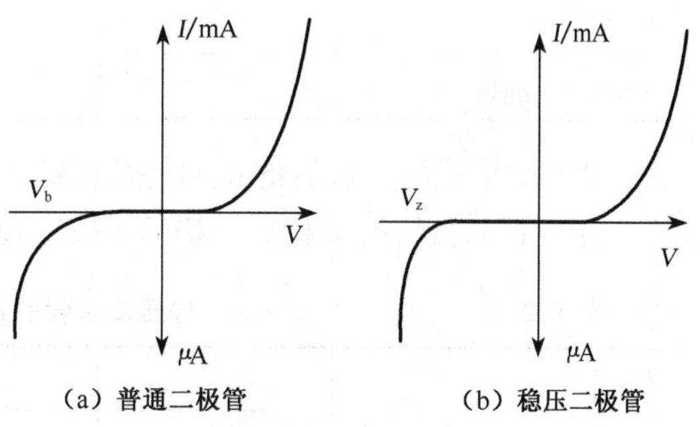

图 4-2-3　二极管特性曲线

二极管有着极广泛的用途. 普通二极管按其用途特性还可分为整流管、检波管、开关管等. 此外还有特殊用途的二极管，如发光二极管、稳压二极管、变容二极管、高压硅堆、阻尼二极管等. 发光二极管又可分为普通发光二极管、变色发光二极管、红外线发光二极管. 二极管种类之多、用途之广由此可见.

【实验内容】

测量并描绘普通二极管和稳压二极管的伏安特性曲线.

1. 正向特性测量

由于二极管是非线性电阻元件，其正向电阻随所加正向电压的变化而变化. 所加正向电压在“阀值电压”之下时，电阻值很大；所加正向电压在“阀值电压”之上时，电阻值很快变小. 考虑到在“阀值电压”附近时电阻值一般较大，而二极管在“阀值电压”附近的伏安特性的正确测量尤为关键，因而用磁电系电压表测量二极管正向特性曲线时，因磁电系电压表的内阻通常在几十欧和几万欧范围内，一般应考虑选择“电流表内接法”. 当用数字电压表与磁电系电流表配合测量二极管正向特性曲线时,因数字电压表的内阻接近无穷大,可选择"电流表外接法".当用数字电流表与磁电系电压表(或数字电压表)配合测量二极管正向特性曲线时,因数字电流表的内阻可忽略,可选择"电流表内接法".本实验选用数字电流表测量二极管正向特性曲线,电路如图 4-2-4 所示.

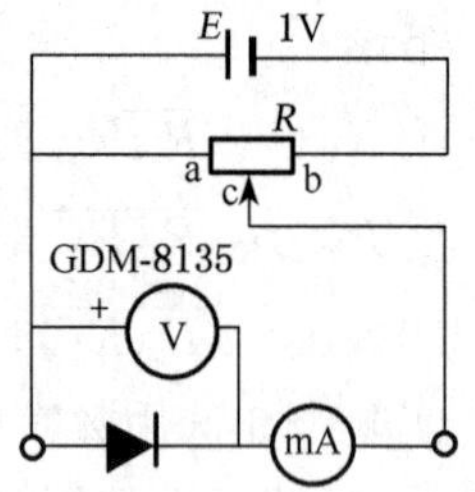

图 4-2-4　正向特性测量

(1) 测量普通二极管的正向特性曲线

按图 4-2-4 连接实验电路(仪器仪表预先取标定值或选择合适量程,以后可视实际情况调节).调节 E 和 R,参考表 4-2-1 测量记录数据.

* 注意:实验中电流变化较快的地方应增加测量点,如"阀值电压"附近.最大电流宜控制在 20 mA 内.

表 4-2-1　普通二极管的正向伏安特性曲线

U/V										
I/mA										
U/V										
I/mA										

(2) 测量稳压二极管的正向特性曲线

将普通二极管换成稳压二极管,按上述同样的方法测量并记录数据(表 4-2-2).

表 4-2-2　稳压二极管的正向伏安特性曲线

U/V										
I/mA										
U/V										
I/mA										

2. 反向特性测量

实验电路如图 4-2-5 所示,注意电源的档位选择、电压表的连接及二极管的连接正负极性.

(1) 测量普通二极管反向特性曲线

按图 4-2-5 连接实验电路(仪器仪表预先取标定值或选择合适量程,以后可视实际情况调节).调节 E 和 R,根据表 4-2-3 要求测量记录数据.

表 4-2-3　普通二极管的反向伏安特性曲线

U/V										
I/μA										
U/V										
I/μA										

(2) 测量稳压二极管的反向特性曲线

二极管换成稳压二极管,按图 4-2-5 连接实验电路(仪器仪表预先取标定值或选择合适量程,以后可视实际情况调节). 调节 E 和 R, 测量的反向伏安特性. 稳压二极管的稳压值点(电流变化较快处)附近应增加测量点. 数据记录表格自拟.

做完实验,将直流稳压电源的输出电压降至 1 V 左右,以防下一批同学实验时烧坏二极管.

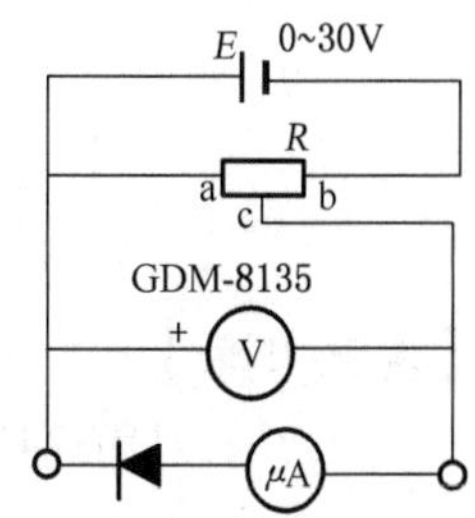

图 4-2-5　反向特性测量

【数据处理】

(1) 描绘二极管和稳压二极管的伏安特性曲线(将正、反向伏安特性曲线作在一张图上. 正反向坐标可取不同单位长度).

(2) 求出二极管的正向导通电压.

(3) 求出正向电压 $V = 0.7$ V 时,二极管的静态电阻和动态电阻.

(4) 求出稳压二极管在稳定电压 V_z 处的动态电阻.

* 静态电阻 $R = \dfrac{V}{I}$; 动态电阻 $r = \dfrac{\mathrm{d}V}{\mathrm{d}I}$ (切线斜率的倒数).

【注意事项】

(1) 测量时不得超过二极管所规定的正向最大电流和反向击穿电压.

(2) 连接电路时注意电表和电源极性.

(3) 正向特性测量时,稳压电源的输出电压为 1 V,反向特性测量时,稳压电源的输出电压为 0～30 V.

【思考题】

1. 伏安法测电阻有电流表内接法和外接法两种连接方法,两种连接方法所致测量误差属于什么性质的误差? 两种连接方法所致测量误差使得测量值是偏大还是偏小?

2. 用量程为 5 V、内阻为 20 kΩ 的电压表和量程为 500 mA、内阻为 2 Ω 的电流表,测量电阻值约为 100 Ω 和 3 000 Ω,应选用哪种连接方法比较好? 两种连接方法的测量误差分别是多少(要有分析计算过程)? 并画出测量电路图.

3. 半导体二极管的正向电阻小而反向的电阻大,在测定其伏安特性时,线路设计中应注意些什么问题?

4. 如果“仪器和用具”中没有电流表,而电压表、检流计和可变电阻箱、滑线变阻器可任意增加数量,试设计二极管伏安特性测试的实验线路图.

图 4-2-6　测量曲线

5. 在测量二极管特性曲线时,为何电流变化较快的地方应增加测量点? 在测量描绘图 4-2-6 所示曲线时,哪些点附近应密集测量,哪些点附近可少测量?

4.3 静电场描绘

【实验目的】

(1) 学习用模拟方法来测绘具有相同数学形式的物理场.

(2) 初步学会用模拟法测量和研究二维静电场.

【实验仪器】

GVZ-3 型导电微晶静电场描绘仪、直角坐标纸(自备 3 张).

【实验原理】

本实验用稳恒电流场分别模拟长同轴圆柱形电缆的静电场,劈尖形电极、聚焦电极、平行电极形成的静电场以及飞机机翼周围的速度场.

模拟法本质上使用一种易于实现、便于测量的物理状态或过程模拟不易实现、不便测量的状态和过程,要求这两种状态或过程有一一对应的两组物理量,且满足相似的数学形式及边界条件.

一般情况,模拟可分为物理模拟和数学模拟,对一些物理场的研究主要采用物理模拟.数学模拟也是一种研究物理场的方法,它是把不同本质的物理现象或过程,用同一数学方程来描绘.对一个稳定的物理场,它的微分方程和边界条件一旦确定,其解是唯一的.两个不同本质的物理场如果描述它们的微分方程和边界条件相同,则他们的解是一一对应的,只要对其中一种易于测量的场进行测绘,并得到结果,那么与它对应的另一个物理场的结果也就知道了.由于稳恒电流场易于实现测量,所以就用稳恒电流场来模拟与其具有相同数学形式的静电场或其他物理场.

我们还要明确,模拟法是试验和测量难以直接进行,尤其是在理论难以计算时,采用的一种方法,它在工程设计中有着广泛的应用.

1. 模拟长同轴圆柱形电缆的静电场

稳恒电流场与静电场是两种不同性质的场,但是他们两者在一定条件下具有相似的空间分布,即两者遵守规律在形式上相似,都可以引入电位 U,电场强度 $E=-\nabla U$,都遵守高斯定律.

对于静电场,电场强度在无源区域内满足以下积分关系:

$$\oint_S \boldsymbol{E}\cdot \mathrm{d}\boldsymbol{S}=0,\qquad \oint_C \boldsymbol{E}\cdot \mathrm{d}\boldsymbol{l}=0.$$

对于稳恒电流场,电流密度矢量 $\boldsymbol{J}$ 在无源区域内也满足类似的积分关系:

$$\oint_S \boldsymbol{j}\cdot \mathrm{d}\boldsymbol{S}=0,\qquad \oint_L \boldsymbol{j}\cdot \mathrm{d}\boldsymbol{l}=0.$$

由此可见 $\boldsymbol{E}$ 和 $\boldsymbol{j}$ 在各自区域中满足同样的数学规律.在相同边界条件下,具有相同的解析解.因此,我们可以用稳恒电流场来模拟静电场.

在模拟的条件上,要保证电极形状一定,电极电位不变,空间介质均匀,在任何一个考察点，均应有“U 稳恒$=U$ 静电”或“E 稳恒$=E$ 静电”. 下面具体试验来讨论这种等效性.

(1) 同轴电缆及其静电场分布

如图 4-3-1(a) 所示，在真空中有一半径为 r_b 的长圆柱体 B 和一半径为 r_a 的长圆筒形导体 A，它们同轴放置，分别带等量异号电荷. 由高斯定理知，在垂直于轴线的任一截面 S 内，都有均匀分布的辐射状电场线，这是一个与坐标 Z 无关的二维场. 在二维场中，电场强度 E 平行于 XY 平面，其等位面为一簇同轴圆柱面，因此只要研究 S 面上的电场分布即可.

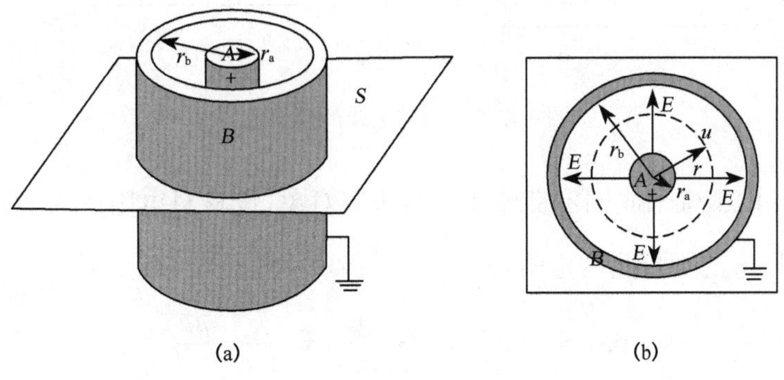

图 4-3-1　同轴电缆及其静电场分布

由静电场中的高斯定理可知，距轴线的距离为 r 处(图 4-3-1(b))的各点电场强度为

$$E=\frac{\lambda}{2\pi\varepsilon_0 r}.$$

式中，λ 为柱面各单位长度的电荷量，即电荷密度；ε_0 为介电常数. 根据电势定义，该点与内柱面间的电位为

$$U_r=U_a-\int_{r_a}^{r}\boldsymbol{E}\cdot d\boldsymbol{r}=U_a-\frac{\lambda}{2\pi\varepsilon_0}\ln\frac{r}{r_a}.$$

设 $r=r_b$ 时，$U_b=0$，则有

$$\frac{\lambda}{2\pi\varepsilon_0}=\frac{U_a}{\ln\frac{r_b}{r_a}}.$$

代入上式，得

$$U_r=U_a\frac{\ln\frac{r_b}{r}}{\ln\frac{r_b}{r_a}},\tag{4-3-1}$$

$$E_r=-\frac{d u_r}{dr}=\frac{u_a}{\ln\frac{r_b}{r_a}}\cdot\frac{1}{r}.\tag{4-3-2}$$

(2) 同柱圆柱面电极间的电流分布

若上述圆柱形导体 A 与圆筒形导体 B 之间充满了电导率为 σ 的不良导体，A、B 与电

源电流正负极相连接(图 4-3-2),A、B间将形成径向电流,建立稳恒电流场 E'_r,可以证明不良导体中的电场强度 E'_r 与原真空中的静电场 E_r 是相等的.

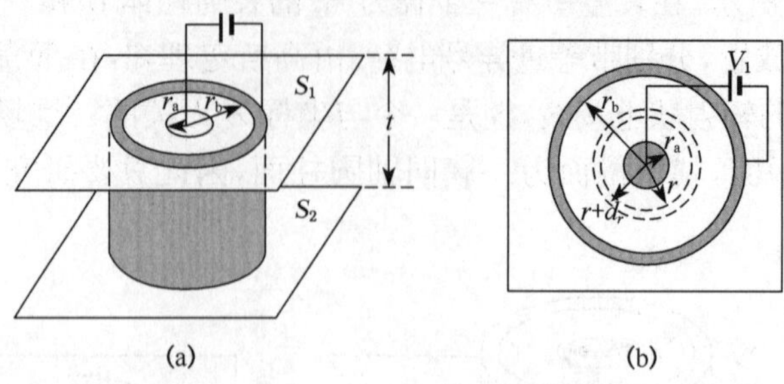

图 4-3-2　同轴电缆的模拟模型

取厚度为 t 的圆轴形同轴不良导体片为研究对象,设材料电阻率为 $\rho\left(\rho=\dfrac{1}{\sigma}\right)$,则任意半径 r 到 $r+\mathrm{d}r$ 的圆周间的电阻是

$$\mathrm{d}R=\rho\cdot\frac{\mathrm{d}r}{S}=\rho\cdot\frac{\mathrm{d}r}{2\pi rt}=\frac{\rho}{2\pi t}\cdot\frac{\mathrm{d}r}{r}.$$

则半径为 r 到 r_b 之间的圆柱片的电阻为

$$R_{rr_\mathrm{b}}=\frac{\rho}{2\pi t}\int_r^{r_\mathrm{b}}\frac{\mathrm{d}r}{r}=\frac{\rho}{2\pi t}\ln\frac{\mathrm{r_b}}{r}.$$

总电阻(半径 r_a 到 r_b 之间圆柱片的电阻)为

$$R_{r_\mathrm{a}r_\mathrm{b}}=\frac{\rho}{2\pi t}\ln\frac{r_\mathrm{b}}{r_\mathrm{a}}.$$

设 $U_\mathrm{b}=0$,则两圆柱面间所加电压为 U_a,径向电流为

$$I=\frac{U_\mathrm{a}}{R_{r_\mathrm{a}r_\mathrm{b}}}=\frac{2\pi t\,U_\mathrm{a}}{\rho\ln\dfrac{r_\mathrm{b}}{r_\mathrm{a}}}.$$

距轴线 r 处的电位为

$$U'_r=IR_{rr_\mathrm{b}}=U_\mathrm{a}\frac{\ln\dfrac{r_\mathrm{b}}{r}}{\ln\dfrac{r_\mathrm{b}}{r_\mathrm{a}}}.\tag{4-3-3}$$

则

$$E'_r=-\frac{\mathrm{d}u'_r}{\mathrm{d}r}=\frac{u_\mathrm{a}}{\ln\dfrac{r_\mathrm{b}}{r_\mathrm{a}}}\cdot\frac{1}{r}.\tag{4-3-4}$$

由以上分析可见,u_r 与 u'_r,E_r 与 E'_r 的分布函数完全相同.为什么这两种场的分布相同呢?我们可以从电荷产生场的观点加以分析.在导电质中没有电流通过时,其中任一体积元(宏观小,微观大,其内仍包含大量原子)内正负电荷数量相等,没有净电荷,呈电中

性. 当有电流通过时,单位时间内流入和流出该体积元内的正或负电荷. 这就是说,真空中的静电场和有稳衡电流通过时导电质中的场都是由电极上的电荷产生的. 事实上,真空中电极上的电荷是不动的,在有电流通过的导电质中,电极上的电荷一边流失,一边由电源补充,在动态平衡下保持电荷的数量不变. 所以这两种情况下电场分布是相同的.

2. 模拟飞机机翼周围的速度场

我们来讨论稳恒电流场和机翼周围的速度场具有相同的数学模拟,即它们可以由同一个微分方程来描述,并且具有相同的边界条件.

(1) 无旋稳恒电流场

设在导电微晶中有稳恒电流分布,即电流密度 $\boldsymbol{j}$ 不随时间而变化. 按照散度的定义:

$$\nabla \cdot \boldsymbol{j} = \lim_{\Omega \to 0} \frac{1}{\Omega}\left[\oint_{S} \boldsymbol{j} \cdot \mathrm{d}\boldsymbol{s}\right].$$

式中,S 是闭合曲面,Ω 是 S 所围的体积. 上式右边的曲面积分是单位时间里从 Ω 流出的总电量,从而上式右边的极限表示单位时间里从单位体积流出的电量. 若考虑的区域无电流源,则此项为零,亦即

$$\nabla \cdot \boldsymbol{j} = 0.$$

虽然电流密度是无旋的,必定存在势 φ,

$$\boldsymbol{j} = -\nabla\varphi.$$

由上两式得 $\Delta\varphi = 0$,这就是拉普拉斯方程,在二维场中可记作

$$\frac{\partial^2 \varphi}{\partial x^2} + \frac{\partial^2 \varphi}{\partial y^2} = 0.$$

(2) 流体的二维无旋稳衡流场

飞机机翼周围的空气流动可以看作是无旋稳恒流场,我们来研究它的数学模拟. 把流体的速度分布记作 $\boldsymbol{v}$,按照散度的定义,

$$\nabla \cdot \boldsymbol{v} = \lim_{\Omega \to 0}\left[\frac{1}{\pi}\oint_{S} \boldsymbol{v} \cdot \mathrm{d}\boldsymbol{\sigma}\right].$$

上式右边是从单位体积流出的流量,若我们考虑的区域里没有流体的源,则此项为零,即 $\nabla \cdot \boldsymbol{v} = 0$.

既然流动是无旋的,必然存在速度势 u,

$$\boldsymbol{v} = -\nabla u.$$

由上两式,得到拉普拉斯方程

$$\nabla u = 0.$$

在二维场中表示为

$$\frac{\partial^2 u}{\partial x^2} + \frac{\partial^2 u}{\partial y^2} = 0.$$

从上面分析可知，稳恒电流场和飞机机翼周围的速度场具有相同的数学模拟，所以我们可以用稳恒电流来模拟机翼周围的速度场.

3. 模拟条件

模拟方法的使用有一定的条件和范围，不能随意推广，否则将会得到荒谬的结论. 用稳恒电流场模拟静电场的条件可以归纳为下列三点：①稳恒电流场中的电极形状应与被模拟的静电场中的带电体几何形状相同；②稳恒电流场中的导电介质是不良导体且电导率分布均匀，并满足 $\sigma_{电源} \gg \sigma_{导电质}$ 才能保证电流场中的电极（良导体）的表面也近似是一个等位面；③模拟所用电极系统与模拟电极系统的边界条件相同.

4. 测绘方法

场强 $\boldsymbol{E}$ 在数值上等于电位梯度，方向指向电位降落的方向. 考虑到 $\boldsymbol{E}$ 是矢量，而电位 U 是标量，从实验测量来讲，测定电位比测定场强容易实现，所以可先测绘等位线，然后根据电力线与等位线正交的原理，画出电力线. 这样就可由等位线的间距确定电力线的疏密和指向，将抽象的电场形象地反映出来.

5. 实验装置

GVZ-3 型导电微晶静电场描绘仪包括导电微晶、双层固定支架、同步探针等. 支架采用双层式结构，上层放记录纸，下层放导电微晶. 电极已直接制作在导电微晶上，并将电极引线接出到外接线柱上，电极间制作有导电率远小于电极且各项均匀的导电介质. 接通直流电源（10 V）就可以进行实验. 在导电微晶和记录纸上方各有一探针，通过金属探针臂把两探针固定在同一手柄座上，两探针始终保持在同一铅垂线上. 移动手柄座时，可保证两探针的运动轨迹是一样的. 由导电微晶上方的探针找到待测点后，按一下记录纸上方的探针，在记录纸上留下一个对应的标记. 移动同步探针在导电微晶上找出若干电位相同的点，由此即可描绘出等位线.

【实验内容】

1. 描绘同轴电缆的静电场分布

利用图 4-3-2(b)所示的模拟模型，将电流电压调到 10 V，将记录纸铺在上层平板上，将导电微晶内、外两电极分别与直流稳压电源的正、负极相连接，电压表正、负极分别与同步探针及电源负极相连接，移动同步探针测绘同轴电缆的等位线簇. 要求测量 0.5 V，1 V，3 V，5 V，7 V 等位线（每条等位线各对称寻找 8 个等位点，表 4-3-1）.

表 4-3-1　同轴柱形电缆外层与芯带等值异号电荷静电场的模拟描绘实验数据

测量次序	1	2	3	4	5	6	7	8	平均值
r_a/cm					0.5				
r_b/cm					7.5				
0.5 V 等位点半径 $r_{0.5V}$/cm									
$\Delta r_{0.5V}$/cm									
1 V 等位点半径 r_{1V}/cm									
Δr_{1V}/cm									

续　表

测量次序	1	2	3	4	5	6	7	8	平均值
3 V 等位点半径 r_{3V}/cm									
Δr_{3V}/cm									
5 V 等位点半径 r_{5V}/cm									
Δr_{5V}/cm									
7 V 等位点半径 r_{7V}/cm									
Δr_{7V}/cm									

要求：

(1) 以每条等位线上各点到原点的平均距离 r 为半径画出等位线的同心圆簇.然后根据电力线与等位线正交原理，画出电力线，并指出电场强度方向，得到一张完整的电场分布图；

(2) 在坐标纸上作出相对电位 $\frac{U_r}{U_a}$ 和 $\ln\bar{r}$ 的关系曲线，一条是理论图线（U_r 由 $\bar{r}$ 代入式(4-3-1)计算而得），另一条是实验图线，两图线在同一坐标图上比较，进行分析.

(3) 计算 3 V 等位线的理论半径 r'_3，与实验测量值比较，求相对百分误差.

2. 描绘一个劈尖电极和一个条形电极形成的静电分布(图 4-3-3)

将电流电压调到 10 V，将记录纸铺在上层平板上，从 1 V 开始，平移同步探针，用导电微晶上方的探针找到等位点后，按一下记录纸上方的探针，测出一系列等位点，共测 9 条等位线，每条等势线上找 10 个以上的点，在电极端点附近应多找几个等位点. 画出等位线，再作出电场线，作电场线时要注意：电场线与等位线正交，导体表面是等位面，电场线垂直于导体表面，电场线发自正电荷而中止于负电荷，疏密要表示出场强的大小，根据电极正、负画出电场线方向.

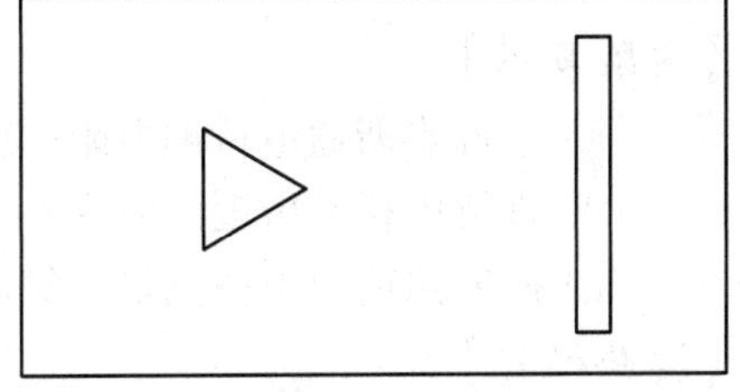

图 4-3-3　劈尖形电极与条形电极

此电场分布与机翼周围的速度场相似.

3. 描绘聚焦电极的电场分布

利用图 4-3-4 所示模拟模型，测绘阴极射线示波管内聚焦电极间的电场分布，要求测出 7～9 条等位线，相邻等位线间的电位差为 1 V. 该场为非均匀电场，等位线是一簇互不相交的曲线，每条等位线的测量点应取得密一些. 画出电力线，可了解静电透镜聚焦的分布特点和作用，加深阴极射线示波管电聚焦原理的理解.

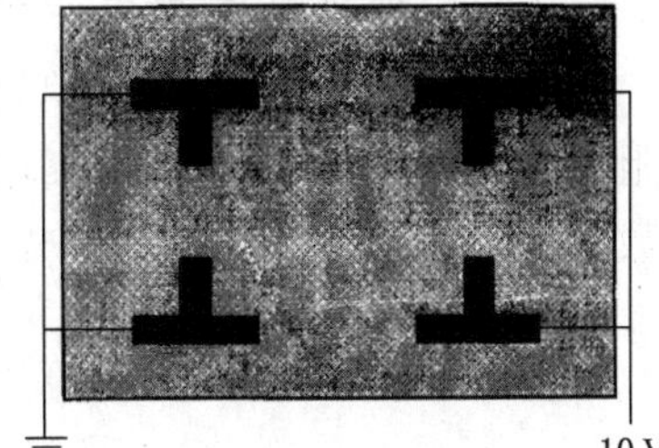

图 4-3-4　聚焦电极

【注意事项】

由于导电微晶边缘处电流只能沿边流动，因此等位线必然与边缘垂直，使该处的等位线和电力线严重畸变，这就是用有限大的模拟模型去模拟无限大的空间电场时必然会受到的"边缘效应"的影响.如果减小这种影响,则要使用"无限大"的导电微晶进行实验,或者人为地将导电微晶的边缘切割成电力线的形状.

【思考题】

1. 用电流场模拟静电场的条件是什么?

2. 等位线与电力线之间有何关系?

3. 根据测绘所得等位线和电力线的分布,分析哪些地方场强较强,哪些地方场强较弱?

4. 如果电源电压 U_a 增加一倍,等位线和电力线的形状是否发生变化? 电场强度和电位分布是否发生变化? 为什么?

5. 作同轴电缆的等位线簇时,如何正确确定圆形等位线簇的圆心,如何正确描绘圆形等位线?

6. 导电微晶与记录纸的同步测量记录,能否模拟出点电荷激发的电场或同心圆球壳形带电体激发的电场? 为什么?

7. 能否用稳恒电流场模拟稳定的温度场? 为什么?

4.4 惠斯通电桥研究

【实验目的】

(1) 掌握惠斯通电桥测电阻的原理和方法;

(2) 理解电桥灵敏度的概念;

(3) 研究惠斯通电桥测量灵敏度.

【实验仪器】

DHQJ-3 型非平衡电桥、GDM-8135 台式数字万用表、待测电阻(选取阻值约100 Ω)、ZX21 电阻箱.

【实验原理】

为了较精确地测量电阻常采用电桥电路测量法,因它是直接将被测电阻与已知电阻相比较,已知电阻可以做得比较精确,因而用电桥电路测电阻可达很高的精确度.

1. 惠斯通电桥测电阻的原理

惠斯通电桥常称"直流单臂电桥",电路如图 4-4-1 所示:电阻 R_1, R_2, R_3, R_x 称为桥臂电阻,接有监测仪表(可选用模拟或数字"电流计"、"毫伏表")的支路 CD 称为"桥".电桥平衡时($U_0=0$)可得:

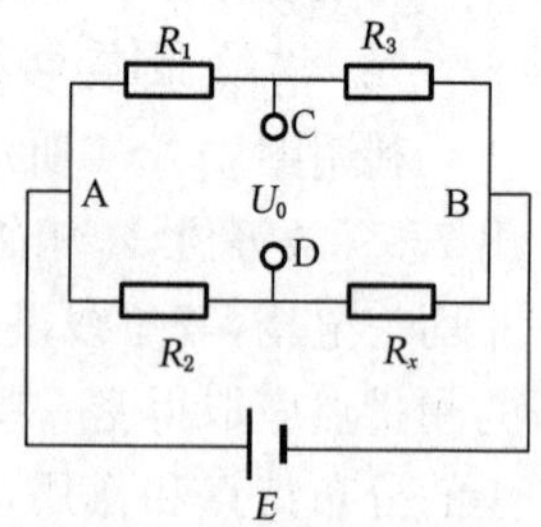

图 4-4-1 电桥电路

$$R_x = \frac{R_2}{R_1} R_3. \tag{4-4-1}$$

如果 $\frac{R_2}{R_1}$ 和 R_3 可直接读数，则由式(4-4-1)可算出 R_x 的阻值. $\frac{R_2}{R_1}$ 称为比率系数或倍率，R_3 称为比较臂. 式(4-4-1)称为电桥平衡条件. 惠斯通电桥适用于测量中值电阻(1 Ω～1 MΩ).

2. 惠斯通电桥灵敏度

当C、D端接毫伏表时，毫伏表就作为判别电桥是否平衡的指示仪器. 毫伏表示值为零时认为电桥平衡. 现实的问题是毫伏表的灵敏度是有限的，毫伏表所示电压为零不等于实际电压一定为零，可能的误差为 ΔU_0. 同样的道理，$R_x=\frac{R_2}{R_1}R_3$ 为电桥平衡条件，由于毫伏表的灵敏度所限，R_x(或 R_1, R_2, R_3)有一定的偏差 ΔR_x(或 ΔR_1, ΔR_2, ΔR_3)时毫伏表仍可能指示电桥平衡. 电桥灵敏度定义为

$$S=\frac{\Delta U_0}{\frac{\Delta R_x}{R_x}}. \tag{4-4-2}$$

式中 ΔR_x 是电桥平衡时 R_x 的微小改变量(实际上待测电阻 R_x 一般不能改变)，而 ΔU_0 是由于 R_x 改变 ΔR_x 时毫伏表的示值. 理论上能够证明电桥对各个桥臂电阻的相对变化灵敏度在电桥近平衡情况下是大约相同的，即：$S=\frac{\Delta U_0}{\frac{\Delta R_x}{R_x}}=\frac{\Delta U_0}{\frac{\Delta R_1}{R_1}}=\frac{\Delta U_0}{\frac{\Delta R_2}{R_2}}=\frac{\Delta U_0}{\frac{\Delta R_3}{R_3}}$. 与电桥灵敏度 S 相关的物理量有：电源电压、桥臂电阻、桥臂电阻分配比例、监测仪表的灵敏度和内阻. 理论推导可得：

$$S=\frac{V_{AB}}{\frac{R_x}{R_2}+\frac{R_2}{R_x}+2+\frac{R_1+R_2+R_3}{R_V}}. \tag{4-4-3}$$

令 $K=\frac{R_x}{R_2}+\frac{R_2}{R_x}+2$, $X=\frac{R_x}{R_2}$. 则有 $K=X+\frac{1}{X}+2$. 容易证明得，当 $X=\frac{R_x}{R_2}=1$ 时，K 有极小值. 当 $X=\frac{R_x}{R_2}=1$，由 $R_1R_x-R_2R_3=0$ 可得：$R_1=R_3$. 即：$R_1=R_3$, $R_x=R_2$.

等臂电桥：$R_1=R_2=R_3=R_x$.

对称电桥(或卧式电桥)：$R_1=R_3$, $R_x=R_2$, $R_1\neq R_2$.

再令 $R_{总}=R_1+R_2+R_3+R_x$. 则式(4-4-3)可变为

$$S=\frac{V_{AB}}{K+\frac{R}{R_V}}. \tag{4-4-4}$$

式中，V_{AB} 为电桥端电压；R_V 监测毫伏表的内阻；$R_{总}$ 为桥臂总电阻；K 为与桥臂电阻比例相关的量(等臂电桥、对称电桥 K 有极小值).

3. DHQJ-3 型非平衡电桥简介

DHQJ-3 型非平衡电桥是一种常用的实验教学仪器，其基本原理电路如图 4-4-1 所示，仪器面板如图 4-4-2 所示，其内部电路连接结构如图 4-4-3 所示.

图 4-4-2　DHQJ-3 型非平衡电桥仪器面板图

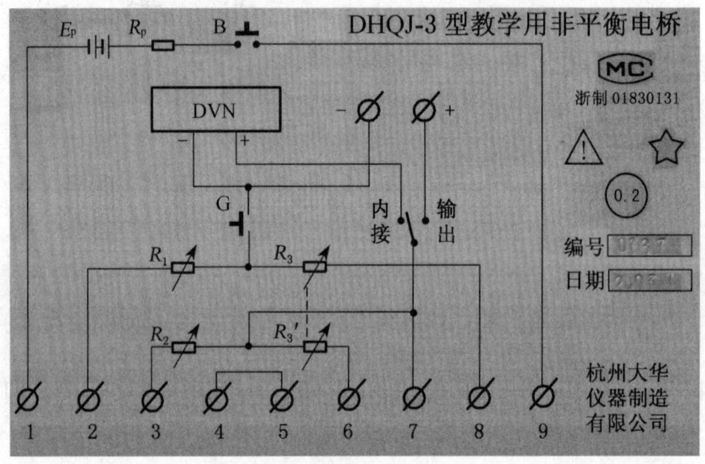

图 4-4-3　DHQJ-3 型非平衡电桥内部电路连接结构图

【实验内容】

1. 惠斯通电桥测电阻

先用 GDM-8135 台式数字万用表粗测 R_x.

实验电路如图 4-4-1. 其中：R_1，R_2，R_3 在 DHQJ-3 型非平衡电桥上选取（取值一般均不小于 100 Ω），R_x 为待测电阻，E 先取 3 V（实验中根据测量灵敏度调整）.

比率 $\dfrac{R_2}{R_1}$ 依次取 0.01，0.1，1，10，100，调节 R_3 使电桥平衡，记录数据填入表 4-4-1 中，计算 R_x 的测量值.

表 4-4-1　　惠斯通电桥测电阻

R_2/R_1	0.01	0.1	1	10	100
R_3/Ω					
$R_x=\frac{R_2}{R_1}R_3/\Omega$					
R_x 标称值/Ω					
R_x 万用表测量值/Ω					

2. 惠斯通电桥测量灵敏度研究

电桥测量灵敏度的实验测量方法：选择合适的电源输出电压，选取 R_1，R_2，R_3，R_x 使惠斯通电桥平衡（$U_0=0$），而后让其中 3 个桥臂电阻保持不变、令其余一个变化（不妨假定 R_1、R_2、R_3 保持不变，而 R_x 变化 ΔR_x），则电桥输出电压偏离平衡为 ΔU_0，电桥输出电压对桥臂电阻的相对变化反应灵敏度 $S=\dfrac{\Delta U_0}{\dfrac{\Delta R_x}{R_x}\times 100\%}$.

(1) 电桥测量灵敏度与电桥端电压 V_{AB} 的关系研究

保持电桥桥臂电阻总值与电桥桥臂电阻比值不变.

R_x 选用电阻箱，取 $R_1=R_2=R_3=1\ \text{k}\Omega$，调节 R_x 使电桥平衡. V_{AB} 依次取 3 V，6 V，9 V，测量对应实验条件下的“电桥测量灵敏度”（表 4-4-2）.

表 4-4-2　　电桥测量灵敏度与电桥端电压 V_{AB} 的关系

V_{AB}/V	3	6	9
R_x/Ω			
$\Delta R_x/\Omega$			
ΔU_0/mV			
S/(mV/1%)			

(2) 电桥测量灵敏度与电桥桥臂电阻总值 $R_{总}$ 的关系研究

保持电桥端电压 V_{AB} 与电桥桥臂电阻比值不变.

R_x 选用电阻箱，$V_{AB}=6$ V，预先取 $R_1=R_2=R_3=R_x$，调节 R_x 使电桥平衡. $R_{总}$ 依次取 400 Ω，800 Ω，1 600 Ω，2 000 Ω，4 000 Ω，8 000 Ω，20 000 Ω，40 000 Ω，测量对应实验条件下的“电桥测量灵敏度”（表 4-4-3）.

表 4-4-3　　电桥测量灵敏度与电桥桥臂总电阻 $R_{总}$ 的关系

$R_{总}/\Omega$	400	800	1 600	2 000	4 000	8 000	20 000	40 000
R_x/Ω								
$\Delta R_x/\Omega$								
ΔU_0/mV								
S/(mV/1%)								

(3) 电桥测量灵敏度与电桥桥臂电阻比值的关系研究

保持电桥端电压 V_{AB} 与电桥桥臂总电阻比值不变.

$X=\dfrac{R_x}{R_2}=\dfrac{R_3}{R_1}$. 令 $V_{AB}=6$ V, $R_{总}=R_1+R_2+R_3+R_x=4$ kΩ. X 依次取 0.01，0.1，1，10，100，测量对应实验条件下的“电桥测量灵敏度”(表 4-4-4).

表 4-4-4　电桥测量灵敏度与电桥桥臂电阻比值的关系

X	0.01	0.1	1	10	100
R_1/Ω					
R_2/Ω					
R_3/Ω					
R_x/Ω					
$\Delta R_x/\Omega$					
ΔU_0/mV					
S/ (mV/1%)					

提示：R_1，R_2，R_3，R_x 的取值应根据 $R_{总}$ ($R_{总}=R_1+R_2+R_3+R_x=4$ kΩ) 与 X 的取值求解.

如 X 取 0.01，

$$\frac{R_x}{R_2}=0.01, \tag{4-4-5}$$

$$\frac{R_3}{R_1}=0.01, \tag{4-4-6}$$

$$R_1+R_2+R_3+R_x=4\ \text{k}\Omega. \tag{4-4-7}$$

由上可得：$1.01(R_1+R_2)=4$ kΩ，不妨令 $R_1=R_2$，最终可求得：

$$R_1=R_2\approx 1\,980\ \Omega,\quad R_3=R_x\approx 20\ \Omega.$$

【数据处理】

作以下关系图线：① S-V_{AB}，② S-$R_{总}$，③ S-$\log_{10}^{X}$. 总结实验结果.

【注意事项】

(1) 电桥测电阻前，先要用万用表粗测 R_x，$\dfrac{R_2}{R_1}$ 和 R_3 应预先调到使电桥接近平衡.

(2) 检查连线无误后，才能通电，按下仪表上的 B 键后，再按 G 键.

(3) 电桥仪表上的旋钮开关要轻缓旋转.

【思考题】

1. 电桥灵敏度是否越高越好？哪些量关系到电桥灵敏度？

2. 为什么用电桥测电阻前，先要用万用表粗测？

3. 惠斯通电桥不能应用于测量低值电阻的原因是什么？不能应用于测量高值电阻的原因又是什么？

4. 电桥灵敏度是什么意思？如果测量电阻误差要求小于万分之五，那么电桥灵敏度应为多大?

5. 可否用电桥来测量电流表(微安表、毫安表、安培表)的内阻? 测量的精度主要取决于什么? 为什么?

6. 怎样消除比例臂两只电阻不准确相等所造成的系统误差?

4.5　非平衡电桥与温度传感器特性研究

【实验目的】

(1) 掌握平衡电桥与非平衡电桥的工作原理及应用.

(2) 掌握平衡电桥测量电阻的原理方法.

(3) 掌握利用非平衡电桥的输出电压来测量变化电阻的原理方法.

(4) 掌握非平衡电桥测量温度的方法,并类推至测其他非电量.

【实验仪器】

DHQJ-3 型非平衡电桥、DHW-1A 型温度传感实验装置(使用说明见本节附录)、Pt100 热电阻、5 kΩ 热敏电阻.

【实验原理】

电桥可分为平衡电桥和非平衡电桥,非平衡电桥也称不平衡电桥或微差电桥. 以往在教学中往往只做平衡电桥实验. 近年来,非平衡电桥在教学中受到了较多的重视,因为通过它可以测量一些变化的非电量,这就把电桥的应用范围扩展到很多领域,实际上在工程测量中非平衡电桥已经得到了广泛的应用.

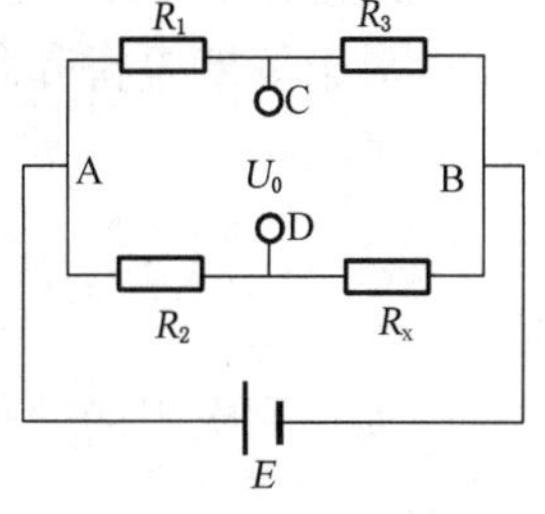

图 4-5-1　电桥电路

电桥的原理图如图 4-5-1 所示.

1. 平衡电桥

电桥平衡: $R_1R_{x0} = R_2R_3$, $U_0 = 0$.

$$R_{x0} = \frac{R_2}{R_1}R_3. \tag{4-5-11}$$

2. 非平衡电桥

使 R_1, R_2, R_3 保持不变, R_x 偏离 R_{x0} 发生变化时,则 $U_0 \neq 0$, C、D 端有电压输出. 输出电压 U_0 与 R_x 偏离 R_{x0} 发生变化的变化量 ΔR_x 有关系. 通过检测 U_0 从而测得 ΔR, 再求得 R_x:

$$R_x = R_{x0} + \Delta R. \tag{4-5-2}$$

由于可以检测连续变化的 U_0,所以可以测得连续变化的 R_x,进而检测连续变化的非电量.

3. 电桥的桥路形式

(1) 等臂电桥. 电桥的四个桥臂阻值相等,即: $R_1 = R_2 = R_3 = R_{x0}$. 其中 R_{x0} 是 R_x 的初始值(电桥初始处于平衡状态, $U_0 = 0$).

(2) 卧式电桥也称输出对称电桥.这时电桥的桥臂电阻对称于输出端,即:$R_1 = R_3$,$R_2 = R_{x0}$,但$R_1 \neq R_2$.

(3) 立式电桥也称电源对称电桥.这时从电桥的电源端看桥臂电阻对称相等,即:$R_1 = R_2$,$R_{x0} = R_3$,但$R_1 \neq R_3$.

(4) 比例电桥.这时桥臂电阻成一定的比例关系,即$R_1 = KR_2$,$R_3 = KR_{x0}$(或$R_1 = KR_3$,$R_2 = KR_{x0}$),K为比例系数,实际上这是一般形式的电桥.

4. 非平衡电桥的输出

非平衡电桥的输出有两种情况:一种是输出端开路或负载电阻很大近似于开路,如后接高内阻数字电压表或高输入阻抗运放等情况,这时称为电压输出,实际使用中大多采用这种方式;另一种是输出端接有一定阻值的负载电阻,这时称为功率输出,简称功率电桥.

根据基尔霍夫定理或戴维宁定理可得"电压输出"时的输出电压U_0与被测电阻的变化量ΔR的关系:

$$U_0 = \frac{R_1}{(R_1 + R_{x0})^2} \cdot \frac{E \cdot \Delta R}{1 + \dfrac{\Delta R}{R_1 + R_{x0}}}. \tag{4-5-3}$$

这是作为一般形式非平衡电桥的输出与被测电阻的函数关系.

对于等臂电桥和卧式电桥,式(4-5-3)简化为

$$U_0 = \frac{E}{4R_{x0}} \cdot \frac{\Delta R}{1 + \dfrac{\Delta R}{2R_{x0}}}. \tag{4-5-4}$$

当被测电阻的变化量$\Delta R \ll R_{x0}$时,式(4-5-4)可进一步简化为

$$U_0 = \frac{E \cdot \Delta R}{4R_{x0}}. \tag{4-5-5}$$

对于立式电桥和比例电桥,输出电压U_0与被测电阻的变化量ΔR的关系为

$$U_0 = \frac{R_1 \cdot E}{(R_1 + R_{x0})^2} \cdot \frac{\Delta R}{1 + \dfrac{\Delta R}{2R_{x0}}}. \tag{4-5-6}$$

当被测电阻的变化量$\Delta R \ll R_{x0}$时,式(4-5-6)可进一步简化为

$$U_0 = \frac{R_1 \cdot E \cdot \Delta R}{(R_1 + R_{x0})^2}. \tag{4-5-7}$$

可见,由式(4-5-5)和(4-5-7)得出U_0与ΔR成线性关系.

5. 用非平衡电桥测量电阻的方法

(1) 将被测电阻(传感器)接入非平衡电桥,并进行初始平衡,这时电桥输出为零,测出电阻的初始值R_{x0}.改变被测的非电量,则被测电阻也变化,这时电桥也有相应的电压U_0输出.测出这个电压U_0后,可根据式(4-5-3)或式(4-5-4)计算得到ΔR.对于$\Delta R \ll R_{x0}$的情况,可按式(4-5-5)或式(4-5-7)计算得到ΔR.进而求得$R_x = R_{x0} + \Delta R$.

(2) 也可以作 U_0-R 曲线,以此为测量定标线,根据定标线,可由 U_0 的值得到 R 的值,也就是可根据电桥的输出 U_0 来测得被测电阻 R_x.

6. 金属电阻

一般来说,金属电阻随温度的变化为

$$R = R_0(1+\alpha t) = R_0 + (\alpha R_0)t. \tag{4-5-8}$$

式中,R 为摄氏温度 t 的阻值;R_0 为摄氏零度的阻值;α 为金属电阻温度系数(%/℃). α 的求得:在一系列摄氏温度 t 下测量得对应的电阻 R,作 R-t 图线,为一直线. 图线延长线与 R 轴的交点所对应的电阻值为 R_0. 图线的斜率为 αR_0.

$$\alpha=\frac{\frac{\Delta R}{R_0}\times 100\%}{\Delta T}.$$

7. 半导体热敏电阻

热敏电阻通常是由半导体材料制成,热敏电阻分为正温度系数(PTC)热敏电阻和负温度系数(NTC)热敏电阻. NTC 热敏电阻的电阻值随温度升高而迅速下降,这是因为热敏电阻由一些金属氧化物如 Fe_3O_4, $MgCr_2O_4$ 等半导体制成,在这些半导体内部,自由电子数目随温度的升高增加得很快,导电能力很快增强;虽然原子振动也会加剧并阻碍电子的运动,但这种作用对导电性能的影响远小于电子被释放而改变导电性能的作用,所以温度上升会使电阻值迅速下降. PTC 热敏电阻有陶瓷和有机材料两类,是 20 世纪 80 年代发展起来的新型材料电阻器. 其特点是:电阻值随温度升高而升高,且存在“突变点温度”,当这种材料的温度超过“突变点温度”时,其电阻可急剧增加 5~6 个数量级. 陶瓷 PTC 热敏电阻工作功率较大、耐高温性好,广泛应用于工业机械、冰箱等的过流过载保护;有机材料 PTC 热敏电阻由于灵敏度高、体积小、电阻值低,已被应用于电话程控交换机、便携式电脑等高科技领域作过流过载保护.

NTC 热敏电阻的电阻温度特性可以用下述指数函数来描述:

$$R=Ae^{\frac{B}{T}}.$$

式中,A 为常数;B 为与材料有关的常数;T 为绝对温度.

为了求得准确的 A 和 B,可将上式两边取对数:

$$\ln R=\ln A+\frac{B}{T}.$$

选取不同的温度 T,得到相应的 R,并描绘 $\ln R$-$\frac{1}{T}$ 曲线,即可求得 A 与 B. 常用半导体热敏电阻的 B 值约为 1 500 K~5 000 K 之间.

【实验内容】

1. 用非平衡电桥测量金属电阻的温度特性

根据图 4-5-1 将“DHQJ-3 型非平衡电桥”接成单臂电桥电路. 图 4-5-1 中 R_x 为金属电阻铂 Pt100(或金属电阻铜 Cu50).

(1) 调节电桥平衡，测出 Pt100(或 Cu50)在室温下的电阻 R_{x0}. 可选立式电桥：取 $R_1=R_2$，调节 R_3 使 $U_0=0$，则 $R_{x0}=R_3$.

(2) 在立式电桥条件下测量温度 t, U_0，计算 ΔR 和 R[由式(4-5-5)可推出 $\Delta R=\dfrac{4U_0\cdot R_{x0}}{E}$，由式(4-5-7)可推出 $\Delta R=\dfrac{U_0\,(R_1+R_{x0})^2}{R_1\cdot E}$].

(3) 取 $R_1=R_2=R_3$，将 Pt100(或 Cu50)置于加温装置(其温度特性见本节附录，以供参考). 用温度计读温度，并读取相应的电桥输出 U_0，每隔一定温度测量一次，记录于表 4-5-1中.

表 4-5-1　　立式电桥测量金属电阻的温度特性

温度 t/℃												
U_0/mV												
$\Delta R/\Omega$												
R/Ω												
温度 t/℃												
U_0/mV												
$\Delta R/\Omega$												
R/Ω												

(4) 根据测量结果作 R-t 曲线，由图求出电阻温度系数 α，试与理论值比较，作图求出 0 ℃的电阻值 R_0，并计算电桥的灵敏度 S. [注：电桥灵敏度 S 的计算可根据测量结果作 U_0-R 关系线，取线上相隔较远的两点数据，代入公式 $S=\dfrac{\Delta U_0}{\dfrac{\Delta R_x}{R_x}\times 100\%}$，求得电桥的测量灵敏度 S(其单位为 mV/1%)；或用 Excel 软件拟合出 U_0-R 直线的函数公式，求得斜率 K，则电桥的灵敏度 $S=kR_x/100\%$.]

(5) 用等臂电桥或比例电桥，重复以上步骤，作一组数据(表 4-5-2)，并计算电桥灵敏度 S.

表 4-5-2　　等臂电桥或比例电桥测量金属电阻的温度特性

温度 t/℃												
U_0/mV												
$\Delta R/\Omega$												
R/Ω												
温度 t/℃												
U_0/mV												
$\Delta R/\Omega$												
R/Ω												

*2. 用非平衡电桥测量半导体 NTC 热敏电阻的温度特性

选用 5 kΩ 的热敏电阻，其温度特性见本节附录. 设计的测量范围为10℃～70℃. 在温度为室温到 60℃范围内测量热敏电阻的电阻温度特性，可使用等臂电桥测量各温度点的电阻值.

根据测得的数据绘制 $\ln R-\frac{1}{T}$曲线，并求得 A 和 B.

*3. 用非平衡电桥测量半导体 PTC 热敏电阻的温度特性

提示：陶瓷 PTC 热敏电阻，在温度小于“突变点温度”时为负温度系数性质，在大于“突变点温度”时为正温度系数性质；有机材料 PTC 热敏电阻，在温度小于或大于“突变点温度”时均为正温度系数性质.

【注意事项】

测量长引线元件电阻时应考虑引线补偿，参考图4-5-2.

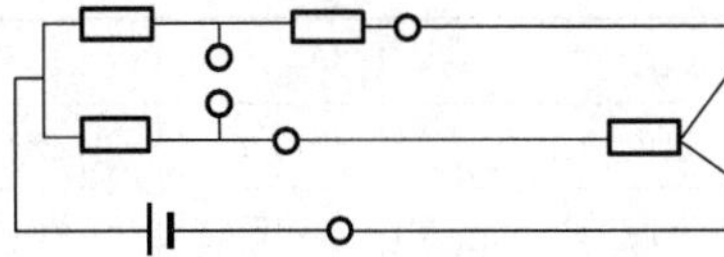

图 4-5-2　长引线的补偿

【思考题】

1. 简述平衡电桥和非平衡电桥的区别.

2. 如何利用电桥、数字电压表、温度传感器设计一个数字温度计.

3. 非平衡电桥测量温度传感器实验，测量公式之一：$U_0=\frac{E}{4R_{x0}}\Delta R$. 式中，$U_0$ 是指__________，E 是指__________，R_{x0} 是指__________，ΔR 是指__________. R_{x0} 是用平衡电桥还是非平衡电桥测量__________；ΔR 能否用平衡电桥测量______、能否用非平衡电桥测量______，若能请简述测量方法.

4. 当被测电阻的变化量 ΔR 与 R_{x0} 相比，不能忽略时，请分别推导出式(4-5-5)和式(4-5-6)的 ΔR 计算公式，并对比分析两种情况下（$\Delta R \ll R_{x0}$ 和 $\Delta R \geqslant R_{x0}$）立式电桥和等臂电桥的测量计算结果.

【附录】

Pt100 铂电阻的电阻-温度特性

温度/℃	0	2	4	6	8
	阻值/Ω				
−10	96.09	95.30	94.52	93.78	92.95
−0	100.00	99.22	98.44	97.65	96.87
0	100.00	100.78	101.56	102.34	103.12
10	103.90	104.68	105.46	106.24	107.02
20	107.79	108.57	109.35	110.12	110.90
30	111.67	112.45	113.22	114.00	114.77
40	115.54	116.31	117.08	117.86	118.63
50	119.40	120.17	120.94	121.71	122.47
60	123.24	124.01	124.78	125.54	126.31
70	127.08	127.84	128.61	129.37	130.13
80	130.90	131.66	132.42	133.18	133.95
90	134.71	135.47	136.23	136.99	137.75
100	138.51	139.26	140.02	140.78	141.54

续 表

温度/℃	0	2	4	6	8
	阻值/Ω				
110	142.29	143.05	143.80	144.56	145.31
120	146.07	146.82	147.57	148.33	149.08
130	149.83	150.58	151.33	152.08	152.83
140	153.58	154.33	155.08	155.83	156.58

5 kΩ 热敏电阻的电阻-温度特性

温度/℃	5	10	15	20	25	30	35	40
阻值/kΩ	10.8	8.84	7.26	6.01	5.00	4.18	3.51	2.91
温度/℃	45	50	55	60	65	70	75	80
阻值/kΩ	2.51	2.14	1.83	1.60	1.35	1.17	1.01	0.99

DHW-1A 型温度传感实验装置使用说明

1(PV):温度测量值显示屏.

2(SV):温度设定值与温度控制输出功率设定值显示屏.

温度设定:按“SET”屏“2”SV 显示器小数点位数码管闪烁,可用“8”或“9”修改小数点位数字;按“10”改变数码管闪烁位,可用“8”或“9”修改数码管闪烁位数字.温度值选好后,再按“SET”即设定温度值.

温度控制输出功率设定:在屏“2”SV 稳定显示状态下,按“10”,屏“2”SV 千位数显示“H”,可用“8”或“9”修改输出功率.

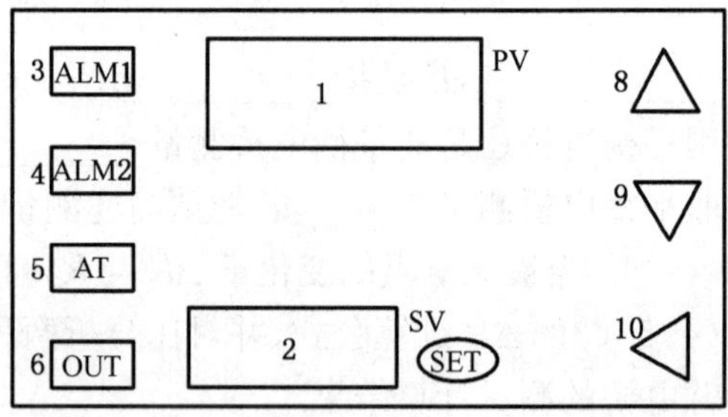

图 4-5-3 DHW-1A 型温度传感实验装置

4.6 电位差计测量电源的电动势和内阻

【实验目的】

(1) 掌握用补偿法测电动势的原理;

(2) 了解掌握 UJ31 型直流电位差计的结构原理与应用;

(3) 学会用 UJ31 型直流电位差计测量电源的电动势和内阻.

【实验仪器】

DHBC-1 型标准电势与待测电动势仪器、UJ31 型直流电位差计、ZX21a 型电阻箱(2 台)、数字型检流计、标准电阻(10 Ω).

【实验原理】

1. 电压补偿法

测定未知电动势 E_x,可采用图 4-6-1 电路,调节 E 使检流计指零,则回路中两电源

的电动势 E 和 E_x 大小相等,即 $E=E_x$,此时称电路达到电压补偿. 如 E 已知,则可求得 E_x,这种测量电动势的方法称为电压补偿法.

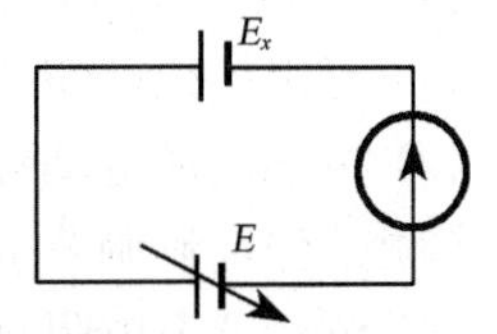

图 4-6-1　电压补偿法电路

2. 电位差计工作原理

电位差计是根据补偿原理制成的测量电动势的仪器,它是将被测量与已知标准量相比较的测量仪器. 工作原理如图 4-6-2 所示.

回路 1:工作电流调节回路. 调节 R_P 可改变回路 1 的电流.

回路 2:校准工作电流回路(K 拨向"1"),E_n 为标准电动势. 如要使工作回路 1 的电流为 I_0,调 R_{a1} 使 $\dfrac{E_n}{R_{a1}}=I_0$,调 R_P 使 G 指零,则回路 1 的工作电流为 I_0.

回路 3:测量回路(K 拨向"2"). 保持 R_P 固定不变,调节电阻 R_{b1} 使 G 指示零,则有

$$E_x = I_0 R_{b1} \tag{4-6-1}$$

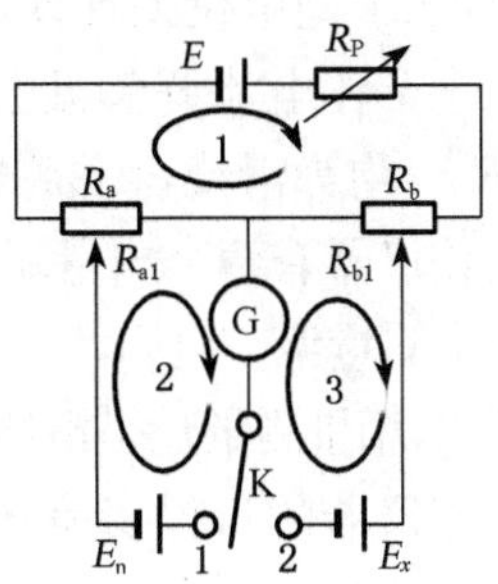

图 4-6-2　电位差计的工作原理

不同型号的电位差计,工作电流 I_0 取值一定,R_{a1} 和 R_{b1} 的分度可分别直接表示为电压 I_0R_{a1} 和 I_0R_{b1},在调节 R_{a1} 时使其电压示值等于标准电动势 E_n,被测电动势 E_x 的大小也可直接读出.

使用电位差计测电动势,总是使检流计 G 指零,电路中无电流(实际上由于检流计 G 的灵敏度有限,有微小电流),能够准确地测量电动势,测量结果的精确度取决于标准电阻和标准电池以及检流计 G 的灵敏度. 而用万用表或电压表所测出的电动势实际上只是其端电压. 电位差计也可用于测量电流和电阻,只不过应将对电流和电阻的测量转换为电压测量. 例如测量电阻 R_x,可让一已知电流 I 流过此电阻,测量电阻上的压降 U,即可得:$R_x=\dfrac{U}{I}$.

3. UJ31 型直流电位差计使用说明

UJ31 型低电势直流电位差计的面板如图 4-6-3 所示.

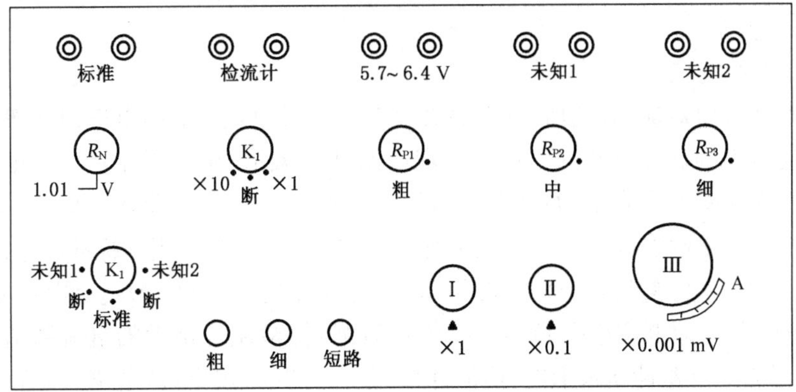

图 4-6-3　UJ31 型电位差计的面板图

整个面板可分为如下七个部分：

(1) 五组接线端钮("标准"、"检流计"等)；

(2) 标准电池电动势的温度补偿盘 R_N；

(3) 工作电流调节电阻盘 R_p(分为 R_{p1}，R_{p2}，R_{p3})；

(4) 测量调节电阻盘Ⅰ、Ⅱ、Ⅲ，其中第Ⅲ盘带有游标尺 A；

(5) 电位差计量程变换开关 K1；

(6) 标准回路和测量回路的转换开关 K2；

(7) 电键按钮("粗"、"细"、"短路").

UJ31 型电位差计使用的电源是 5.7～6.4 V 的直流电源，其工作电流为 10 mA．它的三个工作电流调节盘中，第一个盘(R_{p1})是 16 点步进的转换开关，第二盘(R_{p2})和第三盘(R_{p3})均为滑线盘. 标准电池电动势温度补偿盘 R_N 的补偿范围为 1.018 0～1.019 6 V.

该仪器有两个测量端，通过转换开关 K2 可接通"未知 1"或"未知 2"或"标准电池". 在它的 3 个测量调节电阻盘中，第Ⅰ测量盘是 16 点步进转换式开关，第Ⅱ测量盘是 10 点步进转换式开关，第Ⅲ测量盘是滑线盘；测量盘的电阻值已转换成电压刻度标在了仪器面板上.

该仪器的量程变换开关 K1 有两档：在"×1"档，测量范围是 0～17.1 mV，测量盘的最小分度值为 1 μV，游标尺的分度值为 0.1 μV；在"×10"档，测量范围是 0～171 mV，测量盘的最小分度值为 10 μV，游标尺的分度值为 1 μV.

4. 电压的测量

(1) 仪器连接

在电位差计未按线路连接前，先将"测量转换开关"旋钮指示在"断"的位置；并将"检流计按钮"全部松开；将 CK-A5 型检流计接到图 4-6-3 中的 UJ31 型直流电位差计的"检流计"接线柱上，DHBC-1 型标准电势与待测电动势仪器中的"标准电动势"接"标准"接线柱上，"待测电势"接 "未知 1"(或 "未知 2")，注意极性.

(2) 根据待测电压的范围选择"测量范围"

待测电压在 0～17.1 mV 之间时，"测量范围选择"旋钮置"×1"档；待测电压在 0～171 mV 之间时，"测量范围选择"旋钮置"×10"档；待测电压超过 171 mV 时应采取分压电路(或其他形式的电路)扩大测量范围. 分压扩大测量范围电路如图 4-6-4 所示.

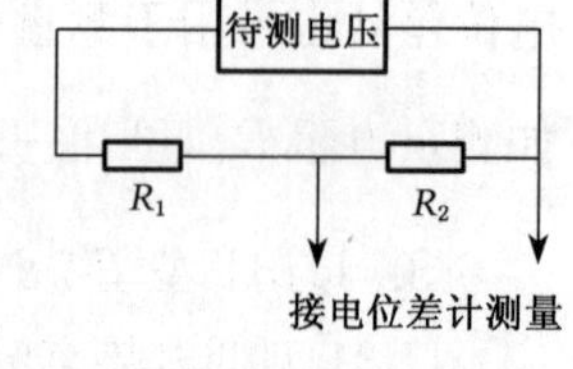

图 4-6-4　分压扩大测量范围电路

(3) 测量步骤

① 调节工作电流

"标准电池输出对应"旋钮所指示的数值应与"标准电池" 输出电压值相等(测量精度要求高时，应考虑到标准电池的电动势与室内温度之关系，在采用Ⅱ级标准电池时，其电动势 E 与室内温度 t 的关系为：$E(t)=E_{20}-0.000\,040\,6(t-20)-0.000\,000\,95(t-20)^2$. 式中：$E_{20}$ 为室内温度在 20℃时的标准电动势值(本实验所用的标准电池的电动势标示值为 1.018 6 V). "测量转换开关"旋钮指示"标准". 先将 UJ31 型直流电位差计面板上的"检流计按钮"——"粗"按下，调节 R_p(先粗后细)使检流计指示的电流数值为零. 而后将 UJ31 型直流电位差计面板上的"检流计按钮"——"细"按下，调节 R_p(先粗后细)使检流计指示的电流数值为零.

② 电动势(或电压)测量

被测电动势(或电压)E_x 接“未知 1”(或“未知 2”),相应地“测量转换开关”旋钮指示“未知 1”(或“未知 2”). 先将 UJ31 型直流电位差计面板上的“检流计按钮”——“粗”按下,调节 R_{b1} 使检流计指示的电流数值为零. 而后将 UJ31 型直流电位差计面板上的“检流计按钮”——“细”按下,调节 R_{b1} 使检流计指示的电流数值为零. 则 R_{b1} 指示的电压数值即为 E_x 的测量值. R_{b1} 指示的电压数值应为三个测量盘上读数与其倍率乘积的总和.

5. 电流测量

在测量电流时,应在被测电流回路内接入标准电阻,标准电阻的电位端按极性接在电位差计面板上的“未知 1”(或“未知 2”). 这样电位差计所测量的就是被测电流在标准电阻上的电压降,被测电流 I_x 可按下式计算:

$$I_x = \frac{U}{R}. \tag{4-6-2}$$

式中,U 为电位差计所测得的电压降(V);R 为标准电阻的电阻值(Ω).

选用标准电阻时,应根据额定电流大小和下列规定来选用:标准电阻上的电压降应低于 171 mV,否则应采取扩大量程的办法;标准电阻的负荷,不应超过该电阻的额定功率数值.

6. 电阻测量

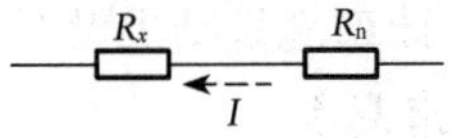

如图 4-6-5 所示,R_x 和 R_n 串联流过相同的电流,用 UJ31 型直流电位差计测得 R_x 和 R_n 的电压降分别为 U_x 和 U_n,则有:$R_x = \frac{U_x}{U_n}R_n$. 测量时为了减少测量误差,所选用标准电阻 R_n 的数值,尽可能接近被测电阻的 R_x 数值,利用变阻器调节被测电路中的电流,使其小于电阻的额定负荷. 由于电阻测量,采用两个电压降之比较,因此,只要在电位差计工作电流不变的情况下,可以不必用标准电池来校准电位差计的工作电流.

图 4-6-5　电阻测量电路

【实验内容】

(1) 测量检验 HBC-1 型标准电势所配备的被测电动势的实际值(分别检测标称 5 mV, 60 mV, 120 mV 电动势).

(2) 测量 HBC-1 型标准电势所配备的标称 120 mV 电动势的内阻.

提示:如图 4-6-6 所示,将被测电动势与一标准电阻 R_n 串联,用 HBC-1 型标准电势测量 R_n 两端的电压 U_n,则被测电动势内阻为

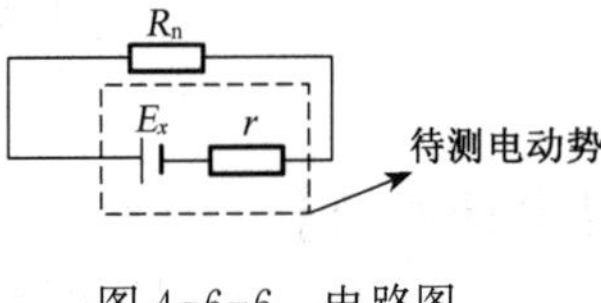

图 4-6-6　电路图

$$r = \left(\frac{E_x}{U_n} - 1\right)R_n. \tag{4-6-3}$$

(3) 采取扩大量程的办法测量 HBC-1 型标准电势所配备的被测电动势标称值 190 mV的电动势 E_x 和内阻 r.

提示:测量电路参考图 4-6-4,选择 R_1 和 R_2 使得 R_2 两端的电压在电位差计的量程

内. 假定 R_2 两端的电压为 U_2、被测电动势 E_x 的端电压为 U_n、内阻为 r,则有

$$U_n = \left(1+\frac{R_1}{R_2}\right)U_2, \tag{4-6-4}$$

$$r = (R_1+R_2)\left(\frac{E_x}{U_n}-1\right). \tag{4-6-5}$$

由式(4-6-5)求解 E_x 和 r:应考虑改变 R_1 和 R_2 测量 V_2,不同条件下的两次测量结果分别代入式(4-6-5)联立求解.

*(4) 测量干电池的电动势和内阻. 假定干电池的额定电流为 100 mA. 要求画出测量电路,简述测量方法.

*(5) 测量回路调节灵敏度:实验内容"1",在调节 R_{b1} 已使检流计"粗"、"细"均指示零的情况下,调节 R_{b1} 使其变化量为 ΔR_{b1},记下此时检流计指针偏离零点的格数 ΔN,则测量回路调节灵敏度 S 为:$S=\dfrac{\Delta N}{\Delta R_{b1}}$.

请思考回答:假定人眼对检流计指针偏移的极限分辨能力为 $\Delta N=0.2$ 格,要使 E_x 的测量精确度达到与标准电池 E 同等数量级,实验中所用检流计灵敏度是否满足要求?说明理由.

【数据处理】

计算测量结果及其与标称值的相对误差(百分数表示).

【思考题】

1. 电位差计是利用什么原理制成的?
2. 实验中,若发现检流计总是偏向一边,无法调平衡,试分析可能的原因有哪些?
3. 如果任你选择一下阻值已知的标准电阻,能否用电位差计测量一个未知电阻?试写出测量原理,绘出测量电路图.
4. 能否用电位差计精确测量电池的电动势?为什么?
5. 干电池的内阻是否与其通电电流相关,请自行设计一个实验加以检验.
6. 总结一下校准电位差计和测量电源电动势和内阻的主要步骤.

4.7 双臂电桥测量低值电阻

【实验目的】

(1) 了解双电桥测量低电阻的原理和方法;

(2) 用双电桥测量导体的电阻率和导体电阻的温度系数;

(3) 掌握对测量结果的不确定度进行评定.

【实验仪器】

QJ44 型直流双臂电桥(市电型)、待测金属棒.

【实验原理】

低电阻一般是指阻值在 1 Ω 以下的电阻. 在测量低电阻时,必须考虑接线用的导线本

身的电阻和接点处的接触电阻对测量结果的影响. 接触电阻是指电流从一个导体过渡到另一个导体时所遇到的电阻. 我们把导线电阻和接触电阻合称为附加电阻,一般附加电阻的阻值在 $10^{-2}\sim10^{-5}\ \Omega$ 数量级. 当被测电阻与附加电阻相比为同一数量级甚至小于附加电阻时,测量结果因准确度太低而变得无意义. 英国物理学家开尔文(Kelvin)所设计的双臂电桥基本消除了附加电阻的影响. 双臂电桥亦称开尔文电桥,简称双电桥,是用来测低电阻的直流电桥.

1. 双电桥原理

图 4-7-1 是惠斯通电桥电路,在电桥平衡时有:$R_x=\dfrac{R_1}{R_2}R_s$. 惠斯通电桥电路中的 12 根导线和 A, B, C, D 等 4 个接点都会产生附加电阻. 其中 A, C 点到电源和 B, D 点到检流计的导线电阻可以分别并入电源和检流计的"内阻"里,对测量结果没有影响. 比率臂 R_1 和 R_2 可用阻值较高的电阻,因此由 R_1 到 A、B 点和由 R_2 到 B、C 点的导线电阻与 B 点的接触电阻对测量结果的影响可以忽略. 由于待测电阻 R_x 是低电阻,比较臂 R_s 也必须是低电阻,与 R_x 和 R_s 相联的导线电阻与接触电阻对测量结果的影响就是产生误差的主要原因.

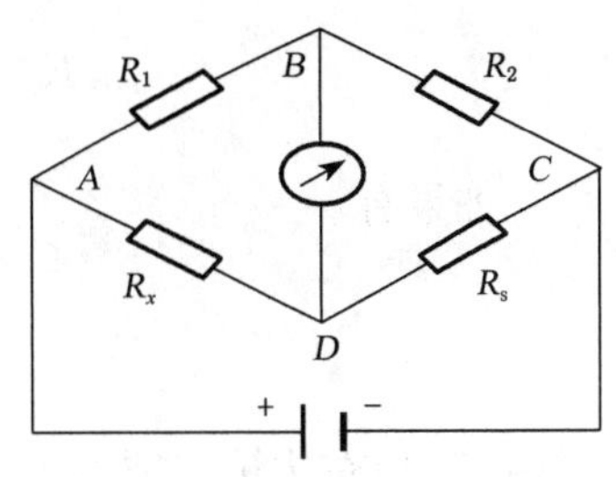

图 4-7-1　惠斯通电桥电路

为了消除上述附加电阻的影响,可使 A、C 两点分别与 R_x、R_s 直接相联,去掉 A 点到 R_x 和 C 点到 R_s 的导线电阻,然后将图 4-7-1 改进成图 4-7-2 所示的电路. 与图 4-7-1 相比较,一方面将 A 点分成 A_1、A_2 两点,将 C 点分成 C_1、C_2 两点,从而使 A_1、C_1 两点的接触电阻和从 A_2、C_2 两点连接电源的导线电阻并入电源的内阻,使 A_2、C_2 两点的接触电阻和连接 R_1、R_2 的导线电阻分别与阻值较大的 R_1、R_2 串联,因此这些附加电阻的影响都可以忽略. 另一方面,在电路中增加了 R_3 和 R_4 两个电阻,将惠斯通电桥的单臂 R_1、R_2 变成了双臂 R_1 和 R_3、R_2 和 R_4,把图 4-7-1 中 R_x 和 R_s 相联的 2 个接点分成了 D_1、D_3 和 D_2、D_4. 这样 D_3、D_4 的接触电阻和连接 R_3、R_4 的导线电阻并入到阻值较高的 R_3、R_4 中,由于 D 点移到 R_3, R_4 与检流计相联处,D 点处的接触电阻不论并入 R_3、R_4 还是并入检流计,对测量结果的影响都可以忽略. 将 D_1 和 D_2 用粗导线或铜排相联,设 D_3、D_4 间导线电阻和 D_1、D_2 处的接触电阻的总和为 r. 下面将证明,适当地调节 R_1、R_2、R_3、R_4 和 R_s 的阻值,就可以消除附加电阻 r 对测量结果的影响.

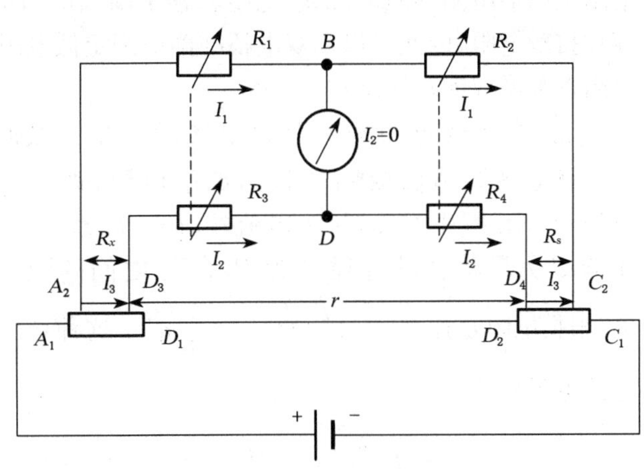

图 4-7-2　双臂电桥电路

调节双电桥平衡的过程,就是调节 R_1、R_2、R_3、R_4 和 R_s 使检流计中的电流 $I_g=0$. 这时通过 R_1、R_2 的电流相同,用 I_1 表示;通过

R_3、R_4 的电流相同，用 I_2 表示；通过 R_x 和 R_s 的电流也相同，用 I_3 表示. 因为 B、D 两点电势相等，所以有：

$$I_1R_1 = I_2R_3 + I_3R_x,$$
$$I_1R_2 = I_2R_4 + I_3R_s,$$
$$I_2(R_3 + R_4) = (I_3 - I_2)r.$$

将以上各式联立求解，得

$$R_x = \frac{R_1}{R_2}R_s + \frac{rR_4}{R_3 + R_4 + r}\left(\frac{R_1}{R_2} - \frac{R_3}{R_4}\right). \tag{4-7-1}$$

如果有

$$\frac{R_1}{R_2} = \frac{R_3}{R_4}, \tag{4-7-2}$$

式(4-7-1)右边第二项为零，得：

$$R_x = \frac{R_1}{R_2}R_s = K_rR_s. \tag{4-7-3}$$

式(4-7-2)和式(4-7-3)就是双电桥的平衡条件，由式(4-7-3)可计算出待测低电阻 R_x，而且 R_x 与 R_3、R_4 和 r 都无关. $K_r = \frac{R_1}{R_2} = \frac{R_3}{R_4}$ 称为量程倍率或量程因数.

双电桥中 R_1 和 R_2、R_3 和 R_4 由两个相同的多值电阻器充当，它们的变换开关对称地安装在同一个转轴上，在转轴的任何位置上，都保持 $\frac{R_1}{R_2} = \frac{R_3}{R_4}$. 因此保证了式(4-7-2)在电桥使用过程中始终成立.

在双电桥电路中，R_x 和 R_s 都有 4 个接线端，因此称具有这种接线方式的电阻为四端电阻. 由于流经 $A_1R_xD_1$ 的电流较大，称 A_1、D_1 为电流端，两个电流端在双电桥上一般用 C_1、C_2 表示. 称接点 A_2、D_3 为电压端，在双电桥上一般用 P_1、P_2 表示，P_1、P_2 之间的电阻是四端电阻的阻值. 四端电阻转移了附加电阻的位置，而电流端之间是同一导体，不存在接触电阻，因此可以用双电桥准确地测定低电阻. 同理，为了消除附加电阻，标准单值电阻器都做成四端钮结构.

2. 导体的电阻率和导体电阻的温度系数测量

将待测导体做成圆柱状的四端电阻，如图 4-7-3所示. 图中 C_1、C_2 为电流端，P_1、P_2 为电压端，d 为导体棒的直径，l 为 P_1、P_2 之间的距离. 根据电阻定律 $R = \rho\frac{l}{S}$ 及 $S = \frac{1}{4}\pi d^2$，这种导体的电阻率

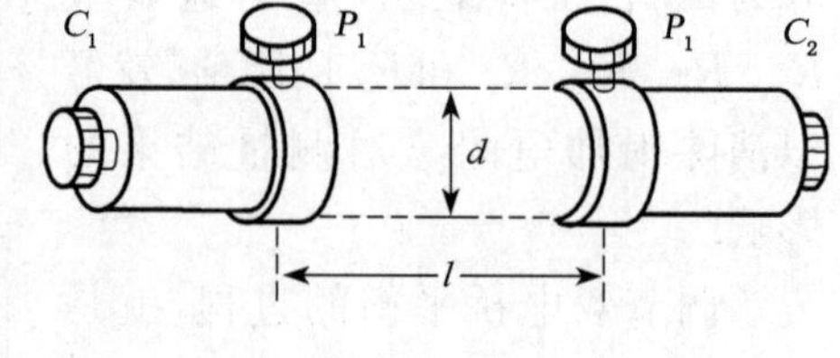

图 4-7-3　待测导体

$$\rho = R\frac{S}{l} = R\frac{\pi d^2}{4l}. \tag{4-7-4}$$

电阻率是表征材料性质的一个物理量,它与温度有关,而与导体的几何形状无关.

*3. 测铜导线电阻的温度系数

在室温条件下,纯金属和许多合金的电阻率随温度的升高而增大,在与 0℃温差不太大的温度范围内,导体的电阻与温度之间近似地存在着线性关系,即

$$R_t = R_0(1+\alpha t). \tag{4-7-5}$$

式中,R_t 为 t℃时的电阻,R_0 为 0℃时的电阻,α 为电阻的温度系数.

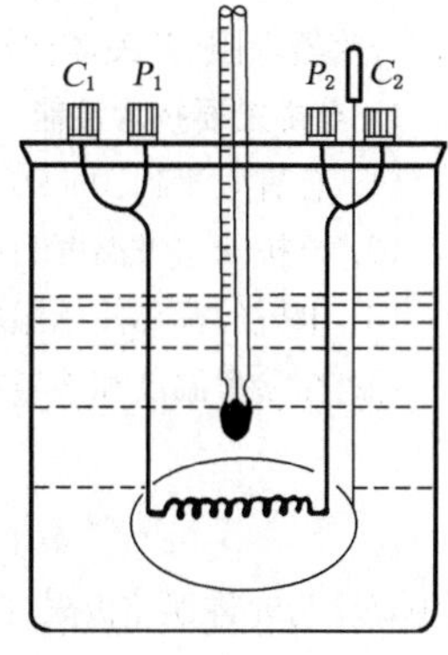

图 4-7-4　实验装置图

(1) 把铜漆包线绕成螺线状并做成四端电阻,然后将它浸入装有甘油的玻璃烧杯中,如图 4-7-4 所示. 放好温度计和搅拌器.

(2) 测出此时的电阻值 R_t 及对应的温度 t.

(3) 用酒精灯加热烧杯,同时不断地搅动搅拌器,使甘油温度均匀. 测量出温度每升高 5℃左右时对应的 R_t 的值. 至少测出 10 组数据.

(4) 以温度 t 为横坐标,电阻 R_t 为纵坐标,作 R_t-t 实验图线. 用图解法求出此直线的截距 R_0 和斜率 k,根据式(4-7-5),铜导线电阻的温度系数 $\alpha = \frac{k}{R_0}$.

【实验内容】

测量样品的电阻率.

(1) 测量待测棒的直径,要求等间距的不同方位下测量 6 次(表 4-7-1).

表 4-7-1　　**测量待测棒的直径**

次数	1	2	3	4	5	6
测量值/mm						

(2) 测量待测棒的阻值(表 4-7-2).

表 4-7-2　　**测量待测棒的阻值**

测量长度值/mm	量程因素读数/Ω	步进盘读数/Ω	划线盘读数/Ω	R_x 值/Ω
100				
200				
400				

(3) 代入公式求出待测棒的电阻率.

【思考题】

1. 双电桥与惠斯通电桥(单电桥)的平衡条件有什么区别?
2. 双电桥为什么要采用四端电阻? 四端电阻有什么特点?

【附录】

QJ44 型直流双臂电桥

QJ44 型直流双臂电桥的主要用途是测量 0.000 1～11 Ω 的直流电阻，金属导体的电阻率、导线电阻、直流分流器电阻、开关，电器的接触电阻及各类型电机、变压器的绕线电阻和升温试验等.

1. 电桥主要技术性能

(1) 总有效量程：0.000 1～11 Ω，分五个量程.

(2) 电桥的参考温度为(20±1.5)℃，参考相对湿度为 40%～60%.

(3) 电桥的标称使用温度为(20±15)℃，标称使用相对湿度为 25%～80%.

(4) 在参考温度和参考相对湿度的条件下，电桥各量限的允许误差极限为

$$E_{\text{lim}}=\pm C\%\left(\frac{R_{\text{N}}}{10}+x\right).$$

式中，E_{lim} 为允许误差极限(Ω)；C 为等级指数；x 为标度盘示值(Ω)；R_{N} 为基准值(表 4-7-3).

(5) 电桥各量程，有效量程，等级指数和基准值如表 4-7-3 所示.

量程因素	有效量程/Ω	等级指数 C	基准值 R_{N}/Ω
×100	1—11	0.2	10
×10	0.1—1.1	0.2	1
×1	0.01—0.11	0.2	0.1
×0.1	0.001—0.011	0.5	0.01
×0.01	0.000 1—0.001 1	1	0.001

(6) 相对湿度在参考条件下，温度超过参考温度范围，但在标称使用范围之内，由于温度变化引起的附加误差不应超过相应一个等级指数值.

(7) 温度在参考条件下，湿度超过参考相对湿度范围，但在标称使用相对湿度范围之内，由于湿度变化引起的附加误差不应超过相应一个等级指数值的 20%.

(8) 电桥的工作电源：220V±10%，50 Hz；功耗≤5 W.

(9) 内附指零仪，灵敏度可以调节.在测量 0.01～11 Ω 范围内，在规定的电压下，当被测量电阻变化允许一个极限误差时，指零仪的偏转大于等于一个分格，就能满足测量准确度的要求.灵敏度不要过高，否则不易平衡，测量电阻时间过长.

2. QJ44 型直流双臂电桥面板

QJ44 型直流双臂电桥面板如图 4-7-5所示.

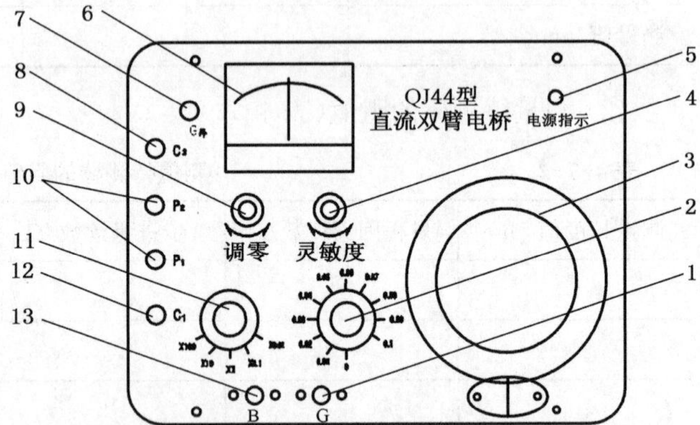

1—检流计按钮开关；2—步进读数开关；3—划线读数盘；4—检流计灵敏度调节旋钮；5—电源指示灯；6—检流计；7—外接指零仪插孔；8—12—被测电阻电流端接线柱；9—检流计电气调零旋钮；10—被测电阻电位端接线柱；11—倍率开关；13—电桥工作电源按钮开关

图 4-7-5　QJ44 型双臂电桥面板图

3. QJ44 型双臂电阻电桥的原理线路

QJ44 型双臂电阻电桥内部线路如图 4-7-6 所示.

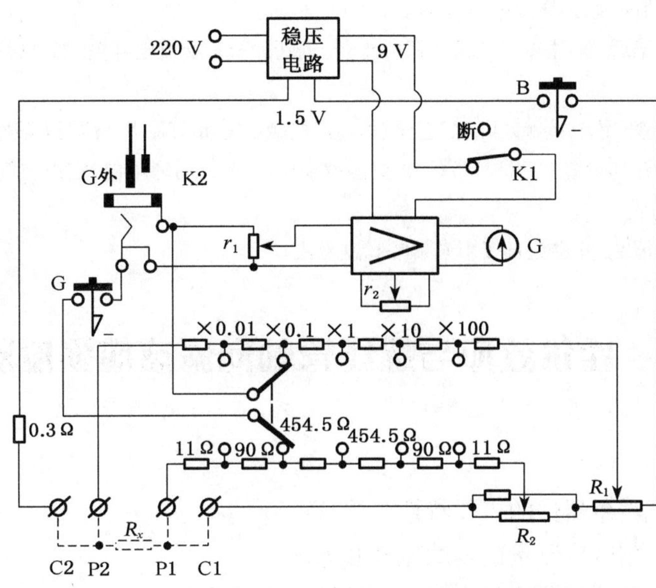

图 4-7-6　QJ44 型双臂电桥内部线路图

(1) QJ44 型双臂电桥比例臂由×100，×10，×1，×0.1 和×0.01 所组成. 读数盘由一个十进盘和一个划线盘组成.

(2) 集成运放指零仪包括一个放大器、一个调零电位器和一个调节灵敏度电位器以及一个中心零位的指示表头. 指示表头上备有机械调零装置，在测量前，可预先调整零位. 当放大器接通电源后，若表针不在中间零位，可用调零电位器，调整表针至中央零位.

(3) 仪器上有四只接线柱，供接被测电阻.

(4) “G 外”插座，供外接指零仪使用，当外接指零仪插入插座时，内附指零仪即被断开.

4. 使用方法

(1) 在机箱的后部电源插座内，接入 220 V±10%，50 Hz 交流电，打开旁边的交流电开关，面板上电源指示灯亮.

(2) 将被测电阻，按四端连接法，接在电桥相应的 C1，P1，P2，C2 的接线柱上. 如图 4-7-7 所示，AB 之间为被测电阻.

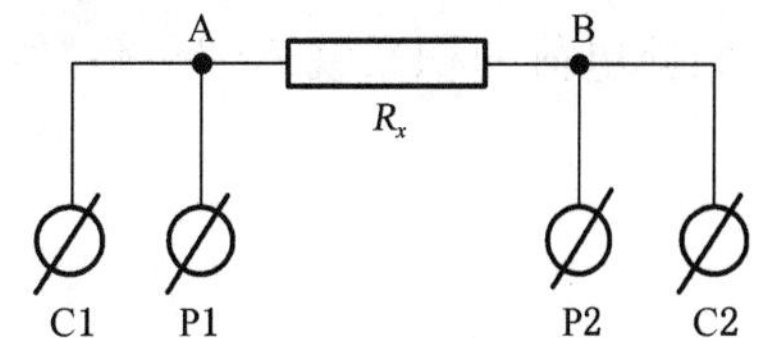

图 4-7-7　被测电阻连接图

(3) 估计被测电阻值大小，选择适当量程位置，先按下“G”按钮，再按下“B”按钮，调节步进盘和划线读数盘，使指零仪指针指在零位上，电桥平衡，被测电阻 R_x 按下式计算：

$$R_x = \text{量程因素读数} \times (\text{步进盘读数} + \text{滑线盘读数}).$$

(4) 在测量未知电阻时，为保护指零仪指针不被打坏. 指零仪的灵敏度调节旋钮应放在最底位置，使电桥初步平衡后再增加指零仪灵敏度. 在改变指零仪灵敏度或环境等因素时，有时会引起指零仪指针偏离零位，在测量之前，随时都应调节指零仪指零.

5. 注意事项和维修保养

(1) 在测量电感电路的直流电阻时，应先按下“B”按钮，再按下“G”按钮，断开时，应先端开“G”按钮，后断开“B”按钮，以免反冲电势损坏指零电路.

(2) 测量 0.1 Ω 以下阻值时,"B"按钮应间歇使用.

(3) 在测量 0.1 Ω 以下阻值时,C1,P1,C2,P2 接线柱到被测量电阻之间的联接导线电阻为 0.005～0.01 Ω,测量其他阻值时,联接导线电阻应小于 0.05 Ω.

(4) 电桥使用完毕后,"B"按钮与"G"按钮应松开.关断后板上交流电开关.如电桥长期不用,应拔出电源线确保用电安全.

(5) 仪器长期搁置不用,在接触处可能产生氧化,造成接触不良,最好涂上一薄层无酸性凡士林,予以保护.

(6) 电桥应贮放在环境温度 5℃～35℃.相对湿度 20%～90%的环境内,室内空气中不应含有能腐蚀仪器的气体和有害物质.

(7) 仪器应保持清洁,并避免直接阳光暴晒和剧烈震动.

4.8 霍尔效应与螺线管轴向磁感应强度测量

【实验目的】

(1) 掌握测试霍尔器件的工作特性.

(2) 学习用霍尔效应测量磁场的原理和方法.

(3) 学习用霍尔器件测绘长直螺线管的轴向磁场分布.

【实验仪器】

TH-S 螺线管磁场测试仪、TH-S 螺线管磁场实验仪.

【实验原理】

1. 霍尔效应法测量磁场原理

霍尔效应从本质上讲是运动的带电粒子在磁场中受洛仑兹力作用而引起偏转.当带电粒子(电子或空穴)被约束在固体材料中,这种偏转就导致在垂直电流和磁场的方向上产生正负电荷的聚积,从而形成附加的横向电场.对于图 4-8-1 所示的半导体试样,若在 X 方向通以电流 I_s,在 Z 方向加磁场 B,则在 Y 方向即试样 A、A′电极两侧就开始聚积异号电荷而产生电场——霍尔电场.电场的指向取决于试样的导电类型.显然,该电场是阻止载流子继续向侧面偏移,当载流子所受的横向电场力 eE_H 与洛仑兹力 evB 相等时,样品两侧电荷的积累就达到平衡,故有

$$eE_H = evB. \tag{4-8-1}$$

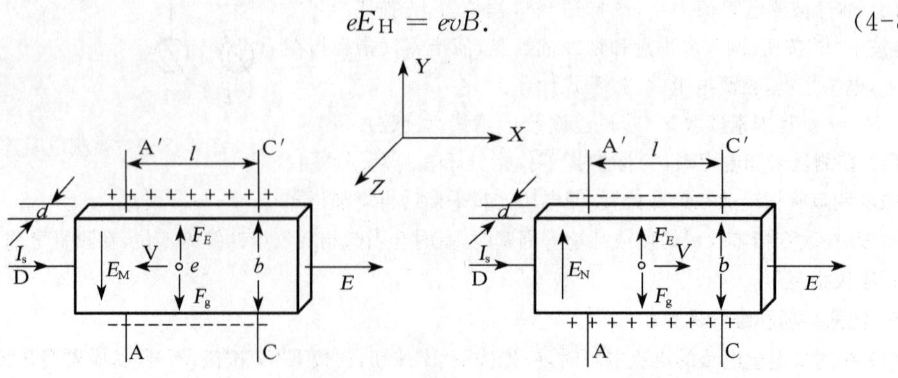

图 4-8-1　霍尔效应原理

其中，E_H 为霍尔电场；v 是载流子在电流方向上的平均漂移速度.

设试样的宽为 b，厚度为 d，载流子浓度为 n，则

$$I_s = nevbd. \tag{4-8-2}$$

由式(4-8-1)、式(4-8-2)可得霍尔输出电压为

$$V_H = E_H b = vB\frac{I_s}{nevd} = \left(\frac{1}{ned}\right)I_s B = K_H I_s B. \tag{4-8-3}$$

其中，$K_H = \frac{1}{ned}$ 称为霍尔器件的灵敏度(其值由制造厂家给出)，它表示该器件在单位工作电流和单位磁感应强度下输出的霍尔电压. 若 I_s 单位为 mA、B 单位为 KGs、V_H 单位为 mV，则 K_H 的单位为 $\frac{\text{mV}}{\text{mA} \cdot \text{KGs}}$.

即霍尔电压 V_H (A、A′电极之间的电压)与 I_sB 乘积成正比，比例系数 $K_H = \frac{1}{ned}$ 称为霍尔系数，它是反映材料的霍尔效应强弱的重要参数.

根据式(4-8-3)，因 K_H 已知，而 I_s 由实验给出，所以只要测出 V_H 就可以求得未知磁感应强度 B：

$$B = \frac{V_H}{K_H I_s}. \tag{4-8-4}$$

2. 霍尔电压 V_H 的测量方法

应该说明，在产生霍尔效应的同时，因伴随着多种副效应，以致实验测得的 A、A′两电极之间的电压并不等于真实的 V_H 值，而是包含着各种副效应引起的附加电压，因此必须设法消除. 根据副效应产生的机理(参阅本节附录)可知，采用电流和磁场换向的对称测量法，基本上能够把副效应的影响从测量的结果中消除，具体的做法是保持 I_s 和 B(即 I_s 的大小不变)，并在设定电流和磁场的正、反方向后，依次测量四组不同方向的 I_s 和 B 组合的 A、A′两点之间的电压 V_1、V_2、V_3 和 V_4，而后求代数和的平均值. 参照表 4-8-1.

表 4-8-1　　对称测量法

$+I_s$	$+B$	V_1	$-I_s$	$-B$	V_3
$+I_s$	$-B$	V_2	$-I_s$	$+B$	V_4

$$V_H = \frac{|V_1 - V_2 + V_3 - V_4|}{4}. \tag{4-8-5}$$

通过对称测量法求得的 V_H，虽然还存在个别无法消除的副效应，但其引入的误差甚小，可以略而不计.

式(4-8-4)、式(4-8-5)就是本实验用来测量磁感应强度的依据.

3. 载流长直螺线管内的磁感应强度

螺线管是由绕在圆柱面上的导线构成的，对于密绕的螺线管，可以看成是一列有共同轴线的圆形线圈的并排组合，因此一个载流长直螺线管轴线上某点的磁感应强度，可以从

对各圆形电流在轴线上该点所产生的磁感应强度进行积分求和得到，对于一个有限长的螺线管，在距离两端口等远的中心点，磁感应强度为最大，且等于：

$$B_0 = \mu_0 N I_M. \tag{4-8-6}$$

其中，μ_0 为真空磁导率；N 为螺线管单位长度的线圈匝数；I_M 为线圈的励磁电流.

由图 4-8-2 所示的长直螺线管的磁力线分布可知，其内腔中部磁力线是平行于轴线的直线系，渐近两端口时，这些直线变为从两端口离散的曲线，说明其内部的磁场是均匀的，仅在靠近两端口处，才呈现明显的不均匀性，根据理论计算，长直螺线管一端的磁感应强度为内腔中部磁感应强度的 $\frac{1}{2}$.

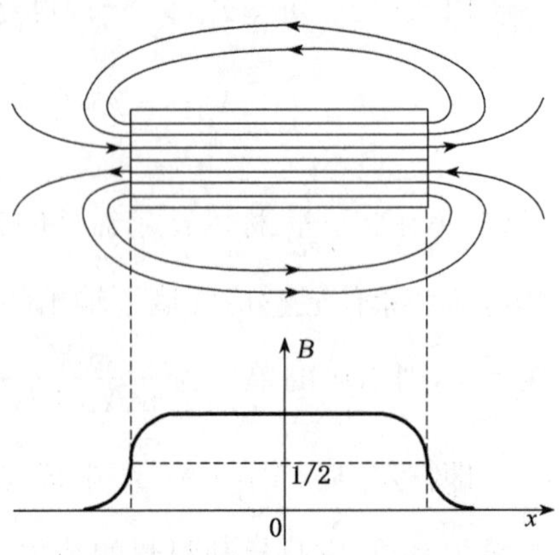

图 4-8-2　长直螺线管的磁力线分布

【实验内容】

1. 霍尔器件输出特性测量

(1) 按图 4-8-3 连接测试仪和实验仪之间相对应的 I_s 、V_H 和 I_M 各组连线，并经教师检查后方可开启测试仪的电源，必须强调指出：决不允许将测试仪的励磁电源" I_M 输出"误接到实验仪的" I_s 输入"或" V_H 输出"处，否则一旦通电，霍尔器件即遭损坏！

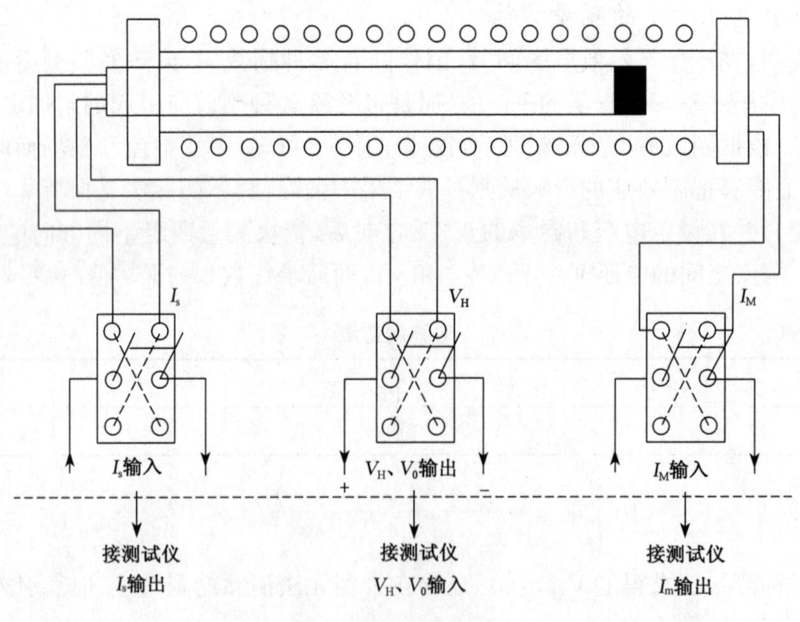

图 4-8-3　接线图

* 注意：图 4-8-3 中虚线所示的部分线路已由厂家连接好.

(2) 转动霍尔器件探杆支架的旋钮 X_1、X_2，慢慢将霍尔器件移到螺线管的中心位置(X_1=14，X_2=0).

(3) 测绘 V_H-I_s 曲线. 取 I_M =0.800 A,并在测试过程中保持不变. 依次按表 4-8-2 所列数据调节 I_s,用对称测量法(详见附录)测出相应的 V_1、V_2、V_3 和 V_4 值,记入表 4-8-2,绘制 V_H-I_s 曲线.

表 4-8-2　　对称法则绘 V_H-I_s 曲线(I_M =0.800 A)

I_s /mA	V_1/mV	V_2/mV	V_3/mV	V_4/mV	$V_H=\frac{\lvert V_1-V_2+V_3-V_4\rvert}{4}$ /mV
	$+I_s$, $+B$	$+I_s$, $-B$	$-I_s$, $-B$	$-I_s$, $+B$	
4.00					
5.00					
6.00					
7.00					
8.00					
9.00					
10.00					

(4) 测绘 V_H-I_M 曲线. 取 I_s =8.00 mA,并在测试过程中保持不变. 依次按表 4-8-3 所列数据调节 I_M,用对称测量法绘制 V_H-I_M 曲线,记入表 4-8-3,在改变 I_M 值时,要求快捷,每测好一组数据后,应立即切断 I_M.

表 4-8-3　　对称测量法绘制 V_H-I_M 曲线(I_s =8.00 mA)

I_M /A	V_1/mV	V_2/mV	V_3/mV	V_4/mV	$V_H=\frac{\lvert V_1-V_2+V_3-V_4\rvert}{4}$ /mV
	$+I_S$, $+B$	$+I_S$, $-B$	$-I_S$, $-B$	$-I_S$, $+B$	
0.300					
0.400					
0.500					
0.600					
0.700					
0.800					
0.900					
1.000					

2. 测绘螺线管轴线上磁感应强度的分布

取 I_s = 8.00 mA, I_M = 0.800 A, 并在测试过程中保持不变.

(1) 以相距螺线管两端口等远的中心位置为坐标原点,探头离中心位置 $X=14-X_1-X_2$,调节旋钮 X_1、X_2,使测距尺读数 $X_1=X_2=0.0$ cm.

先调节 X_1 旋钮，保持 X_2 = 0.0 cm，使 X_1 停留在 0.0，0.5，1.0，1.5，2.0，5.0，8.0，11.0，14.0 cm 等读数处，再调节 X_2 旋钮，保持 X_1 = 14.0 cm，使 X_2 停留在 3.0，6.0，9.0，12.0，12.5，13.0，13.5，14.0 cm 等读数处，按对称测量法测出各相应位置的 V_1，V_2，V_3，V_4 值，并计算相对应的 V_H 及 B 值，记入表 4-8-4.

表 4-8-4　绘制 B-X 曲线（I_s = 8.00 mA，I_M = 0.800 A）

X_1/cm	X_2/cm	X/cm	V_1/mV	V_2/mV	V_3/mV	V_4/mV	V_H/mV	B/KGs
			$+I_s$，$+B$	$+I_s$，$-B$	$-I_s$，$-B$	$-I_s$，$+B$		
0.0	0.0							
0.5	0.0							
1.0	0.0							
1.5	0.0							
2.0	0.0							
5.0	0.0							
8.0	0.0							
11.0	0.0							
14.0	0.0							
14.0	3.0							
14.0	6.0							
14.0	9.0							
14.0	12.0							
14.0	12.5							
14.0	13.0							
14.0	13.5							
14.0	14.0							

（2）绘制 B-X 曲线，验证螺线管端口的磁感应强度为中心位置磁强的 $\frac{1}{2}$（可不考虑温度对 V_H 的修正）.

（3）将螺线管中心的磁感应强度实验测量值 B_S 与理论值 B_L 进行比较，求出相对误差（需考虑温度对 V_H 值的影响）. 螺线管中心的磁感应强度理论值为：$B_L = \mu_0 N I_M$.

【注意事项】

（1）I_s 是通入霍尔片的电流，I_M 是螺线管线圈的电流. I_s 和 I_M 连线不能接反，否则会损坏霍尔片.

（2）测绘 B-x 曲线时，螺线管两端口附近磁强变化大，应多测几点.

（3）霍尔灵敏度 K_H 值和螺线管单位长度线圈匝数 N 均标在实验仪上.

【思考题】

1. 霍尔效应法测量螺线管磁感应强度实验中，测量公式为：$V_H = K_H I_s B$. 物理量有 I_s，I_M，V_H 和 K_H.

(1) I_s 表示________，I_M 表示________，V_H 表示________，K_H 表示________.

a. 螺线管线圈的电流；b. 霍尔器件的工作电流；c. 霍尔输出电压；d. 霍尔器件的灵敏度.

(2) V_H 的测量采用"对称法"的目的是________.

a. 消除测试仪精度有限的测量误差；b. 消除霍尔副效应误差；c. 消除其他原因引起的误差.

(3) I_s 和 I_M 连线接反最有可能损坏的器件是________.

a. 螺线管线圈；b. 霍尔器件；c. 测试仪.

2. 霍尔效应特性研究，就是研究物理量 I_s、V_H 和 B 的关系. 三个物理量关系的研究，一般采取控制一个物理量研究另外两个物理量的关系，如：确定 I_s 研究 B 和 V_H 的关系；确定 B 研究 V_H 和 I_s 的关系. 测量"表 4-8-3"和"表 4-8-3"各对应哪种情况？

3. 霍尔效应法测量螺线管中心轴线中点的磁感应强度. 已知霍尔器件的灵敏度为 $2.87\left(\frac{\text{mV}}{\text{mA}\cdot\text{KGs}}\right)$，螺线管单位长度的线圈匝数为 113×10^2 匝/m. 测量得：霍尔器件的工作电流为 8.00 mA，通过螺线管线圈的电流为 0.80 A，霍尔输出电压为 2.66 V. 求：

(1) 螺线管中心轴线中点的磁感应强度实验值.

(2) 螺线管中心轴线中点的磁感应强度理论值.

(3) 相对误差.

(相关公式：$V_H = K_H I_s B$；$B = \mu_0 N I_M$，$\mu_0 = 4\pi\times10^{-7} N/A^2$)

4. 如要应用霍尔器件设计一台磁感应强度 B 的测量仪，要求从以下几个方面说明设计方法步骤：如何研究选用霍尔器件的什么特性，如何利用特性研究结果(如特性图)，磁感应强度测量仪的组成，如何刻度.

注：实验室提供一台电压表(可修改刻度)，一个霍尔器件，一台可调磁感应强度仪，一台标准的磁感应强度测量仪，若干导线.

【附录】

霍尔器件中的副效应及其消除方法

(1) 不等势电压 V_0

如图 4-8-4 所示，这是由于器件的 A、A′两电极的位置不在一个理想的等势位面上，因此，即使不加磁场，只要有电流 I_s 通过，就有电压 $V_0 = I_0 r$ 产生，r 为 A、A′所在的两等势面之间的电阻，结果在测量 V_H 时就叠加了 V_0，使得 V_H 值偏大(当 V_0 与 V_H 同号时)或偏小(当 V_0 与 V_H 异号时)，显然 V_H 的符号取决于 I_s 和 B 两者的方向，而 V_0 只与 I_s 的方向有关，因此可以通过改变 I_s 的方向予以消除.

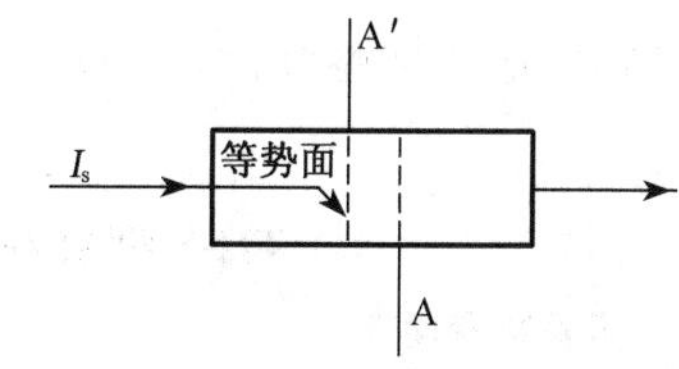

图 4-8-4　不等势电压 V_0 的引入

(2) 温差电效应引起的附加电压 V_E

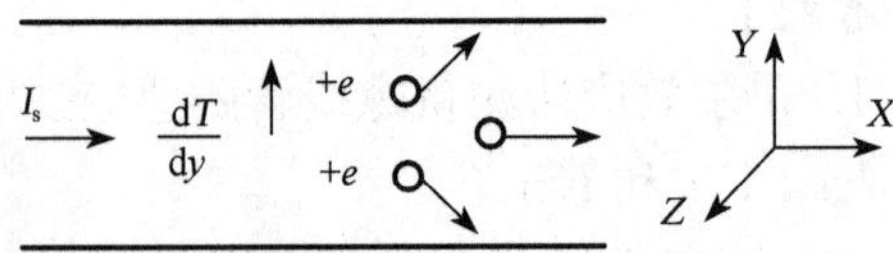

图 4-8-5　温差电效应引起的附加电压 V_E

如图 4-8-5 所示，由于构成电流的载流子速度不同，若速度为 v 的载流子所受的洛仑兹力与霍尔电场的作用力刚好抵消，则速度大于或小于 v 的载流子在电场和磁场作用下，将各自朝对立面偏转，从而在 Y 方向引起温差 $T_A - T'_A$，由此产生的温差电效应，在 A、A′电极上引入附加电压 V_E，且 $V_E \propto I_s B$，其符号与 I_s 和 B 的方向关系跟 V_H 是相同的，因此不能用改变 I_s 和 B 方向的方法予以消除，但其引入的误差很小，可以忽略.

(3) 热磁效应直接引起的附加电压 V_n

如图 4-8-6 所示，因器件两端电流引线的接触电阻不等，通电后在接点两处将产生不同的焦尔热，导致在 X 方向有温度梯度，引起载流子沿梯度方向扩散而产生热扩散电流，热流 Q 在 Z 方向磁场作用下，类似于霍尔效应在 Y 方向产生一附加电场 ε_n，相应的电压 $V_n \propto QB$，而 V_n 的符号只与 B 的方向有关与 I_s 的方向无关，因此可通过改变 B 的方向予以消除.

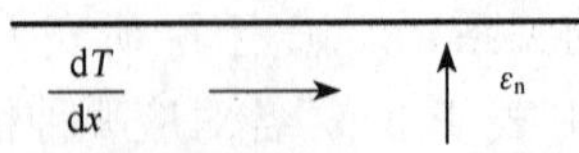

图 4-8-5　热磁效应直接引起的附加电压 V_n

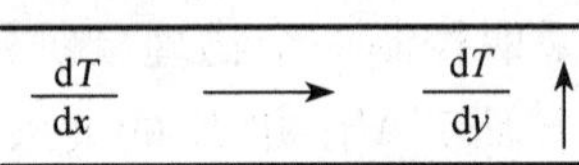

图 4-8-7　温度梯度

(4) 附加电压 V_{RL}

如图 4-8-7 温度梯度 $T_A - T'_A$，由此引入的附加电压 $V_{RL} \propto Q$，V_{RL} 的符号只与 B 的方向有关，亦能消除.

综上所述，实验中测得的 A、A′之间的电压除 V_H 外还包含 V_0、V_n、V_{RL} 和 V_E 各电压的代数和，其中 V_0、V_n、V_{RL} 均可通过 I_s 和 B 换向对称测量法予以消除，参见表 4-8-5.

表 4-8-5　霍尔副效应电压 V_0、V_n、V_{RL} 和 V_E 的消除方法

$+I_s$	$+B$	$V_1 = V_H + V_0 + V_n + V_{RL} + V_E$
$+I_s$	$-B$	$V_2 = -V_H + V_0 - V_n - V_{RL} - V_E$
$-I_s$	$-B$	$V_3 = V_H - V_0 - V_n - V_{RL} + V_E$
$-I_s$	$+B$	$V_4 = -V_H - V_0 + V_n + V_{RL} - V_E$
$V_H = \frac{V_1 - V_2 + V_3 - V_4}{4} = V_H + V_E \approx V_H$		

由于 V_E 符号与 I_s 和 B 两者方向关系和 V_H 是相同的，故无法消除，但在非大电流、非强磁场下，$V_H \gg V_E$，因此 V_E 可略而不计，所以霍尔电压为 $V_H = \frac{V_1 - V_2 + V_3 - V_4}{4}$.

TH-S 型螺线管磁场测定实验组合仪使用说明书

1. 实验装置简介

TH-S 型螺线管磁场测定实验组合仪全套设备由实验仪和测试仪两大部分组成.

(1) 实验仪

① 长直螺线管

长度 L=28 cm，单位长度的线圈匝数 N(匝/m)标注在实验仪上.

② 霍尔器件和调节机构

霍尔器件如图 4-8-8 所示，它有两对电极：A、A'电极用来测量霍尔电压 V_H，D、D'电极为工作电流电极，两对电极用四线扁平线经探杆引出，分别接到实验仪的 I_S 换向开关和 V_H 输出开关处.

霍尔器件的灵敏度 K_H 与载流子浓度成反比，因半导体材料的载流子浓度随温度变化而变化，故 K_H 与温度有关. 实验仪上给出了该霍尔器件在 15℃时的 K_H 值.

实验仪如图 4-8-9 所示，探杆固定在二维（X、Y 方向）调节支架上. 其中 Y 方向调节支架通过旋钮 Y 调节探杆中心轴线与螺线管内孔轴线位置，应使之重合. X 方向调节支架通过旋钮 X_1、X_2 调节探杆的轴向位置. 二维支架上设有 X_1、X_2 及 Y 测距尺，用来指示探杆的轴向及纵向位置.

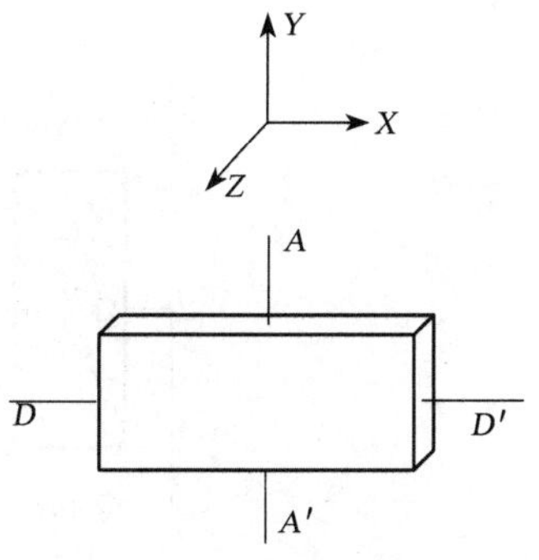

图 4-8-8　霍尔器件

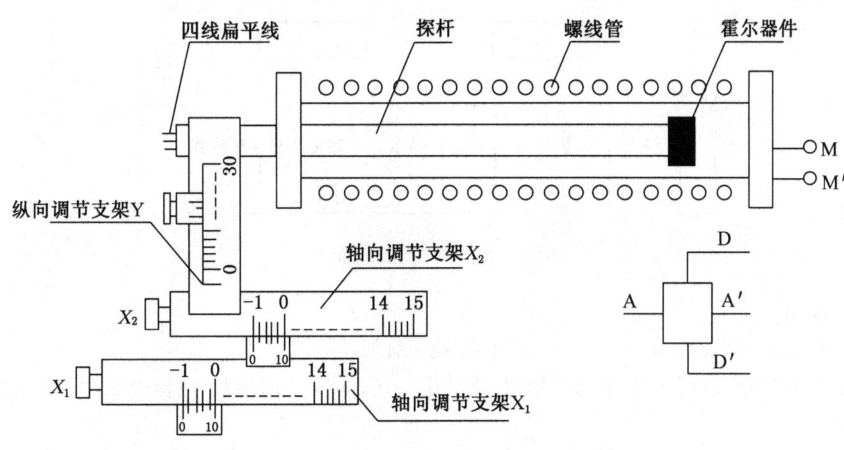

图 4-8-9　实验仪器图

如操作者想使霍尔探头从螺线管的右端移至左端，为调节顺手，应先调节 X_1 旋钮，使调节支架 X_1 的测距尺读数 X_1 从 0.0→14.0 cm，再调节 X_2 旋钮，使调节支架 X_2 测距尺读数 X_2 从 0.0→14.0 cm，反之，要使探头从螺线管左端移至右端，应先调节 X_2，读数从 14.0 cm→0.0，再调节 X_1，读数从 14.0 cm→0.0.

霍尔探头位于螺线管的右端、中心及左端，测距尺指示如表 4-8-6 所示.

表 4-8-6　　**测距尺读数**

$V_H=(V_1-V_2+V_3-V_4)/4$		右 端	中 心	左 端
测距尺读数/cm	X_1	0	14	14
	X_2	0	0	14

③ 连线

工作电流 I_s 换向开关、励磁电流 I_M 换向开关、霍尔电压 V_H 输出开关与对应的连线如图 4-8-10 所示. “D-D'”与“A-A'”接图 4-8-9 霍尔器件对应端；“M-M'”与螺线管线包相连（已接好）. “I_s 输入”接测试仪“I_s 输出”，“I_M 输入”接测试仪“I_M 输出”，“V_H 输出”接测试仪“V_H 输入”. 测试仪面板见图 4-8-11.

（2）测试仪

① “I_s 输出”

霍尔器件工作电流源，输出电流 0～10 mA，通过 I_s 调节旋钮连续调节.

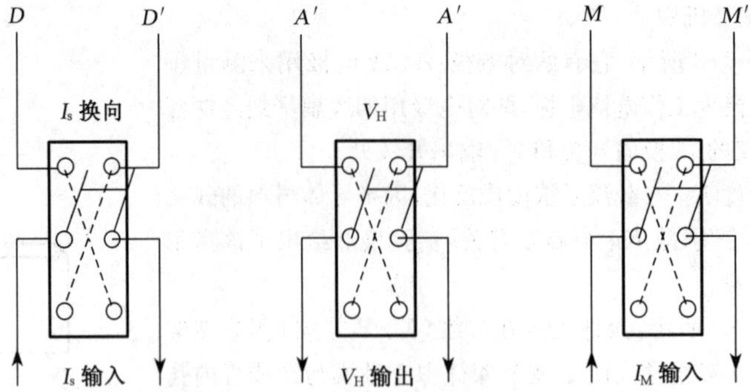

D　D′　A′　A′　M　M′

I_s 换向　V_H

I_s 输入　V_H 输出　I_M 输入

图 4-8-10　三组开关与对应连线

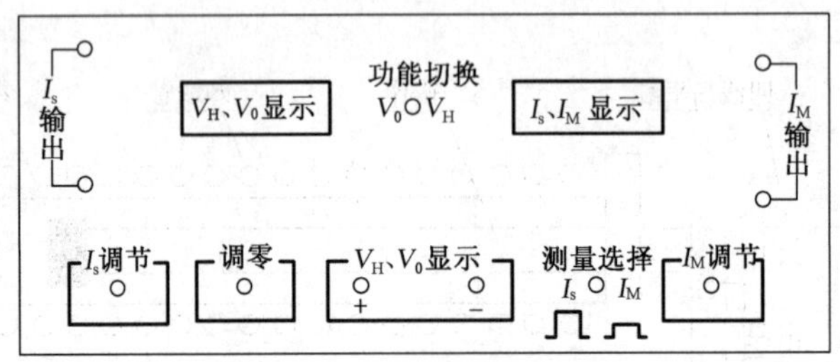

图 4-8-11　测试仪面板

② “I_M 输出”

螺线管励磁电流源，输出电流 0～1A. 通过 I_M 调节旋钮连续调节.

上述两组恒流源读数可通过“测量选择”按键共用一只 3 位半 LED 数字电流表显示. 按键测 I_M，放键测 I_s.

(3) 直流数字电压表

3 位半数字直流毫伏表，供测量霍尔电压用. 电压表零位可通过面板左下方调零电位器旋钮进行校正.

2. 技术指标

(1) 励磁恒流源 I_M

输出电流 0～1 A，连续可调，调节精度可达 1 mA.

最大输出负载电压 12 V.

电流稳定度优于 10^{-3}(交流输入电压变化±10%).

电流温度系数<10^{-3}℃.

负载稳定度优于 10^{-3}(负载由额定值变为零).

电流指示 3 位半发光管数字显示，精度不低于 0.5%.

(2) 样品工作恒流源 I_s

输出电流 0～10 mA，连续可调，调节精度可达 10 μA.

最大输出负载电压 12 V.

电流稳定度优于 10^{-3}(交流输入电压变化±10%).

电流温度系数<10^{-3}℃.

负载稳定度优于 10^{-3}(负载由额定值变为零).

电流指示 3 位半发光管数字显示，精度不低于 0.5%.

(3) 直流数字毫伏表

测量范围±20 mV.

3位半发光管数字显示，精度不低于0.5%.

注：I_s和I_M两组恒流源也可用于需要直流恒流供电的其他场合，用户只要将“V_H”短接，可按需要选取一组或两组恒流源使用均可.

3. 使用说明

(1) 测试仪的供电电源为220 V，50 Hz. 电流进线为单相三线.

(2) 电源插座和电源开关均安装在机箱背面，保险丝为0.5 A，置于电源插座内.

(3) 霍尔器件各电极及线包引线与对应的双刀开关之间连线出厂前均已接好.

(4) 测试仪面板上的“I_s输出”、“I_M输出”和“V_H输入”三对接线柱应分别与实验仪上的三对相应的接线柱正确连接.

(5) 仪器开机前应将I_s、I_M调节旋钮按逆时针方向旋到底，使其输出电流趋于最小状态，然后再开机.

(6) 调节实验仪上X_1及X_2旋钮，使测距尺X_1及X_2读数均为零，此时霍尔探头位于螺线管右端. 实验时，如要使探头移至左端应先调节X_1旋钮，使X_1由0→14 cm，再调节X_2旋钮，使X_2由0→14 cm，如要使探头右移，应先调节X_2，再调节X_1.

注意：严禁鲁莽操作，以免损坏设备.

(7) 仪器接通电源后，预热数分钟即可进行实验.

(8) “I_s调节”和“I_M调节”分别用来控制样品工作电流I_s和励磁电流I_M的大小. 其电流随旋钮顺时针方向转动而增加，细心操作，调节的精度分别可达10 μA和1 mA. I_s和I_M读数可通过“测量选择”按键来实现. 按键测I_M，放键测I_s.

(9) 关机前，应将“I_s调节”旋钮和“I_M调节”旋钮按逆时针方向旋到底，使其输出电流趋于最小状态，然后切断电源.

4. 仪器检验步骤

(1) 霍尔片性脆易碎，电极甚细易断，实验中调节探头轴向位置时，要缓慢、细心转动有关旋钮，探头不得调出螺线管外面，严禁用手或其他物件去触摸探头，以防损坏霍尔器件.

(2) 测试仪的“I_s调节”旋钮和“I_M调节”旋钮均置零位(即逆时针旋到底).

(3) 测试仪的“I_s输出”接实验仪的“I_s输入”，“I_M输出”接“I_M输入”，并将I_s及I_M换向开关掷向任一侧.

* 注意：决不允许将“I_M输出”接到“I_s输入”或“V_H输出”处，否则，一旦通电，霍尔样品即遭损坏.

(4) 实验仪的“V_H输出”接测试仪的“V_H输入”，“V_H输出”开关应始终保持闭合状态.

(5) 调节X_1及X_2旋钮，使霍尔器件离螺线管端口约10 cm位置处.

(6) 接通电源，预热数分钟后，电流表显示“.000”(当按下“测量选择”键时)或“0.00”(放开“测量选择”键时)，电压表显示为“0.00”(若不为零，可通过面板左下方小孔内的电位器来调整).

(7) 置“测量选择”于“I_s”档(放键)，电流表所示的I_s值即随“I_s调节”旋钮顺时针转动而增大，其变化范围为0～10 mA，此时电压表所示V_H读数为“不等势”电压值，它随I_s增大而增大，I_s换向，V_H极性改号(此乃副效应所致，可通过“对称测量法”予以消除)，说明“I_s输出”和“I_s输入”正常.

(8) 取$I_s=2$ mA. 置“测量选择”于I_M档(按键)，顺时针转动“I_M调节”旋钮，查看I_M变化范围应为0～1 A. 此时V_H值亦随I_M增大而增大，当I_M换向时，V_H亦改号(其绝对值随I_M流向不同而异，此乃副效应所致，可通过“对称测量法”予以消除)，说明“I_M输出”和“I_M输入”正常.

(9)调节X_1及X_2旋钮，使霍尔探头从螺线管一端移至另一端，观察电压表所示V_H值应随探杆的轴向移动而有所变化，且接近螺线管端口处V_H值将急剧下降. 至此，说明仪器全部正常.

(10) 本仪器数码显示稳定可靠，但若电源线不接地则可能出现数字跳动现象.

4.9 铁磁材料的磁化曲线和磁滞回线的观测

【实验目的】

(1) 掌握磁滞、磁滞回线和磁化曲线的概念,加深对铁磁材料的主要物理量矫顽磁力、剩磁和磁导率的理解.

(2) 学会用示波法测绘基本磁化曲线和磁滞回线.

(3) 根据磁滞回线确定磁性材料的饱和磁感应强度 B_s、剩磁 B_r 和矫顽磁力 H_c 的数值.

(4) 研究不同频率下动态磁滞回线的区别,并确定某一频率下的磁感应强度 B_s、剩磁 B_r 和矫顽磁力 H_c 数值.

(5) 改变不同的磁性材料,比较磁滞回线形状的变化.

【实验仪器】

TH-MHC 型智能磁滞回线测试仪、示波器.

【实验原理】

磁性材料应用广泛,从常用的永久磁铁、变压器铁芯到录音、录像、计算机存储用的磁带、磁盘等都采用磁性材料.磁滞回线和基本磁化曲线反映了磁性材料的主要特征.通过实验研究这些性质不仅能掌握用示波器观察磁滞回线以及基本磁化曲线的基本测绘方法,而且能从理论和实际应用上加深对材料磁特性的认识.

铁磁材料分为硬磁和软磁两大类,其根本区别在于矫顽磁力 H_c 的大小不同.硬磁材料的磁滞回线宽,剩磁和矫顽磁力大(达 120～20 000 A/m 以上),因而磁化后,其磁感应强度可长久保持,适宜做永久磁铁.软磁材料的磁滞回线窄,矫顽磁力 H_c 一般小于 120 A/m,但其磁导率和饱和磁感应强度大,容易磁化和去磁,故广泛用于电机、电器和仪表制造等工业部门.磁化曲线和磁带回线是铁磁材料的重要特性,也是设计电磁机构作仪表的重要依据之一.

本实验采用动态法测量磁滞回线.需要说明的是用动态法测量的磁滞回线与静态磁滞回线是不同的,动态测量时除了磁滞损耗还有涡流损耗,因此动态磁滞回线的面积要比静态磁滞回线的面积大一些.另外涡流损耗还与交变磁场的频率有关,所以测量的电源频率不同,得到的 B-H 曲线是不同的,这可以在实验中清楚地从示波器上观察到.

1. 磁化曲线

如果在由电流产生的磁场中放入铁磁物质,则磁场将明显增强,此时铁磁物质中的磁感应强度比单纯由电流产生的磁感应强度增大百倍,甚至在千倍以上.铁磁物质内部的磁场强度 H 与磁感应强度 B 有如下的关系:

$$B = \mu H.$$

对于铁磁物质而言,磁导率 μ 并非常数,而是随 H 的变化而改变的物理量,即 $\mu = f(H)$,为非线性函数.所以如图 4-9-1 所示,B 与 H 也是非线性关系.

铁磁材料的磁化过程为：其未被磁化时的状态称为去磁状态，这时若在铁磁材料上加一个由小到大的磁化场，则铁磁材料内部的磁场强度 H 与磁感应强度 B 也随之变大，其 B-H 变化曲线如图 4-9-1 所示. 但当 H 增加到一定值(H_s)后，B 几乎不再随 H 的增加而增加，说明磁化已达饱和，从未磁化到饱和磁化的这段磁化曲线称为材料的起始磁化曲线. 如图 4-9-1 中的 OS 端曲线所示.

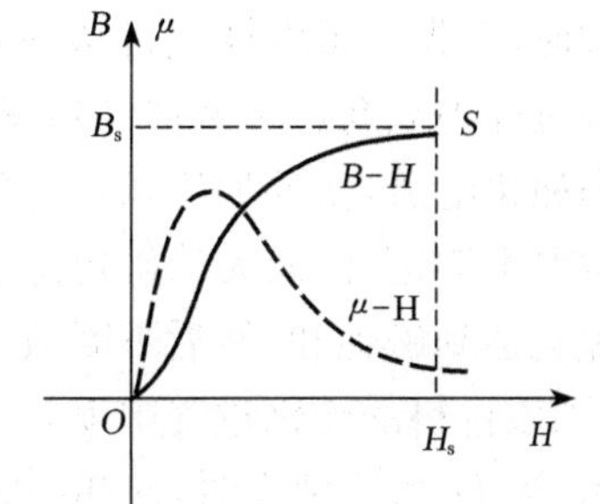

图 4-9-1　磁化曲线和 μ-H 曲线

2. *磁滞回线*

当铁磁材料的磁化达到饱和之后，如果将磁化场减少，则铁磁材料内部的 B 和 H 也随之减少，但其减少的过程并不沿着磁化时的 OS 段退回. 从图 4-9-2 可知当磁化场撤消，$H=0$ 时，磁感应强度仍然保持一定数值($B=B_r$)，称为剩磁(剩余磁感应强度).

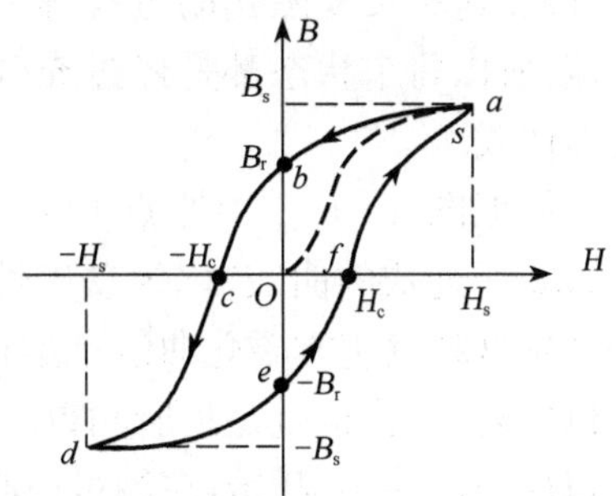

图 4-9-2　起始磁化曲线与磁滞回线

若要使被磁化的铁磁材料的磁感应强度 B 减少到零，必须加上一个反向磁场并逐步增大. 当铁磁材料内部反向磁场强度增加到 $H=H_c$ 时(图 4-9-2上的 c 点)，磁感应强度 B 才是零，达到退磁. 图 4-9-2 中的的 bc 段曲线为退磁曲线，H_c 为矫顽磁力. 如图 4-9-2 所示，当 H 按 $O \to H_s \to O \to H_c \to H_s \to O \to H_c \to H_s$ 的顺序变化时，B 相应沿 $O \to B_s \to B_r \to O \to B_s \to B_r \to O \to B_s$ 顺序变化. 图中的 Oa 段曲线称起始磁化曲线，所形成的封闭曲线 $abcdefa$ 称为磁滞回线. bc 曲线段称为退磁曲线. 由图 4-9-2 可知：

(1) 当 $H=0$ 时，$B \neq 0$，这说明铁磁材料还残留一定值的磁感应强度 B_r，通常称 B_r 为铁磁物质的剩余感应强度(剩磁).

(2) 若要使铁磁物质完全退磁，即 $B=0$，必须加一个反方向磁场 H_c. 这个反向磁场强度 H_c，称为该铁磁材料的矫顽磁力.

(3) B 的变化始终落后于 H 的变化，这种现象称为磁滞现象.

(4) H 上升与下降到同一数值时，铁磁材料内的 B 值并不相同，退磁化过程与铁磁材料过去的磁化经历有关.

(5) 当从初始状态 $H=0$，$B=0$ 开始周期性地改变磁场强度的幅值时，在磁场由弱到强地单调增加过程中，可以得到面积由大到小的一簇磁滞回线，如图 4-9-3所示. 其中最大面积的磁滞回线称为极限磁滞回线.

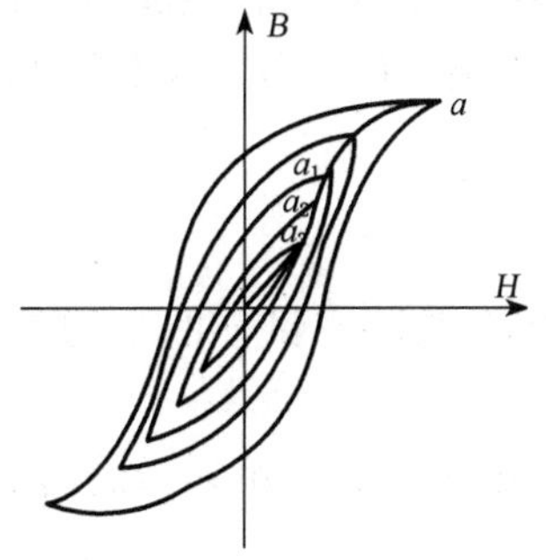

图 4-9-3　磁滞回线

(6) 由于铁磁材料磁化过程的不可逆性及具有剩磁的特点，在测定磁化曲线和磁滞回线时，首先必须将铁磁材料预先退磁，以保证外加磁场 $H=0$, $B=0$；其次，磁化电流在实验过程中只允许单调增加或减少，不能时增时减. 在理论上，要消除剩磁 B_r，只需通一反向磁化电流，使外加磁场正好等于铁磁材料的矫顽磁力即可. 实际上，矫顽磁力的大小通常并不知道，因而无法确定退磁电流的大小. 我们从磁滞回线得到启示，如果使铁磁材料磁化达到磁饱和，然后不断改变磁化电流的方向，与此同时逐渐减少磁化电流，直到为零. 则该材料的磁化过程中就是一连串逐渐缩小而最终趋于原点的环状曲线，如图 4-9-4 所示. 当 H 减小到零时，B 亦同时降为零，达到完全退磁.

实验表明，经过多次反复磁化后，B-H 的量值关系形成一个稳定的闭合的“磁滞回线”. 通常以这条曲线来表示该材料的磁化性质. 这种反复磁化的过程称为“磁锻炼”. 本实验使用交变电流，所以每个状态都是经过充分的“磁锻炼”，随时可以获得磁滞回线.

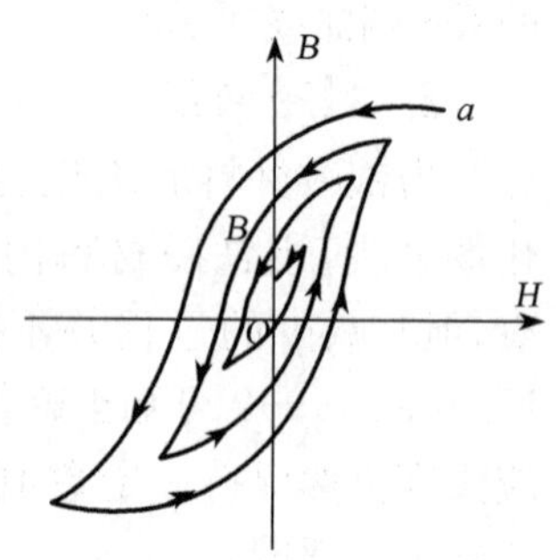

图 4-9-4　环状曲线

我们把图 4-9-3 中原点 O 和各个磁滞回线的顶点 a_1, a_2, …, a 所连成的曲线，称为铁磁性材料的基本磁化曲线. 不同的铁磁材料其基本磁化曲线是不相同的. 为了使样品的磁特性可以重复出现，也就是指所测得的基本磁化曲线都是由原始状态($H=0$, $B=0$)开始，在测量前必须进行退磁，以消除样品中的剩余磁性.

在测量基本磁化曲线时，每个磁化状态都要经过充分的“磁锻炼”. 否则，得到的 B-H 曲线即为开始介绍的起始磁化曲线，两者不可混淆.

3. 示波器显示 B-H 曲线的原理线路

示波器测量 B-H 曲线的实验线路如图 4-9-5所示.

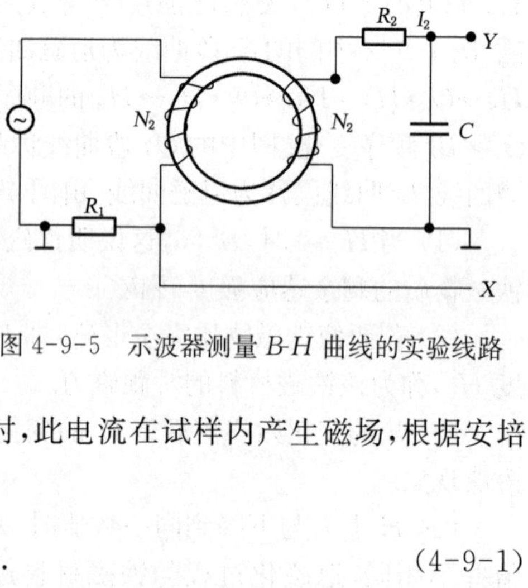

图 4-9-5　示波器测量 B-H 曲线的实验线路

本实验研究的铁磁物质是一个环状试样(图 4-9-6). 在试样上绕有励磁线圈 N_1 匝和测量线圈 N_2 匝. 若在线圈 N_1 中通过磁化电流 I_1 时，此电流在试样内产生磁场，根据安培环路定律 $HL=N_1I_1$，磁场强度 H 的大小为

$$H = N_1 \frac{I_1}{L}. \tag{4-9-1}$$

其中，L 为环状试样的平均磁路长度(在图 4-9-6 中用虚线表示).

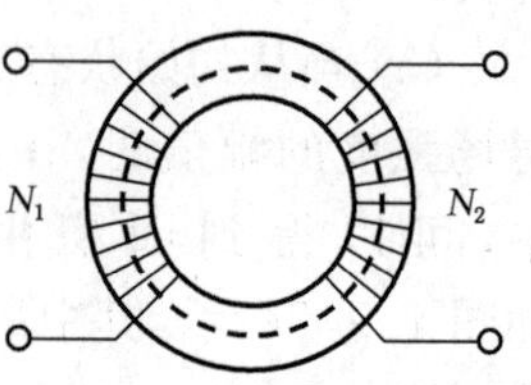

图 4-9-6　环状铁磁物质

由图 4-9-5 可知示波器 X 轴偏转板输入电压为

$$U_x = I_1R_1. \tag{4-9-2}$$

由式(4-9-1)和式(4-9-2)得：

$$U_x = \left(\frac{LR_1}{N_1}\right)H. \tag{4-9-3}$$

式(4-9-3)表明在交变磁场下,任一时刻电子束在 X 轴的偏转正比于磁场强度 H.

为了测量磁感应强度 B,在次级线圈 N_2 上串联一个电阻 R_2 与电容 C 构成一个回路,同时 R_2 与 C 又构成一个积分电路. 取电容 C 两端电压 U_c 至示波器 Y 轴输入,若适当选择 R_2 和 C,使 $R_2 \gg \frac{1}{\omega C}$,则:$I_2 = \frac{E_2}{\sqrt{R_2^2 + (1/\omega C)^2}} \approx \frac{E_2}{R_2}$. 式中,$\omega$ 为电源的角频率,E_2 为次级线圈的感应电动势. 因交变的磁场 H 的样品中产生交变的磁感应强度 B,则:$E_2 = N_2 \frac{\mathrm{d}Q}{\mathrm{d}t} = N_2 S \frac{\mathrm{d}B}{\mathrm{d}t}$. 式中,$S$ 为环状试样的截面积. 设磁环厚度为 h,则:

$$U_y = U_c = \frac{Q}{C} = \frac{1}{C}\int I_2\,\mathrm{d}t = \frac{1}{CR_2}\int E_2\,\mathrm{d}t = \frac{N_2 S}{CR_2}\int B\mathrm{d}t = \left(\frac{N_2 S}{CR_2}\right)B. \tag{4-9-4}$$

式(4-9-4)表明接在示波器 Y 轴输入的 U_y 正比于 B.

R_2C 构成的电路在电子技术中称为积分电路,表示输出的电压 U_c 是感应电动势 E_2 对时间的积分. 为了如实地绘出磁滞回线,要求:① $R_2 \gg \frac{1}{2\pi fC}$;②在满足上述条件下,$U_c$ 振幅很小,不能直接绘出大小适合需要的磁滞回线. 为此,需将 U_c 经过示波器 Y 轴放大器增幅后输至 Y 轴偏转板上. 这就要求在实验磁场的频率范围内,放大器的放大系数必须稳定,不会带来较大的相位畸变. 事实上示波器难以完全达到这个要求,因此在实验时经常会出现如图 4-9-7 所示的畸变. 观测时将 X 轴输入选择"AC"档,Y 轴输入选择"DC"档,并选择合适的 R_1 和 R_2 的阻值,可避免这种畸变,得到最佳磁滞回线图形.

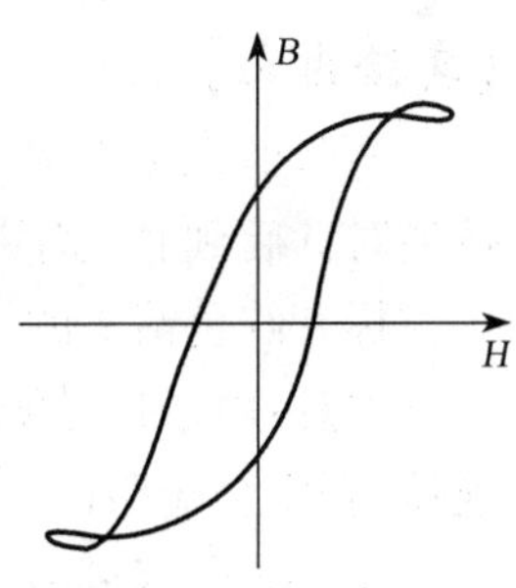

图 4-9-7　畸变

这样,在磁化电流变化的一个周期内,电子束的径迹描出一条完整的磁滞回线. 适当调节示波器 X 和 Y 轴增益,再由小到大调节信号发生器的输出电压,即能在屏上观察到由小到大扩展的磁滞回线图形. 逐次记录其正顶点的坐标,并在坐标纸上把它联成光滑的曲线,就得到样品的基本磁化曲线.

4. 示波器的定标

从前面说明中可知从示波器上可以显示出待测材料的动态磁滞回线,但为了定量研究磁化曲线磁滞回线,必须对示波器进行定标. 即还须确定示波器的 X 轴的每格代表多少 H 值(A/m),Y 轴每格实际代表多少 B 值(T).

由式(4-9-3)、式(4-9-4)可以得知,在 U_x、U_y 可以准确测得且 R_1、R_2 和 C 都为已知的标准元件的情况下,就可以省去繁琐的定标工作. 下面就如何在这种情况下测量进行分析.

一般示波器都有已知的 X 轴和 Y 轴的灵敏度,设 X 轴灵敏度为 S_x(V/格),Y 轴的灵敏度为 S_y(V/格). 将 X 轴、Y 轴的灵敏度微调旋钮顺时针旋到底并锁定,则上述 S_x 和 S_y 均可从示波器的面板直接读出:$U_x = S_x X$, $U_y = S_y Y$.

式中 X，Y 分别为测量时记录的坐标值(单位：格. 注意，指一大格，示波器一般有 8～10 大格)，可见通过示波器就可测得 U_x、U_y 值.

由于本实验使用的 R_1、R_2 和 C 都是阻抗值已知的标准元件，误差很小，其中 R_1、R_2 为无感交流电阻，C 的介质损非常小. 这样就可结合示波器测量出 H 和 B 值的大小.

综合上述分析，本实验定量计算公式为

$$H=\frac{N_1 S_x}{LR_1}X, \tag{4-9-5}$$

$$B=\frac{R_2 C S_y}{N_2 S}Y. \tag{4-9-6}$$

式中，铁芯实验样品平均磁路长度 $L=0.130$ m，截面积 $S=1.24\times10^{-4}$ m^2；磁化线圈匝数 $N_1=100$ T，副线圈匝数 $N_2=100$ T；R_1、R_2 值根据仪器面板上的选择值计算，单位为 Ω；$C=1.0\times10^{-6}$ F；S_x 为示波器 X 轴灵敏度，单位"V/格"，S_y 为示波器 Y 轴灵敏度，单位"V/格"；X，Y 为格(分正负向读数)；H 的单位为 A/m；B 的单位为 T.

【实验内容】

实验前先熟悉实验的原理和仪器的构成. 使用仪器前先将信号源输出幅度调节旋钮按逆时针旋到底(多圈电位器)，使输出信号为最小.

标有红色箭头的线表示接线的方向，样品的更换是通过换接接线来完成的.

注意：由于信号源、电阻 R_1 和电容 C 的一端已经与地相连，所以不能与其他接线端相连接. 否则会短路信号源、U_R 或 U_C，从而无法正确做出实验.

1. 观察磁滞回线

显示和观察 2 种样品在 25 Hz，50 Hz，100 Hz，150 Hz 交流信号下的磁滞回线图形.

(1) 按图 4-9-5 所示的原理线路接线.

① 逆时针调节幅度调节旋钮到底，使信号输出最小.

② 调示波器显示工作方式为 X-Y 方式，即图示方式.

③ 示波器 X 输入为 AC 方式，测量采样电阻 R_1 的电压.

④ 示波器 Y 输入为 DC 方式，测量积分电容的电压.

⑤ 选择样品 1 先进行实验.

⑥ 接通示波器和 DH4516C 型动态磁滞回线实验仪电源，适当调节示波器辉度，以免荧光屏中心受损.

(2) 示波器光点调至显示屏中心，调节实验仪频率调节旋钮，频率显示窗显示 50.00 Hz.

(3) 单调增加磁化电流，即缓慢顺时针调节幅度调节旋钮，使示波器显示的磁滞回线上 B 值增加缓慢，达到饱和. 改变示波器上 X、Y 输入增益段开关并锁定增益电位器(一般为顺时针到底)，调节 R_1、R_2 的大小，使示波器显示出典型美观的磁滞回线图形.

(4) 单调减小磁化电流，即缓慢逆时针调节幅度调节旋钮，直到示波器最后显示为一点，位于显示屏的中心，即 X 和 Y 轴线的交点，如不在中间，可调节示波器的 X 和 Y 位移旋钮.

(5) 单调增加磁化电流,即缓慢顺时针调节幅度调节旋钮,使示波器显示的磁滞回线上 B 值增加缓慢,达到饱和,改变示波器上 X、Y 输入增益波段开关和 R_1、R_2 的值,示波器显示典型美观的磁滞回线图形. 磁化电流在水平方向上的读数为(－5.00,＋5.00)格.

(6) 逆时针调节(幅度调节旋钮到底),使信号输出最小. 调节实验仪频率调节旋钮,频率依次取 25.00 Hz, 100 Hz, 150 Hz,重复上述(3)－(5)的操作,比较磁滞回线形状的变化(表 4-9-1). 表明磁滞回线形状与信号频率有关,频率越高磁滞回线包围面积越大,用于信号传输时磁滞损耗也大.

表 4-9-1　　样品 1 不同信号频率下的磁滞回线

f/Hz	25.00	50.00	100.00	150.00
磁滞回线				

要求:说明样品 1 磁滞回线形状随信号频率的变化情况.

(7) 同样频率下样品 1 和样品 2 磁滞回线比较. 信号频率取 50.00 Hz,对样品 1 和样品 2 重复上述(2)—(6)步骤,比较同频率下两种样品的磁滞回线(表 4-9-2).

表 4-9-2　　样品 1 和样品 2 同信号频率下的磁滞回线

样品	1	2
磁滞回线		

要求:说明同频率下样品 1 和样品 2 磁滞回线形状的差别.

2. 测磁化曲线和动态磁滞回线

用样品 1 进行实验.

(1) 在实验仪上接好实验线路,逆时针调节幅度调节旋钮到底,使信号输出最小. 将示波器光点调至显示屏中心,调节实验仪频率调节旋钮,频率显示窗显示 50.00 Hz.

(2) 退磁.

① 单调增加磁化电流,即缓慢顺时针调节幅度调节旋钮,使示波器显示的磁滞回线上 B 值增加变得缓慢,达到饱和. 改变示波器上 X、Y 输入增益段开关和 R_1、R_2 的值,示波器显示典型美观的磁滞回线图形. 磁化电流在水平方向上的读数为(－5.00,＋5.00)格,此后,保持示波器上 X、Y 输入增益波段开关和 R_1、R_2 值固定不变并锁定增益电位器(一般为顺时针到底),以便进行 H、B 的标定.

② 单调减小磁化电流,即缓慢逆时针调节幅度调节旋钮,直到示波器最后显示为一点,位于显示屏的中心,即 X 和 Y 轴线的交点,如不在中间,可调节示波器的 X 和 Y 位移旋钮. 实验中可用示波器 X、Y 输入的接地开关检查示波器的中心是否对准屏幕 X、Y 坐标的交点.

(3) 磁化曲线(即测量大小不同的各个磁滞回线的顶点的连线).

单调增加磁化电流,即缓慢顺时针调节幅度调节旋钮,磁化电流在 X 方向读数为 0, 0.20, 0.40, 0.60, 0.80, 1.00, 2.00, 3.00, 4.00, 5.00,单位为格,记录磁滞回线顶点在

Y 方向上的读数(表 4-9-3),单位为格,磁化电流在 X 方向上的读数为(−5.00, +5.00)格时,示波器显示典型美观的磁滞回线图形. 此后,保持示波器上 X、Y 输入增益波段开关和 R_1、R_2 值固定不变并锁定增益电位器(一般为顺时针到底),以便进行 H、B 的标定.

R_1=______Ω, R_2=______Ω, C=______μF, S_x=______V/格, S_y=______V/格.

表 4-9-3　　　　磁化曲线记录

序号	1	2	3	4	5	6	7	8	9	10	11	12
X/格	0	0.20	0.40	0.60	0.80	1.00	1.50	2.00	2.50	3.00	4.00	5.00
H/(A/m)												
Y/格												
B/mT												

B、H 由式(4-9-5)和式(4-9-6)计算而得.

(4) 数据处理要求:①计算 B、H 填入表 4-9-3;②作 B-H 关系图线,即磁化曲线.

3. 动态磁滞回线

在磁化电流 X 方向上的读数为(−5.00,+5.00)格时,记录示波器显示的磁滞回线在 X 坐标为 5.0, 4.0, 3.0, 2.0, 1.0, 0, −1.0, −2.0, −3.0, −4.0, −5.0 格时,相对应的 Y 坐标(表 4-9-4).

R_1=______Ω, R_2=______Ω, C=______μF, S_x=______V/格, S_y=______V/格.

表 4-9-4　　　　动态磁滞回线

X/格	H/(A/m)	Y/格	B/mT	X/格	H/(A/m)	Y/格	B/mT
5.0				−5.0			
4.0				−4.0			
3.0				−3.0			
2.0				−2.0			
1.0				−1.0			
0				0			
−1.0				1.0			
−2.0				2.0			
−3.0				3.0			
−4.0				4.0			
−5.0				5.0			

注意:除表格所列测量点外,应记录磁滞回线在 X 坐标轴上的两个交点数据.

B, H 由式(4-9-5)和(4-9-6)计算而得.

数据处理要求:①计算 B、H 填入表 4-9-4;②作 B-H 关系图线,即磁滞回线;③参考图 4-9-2,求:B_s、B_r, H_c.

*5. 换一种实验样品进行上述实验

【思考题】

1. 什么是硬磁材料？什么是软磁材料？

2. 同样条件下，样品 1 和样品 2 比较哪个磁耗大？哪个磁记忆好？哪个更适于作为录音机的磁带材料？哪个更适于作为变压器的铁芯材料？

【附录】

磁滞回线实验仪

1. 磁滞回线实验仪简介

实验使用的仪器由测试样品、功率信号源、可调标准电阻、标准电容和接口电路等组成.测试样品有两种，一种磁滞损耗较大，另一种较小，其他参数相同；信号源的频率在 20～250 Hz 间可调；可调标准电阻 R_1 的调节范围为 0.1～11 Ω；R_2 的调节范围为 1～110 kΩ；标准电容有 0.1 μF，1 μF，20 μF 三档可选(图 4-9-8).

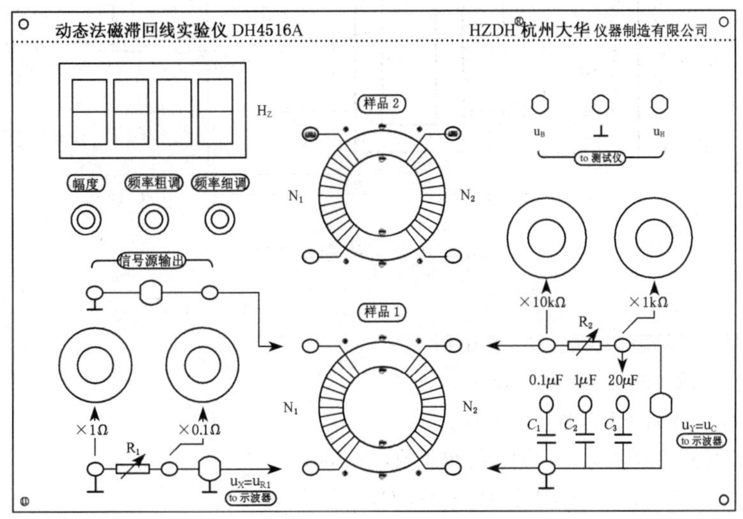

图 4-9-8　磁滞回线实验仪

接口电路包括 u_X、u_Y 接示波器的 X 和 Y 通道；u_B、u_H 接 DH4516A 测试仪，可自动测量 H、B、H_C、B_R 等参数，连接微机后可用微机作磁滞回线曲线，并测量 H、B、H_C、B_R 等参数，详见 DH4516A 说明书.

2. 磁滞回线实验仪使用说明

TH-MHC 型智能磁滞回线测试仪使用说明书.

磁滞回线实验组合仪分为实验仪和测试仪两大部分.

实验仪配合示波器，即可观察铁磁性材料的基本磁化曲线和磁滞回线.它由励磁电源、试样、电路板以及实验接线图等部分组成.

(1) 励磁电源

由 220 V、50 Hz 的市电经变压器隔离、降压后供试样磁化.电源输出电压共分 11 档，即 0，0.5，1.0，1.2，1.5，1.8，2.0，2.2，2.5，2.8，3.0 V，各档电压通过安置在电路板上的波段开关实现切换.

(2) 试样

样品 1 和样品 2 为尺寸(平均磁路长度 L 和截面积 S)相同而磁性不同的两只 EI 型铁芯，两者的励磁

绕组匝数 N 和磁感应强度 B 的测量绕组匝数 n 亦相同.

$$N=50,\ n=150,\ L=60\ \text{mm},\ S=80\ \text{mm}^2.$$

(3) 电路板

该印刷电路板上装有电源开关、样品 1 和样品 2、励磁电源"U 选择"和测量励磁电流(即磁场强度 H)的取样电阻"R_1 选择",以及为测量磁感应强度 B 所设定的积分电路元件 R_2、C_2 等.

以上各元器件(除电源开关)均已通过电路板与其对应的锁紧插孔连接,只需采用专用导线,便可实现电路连接.

此外,设有电压 U_B(正比于磁感应强度 B 的信号电压)和 U_H(正比于磁场强度 H 的信号电压)的输出插孔,用以连接示波器,观察磁滞回线波形和连接测试仪作定量测试用.

(4) 实验接线

实验接线图如图 4-9-9 所示.

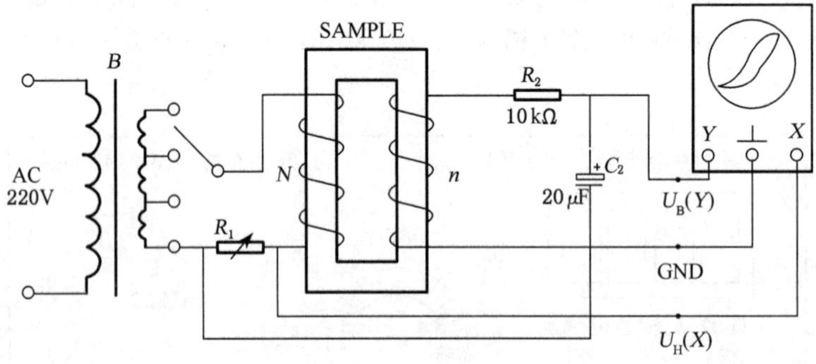

图 4-9-9 实验接线图

参数如下:

L——待测样品平均磁路长度,$L=60$ mm;

S——待测样品横截面积,$S=80\ \text{mm}^2$;

N——待测样品励磁绕组匝数,$N=50$;

n——待测样品磁感应强度 B 的测量绕组匝数,$n=150$;

R_1——励磁电流 i_H 取样电阻,阻值为 0.5~5 Ω;

R_2——积分电阻,阻值为 10 kΩ;

C_2——积分电容,容量为 20 μF;

U_{HC}——正比于 H 的有效值电压,供调试用,电压范围(0~1 V);

U_{BC}——正比于 B 的有效值电压,供调试用,电压范围(0~1 V).

瞬时值 H 与 B 的计算公式: $H=\dfrac{NU_H}{LR_1}$, $B=\dfrac{U_BR_2C_2}{nS}$.

磁性材料

实验表明,任何物质在外磁场中都能够或多或少地被磁化,只是磁化的程度不同.根据物质在外磁场中表现出的特性,物质可粗略地分为三类:顺磁性物质、抗磁性物质、铁磁性物质.

根据分子电流假说,物质在磁场中应该表现出大体相似的特性,但物质在外磁场中的特性差别很大.这反映了分子电流假说的局限性.实际上,各种物质的微观结构是有差异的,这种物质结构的差异性是物质磁性差异的原因.

我们把顺磁性物质和抗磁性物质称为弱磁性物质,把铁磁性物质称为强磁性物质.通常所说的磁性材料是指强磁性物质.

磁性材料按磁化后去磁的难易可分为软磁性材料和硬磁性材料. 磁化后容易去掉磁性的物质叫软磁性材料，不容易去磁的物质叫硬磁性材料. 一般来讲软磁性材料剩磁较小，硬磁性材料剩磁较大. 磁性材料按化学成分分，常见的有两大类：金属磁性材料和铁氧体. 铁氧体是以氧化铁为主要成分的磁性氧化物.

软磁性材料的剩磁弱，而且容易去磁. 适用于需要反复磁化的场合. 可以用来制造半导体收音机的天线磁棒、录音机的磁头、电子计算机中的记忆元件，以及变压器、交流发电机、电磁铁和各种高频元件的铁芯等. 常见的金属软磁性材料有软铁、硅钢、镍铁合金等，常见的软磁铁氧体有锰锌铁氧体、镍锌铁氧体等. 硬磁性材料的剩磁强，而且不易退磁，适合制成永磁铁，应用在磁电式仪表、扬声器、话筒、永磁电机等电器设备中. 常见的金属硬磁性材料有碳钢、钨钢、铝镍钴合金等，常见的硬磁铁氧体为钡铁氧体和锶铁氧体.

随着社会的进步，磁性材料和我们日常生活的关系也越来越紧密. 录音机上用的磁带，录像机上用的录像带，电子计算机上用的磁盘，储蓄用的信用卡等，都含有磁性材料. 这些磁性材料称为磁记录材料. 靠着磁记录材料，我们可以在磁带、录像带、磁盘上保存大量的信息，并在需要的时候“读”出这些信息. 磁记录材料在 20 世纪 70 年代以前采用磁性氧化物，1978 年合金磁粉研制成功之后，开始采用金属磁性材料，从而大大提高了磁记录的性能. 现在人们又在使用金属薄膜作磁记录磁性材料. 磁记录技术又得到了进一步的提高.

4.10　RLC 电路的稳态特性研究

【实验目的】

（1）了解 RC 和 RL 串联电路的幅频特性和相频特性.

（2）观测 RLC 串联、并联电路的相频特性和幅频特性.

（3）观察和研究 RLC 电路的串联谐振和并联谐振现象.

【实验仪器】

DH4505 型交流电路综合实验仪、双踪示波器.

【实验原理】

电容、电感元件在交流电路中的阻抗是随着电源频率的改变而变化的. 将正弦交流电压加到电阻、电容和电感组成的电路中时，各元件上的电压及相位会随着变化，这称作电路的稳态特性.

1. RC 串联电路的稳态特性

（1）RC 串联电路的频率特性

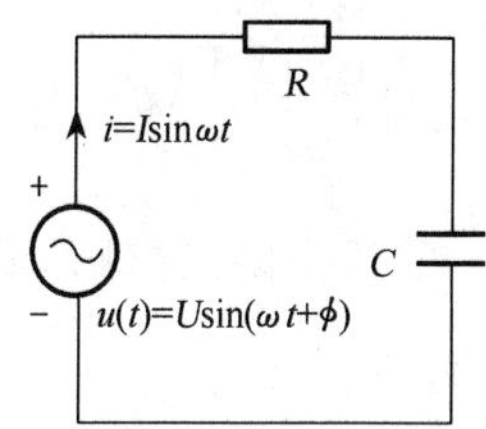

图 4-10-1　RC 串联电路

在图 4-10-1 所示电路中，电阻 R、电容 C 的电压有以下关系式：

$$I=\frac{U}{\sqrt{R^2+\left(\frac{1}{\omega C}\right)^2}},$$

$$U_R=IR,$$

$$U_C=\frac{I}{\omega C},$$

$$\phi = -\arctan\frac{1}{\omega RC}.$$

其中,ω 为交流电源的角频率;U 为交流电源的电压有效值;ϕ 为电流和电源电压的相位差,它与角频率 ω 的关系见图 4-10-2.

可见当 ω 增加时,I 和 U_R 增加,而 U_C 减小.当 ω 很小时 $\phi \to -\frac{\pi}{2}$,ω 很大时 $\phi \to 0$.

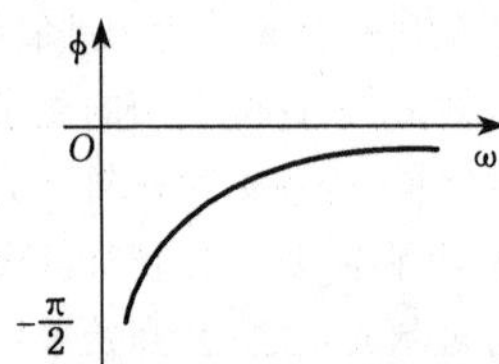

图 4-10-2 RC 串联电路的相频特性

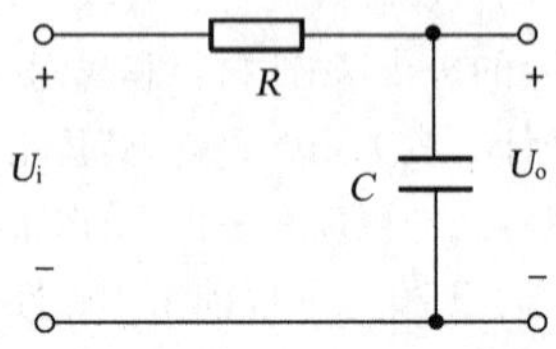

图 4-10-3 RC 低通滤波电路

(2) RC 低通滤波电路

如图 4-10-3 所示,其中 U_i 为输入电压,U_o 为输出电压,则有:

$$\frac{U_o}{U_i} = \frac{1}{1 + j\omega RC}.$$

它是一个复数,其模为

$$\left|\frac{U_o}{U_i}\right| = \frac{1}{\sqrt{1 + (\omega RC)^2}}.$$

设$\omega_0 = \frac{1}{RC}$,则由上式可知:$\omega = 0$ 时,$\left|\frac{U_o}{U_i}\right| = 1$;$\omega = \omega_0$ 时,$\left|\frac{U_o}{U_i}\right| = \frac{1}{\sqrt{2}} = 0.707$;$\omega \to \infty$时,$\left|\frac{U_o}{U_i}\right| = 0$.

可见,$\left|\frac{U_o}{U_i}\right|$ 随 ω 的变化而变化,并且当 $\omega < \omega_0$ 时,$\left|\frac{U_o}{U_i}\right|$ 变化较小,$\omega > \omega_0$ 时,$\left|\frac{U_o}{U_i}\right|$ 明显下降.这就是低通滤波器的工作原理,它使较低频率的信号容易通过,而阻止较高频率的信号通过.

(3) RC 高通滤波电路

RC 高通滤波电路的原理图见图 4-10-4.

根据图 4-10-4 分析,可知有:

$$\left|\frac{U_o}{U_i}\right| = \frac{1}{\sqrt{1 + \left(\frac{1}{\omega RC}\right)^2}}.$$

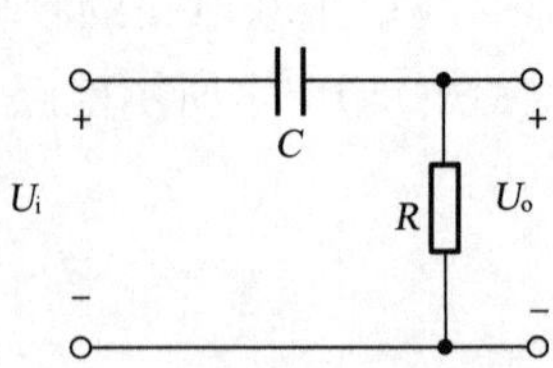

图 4-10-4 RC 高通滤波电路

同样,令 $\omega_0 = \frac{1}{RC}$,则:$\omega = 0$ 时,$\left|\frac{U_o}{U_i}\right| = 0$;$\omega = \omega_0$ 时,$\left|\frac{U_o}{U_i}\right| = \frac{1}{\sqrt{2}} = 0.707$;$\omega \to \infty$时,

$\left|\frac{U_o}{U_i}\right| = 1.$

可见该电路的特性与低通滤波电路相反，它对低频信号的衰减较大，而高频信号容易通过，衰减很小，通常称作高通滤波电路.

2. RL 串联电路的稳态特性

RL 串联电路如图 4-10-5 所示，可见电路中 I，U，U_R，U_L 有以下关系：

$$I = \frac{U}{\sqrt{R^2 + (\omega L)^2}},$$

$$U_R = IR,$$

$$U_L = I\omega L,$$

$$\phi = \arctan\frac{\omega L}{R}.$$

可见 RL 电路的幅频特性与 RC 电路相反，频率 ω 增加时，I、U_R 减小，U_L 则增大. 它的相频特性见图 4-10-6.

由图 4-10-6 可知，ω 很小时 $\phi \to 0$，ω 很大时 $\phi \to \infty$.

3. RLC 电路的稳态特性

在电路中如果同时存在电感和电容元件，那么在一定条件下会产生某种特殊状态，能量会在电容和电感元件中产生交换，我们称之为谐振现象.

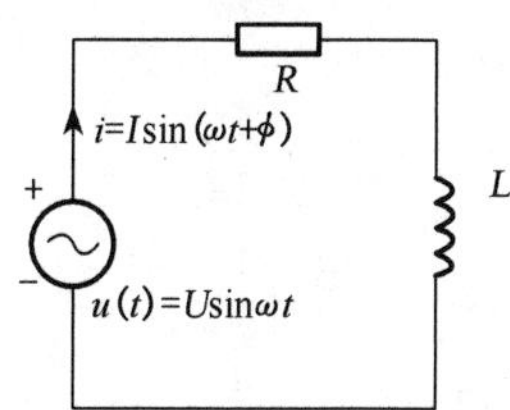

图 4-10-5　RL 串联电路

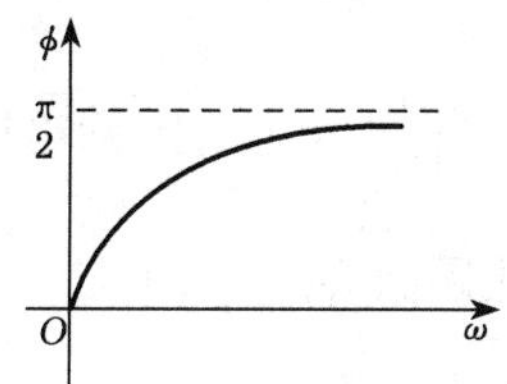

图 4-10-6　RL 串联电路的相频特性

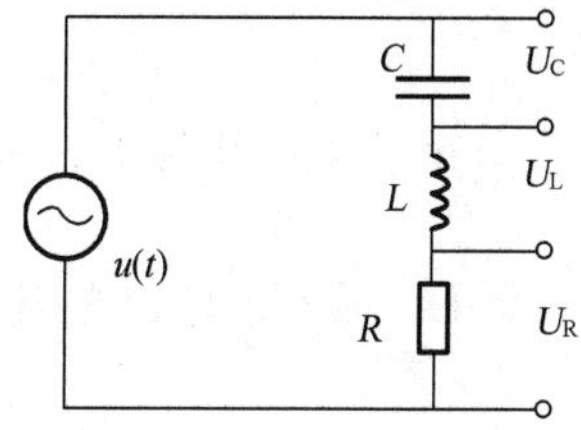

图 4-10-7　RLC 串联电路

(1) RLC 串联电路

在如图 4-10-7 所示电路中，电路的总阻抗 $|Z|$，电压 U、U_R 和电流 i 之间有以下关系：

$$|Z| = \sqrt{R^2 + \left(\omega L - \frac{1}{\omega C}\right)^2},$$

$$\phi = \arctan\frac{\omega L - \frac{1}{\omega C}}{R},$$

$$i = \frac{U}{\sqrt{R^2 + \left(\omega L - \frac{1}{\omega C}\right)^2}}.$$

其中，ω 为角频率，可见以上参数均与 ω 有关，它们与频率的关系称为频响特性，如图 4-10-8所示.

由图 4-10-8(a)可知，在频率 f_0 处阻抗 Z 值最小，且整个电路呈纯电阻性，而电流 i 达到最大值，我们称 f_0 为 RLC 串联电路的谐振频率(ω_0 为谐振角频率). 从图 4-10-8(b)还可知，在 f_1—f_0—f_2 的频率范围内 i 值较大，称为通频带.

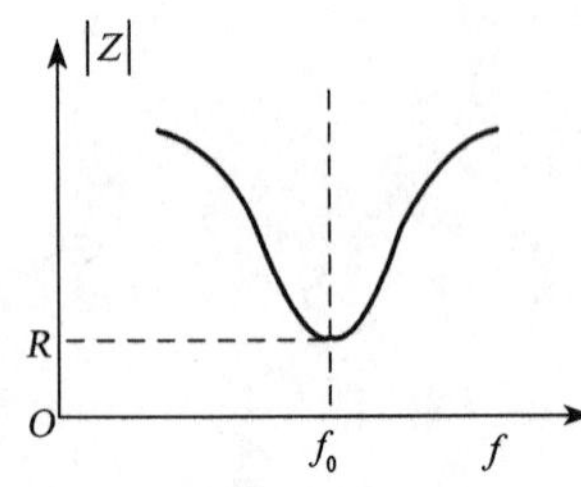

(a) RLC 串联电路的阻抗特性

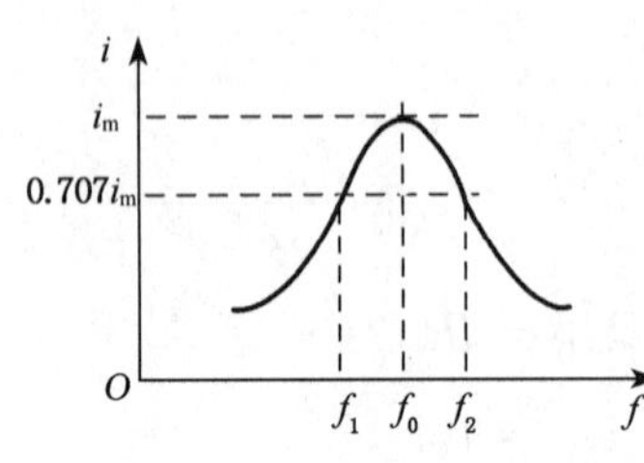

(b) RLC 串联电路的幅频特性

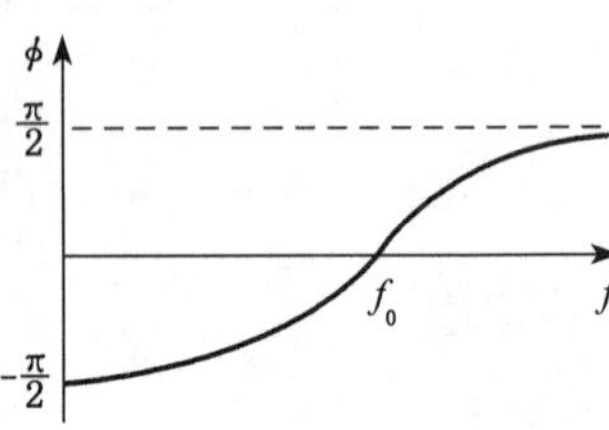

(c) RLC 串联电路的相频特性

图 4-10-8　RLC 串联电路特性

下面我们推导出 $f_0(\omega_0)$和另一个重要的参数品质因数 Q 的关系.

当 $\omega L=\dfrac{1}{\omega C}$ 时，可知：

$$|Z|=R,\ \phi=0,\ i_{\mathrm{m}}=\frac{U}{R}.$$

$$\text{这时：}\omega=\omega_0=\frac{1}{\sqrt{LC}},\ f=f_0=\frac{1}{2\pi\sqrt{LC}}.$$

电感上的电压 $U_{\mathrm{L}}=i_{\mathrm{m}}|Z_{\mathrm{L}}|=\dfrac{\omega_0 L}{R}U$，电容上的电压 $U_{\mathrm{C}}=i_{\mathrm{m}}|Z_{\mathrm{C}}|=\dfrac{1}{R\omega_0 C}U$.

U_{C} 或 U_{L} 与 U 的比值称为品质因数 Q.

$$Q=\frac{U_{\mathrm{C}}}{U}=\frac{U_{\mathrm{L}}}{U}=\frac{\omega_0 L}{R}=\frac{1}{R\omega_0 C}.$$

可以证明，

$$\Delta f=f_2-f_1=\frac{f_0}{Q}.$$

(2) RLC 并联电路

RLC 并联电路如图 4-10-9 所示.

$$|Z|=\sqrt{\frac{R^2+(\omega L)^2}{(1-\omega^2 LC)^2+(2\omega CR)^2}},$$

$$\phi=\arctan\frac{\omega L-\omega C[R^2+(\omega L)^2]}{R}.$$

可以求得并联谐振角频率：

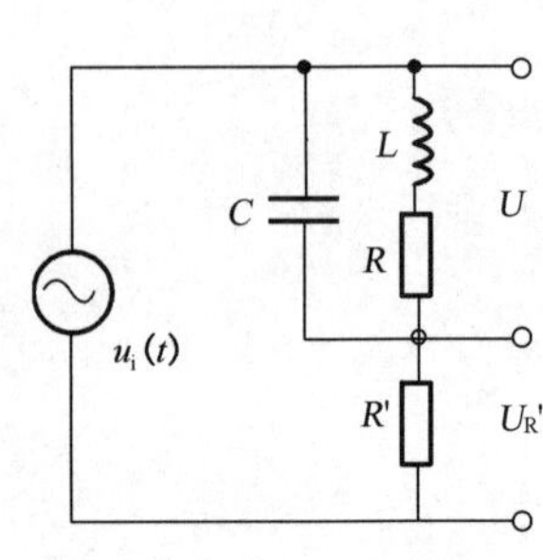

图 4-10-9　RLC 并联电路

$$\omega_0 = 2\pi f_0 = \sqrt{\frac{1}{LC} - \left(\frac{R}{L}\right)^2}.$$

可见并联谐振频率与串联谐振频率不相等(当 Q 值很大时才近似相等).

图 4-10-10 给出了 RLC 并联电路的阻抗、相位差和电压随频率的变化关系. 由图可见:当角频率 $\omega_0 = \sqrt{\frac{1}{LC}}$ 时,u、Z 值最大,而电流 i 达到最小值,我们称 f_0 为 RLC 并联电路的谐振频率(ω_0 为谐振角频率).

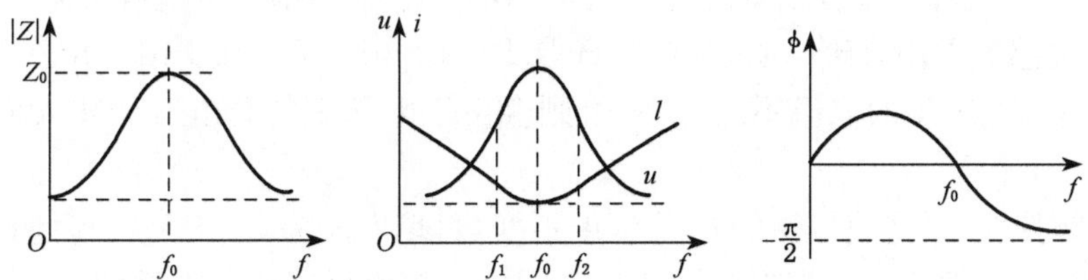

图 4-10-10　RLC 并联电路的阻抗特性、幅频特性、相频特性

和 RLC 串联电路类似,品质因数 $Q = \frac{U_C}{U} = \frac{U_L}{U} = \frac{\omega_0 L}{R} = \frac{1}{R\omega_0 C}$.

由以上分析可知 RLC 串联、并联电路对交流信号具有选频特性,在谐振频率点附近,有较大的信号输号,其他频率的信号被衰减. 这在通信领域、高频电路中得到了非常广泛的应用.

【实验内容】

对 RC, RL, RLC 电路的稳态特性的观测采用正弦波.

*1. RC 串联电路的稳态特性

(1) RC 串联电路的幅频特性

选择正弦波信号,保持其输出幅度不变,分别用示波器测量不同频率时的 U_R、U_C,可取 C=0.1 μF,R=1 kΩ,也可根据实际情况自选 R、C 参数. 作 U_R-ω, U_C-ω 关系图线.

用双通道示波器观测时可用一个通道监测信号源电压,另一个通道分别测 U_R、U_C,但需注意两通道的接地点应位于线路的同一点,否则会引起部分电路短路.

(2) RC 串联电路的相频特性

将信号源电压 U 和 U_R 分别接至示波器的两个通道,可取 C=0.1 μF, R=1 kΩ(也可自选). 从低到高调节信号源频率,观察示波器上两个波形的相位变化情况,先可用李萨如图形法观测,并记录不同频率时的相位差. 作 Φ-ω 关系图线.

*2. RL 串联电路的稳态特性

测量 RL 串联电路的幅频特性和相频特性与 RC 串连电路时方法类似,可选 L=10 mH,R=1 kΩ,也可自行确定. 作 U_R-ω, U_L-ω, Φ-ω 关系图线.

3. RLC 串联电路的稳态特性

自选合适的 L 值、C 值和 R 值,用示波器的两个通道测信号源电压 U 和电阻电压 U_R,必须注意两通道的公共线是相通的,接入电路中应在同一点上,否则会造成短路.

(1) 幅频特性. 保持信号源电压 U 不变(可取 U_{pp}=2～4 V),根据所选的 L、C 值,估算谐振频率，以选择合适的正弦波频率范围. 从低到高调节频率，当 U_R 的电压为最大时的频率即为谐振频率，记录下不同频率时的 U_R 大小. 作 U_R-ω 关系图线.

(2) 相频特性. 用示波的双通道观测 U 和 U_R 的相位差 Φ，U_R 的相位与电路中电流的相位相同，观测在不同频率下的相位 Φ 变化，记录某一频率时的相位差值. 作 Φ-ω 关系图线.

(3) 计算电路的 Q 值.

4. RLC 并联电路的稳态特性

按图 4-10-9 进行连线，注意此时 R 为电感的内阻，随不同的电感取值而不同，它的值可在相应的电感值下用直流电阻表测量，选取 $L=10$ mH，$C=0.1\ \mu$F，$R'=10$ kΩ. 也可自行设计选定. 注意 R' 的取值不能过小，否则会由于电路中的总电流变化大而影响 U_R' 的大小.

(1) 幅频特性. 保持信号源的 U 值幅度不变(可取 U_{PP} 为 2～5 V)，测量 U_R' 随频率的变化情况. 注意示波器的公共端接线，不应造成电路短路. 作 U_R'-ω 关系图线.

(2) 相频特性. 用示波器的两个通道，测 U 与 U_R' 的相位变化情况. 作 Φ-ω 关系图线. 自行确定电路参数.

(3) 计算电路的 Q 值. Q 值反映了振荡幅度的衰减速度，从最大幅度衰减到 0.368 倍的最大幅度处的时间即为 τ 值.

4.11 交流电桥的原理和应用

【实验目的】

(1) 了解交流电桥的分类与组成结构；

(2) 掌握交流电桥的特性与应用.

【实验仪器】

DH4505 型交流电路综合实验仪、双踪示波器.

【实验原理】

交流电桥是一种比较式仪器，在电测技术中占有重要地位. 它主要用于交流等效电阻及其时间常数、电容及其介质损耗、自感及其线圈品质因数和互感等电参数的精密测量，也可用于非电量变换为相应电量参数的精密测量.

常用的交流电桥分为阻抗比电桥和变压器电桥两大类. 习惯上一般称阻抗比电桥为交流电桥. 本实验中交流电桥指的是阻抗比电桥. 交流电桥的线路虽然和直流单电桥线路具有同样的结构形式，但因为它的四个臂是阻抗，所以它的平衡条件、线路的组成以及实现平衡的调整过程都比直流电桥复杂.

图 4-11-1 是交流电桥的原理线路. 它与直流单电桥原理相似. 在交流电桥中，四个桥臂一般是由交流电路元件如电阻、电感、电容组成；电桥的电源通常是正弦交流电源；交流平衡指示仪的种类很多，适用于不同频率范围. 频率为200 Hz以下时可采用谐振式检流计；音频范围内可采用耳机作为平衡指示器；音频或更高的频率时也可采用电子指零仪

器;也有用电子示波器或交流毫伏表作为平衡指示器的.本实验采用高灵敏度的电子放大式指零仪,有足够的灵敏度.指示器指零时,电桥达到平衡.

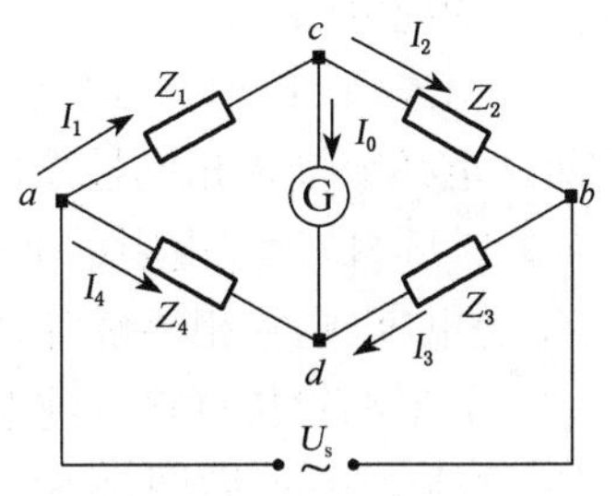

图4-11-1　交流电桥

1. 交流电桥的平衡条件

我们在正弦稳态的条件下讨论交流电桥的基本原理.在交流电桥中,四个桥臂由阻抗元件组成,在电桥的一个对角线 cd 上接入交流指零仪,另一对角线 ab 上接入交流电源.

调节电桥参数,使交流指零仪中无电流通过时(即 $I_0=0$),cd 两点的电位相等,电桥达到平衡,这时有:$U_{ac}=U_{ad}$,$U_{cb}=U_{db}$.亦即:$I_1Z_1=I_4Z_4$,$I_2Z_2=I_3Z_3$.两式相除有:$\frac{I_1Z_1}{I_2Z_2}=\frac{I_4Z_4}{I_3Z_3}$.当电桥平衡时,$I_0=0$,由此可得:$I_1=I_2$,$I_3=I_4$.故有

$$Z_1Z_3=Z_2Z_4.$$

上式就是交流电桥的平衡条件,它说明:当交流电桥达到平衡时,相对桥臂的阻抗的乘积相等.

由图4-11-1可知,若第一桥臂由被测阻抗 Z_x 构成,则:

$$Z_x=\frac{Z_2}{Z_3}Z_4.$$

当其他桥臂的参数已知时,就可决定被测阻抗 Z_x 的值.

2. 交流电桥平衡的分析

下面我们对电桥的平衡条件作进一步的分析.

在正弦交流情况下,桥臂阻抗可以写成复数的形式

$$Z=R+\mathrm{j}x=|Z|\mathrm{e}^{\mathrm{j}\varphi}.$$

若将电桥的平衡条件用复数的指数形式表示,则可得:

$$|Z_1|\mathrm{e}^{\mathrm{j}\varphi_1}\cdot|Z_3|\mathrm{e}^{\mathrm{j}\varphi_3}=|Z_2|\mathrm{e}^{\mathrm{j}\varphi_2}\cdot|Z_4|\mathrm{e}^{\mathrm{j}\varphi_4}.$$

根据复数相等的条件,等式两端的幅模和幅角必须分别相等,故有

$$|Z_1|\cdot|Z_3|=|Z_2|\cdot|Z_4|,\tag{4-11-1}$$

$$\varphi_1+\varphi_3=\varphi_2+\varphi_4.\tag{4-11-2}$$

上面就是平衡条件的另一种表现形式,可见交流电桥的平衡必须满足两个条件:一是相对桥臂上阻抗幅模的乘积相等;二是相对桥臂上阻抗幅角之和相等.

由式(4-11-1)、式(4-11-2)可以得出如下两点重要结论.

(1) 交流电桥必须按照一定的方式配置桥臂阻抗.如果用任意不同性质的四个阻抗组成一个电桥,不一定能够调节到平衡,因此必须把电桥各元件的性质按电桥的两个平衡条件作适当配合.

在很多交流电桥中,为了使电桥结构简单和调节方便,通常将交流电桥中的两个桥臂

设计为纯电阻.

由式(4-11-1)、式(4-11-2)的平衡条件可知,如果相邻两臂接入纯电阻,则另外相邻两臂也必须接入相同性质的阻抗.例如若被测对象 Z_x 在第一桥臂中,两相邻臂 Z_2 和 Z_3(图 4-11-1)为纯电阻的话,即 $\varphi_2=\varphi_3=0$,那么由式(4-11-2)可得:$\varphi_4=\varphi_x$,若被测对象 Z_x 是电容,则它相邻桥臂 Z_4 也必须是电容;若 Z_x 是电感,则 Z_4 也必须是电感.

如果相对桥臂接入纯电阻,则另外相对两桥臂必须为异性阻抗.例如相对桥臂 Z_2 和 Z_4 为纯电阻的话,即 $\varphi_2=\varphi_4=0$,那么由式(4-11-2)可知:$\varphi_3=-\varphi_x$;若被测对象 Z_x 为电容,则它的相对桥臂 Z_3 必须是电感,而如果 Z_x 是电感,则 Z_3 必须是电容.

(2) 交流电桥平衡必须反复调节两个桥臂的参数.在交流电桥中,为了满足上述两个条件,必须调节两个桥臂的参数,才能使电桥完全达到平衡,而且往往需要对这两个参数进行反复调节,所以交流电桥的平衡调节要比直流电桥的调节困难一些.

3. 交流电桥的常见形式

交流电桥的四个桥臂,要按一定的原则配以不同性质的阻抗,才有可能达到平衡.从理论上讲,满足平衡条件的桥臂类型,可以有许多种.但实际上常用的类型并不多,这是因为:

(1) 桥臂尽量不采用标准电感,由于制造工艺上的原因,标准电容的准确度要高于标准电感,并且标准电容不易受外磁场的影响.所以常用的交流电桥,不论是测电感和测电容,除了被测臂之外,其他三个臂都采用电容和电阻.本实验由于采用了开放式设计的仪器,所以也能以标准电感作为桥臂,以便于使用者更全面地掌握交流电桥的原理和特点.

(2) 尽量使平衡条件与电源频率无关,这样才能发挥电桥的优点,使被测量只决定于桥臂参数,而不受电源的电压或频率的影响.有些形式的桥路的平衡条件与频率有关,这样,电源的频率不同将直接影响测量的准确性.

(3) 电桥在平衡中需要反复调节,才能使幅角关系和幅模关系同时得到满足.通常将电桥趋于平衡的快慢程度称为交流电桥的收敛性.收敛性愈好,电桥趋向平衡愈快;收敛性差,则电桥不易平衡或者说平衡过程时间要很长,需要测量的时间也很长.电桥的收敛性取决于桥臂阻抗的性质以及调节参数的选择.所以收敛性差的电桥,由于平衡比较困难也不常用.

常见的交流电桥有电容电桥、电感电桥、电阻电桥.

1) 电容电桥

电容电桥主要用来测量电容器的电容量及损耗角,为了弄清电容电桥的工作情况,首先对被测电容的等效电路进行分析,然后介绍电容电桥的典型线路.

(1) 被测电容的等效电路

实际电容器并非理想元件,它存在着介质损耗,所以通过电容器 C 的电流和它两端的电压的相位差并不是 90°,而且比 90°要小一个 δ(称为介质损耗角).具有损耗的电容可以用两种形式的等效电路表示,一种是理想电容和一个电阻相串联的等效电路,如图4-11-2(a)所示;一种是理想电容与一个电阻相并联的等效电路,如图 4-11-3(a)所示.在等效电路中,理想电容表示实际电容器的等效电容,而串联(或并联)等效电阻则表示实际电容器的发热损耗.

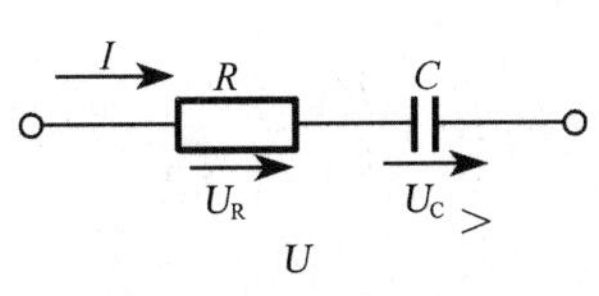

(a) 有耗损电容器的串联等效电路

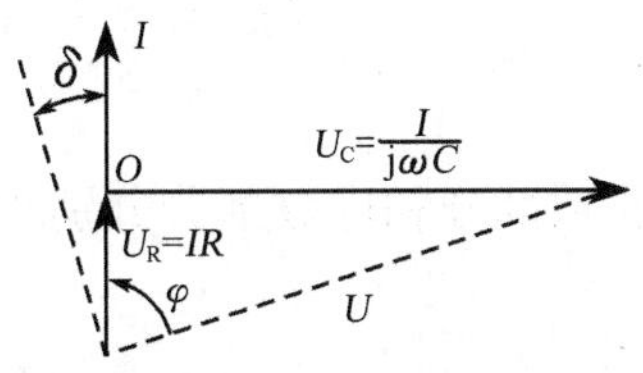

(b) 矢量图

图 4-11-2　串联等效电路

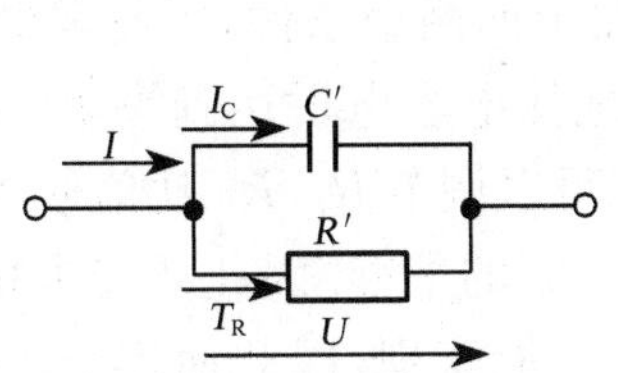

(a) 有耗损电容器的并联等效电路

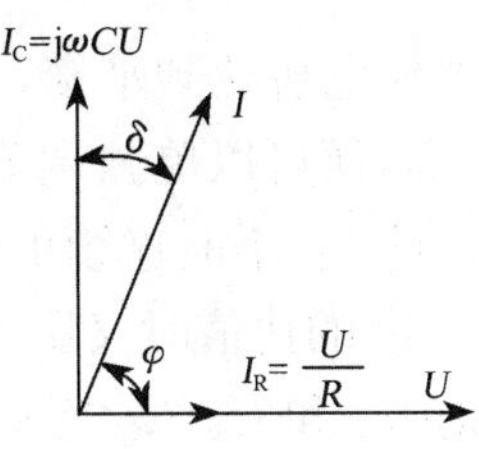

(b) 矢量图

图 4-11-3　并联等效电路

图 4-11-2(b)及图 4-11-3(b)分别画出了相应电压、电流的相量图. 必须注意,等效串联电路中的 C 和 R 与等效并联电路中的 C'、R' 是不相等的. 在一般情况下,当电容器介质损耗不大时,应当有 $C\approx C'$,$R\leqslant R'$. 所以,如果用 R 或 R' 来表示实际电容器的损耗时,还必须说明它对于哪一种等效电路而言. 因此为了表示方便起见,通常用电容器的损耗角 δ 的正切 $\tan\delta$ 来表示它的介质损耗特性,并用符号 D 表示,通常称它为损耗因数.

在等效串联电路中:

$$D=\tan\delta=\frac{U_R}{U_C}=\frac{IR}{\dfrac{I}{\omega C}}=R\omega C;$$

在等效的并联电路中: $D=\tan\delta=\dfrac{I_R}{I_C}=\dfrac{\dfrac{U}{R'}}{\omega C'U}=\dfrac{1}{\omega C'R'}$.

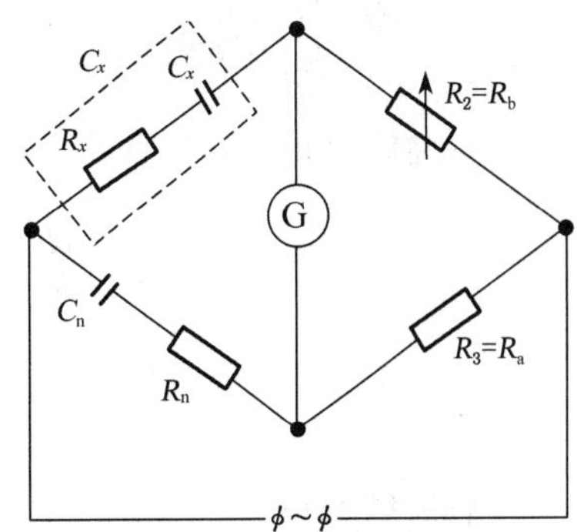

图 4-11-4　串联电阻式电容电桥

应当指出,在图 4-11-2(b)和图 4-11-3(b)中,$\delta=90°-\varphi$ 对两种等效电路都是适合的,所以不管用哪种等效电路,求出的损耗因数是一致的.

(2) 测量损耗小的电容电桥(串联电阻式)

图 4-11-4 为适合用来测量损耗小的被测电容的电容电桥,被测电容 C_x 接到电桥的第一臂,等效为电容 C'_x 和串联电阻 R'_x,其中 R'_x 表示它的损耗;与被测电容相比较的标准电容 C_n 接入相邻的第四臂,同时与 C_n 串联一个可变电阻 R_n,桥的另外两臂为纯电阻 R_b 及 R_a,当电桥调到平衡时,有:

$$\left(R_x+\frac{1}{\mathrm{j}\omega C_x}\right)R_\mathrm{a}=\left(R_\mathrm{n}+\frac{1}{\mathrm{j}\omega C_\mathrm{n}}\right)R_\mathrm{b}.$$

令上式实数部分和虚数部分分别相等：$R_xR_\mathrm{a}=R_\mathrm{n}R_\mathrm{b}$，$\frac{R_\mathrm{a}}{C_x}=\frac{R_\mathrm{b}}{C_\mathrm{n}}$. 即有：

$$R_x=\frac{R_\mathrm{b}}{R_\mathrm{a}}R_\mathrm{n}, \tag{4-11-3}$$

$$C_x=\frac{R_\mathrm{a}}{R_\mathrm{b}}C_\mathrm{n}. \tag{4-11-4}$$

由此可知，要使电桥达到平衡，必须同时满足上面两个条件，因此至少调节两个参数. 如果改变 R_n 和 C_n，便可以单独调节，互不影响地使电容电桥达到平衡. 通常标准电容都是做成固定的，因此 C_n 不能连续可变，这时我们可以调节 $R_\mathrm{a}/R_\mathrm{b}$ 比值使式(4-11-4)得到满足，但调节 $R_\mathrm{a}/R_\mathrm{b}$ 的比值时又影响到式(4-11-3)的平衡. 因此要使电桥同时满足两个平衡条件，必须对 R_n 和 $R_\mathrm{a}/R_\mathrm{b}$ 等参数反复调节才能实现，因此使用交流电桥时，必须通过实际操作取得经验，才能迅速获得电桥的平衡. 电桥达到平衡后，C_x 和 R_x 值可以分别按式(4-11-3)和式(4-11-4)计算，其被测电容的损耗因数 D 为

$$D=\tan\delta=\omega C_xR_x=\omega C_\mathrm{n}R_\mathrm{n}. \tag{4-11-5}$$

(3) 测量损耗大的电容电桥(并联电阻式)

假如被测电容的损耗大，则用上述电桥测量时，与标准电容相串联的电阻 R_n 必须很大，这将会降低电桥的灵敏度. 因此当被测电容的损耗大时，宜采用图 4-11-5 所示的另一种电容电桥的线路来进行测量，它的特点是标准电容 C_n 与电阻 R_x 是彼此并联的，则根据电桥的平衡条件可以写成：

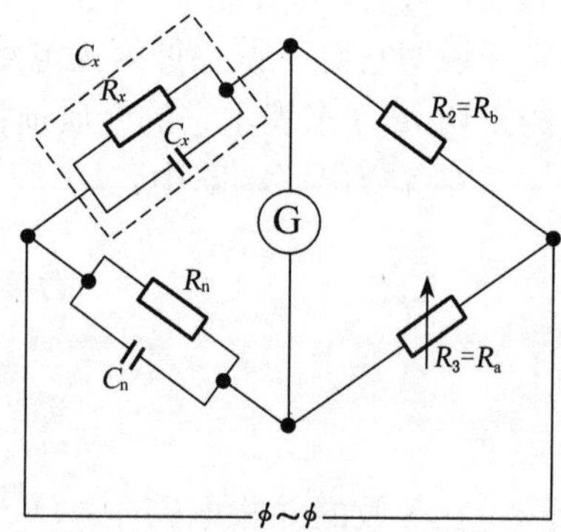

图 4-11-5 并联电阻式电容电桥

$$R_\mathrm{b}\left(\frac{1}{\frac{1}{R_n}+\mathrm{j}\omega C_\mathrm{n}}\right)=R_\mathrm{a}\left(\frac{1}{\frac{1}{R_x}+\mathrm{j}\omega C_x}\right).$$

整理后可得：

$$R_x=\frac{R_\mathrm{b}}{R_\mathrm{a}}R_\mathrm{n}. \tag{4-11-6}$$

$$C_x=\frac{R_\mathrm{a}}{R_\mathrm{b}}C_\mathrm{n}. \tag{4-11-7}$$

而损耗因数为

$$D=\tan\delta=\frac{1}{\omega C_xR_x}=\frac{1}{\omega C_\mathrm{n}R_\mathrm{n}}. \tag{4-11-8}$$

交流电桥测量电容根据需要还有一些其他形式，可参见有关的书籍.

2）电感电桥

电感电桥是用来测量电感的，电感电桥有多种线路，通常采用标准电容作为与被测电感相比较的标准元件，从前面的分析可知，这时标准电容一定要安置在与被测电感相对的桥臂中. 根据实际的需要，也可采用标准电感作为标准元件，这时标准电感一定要安置在与被测电感相邻的桥臂中，这里不再作为重点介绍.

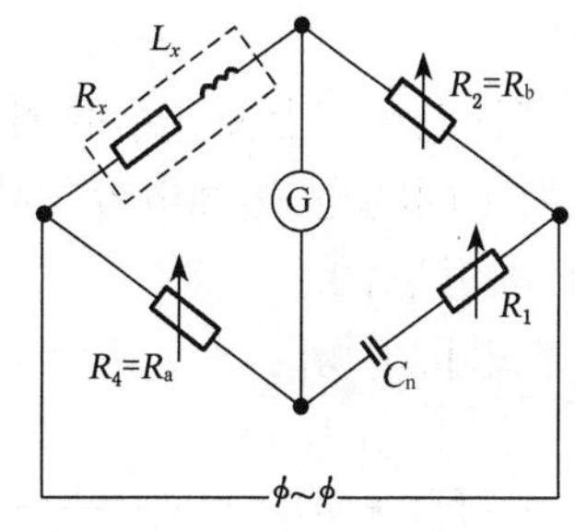

图 4-11-6　测量高 Q 值电感的电桥电路

一般实际的电感线圈都不是纯电感，除了电抗 $X_L=\omega L$ 外，还有有效电阻 R，两者之比称为电感线圈的品质因数 Q. 即

$$Q=\frac{\omega L}{R}.$$

下面介绍两种电感电桥电路，它们分别适宜于测量高 Q 值和低 Q 值的电感元件.

(1) 测量高 Q 值电感的电感电桥

测量高 Q 值的电感电桥的原理线路如图 4-11-6 所示，该电桥线路又称为海氏电桥.

电桥平衡时，根据平衡条件可得：

$$(R_x+\mathrm{j}\omega L_x)\left(R_\mathrm{n}+\frac{1}{\mathrm{j}\omega C_\mathrm{n}}\right)=R_\mathrm{a}R_\mathrm{b}.$$

简化和整理后可得：

$$L_x=\frac{R_\mathrm{a}R_\mathrm{b}C_\mathrm{n}}{1+(\omega C_\mathrm{n}R_\mathrm{n})^2},\tag{4-11-9}$$

$$R_x=\frac{R_\mathrm{a}R_\mathrm{b}R_\mathrm{n}\ (\omega C_\mathrm{n})^2}{1+(\omega C_\mathrm{n}R_\mathrm{n})^2}.\tag{4-11-10}$$

由式(4-11-9)、式(4-11-10)可知，海氏电桥的平衡条件是与频率有关的. 因此在应用成品电桥时，若改用外接电源供电，必须注意要使电源的频率与该电桥说明书上规定的电源频率相符，而且电源波形必须是正弦波，否则，谐波频率就会影响测量的精度.

用海氏电桥测量时，其 Q 值为

$$Q=\frac{\omega L_x}{R_x}=\frac{1}{\omega C_\mathrm{n}R_\mathrm{n}}.\tag{4-11-11}$$

由式(4-11-11)可知，被测电感 Q 值越小，则要求标准电容 C_n 的值越大，但一般标准电容的容量都不能做得太大，此外，若被测电感的 Q 值过小，则海氏电桥的标准电容的桥臂中所串的 R_n 也必须很大，但当电桥中某个桥臂阻抗数值过大时，将会影响电桥的灵敏度，可见海氏电桥线路是宜于测 Q 值较大的电感参数的，而在测量 $Q<10$ 的电感元件的参数时则需用测量低 Q 值电感的电桥线路.

(2) 测量低 Q 值电感的电感电桥

测量低 Q 值电感的电桥原理线路如图 4-11-7 所示. 该电桥线路又称为麦克斯韦

电桥.

这种电桥与上面介绍的测量高 Q 值电感的电桥线路所不同的是：标准电容的桥臂中的 C_n 和可变电阻 R_n 是并联的.

在电桥平衡时，有：

$$(R_x + j\omega L_x)\left(\frac{1}{\frac{1}{R_n} + j\omega C_n}\right) = R_a R_b.$$

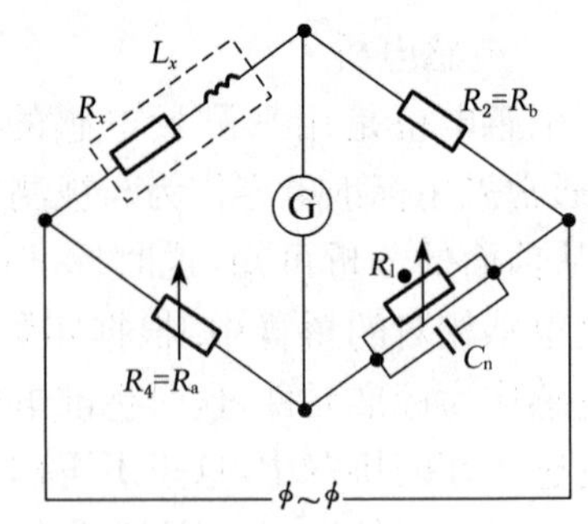

图 4-11-7　测量低 Q 值电感的电桥电路

相应的测量结果为

$$L_x = R_a R_b C_n. \tag{4-11-12}$$

$$R_x = \frac{R_a R_b}{R_n}. \tag{4-11-13}$$

被测对象的品质因数 Q 为

$$Q = \frac{\omega L_x}{R_x} = \omega C_n R_n. \tag{4-11-14}$$

麦克斯韦电桥的平衡条件式(4-11-12)、式(4-11-13)表明，它的平衡是与频率无关的，即在电源为任何频率或非正弦的情况下，电桥都能平衡，所以该电桥的应用范围较广. 但是实际上，由于电桥内各元件间的相互影响，所以交流电桥的测量频率对测量精度仍有一定的影响.

3）电阻电桥

测量电阻时采用惠斯通电桥，见图 4-11-8. 可见桥路形式与直流单臂电桥相同，只是这里用交流电源和交流指零仪作为测量信号.

当检流计 G 平衡时，G 无电流流过，cd 两点为等电位，则：$R_x = \frac{R_n}{R_a} R_b$.

由于采用交流电源和交流电阻作为桥臂，所以测量一些残余电抗较大的电阻时不易平衡，这时可改用直流电桥进行测量.

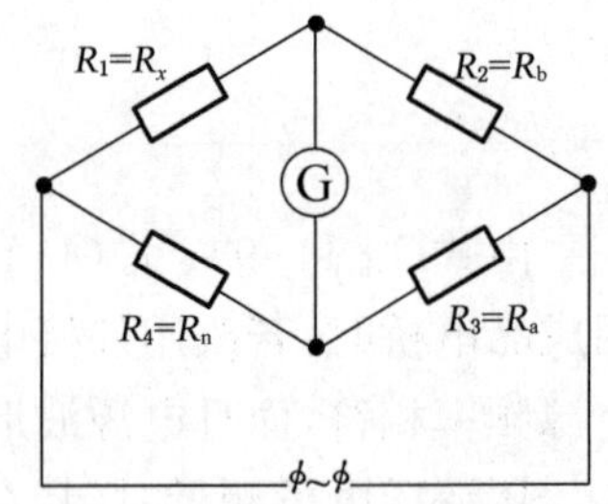

图 4-11-8　交流电桥测量电阻

【**实验内容**】

交流电桥采用的是交流指零仪，所以电桥平衡时指针位于左侧零位.

实验时，指零仪的灵敏度应先调到较低位置，待基本平衡时再调高灵敏度，重新调节桥路，直至最终平衡(判断的标准是：指零仪的灵敏度达到最大时，指针的电流指示值达到最小).

1. 交流电桥测量电容

根据前面实验原理的介绍，分别测量两个 C_x 电容，其中的一个为低损耗的电容，另一个为有一定损耗的电容. 试用合适的桥路测量电容的电容量及其损耗电阻，并计算损耗.

2. 交流电桥测量电感

根据前面实验原理的介绍分别测量两个 L_x 电感，其中的一个为低 Q 值的空心电感，另一个为有较高 Q 值的铁心电感. 试用合适的桥路测量电感的电感量及其损耗电阻，并计算电感的 Q 值.

3. 交流电桥测量电阻

用交流电桥测量不同类型和阻值的电阻，并与其他直流电桥的测量结果相比较.

4. 其他桥路实验

交流电桥还有其他多种形式，有兴趣的同学可以自己进行实验，仪器的配置可以支持完成这些实验.

附加说明：在电桥的平衡过程中，有时指针不能完全回到零位，这对于交流电桥是完全可能的，一般来说有以下原因：

(1) 测量电阻时，被测电阻的分布电容或电感太大.

(2) 测量电容和电感时，损耗平衡(R_n)的调节细度受到限制，尤其是低 Q 值的电感或高损耗的电容测量时更为明显. 另外，电感线圈极易感应外界的干扰，也会影响电桥的平衡，这时可以试着变换电感的位置来减小这种影响.

(3) 用不合适的桥路形式测量，也可能使指针不能完全回到零位.

(4) 由于桥臂元件并非理想的电抗元件，所以选择的测量量程不当，以及被测元件的电抗值太小或太大，也会造成电桥难以平衡.

(5) 在保证精度的情况下，灵敏度不要调得太高，灵敏度太高也会引入一定的干扰.

【思考题】

1. 交流电桥的桥臂是否可以由任意选择的不同性质的阻抗元件组成？应如何选择？
2. 为什么在交流电桥中至少需要选择两个可调参数？怎样调节才能使电桥趋于平衡？
3. 交流电桥对使用的电源有何要求？交流电源对测量结果有无影响？

【附录】

实验数据举例(仅供参考)

1. 串联电阻式测量电容

按图 4-11-4 连线，选择 C_x 为 0.1 μF 进行实验.

根据公式：
$$R_x=\frac{R_b}{R_a}R_n,\ C_x=\frac{R_a}{R_b}C_n.$$

选择 R_a 为 1 kΩ，选 C_n 为 0.1 μF，调节 R_b 和 R_n 使检流计指示最小，可见这时 R_b 也该在 1 kΩ 左右. 注意：应先将灵敏度调小使指针在表头的刻度的 60%范围内，再调节 R_b 和 R_n 使检流计指示最小，直至灵敏度最高，而指针指示最小，这时电桥已平衡.

再根据公式计算出 C_x，R_x，D.

也可根据公式选择其他档的 C_n、R_a 测量，但是，C_n、R_n 的选择必须满足 $D=\tan\delta=\omega C_xR_x=\omega C_nR_n$ 的条件(因为 C_n 最大只有 1 μF，R_n 最大只有 21 kΩ).

2. 并联电阻式测量电容

按图 4-11-5 连线，选择 C_x 为 1 μF 进行实验.

根据公式：
$$R_x=\frac{R_b}{R_a}R_n,\ C_x=\frac{R_a}{R_b}C_n.$$

$$D=\tan\delta=\frac{1}{\omega C_x R_x}=\frac{1}{\omega C_n R_n}.$$

选择 R_a 为 1 kΩ,选 C_n 为 1 μF, 调节 R_b 和 R_n 使检流计指示最小,这时 R_b 也该在 1 kΩ 左右. 调节平衡的过程与串联电阻式测量电容时相同.

再根据公式计算出 C_x, R_x, D,也可根据公式选择其他档的 C_n、R_a 测量,但是,C_n、R_n 的选择必须满足 $D=\tan\delta=\frac{1}{\omega C_x R_x}=\frac{1}{\omega C_n R_n}$ 这个公式的条件.

3. 串联电阻式测量高 Q 电感

按图 4-11-6 连线,选择 L_x 为 10 mH 进行实验.

根据公式:
$$L_x=\frac{R_a R_b C_n}{1+(\omega C_n R_n)^2},\ R_x=\frac{R_a R_b R_n(\omega C_n)^2}{1+(\omega C_n R_n)^2}.$$

选择 R_a 为 100 Ω,选 C_n 为 0.1 μF, 调节 R_b 和 R_n 使检流计指示最小,这时 R_b 也该在 1 kΩ 左右. 调节平衡的过程与串联电阻式测量电容时相同.

再根据公式计算出 L_x, R_x, Q.

也可根据公式选择其他档的 C_n、R_a 测量,但是,$C_n R_n$ 的选择必须满足 $Q=\frac{\omega L_x}{R_x}=\frac{1}{\omega C_n R_n}$ 这个条件.

4. 并联电阻式测量低 Q 电感

按图 4-11-7 连线,选择 L_x 为 1 mH 进行实验.

根据公式:
$$L_x=R_a R_b C_n,\ R_x=\frac{R_a R_b}{R_n}.$$

选择 R_a 为 100 Ω,选 C_n 为 0.01 μF, 调节 R_b 和 R_n 使检流计指示最小,这时 R_b 也该在 1 kΩ 左右. 调节平衡的过程与串联电阻式测量电容时相同.

再根据公式计算出 L_x, R_x, Q,也可根据公式选择其他档的 C_n, R_a 测量,但是,C_n、R_n 的选择必须满足 $Q=\frac{\omega L_x}{R_x}=\omega C_n R_n$.

DH4505 型交流电路综合实验仪使用说明

1. 概述

DH4505 型交流电路综合实验仪采用通用化、模块化的开放式结构进行设计制造,具有设计合理、制作精细、造型大方、操作简便等优点. DH4505 型交流电路综合实验仪中包含了交流电路实验所需的所有部件,包括:三个独立的电阻桥臂(R_a 电阻箱、R_b 电阻箱、R_n 电阻箱)、标准电容 C_n、标准电感 L_n、被测电容 C_x、被测电感 L_x 及信号源和交流指零仪.

由这些开放式模块化的元件、部件,配以高质量的专用接插线,就可以由学生自己连线来完成 RC、RL、RLC 电路的稳态和暂态特性的研究,从而掌握一阶电路、二阶电路的正弦波和阶跃波的响应过程,并理解积分电路、微分电路的工作原理;可以组成各种不同类型的交流电桥,非常适合于教学实验.

2. 仪器构成

仪器由功率信号发生器、频率计、电阻箱、电感箱、电容箱和交流指零仪等组成.

DH4505 交流电路综合实验仪面板如图 4-11-9 所示.

3. 主要技术性能

(1) 环境适应性. 工作温度:10℃~35℃;相对湿度:25%~85%.

(2) 抗电强度. 仪器能耐受 50 Hz 正弦波 500 V 电压 1 min 耐压试验.

(3) 内置功率信号源部分. 正弦波分 50 Hz~1 kHz, 1~10 kHz, 10~100 kHz 三个波段;方波为 50 Hz~1 kHz,信号幅度均 0~6V_{pp} 可调.

(4) 内置数显交流电压表. 电压测量范围:0~2 V,频率响应范围:20 Hz~5 kHz(超过此范围显示会不

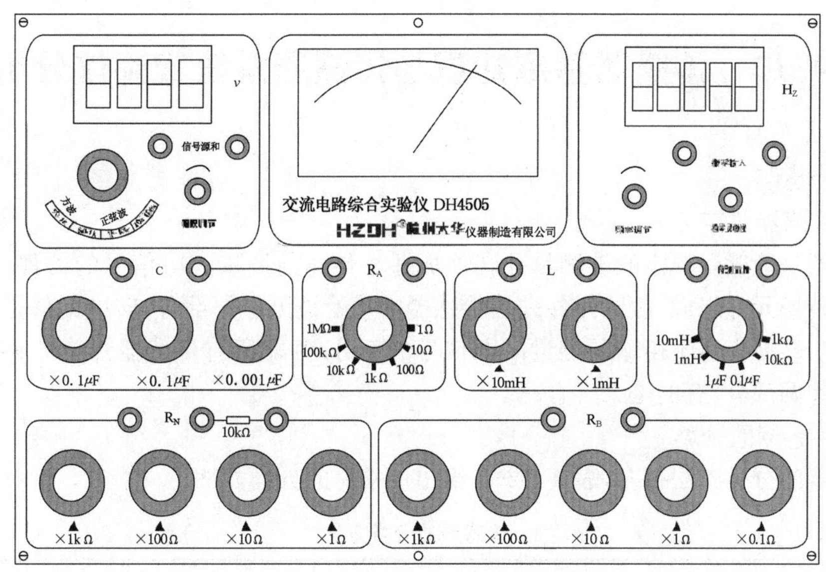

图 4-11-9　DH4505 交流电路综合实验仪面板

准确). 3 位半 LED 数显.

(5) 内置频率计. 测量范围:20 Hz～100 kHz. 测量误差:优于 0.5%. 5 位 LED 数显,分辨率 1 Hz.

(6) 内置交流指零仪. 带通滤波:中心频率 1 kHz,带外衰减 −20 dB/10 倍频程. 灵敏度:$<1\times10^{-8}$ A/格(1 kHz),连续可调. 精度:5%.

(7) 内置桥臂电阻

R_a:由 1, 10, 100, 1 kΩ, 10 kΩ, 100 kΩ, 1 MΩ 七个电阻组成,精度 1%;

R_b:由一个 10×1 000, 10×100, 10×10, 10×1, 10×0.1 Ω 电阻箱组成,精度 1%;

R_n:由一个 10×1 000, 10×100, 10×10, 10×1 Ω 电阻箱组成,精度 1%.

(8) 内置标准电容箱 C_n、标准电感箱 L_n

标准电容:10×(0.001μF+0.01μF+0.1μF),精度 1%.

标准电感:10×(1 mH+10 mH),精度 1.5%.

(9) 内置被测电阻 R_x、被测电容 C_x、被测电感 L_x. 有不同参数的被测元件供学生测量用.

(10) 仪器外形尺寸:420 mm×280 mm×130 mm.

(11) 供电电源. 220 V±10%,功耗:50 VA.

4. 注意事项

(1) 仪器使用前应预热 10～15 min,并避免周围有强磁场源或磁性物质.

(2) 仪器采用开放式设计,使用时要正确接线,不要短路功率信号源,以防损坏. 使用完毕后应关闭电源.

(3) 仪器的使用和存放应注意清洁干净,避免腐蚀和阳光暴晒.

4.12 传感器基本知识与传感器系统实验仪介绍

1. 传感器

(1) 传感器的定义

传感器是能感受规定的被测量并转换成适于传输与测量的电信号的器件.通常由敏感元件和转换元件组成.敏感元件是指传感器中感受被测量的部分,转换元件是指将敏感元件的输出转换为适于传输与测量的电信号的部分.并非所有传感器都能分为敏感元件和转换元件两部分,有的是二者合一.

(2) 传感器的分类

传感器的分类方法很多,表 4-12-1 给出了常见的分类方法.

表 4-12-1 传感器的分类方法

分类方法	传感器的种类	说 明
按输入量分类	位移传感器、速度传感器、温度传感器、用力传感器、气敏传感器等	传感器以被测物理量命名
按工作原理分类	应变式、电容式、电感式、压电式、光电式、热电式等	传感器以工作原理命名
按物理现象分类	结构型传感器	传感器依赖其结构参数变化实现信息变换
	物性型传感器	传感器依赖其敏感元件物理特性的变化实现信息变换
按能量关系分类	能量转化型传感器	传感器直接将被测量的能量转换为输出量的能量
	能量控制型传感器	由外部供给传感器能量,再由被测量来控制输出的能量
按输出信号分类	模拟式传感器	输出为模拟量
	数字式传感器	输出为数字量

(3) 传感器的地位与应用

传感器成为感知、获取与检测信息的窗口,一切科学研究和自动化生产过程要获取的信息,一般都要通过传感器获取,并由传感器转换为容易传输和处理的电信号.若将计算机比喻为人的大脑,则传感器就是人的感觉器官.科学技术越发达,自动化程度越高,对传感器的依赖性就越大.传感器在信息采集系统中处于前端,它的性能将会影响整个系统的工作状态与质量.

传感器广泛应用于科学技术的各个学科领域.工业自动化、农业现代化、军事工程、航天技术、机器人技术、资源探测、海洋开发、环境监测、安全保卫、医疗诊断、家用电器等领域,都与传感器密切相关.

(4) 传感器技术的发展动向

① 发现新现象：利用物理现象、化学反应和生物效应是各种传感器的工作原理，所以发现新的物理现象、新的化学反应和新的生物效应是研制新型传感器的重要基础. 例如日本夏普公司利用超导技术研制成功高温超导磁传感器，是传感器技术的重大突破，其灵敏度高于霍尔器件.

② 开发新材料：由于材料科学的进步，从而可以设计和制造出用于各种传感器的功能材料. 例如半导体氧化物可以制造各种气体传感器，而陶瓷传感器工作温度远高于半导体，光导纤维的应用是传感器材料的重大突破.

③ 采用微细加工技术：半导体技术中的加工方法如氧化、光刻、扩散、沉积、平面电子工艺、各向异性腐蚀及蒸镀、溅射薄膜工艺都可用于传感器制造. 例如：利用半导体技术制造出压阻式传感器，利用薄膜工艺制造出气敏式、湿敏湿传感器，等等.

④ 研究多功能集成传感器.

⑤ 智能化传感器：智能传感器是一种带微处理器的传感器，兼有检测、判断和信息处理功能.

⑥ 新一代航天传感器研究.

⑦ 仿生传感器研究.

2. 传感器的一般特性

(1) 传感器的静态特性

传感器在稳态信号作用下，其输出与输入的关系称为静态特性. 静态特性的主要指标：线性度、灵敏度、迟滞和重复性.

① 线性度

传感器的输出与输入之间的线性程度，称为“线性度”. 传感器的理想输出与输入特性为线性(图 4-12-1). 实际上许多传感器的输出与输入特性为非线性. 传感器的输出与输入之间的线性程度越高，越有利于传感器的应用. 对于实际传感器，一般情况下应用其近似线性部分或进行非线性补偿.

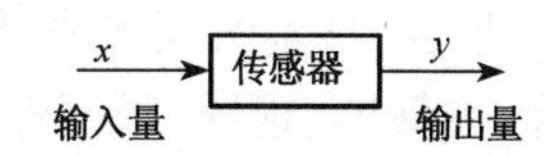

图 4-12-1　传感器的输入、输出特性

如图 4-12-2 所示，可用切线或割线来近似地代表实际曲线的一段. 所采用的直线称为“拟合直线”. Δ_m 表示“拟合直线”与实际曲线的最大偏差，y_m 表示输出满量程值. 评价非线性误差(或线性度)的指标：

$$e = \pm \frac{\Delta_m}{y_m} \times 100\%. \quad (4\text{-}12\text{-}1)$$

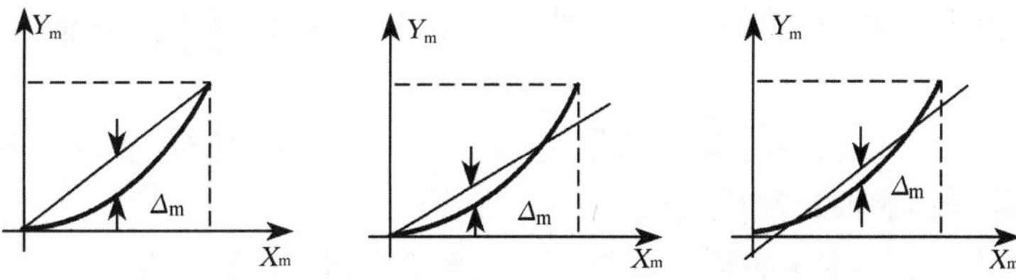

图 4-12-2　输出与输入特性的非线性

② 灵敏度

灵敏度是指传感器输出变化对输入变化的反应灵敏程度，可表示为

$$S=\frac{\Delta y}{\Delta x}. \tag{4-12-2}$$

Δy 为输出量 y 的变化量，Δx 为输入量 x 的变化量.

线性传感器的灵敏度为恒量.一般希望传感器的灵敏度高且为恒量.

③ 迟滞

迟滞是指输入量 x 由小变大测量得到的 x-y 关系图线与输入量 x 由大变小测量得到的 x-y 关系图线的不重合的程度.也就是说，对应于同一大小的输入信号，传感器正反行程的输出信号大小不等，这就是迟滞现象.产生迟滞现象的原因为机械缺陷，如轴承摩擦、间隙、材料的内摩擦、积尘等.

④ 重复性

重复性是指输入量 x 由小变大(或由大变小)测量得到的 x-y 关系图线和多次重复测量所得 x-y 关系图线的重合程度.不能完全重复与产生迟滞线有相同的原因.

(2) 传感器的动态特性

传感器在动态信号作用下，其输出动态特性与输入动态特性的关系称为动态特性.一个动态特性好的传感器，其输出随时间变化的规律，能同时反映再现输入随时间变化的规律，即输出量 y 与输入量 x 有相同的时间函数.

研究传感器的动态特性一般从时域和频域两方面采用瞬态响应法和频率响应法来分析.

3. 传感器的标定

传感器的标定分为静态标定和动态标定.静态标定就是确定传感器的静态特性，如线性度、灵敏度、迟滞、重复性等；动态标定就是确定传感器的动态特性，如频率响应、时间常数等.

(1) 传感器的静态标定

对传感器进行静态标定，首先得创造一个静态标准条件：没有加速度、振动、冲击(除非这些参数本身就是被测量)，环境温度一般为室温(20℃±50℃)，相对湿度不大于85%，大气压力为(101±8)kPa的情况.其次是选择与被标定传感器的精度要求相适应的仪器设备.标定过程如下：

① 将传感器全量程(测量范围)分成若干等间距点.

② 根据传感器量程分点情况，由小到大逐渐一点一点地输入标准量，并记录下各输入值相对应的输出值.

③ 将输入值由大到小逐渐一点一点地减少下来，同时记录下与各输入值相对应的输出值.

④ 按“①”、“②”所述过程，对传感器进行正、反行程往复循环多次测量，将得到的输入与输出测量数据列表或描绘成曲线.

⑤ 根据测量结果确定传感器的线性度、灵敏度、迟滞、重复性等.

(2) 传感器的动态标定(略)

4. CSY$_{10B}$传感器系统实验仪使用说明

CSY$_{10B}$传感器系统实验仪的特点是集被测体、各种传感器、信号激励源、处理电路和显示器于一体，可以组成一个完整的测试系统. 通过实验指导书所提供的数十种实验举例，能完成包含光、磁、电、温度、位移、振动、转速等内容的测试实验. 通过这些实验，实验者可对各种不同的传感器及测量电路原理和组成有直观的感性认识，并可在本仪器上举一反三开发出新的实验内容.

(1) 实验仪构成

实验仪主要由实验工作台、处理电路、信号与显示电路三部分组成.

实验仪传感器配置及布局见图 4-12-3.

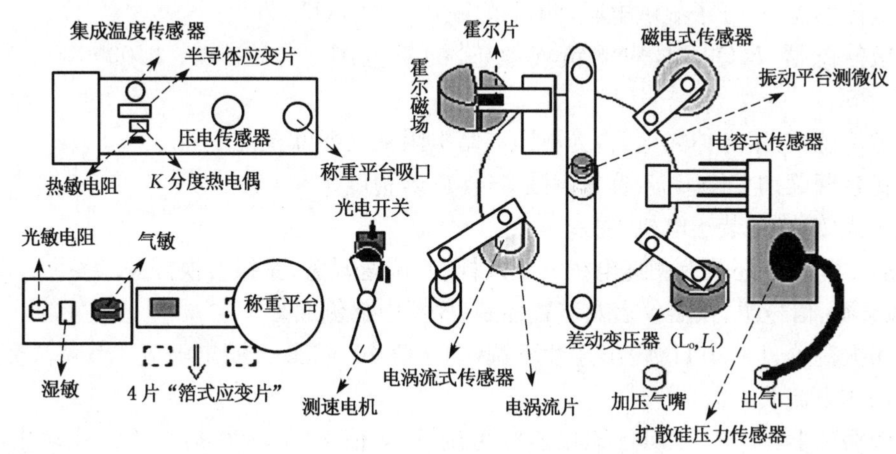

图 4-12-3　GSY$_{10B}$实验仪面板传感器分布图

① 传感器配置说明

左后平行梁(装有置于激振线圈内的永久磁钢，用于吸放称重平台；由“激振Ⅱ”带动)：上梁的上表面和下梁的下表面对应地贴有两片半导体应变片. 上梁表面安装一支 K 分度标准热电偶. 上梁表面装有玻璃珠状的半导体热敏电阻 MF-51，负温度系数，25℃时阻值为 8～10 kΩ. 上梁表面装有根据半导体 PN 结温度特性所制成的具有良好线性范围的集成温度传感器. 悬臂梁自由端部，装有压电传感器(由 PZT-5 双压电晶片、铜质量块和压簧组成，装在透明外壳中). 悬臂梁之间装有电加热器一组，加热电源取自 15 V 直流电源，打开加热开关即能加热，工作时能获得高于温度 30℃左右的升温. 此温度可由“K 分度标准热电偶”接“数字温度计”测得.

左前平行梁：上梁的上表面和下梁的下表面对应地贴有四片金属箔式应变片(BHF-350).

实验工作台右边是由装于机内的另一副平行梁带动的圆盘式工作台(装有置于激振线圈内的永久磁钢，由“激振Ⅰ”带动).

圆盘周围一圈安装有：电感式(差动变压器)、电容式、磁电式、霍尔式、电涡流式、压阻式等传感器. 测微头装在两边的支架上.

电感式(差动变压器)传感器：由初级线圈 L_i 和两个次级线圈 L_o 绕制而成的空心线圈，圆柱形铁氧体铁芯置于线圈中间，测量范围＞10 mm.

电容式传感器：由装于圆盘上的一组动片和装于支架上的两组定片组成平行变面积式差动电容，线性范围≥3 mm.

磁电式传感器：由一组线圈和动铁（永久磁钢）组成，灵敏度为 0.4 V·s·m^{-1}.

霍尔式传感器：半导体霍尔片置于两个半环形永久磁钢形成的梯度磁场中，线性范围≥3 mm.

电涡流式传感器：多股漆包线绕制的扁平线圈与金属涡流片组成的传感器，线性范围>1 mm.

MPX 压阻式传感器：摩托罗拉扩散硅压力传感器，差压工作，测压范围 0～50 kPa. 精度 1%.

湿敏传感器：高分子湿敏电阻，测量范围：0～99%RH.

气敏传感器：MQ3 型，对酒精气敏感，测量范围 10×10^{-6}～$2\ 000\times10^{-6}$，灵敏度$R_0/R>5$.

光敏传感器：半导体光电管，光电阻与暗电阻从几兆欧至几千欧.

双孔悬臂梁称重传感器：称重范围 0～500 g，精度 1%.

光电式传感器：装于电机侧旁.

实验工作台上还装有测速电机一组及控制、调速开关、激振转换开关.

② 电源、信号源、仪器仪表及装置控制（仪器中部侧面）

低频振荡器：1～30 Hz 输出连续可调，$V_{P\text{-}P}$值 20 V，最大输出电流 1.5 A，V_i 端插口可提供用作电流放大器.

音频振荡器：0.4～10 kHz 输出连续可调，$V_{P\text{-}P}$值 20 V，180°与 0°为反相输出，L_V 端最大功率输出 1.5 A.

直流稳压电源：±15 V，提供仪器电路工作电源和温度实验时的加热电源，最大输出 1.5 A，±2 V～±10 V，档距 2 V，分五档输出，提供直流信号源，最大输出电流 1.5 A.

数字式电压/频率表：三位半显示，分 2 V，20 V，2 kHz，20 kHz 四档，灵敏度≥50 mV，频率显示 5 Hz～20 kHz.

数字式温度计：K 分度热电偶测温，精度±1℃.

(2) 元器件符号说明

八片应变片（四片半导体应变片，四片箔式应变片）在载物平台受力时的应变如图 4-12-4 所示.

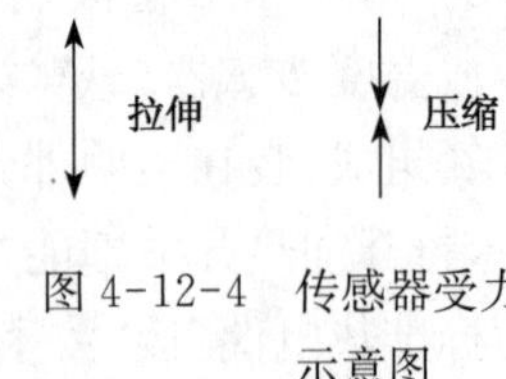

图 4-12-4　传感器受力示意图

(3) 电路说明

电桥：用于组成应变电桥，面板上虚线所示电阻为虚设，仅为组桥提供插座. 电路电阻与阻值：4 个标准电阻 $R=350\ \Omega$，交流调节电位器 R_A，直流调节电位器 R_D. $R_A=R_D=22\ k\Omega$.

变换器（信号变换器、电容变换器、光电变换器、涡流变换器）：对相应的传感器探测到的信号进行变换，使输出便于处理观测的电信号.

差动放大器：增益可调直流放大器，可接成同相、反相、差动结构，增益 1～100 倍.

光电变换器：提供光纤传感器红外发射、接收、稳幅、变换，输出模拟信号电压与频率变换方波信号. 四芯航空插座上装有光电转换装置和两根多模光纤（一根接收，一根发射）

组成的光强型光纤传感器.

电容变换器:由高频振荡、放大和双 T 电桥组成.

移相器:允许输入电压 $20V_{P\text{-}P}$,移相范围±40°(随频率不同有所变化).

相敏检波器:集成运放极性反转电路构成,所需最小参考电压 0.5 $V_{P\text{-}P}$,允许最大输入电压≤20 $V_{P\text{-}P}$.

电荷放大器:电容反馈式放大器,用于放大压电加速度传感器输出的电荷信号.

涡流变换器:变频式调幅变换电路,传感器线圈是三点式振荡电路中的一个元件.

信号变换器(温度变换器):根据输入端热敏电阻值、光敏电阻及 PN 结温度传感器信号变化输出电压信号相应变化的变换电路.

低通滤波器:由 50 Hz 陷波器和 RC 滤波器组成,转折频率 35 Hz 左右.

使用仪器时打开电源开关,检查交、直流信号源及显示仪表是否正常. 仪器下部面板左下角处的开关控制处理电路的工作电源,进行实验时请勿关掉.

请用户注意,本仪器是实验性仪器,各电路完成的实验主要目的是对各传感器测试电路做定性的验证,而非工程应用型的传感器定量测试.

仪器后部的 RS232 接口请接计算机串行口工作. 所接串口须与实验软件设置一致,否则计算机将收不到信号.

仪器工作时需良好地接地,以减小干扰信号,并尽量远离电磁干扰源.

实验时请非常注意实验指导书中实验内容后的"注意事项",要在确认接线无误的情况下开启电源,尽量避免电源短路情况的发生,加热时"15 V"电源不能直接接入应变片、热敏电阻和热电偶. 实验工作台上各传感器部分如相对位置不太正确可松动调节螺丝稍作调整,原则上以按下振动梁松手,周边各部分能随梁上下振动而无碰擦为宜.

附件中的称重平台是安装在实验工作台左边的永久磁钢上方,铜质砝码做称重实验之用. 实验开始前请检查实验连接线是否完好,以保证实验顺利进行.

本实验仪需防尘,以保证实验接触良好,仪器正常工作温度－10℃～40℃.

4.13　直流电桥与金属箔式应变片性能

【实验目的】

(1) 了解金属箔式应变片、单臂电桥的工作原理和工作情况.

(2) 验证金属箔式应变片单臂、半桥、全桥的性能及其相互关系.

【实验仪器】

CSY_{10B}传感器系统实验仪、应变式传感器、金属箔式应变片、铜质砝码、电桥模块、差动放大器、数显电压表.

【实验原理】

1. 电阻应变式传感器简介

(1) 电阻应变式传感器的结构

将电阻应变片粘贴到各种弹性敏感元件上,可构成测量位移、加速度、力、力矩、压力等各种参数的电阻应变式传感器.

电阻应变式传感器由弹性敏感元件与电阻应变片构成.弹性敏感元件在感受被测量(如受力)时将产生变形,其表面产生应变.粘贴在种弹性敏感元件上的电阻应变片的电阻值也产生相应的变化.电阻应变片的作用实际上就是传感器中的转换元件.

(2) 电阻应变片的工作原理

金属的应变效应:金属丝的电阻随着它所受的机械变形(拉伸或压缩)的大小而发生相应变化的现象称为"金属的电阻应变效应".

利用金属应变效应制造的电阻应变片常见的有"丝式"和"箔式".这种应变片电阻温度系数较小,但灵敏度较低.

半导体压阻效应:半导体材料的电阻随作用应力而变化.

利用半导体压阻效应制造的电阻应变片一般为"单根状".这种应变片灵敏度较高,但电阻温度系数较大.

此外还有"薄膜应变片",是一种很有前途的新型应变片.

(3) 电阻应变片的主要参数

① 电阻值 R_0:指未安装的应变片,在不受外力的情况下,室温条件下测定的电阻值,也称原始值.应变片的电阻值趋于标准化,有 60 Ω, 120 Ω, 350 Ω, 600 Ω, 1 000 Ω 等,其中 120 Ω 为最常用.

② 绝缘电阻:一般应大于10^{10} Ω.

③ 灵敏系数 K.

④ 允许电流 I_{max}.

2. 测量原理

电阻丝在外力作用下发生机械形变时,其电阻值发生变化,这就是电阻应变效应,描述电阻应变效应的关系式为

$$\sum R = \frac{\Delta R}{R} = K\varepsilon. \tag{4-13-1}$$

式中,$\sum R = \frac{\Delta R}{R}$ 为电阻丝电阻相对变化量,K 为应变灵敏系数,$\varepsilon = \frac{\Delta l}{l}$ 为电阻丝长度相对变化量.

金属箔式应变片就是通过光刻、腐蚀等工艺制成的应变敏感元件,通过它转换被测部位受力状态变化并通过电桥的作用完成电阻到电压的比例变化,电桥的输出电压反映了相应的受力状态.其电路原理图如图 4-13-1 所示,电桥输出给差动放大器的电压为 $U = \frac{R_1 \times R_2 - R_3 \times R_4}{(R_2 + R_3)(R_1 + R_4)} \times E$ (图中,R_1 与 R_2、R_3 与 R_4 构成对臂,R_1 与 R_3、R_1 与 R_4、R_2 与 R_3、R_2 与 R_4 分别构成邻臂);所以,当电桥平衡时,桥路对臂电阻乘积相等,电桥输出

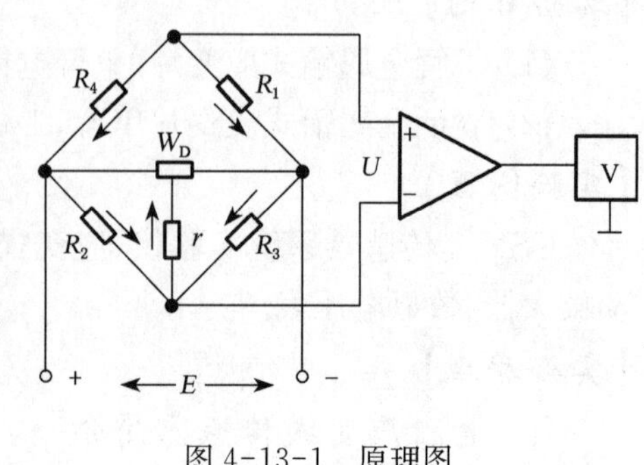

图 4-13-1 原理图

为零. 在桥臂四个电阻 R_1、R_2、R_3、R_4 中，电阻的相对变化量分别为 $\frac{\Delta R_1}{R_1}$、$\frac{\Delta R_2}{R_2}$、$\frac{\Delta R_3}{R_3}$、$\frac{\Delta R_4}{R_4}$，假设有：$R_1 = R_2 = R_3 = R_4 = R$，当使用一个应变片时，电桥的电阻相对变化量 $\sum R_{单} = \frac{\Delta R}{R}$，此电桥称为单桥；当用相邻的两个应变片组成差动状态工作(即一个应变片为拉伸型应变片，邻臂的那个应变片为压缩型应变片)构成双臂电桥时，则电桥的电阻相对变化量 $\sum R_{半} = \frac{2\Delta R}{R}$，此电桥称为半桥；当用四个应变片组成双差动状态工作，构成一个全桥电桥时，则电桥的电阻相对变化量 $\sum R_{全} = \frac{4\Delta R}{R}$.

电桥的灵敏度定义是：电桥的输出电压(或输出电流)与被测应变片在电桥的一个桥臂上引起的电阻变化量之间的比值，即：$S = \frac{U_o}{\frac{\Delta R}{R}}$；而输出电压 U_o，根据戴维宁定理可近似得到 $U_o = \frac{1}{4}E \cdot K\varepsilon = \frac{1}{4}E \cdot \sum R$. 已知单桥、半桥和全桥电路的 $\sum R$ 分别为 $\frac{\Delta R}{R}$、$\frac{2\Delta R}{R}$、$\frac{4\Delta R}{R}$，于是对应单桥、半桥和全桥的电桥灵敏度分别为 $\frac{1}{4}E$、$\frac{1}{2}E$ 和 E. 由表达式可知，单臂、半桥、全桥电路的灵敏度依次增大；也由此可知，当 E 和电阻相对变化量一定时，电桥灵敏度与各桥臂阻值的大小无关，这样在实际测量中可以简便很多了.

【实验内容】

1. 单臂电桥灵敏度测量

(1) 将差动放大器调零：开启主、副电源，将稳压电源的切换开关置±4 V 档，用导线将差动放大器的正(+)、负(−)输入端与地短接，将差动放大器的输出端与电压/频率表的输入插口“IN”相连(电压表的接地插口不必连接，内部导线已经接地)，调节差动放大器的增益旋转到适中位置；然后调整差动放大器的调零旋钮使电压表显示为零，然后关闭主、副电源.

(2) 根据图 4-13-2 接线. R_1、R_2、R_3 为电桥单元的固定电阻；$R_4 = R_x$ 为应变片. 将稳压电源的切换开关置±4 V 档，电压/频率表置 20 V 档.

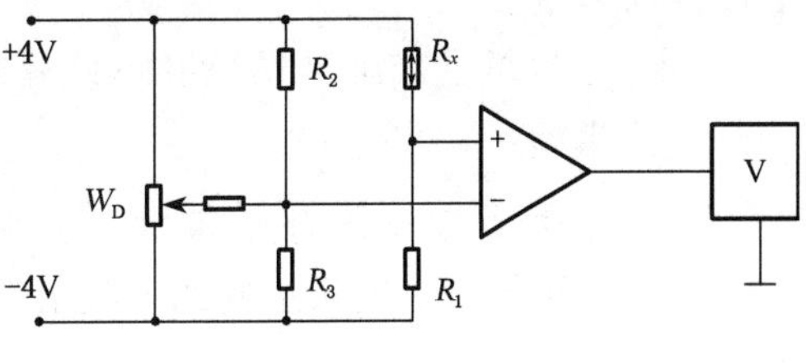

图 4-13-2　实验电路

(3) 开启主、副电源，调节电桥平衡网络中 W_D 使电压表显示为零，然后将电压表置2V档，再调节电桥 W_D(慢慢地调)，电压表显示为零.

(4) 在支架上依次放上 20 g，40 g，60 g，…，200 g 铜质砝码，测量对应输出电压. 记录数据于表 4-13-1.(放上第一个铜质砝码时观察一下电压表读数的变化情况，如果示数起伏大，可适当减少差动放大器的增益；如果示数没有变化，可适当增大差动放大器的增益.)

表 4-13-1　　单桥实验测量数据

质量 M/g	0	20	40	60	80	100	120	140	160	180	200
电压 V/mV											

(5) 作出 V-M 曲线,求出灵敏度 $S_{单}=\frac{\Delta V}{\Delta M}$.

2. 半桥灵敏度测量

保持差动放大器增益不变,将 R_1 固定电阻换为与 R_4 工作状态相反的另一应变片,即邻臂取二片受力方向相同的应变片,形成半桥,重复上述测量过程,并将测量数据填入表 4-13-2,作出 V-M 曲线,求出半桥的灵敏度.

表 4-13-2　　半桥实验测量数据

质量 M/g	0	20	40	60	80	100	120	140	160	180	200
电压 V/mV											

3. 全桥灵敏度测量

保持差动放大器增益不变,将 R_2, R_3 两固定电阻换成另外两片受力应变片(组桥原则是:邻臂相反,对臂相同,否则相互抵消没有输出)形成全桥电路,重复上述测量过程,并将测量数据填入表 4-13-3,作出V-M曲线,求出全桥的灵敏度.

表 4-13-3　　全桥实验测量数据

质量 M/g	0	20	40	60	80	100	120	140	160	180	200
电压 V/mV											

实验完毕,关闭主、副电源,所有旋钮转到初始位置.

【数据处理】

同一坐标纸上描出 V-M 曲线;计算并比较三种接法的灵敏度.

注意事项:

1. 金属箔式应变片性能测试——单臂电桥

(1) 电桥上端虚线所示的四个电阻实际上并不存在,仅作为一标记,目的是实验中组桥容易.

(2) 做此实验时应将低频振荡器的幅度关至最小,以减小其对直流电桥的影响.

2. 金属箔式应变片:单臂、半桥、全桥的比较

(1) 在更换应变片时应将电源关闭.

(2) 在实验过程中如有发现电压表发生过载(显示为"1"或"−1"),应将电压量程扩大.

(3) 在本实验中只能将放大器接成差动形式,否则系统不能正常工作.

(4) 直流稳压电源±4 V 不能打得过大,以免损坏应变片或造成严重自热效应.

(5) 接全桥时请注意区别各片子的工作状态方向.

【思考题】

1. 本实验电路对直流稳压电源和对放大器有何要求?

2. 单臂、半桥、全桥的连接方法各有几种?

3. 请选择下列 3 个选项:桥路(差动电桥)测量时存在非线性误差,是因为:①电桥测量原理上存在非线性;②应变片应变效应是非线性的;③调零值不是真正为零.

4.14　霍尔式传感器的特性与应用

【实验目的】

(1) 了解霍尔式传感器的结构、工作原理和特性;

(2) 掌握霍尔式传感器的基本应用.

【实验仪器】

直流稳压电源、电桥、霍尔传感器、差动放大器、电压表、测微头、振动圆盘、砝码、音频振荡器;音频振荡器、移相器、相敏检波器、低通滤波器、双踪示波器.

【实验原理】

霍尔式传感器是由工作在两个环形磁钢组成的梯度磁场和位于磁场中的霍尔元件组成. 当霍尔元件通以恒定电流时,霍尔元件就有电势输出. 霍尔元件在梯度磁场中上、下移动时,输出的霍尔电势 U 取决于其在磁场中的位移量 X,所以测得霍尔电势的大小便可获知霍尔元件的静位移.

1. 霍尔效应

在半导体薄片相对的两侧面通以电流 I,在此侧面相互垂直的方向上加磁场 B,则在半导体另外两个侧面会产生一个大小与控制电流 I 和磁场 B 乘积成正比的电动势 E_H,这个电动势就是霍尔电动势. 如图 4-14-1所示. 假设霍尔元件为 N 型半导体元件(载流子为电子),电子运动的方向与图示电流方向相反,电子在磁场中受洛仑兹力作用向一边堆积,从而在 c、d 方向产生电场;随后电子又会在该电场中受电场力的作用,电场力和磁场力大小相等方向相反时电子堆积达到动态平衡. 这样在半导体 c、d 方向的端面就产生电动势:

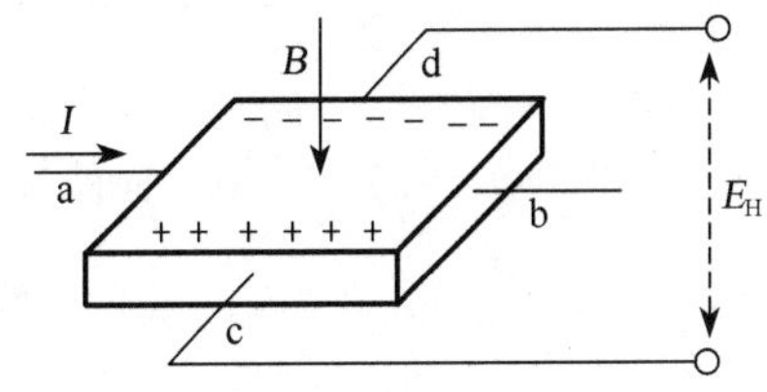

图 4-14-1　霍尔效应原理

$$E_H = K_H BI.$$

若磁感应强度 B 不垂直于霍尔元件,而是与其法线有一角度 θ,则

$$E_H = K_H BI\cos\theta. \tag{4-14-1}$$

其中,$K_H = \frac{1}{ne\delta}$称为霍尔电动势灵敏系数. N 为载流子浓度,e 为电子电量,δ 为霍尔元件

厚度.

2. 霍尔元件及其特性

目前应用最广泛的霍尔元件是砷化镓. 霍尔元件一般有四个端，激励电流端 a、b，霍尔电动势输出端 c、d. c、d 端一般处于侧面的中点.

霍尔元件的特性参数如下：

(1) 内阻：输入电阻：激励电流端 a、b 间的等效电阻；阻值在几欧到几百欧，随温度变化而变化. 输出电阻：霍尔电动势输出端 c、d 间的等效电阻；大小与输入电阻同数量级，随温度变化而变化. 输入电阻与输出电阻一般为 100～2 000 Ω，输入电阻略大于输出电阻但相差不多. 输入电阻与输出电阻与温度和磁场强度(磁阻效应)有关.

(2) 最大激励电流 I_M(通常为几到几十毫安)：激励电流增大，霍尔元件功耗增大，温度上升，霍尔电动势产生温度漂移.

(3) 最大磁感应强度 B_M(通常小于零点几特斯拉)：磁感应强度超过一定界限，霍尔电动势的非线性明显增加.

3. 霍尔元件的工作电路

恒压工作电路如图 4-14-2(a)：恒压工作时，输入电阻的温度和磁场强度(磁阻效应)影响，使得控制电流 I 不是恒定值. 只适用于测量精度要求不高的场合. 不能应用于测量变化的磁场.

恒流工作电路如图 4-14-2(b)：控制电流 I 是恒定值. 适用于测量精度要求较高的场合. 能应用于测量变化的磁场.

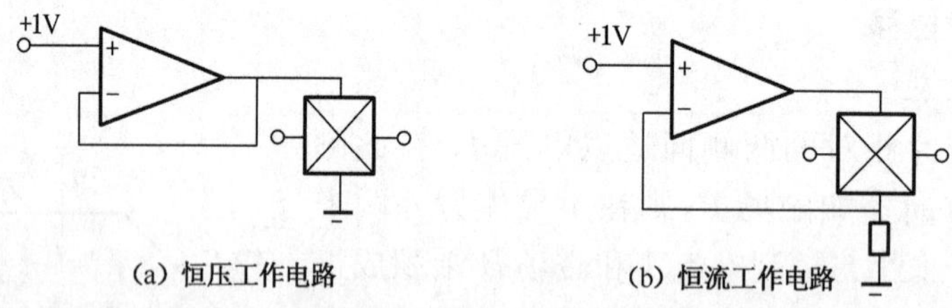

图 4-14-2 霍尔元件工作电路

4. 霍尔集成电路

霍尔元件、激励电流源、放大电路集成在一块芯片上. 霍尔集成电路有线性型与开关型两大类.

(1) 3501T 线性型霍尔集成电路外形、内部结构、输出特性见图 4-14-3. 主要用于进行线性测量的场合，如角位移、压力、电流.

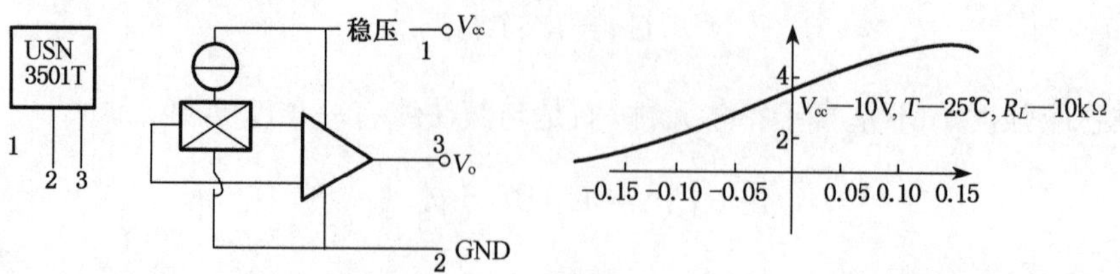

图 4-14-3 UGN3501T 霍尔集成电路外形、内部结构、输出特性

(2) UGN3020 开关型霍尔集成电路外形、内部结构见图 4-14-4. 外加磁场强度超过规定值，三极管导通，输出为低电平；外加磁场强度低于释放值，三极管截止，输出为高电平.

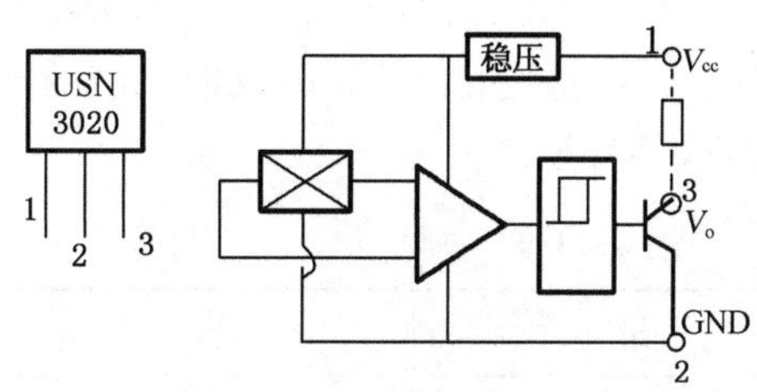

图 4-14-4　UGN3020 开关型霍尔传感器外形、内部结构

5. 霍尔集成电路的应用

霍尔电动势 E_H 是三个变量 B、I、θ 的函数，只要被测量能使其中任意一个量发生变化，就能用霍尔传感器测量. 由 $E_H = K_H BI\cos\theta$ 知，霍尔传感器有以下一些基本应用：

(1) 电流测量，如制作电流表等. K_H 一般为常数，保持 B 和 θ 不变(一般取 $\theta=90°$，即垂直)，霍尔输出电压就与通过霍尔传感器的电流成正比，即 $E_H \propto I$. 通过测量霍尔输出电压就可求得电流.

(2) 磁感应强度测量，如制作高斯计等. 保持 I 和 θ 不变(一般取 $\theta=90°$，即垂直)，霍尔输出电压就与霍尔传感器所处磁场的磁感应强度成正比，即 $E_H \propto B$. 通过测量霍尔输出电压就可求得磁感应强度.

(3) 同理，霍尔传感器还可应用于角度测量.

(4) 霍尔传感器还可应用于位移以及与位移相关的各种物理量的测量，如速度、时间周期等.

6. 线性非均匀磁场

采用两个相同的磁铁，如图 4-14-5 所示安置，就可得到一个线性的非均匀磁场. 两个磁极间的磁感应强度分布曲线如图 4-14-6 所示.

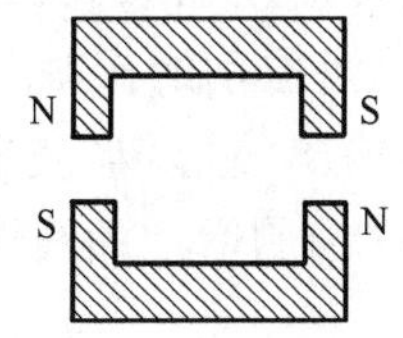

图 4-14-5　线性非均匀磁场

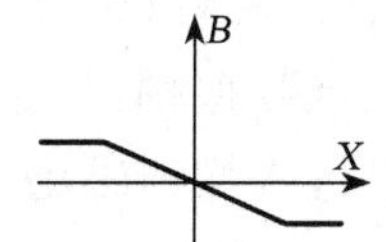

图 4-14-6　磁感应强度分布曲线

【实验内容】

1. 霍尔式传感器的直流激励特性及应用

(1) U-X 特性研究

按图 4-14-7 接线，装上测微头(千分尺与圆盘相吸)，调节圆盘上、下位置，使霍尔元件位于线性非均匀磁场中间位置. 差动放大器增益适度(保证最大输出电压不超过电压表量程). 开启电源，调节电桥 W_D，使差放输出为零. 上、下移动圆盘，使差放正负电压输出对称(由此判断霍尔元件是否处于梯度磁场中间位置)；如若差放正负电压输出不对称，应调节电桥 W_D，直至基本对称.

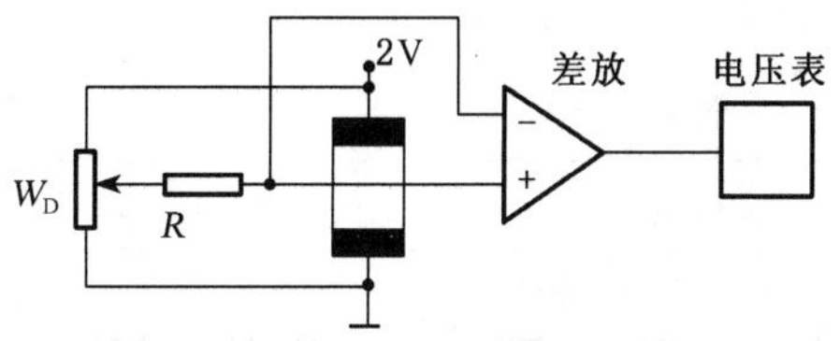

图 4-14-7　霍尔传感器直流激励特性

将差放输出为零所对应的测微头位置定为坐标原点($X=0$)，上、下移动测微头各3.5 mm，每变化0.5 mm读取相应的电压值.并记入表4-14-1，作出U-X曲线，求出灵敏度及线性度.

表4-14-1　　**U-X的测量**

X/mm									
U/V									

注意事项：直流激励电压须严格限定在2 V，绝对不能任意加大，以免损坏霍尔元件.

(2) 位移测量

保持原有实验条件，调节圆盘位置X_1，测量对应的差放输出电压V_1，调节圆盘位置X_2，测量对应的差放输出电压V_2.根据"U-X特性图"找到输出电压V_1和V_2所对应的X_1'和X_2'，X_1'和X_2'的间距，即为应用霍尔式传感器的U-X特性所测量得到的位移.

表4-14-2　　**位移测量**

X_1'/mm	X_2'/mm	X_1'/mm	X_2'/mm
$S=\|X_1-X_2\|$		$S'=\|X_1'-X_2'\|$	

计算S和S'的相对误差.

(3) 频率与振幅测量

① 松开测微头，其他实验条件保持不变.

② 低频振荡器接"激振I"，保持适当振幅，用示波器观察差动放大器输出波形.测量信号频率与输出电压的峰峰值，根据"U-X特性图"求得圆盘振动的振幅.

③ 进一步提高低频振幅，用示波器观察差动放大器输出波形，当波形出现顶部削顶时，说明霍尔元件已进入均匀磁场，霍尔电压已不再随位移量的增加而线性增加.

(4) 质量测量(电子秤)

① 移开测微头，按图4-14-7接好系统，使输出为零.调节差动放大器增益使系统灵敏度尽量大且输出不超过电压表量程.

② 以振动圆盘作为称重平台，逐步放上砝码，依次记下表头读数，填入表4-14-3，并做出U-m曲线.

表4-14-3　　**U-m关系测量数据**

m/g													
U/V													

③ 移走称重砝码，在平台上另放置一未知重量之物品，根据表头读数从U-m曲线中求得其质量M_x.用电子称称得物体质量M_x'.求M_x和M_x'的相对误差.

注意事项：霍尔式传感器在作称重时只能工作在线性非均匀磁场中，所以砝码和被称重物都不应太重.砝码应置于平台的中间部分，避免平台倾斜.

*2. 霍尔式传感器交流激励特性及其应用

(1) 位移测量

① 按图 4-14-8 接线组成测试系统，差动放大器增益适度．装上测微头，调整霍尔元件至线性非均匀磁场中部．音频振荡器从 180°端口输出 1 kHz，幅度严格限定在 V_{P-P} 值 5 V 以下，以免损坏霍尔元件．

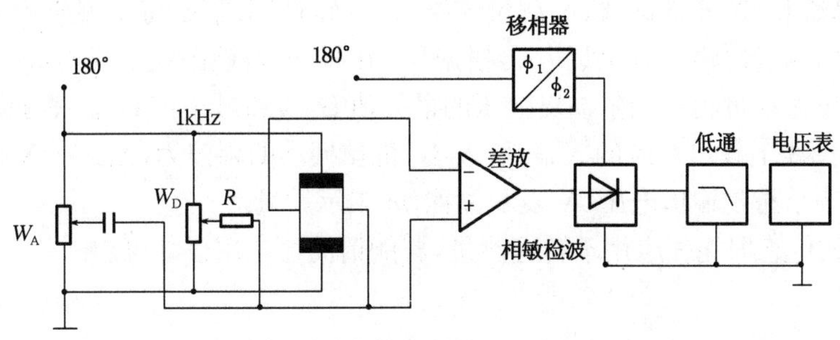

图 4-14-8　霍尔传感器交流激励特性

② 调整电桥 W_D、W_A 使系统输出最小．用示波器观察相敏检波器输出端波形，调节"移相"旋钮和电桥上、下移动振动台，使输出达最大值．

③ 调节测微头使霍尔元件回到磁路中间位置，调节测微头±3.5 mm，每隔 0.5 mm 读出相应电压值．列表并作出 U-X 曲线，求出灵敏度和线性度，并将其结果与直流激励系统相比较．

注意事项：交流激励信号应从音频电压 180°端口输出，交流电压峰峰值严格限定在 $V_{P-P}=5$ V 以下，以免损坏霍尔片．

(2) 频率、振幅测量

① 按图 4-14-6 接线，将系统调零．

② 调节电桥与移相器，提压振动圆盘，使低通滤波器输出电压正负对称．

③ 接通低频振荡器，保持适当振幅，用示波器观察差动放大器和低通滤波器的波形，并加以描绘．测量信号频率与峰峰值，估算振幅．解释在激励源为交流信号，位移变化信号也为交流时需采用相敏检波器的原因．

(3) 质量测量(电子秤)

① 移开测微头，按图 4-14-6 接好系统，使输出为零．系统灵敏度尽量大(输出以不饱和为标准)．

② 以振动圆盘作为称重平台，逐步放上砝码，依次记下表头读数，填入表 4-14-4，并做出 U-m 曲线．

表 4-14-4　　U-m 曲线的测量

m/g												
U/V												

③ 移走称重砝码，在平台上另放置一未知重量之物品，根据表头读数从 U-m 曲线中求得其质量．

注意事项:霍尔式传感器在作称重时只能工作在线性非均匀磁场中,所以砝码和被称重物都不应太重.砝码应置于平台的中间部分,避免平台倾斜.

【思考题】

1. 思考霍尔式传感器应用于时间、周期测量的原理方法.

2. 霍尔式传感器应用于振幅测量的实验研究步骤依次为:__________

a.测量描绘 U-X 特性图线;b.测量描绘 U-m 特性图线;c.将待测质量 m^* 的物体放于载物平台上,测量出输出电压 U^*,再根据 U^* 在 U-m 特性图线上找出 m^*;d.让载物平台振动,测量出振动过程中霍尔输出电压的最大值 U_{max} 和最小值 U_{min},根据 U_{max} 和 U_{min} 在 U-X 特性图线上找出对应的 X_{max} 和 X_{min},机械振动的幅值为 $(X_{max}-X_{min})/2$.

其中,U 表示霍尔输出电压,X 表示位移,m 表示质量.

3. 霍尔式传感器能否应用于转速测量,若能请简述应用设计思想.

4.15 电涡流式传感器的特性与应用

4.15.1 电涡流式传感器特性研究

【实验目的】

(1) 了解电涡流式传感器的结构、原理、工作特性;

(2) 了解涡流片材质对传感器特性的影响.

【实验仪器】

电涡流线圈、三种金属涡流片、电涡流变换器、测微头、示波器、电压表.

【实验原理】

如图 4-15-1 所示,电涡流式传感器由平面线圈和金属涡流片组成.当线圈中通以高频交变电流后,与其平行的金属片(涡流片)上感应产生电涡流,电涡流的大小影响线圈的阻抗 Z,而涡流的大小与金属涡流片的电阻率 ρ、导磁率 μ、厚度 d、温度 T 以及与线圈的距离 X 有关.将阻抗变化经涡流变换器变换成电压 U 输出.

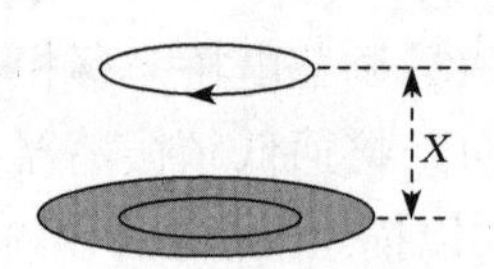

图 4-15-1 电涡流式传感器

被测体的材料、形状和几何尺寸对测量的影响:

(1) 被测体的材料对测量的影响

电涡流式传感器是由线圈和被测体构成,线圈阻抗的变化与被测体的材料、形状和几何尺寸有关.本实验中金属涡流片作为被测体.一般情况下,被测体是非磁性材料传感器的灵敏度比被测体是磁性材料传感器的灵敏度高;被测体导电率高,传感器灵敏度也高,在相同的量程下其线性范围也宽.

(2) 被测体的形状和几何尺寸对测量的影响

被测体的面积比传感器检测线圈的面积大很多时,传感器灵敏度基本稳定;当被测体的面积为传感器检测线圈面积的一半时,其灵敏度减少一半,更小时灵敏度显著下降.为了提高测量灵敏度，当被测体是圆环时，其直径应为线圈直径的 1.8 倍以上；当被测体是圆柱时，其直径应为线圈直径的 3.5 倍以上. 被测体的厚度一般要在 0.2 mm 以上.

电涡流式传感器在工业中的应用如表 4-15-1 所示.

表 4-15-1　电涡流式传感器在工业中的应用

被测参数	变换量	被测参数	变换量
位移、厚度、振动、转动	x	应力、硬度	μ
表面温度、电解质浓度、材质判别	ρ	探伤	X, ρ, μ

电涡流式传感器可以实现非接触测量.

实验电路见图 4-15-2. 差动放大器在这里仅作为一个电平移动电路，增益置最小处（1 倍）.

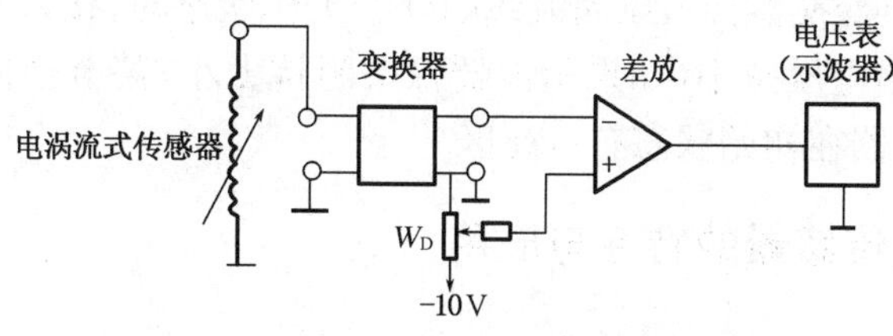

图 4-15-2　电涡流式传感器特性测量电路

【实验内容】

1. U 与 X 的关系研究

当平面线圈、被测体（涡流片）、激励源已确定，并保持环境温度不变，阻抗 Z 只与 X 距离有关，则输出电压是距离 X 的单值函数.

（1）安装好电涡流线圈和金属涡流片，注意两者必须保持平行（必要时可稍许调整探头角度）. 安装好测微头，将电涡流线圈接入涡流变换器输入端. 涡流变换器输出端接电压表 20 V 档.

（2）开启仪器电源，测微头位移将电涡流线圈与涡流片分开一定距离，此时输出端有一电压值输出. 用示波器接涡流变换器输入端观察电涡流式传感器的高频波形，信号频率约为 1 MHz.

（3）用测微头带动振动平台使平面线圈贴紧金属涡流片，此时涡流变换器输出电压为零. 涡流变换器中的振荡电路停振.

（4）旋动测微头使平面线圈离开金属涡流片，从电压表开始有读数起每位移 0.25 mm 记录一个读数，并用示波器观察变换器的高频振荡波形. 列表记录电压 U 与位移 X，作出 U-X 曲线，指出线性范围，求出灵敏度（表 4-15-2）.

表 4-15-2　电压 U 与位移 X 记录表

X/mm														
U/V														

2. 不同涡流感应材料对电涡流式传感器特性的影响

实验测量方法同前.

(1) 分别对铁、铜、铝三种电涡流金属片(被测体)进行测量,记录数据,在同一直角坐标图纸上作出 U-X 曲线.

(2) 分别找出各被测体的线性范围、灵敏度、最佳工作点(双向或单向),并进行比较.

(3) 从实验得出结论:被测材料不同时灵敏度与线性范围都不同,必须分别进行标定.

*3. 同材质不同几何尺寸电涡流片对传感器性能的影响

选取一样材料底面积相同但高度不同的系列电涡流片,研究其对传感器特性的影响;选取一样材料高度相同但底面积不同的系列电涡流片,研究其对传感器特性的影响. 总结实验结果.

注意事项:当涡流变换器接入电涡流线圈处于工作状态时,接入示波器会影响线圈的阻抗,使变换器的输出电压减小(如果示波器探头阻抗太小,甚至会使变换器电路停振而无输出),或是使传感器在初始状态有一死区.

4.15.2 电涡流式传感器的特性与应用

【实验目的】

掌握电涡流式传感器的基本应用.

【实验仪器】

电涡流式传感器、涡流变换器、直流稳压电源、电桥、差动放大器、示波器、激振器、低频振荡器、电压表、砝码、电子天平、待称重物体、测速电机及转盘、电压/频率表.

【实验原理】

实验电路如图 4-15-3 所示. W_D 起初始调零作用.

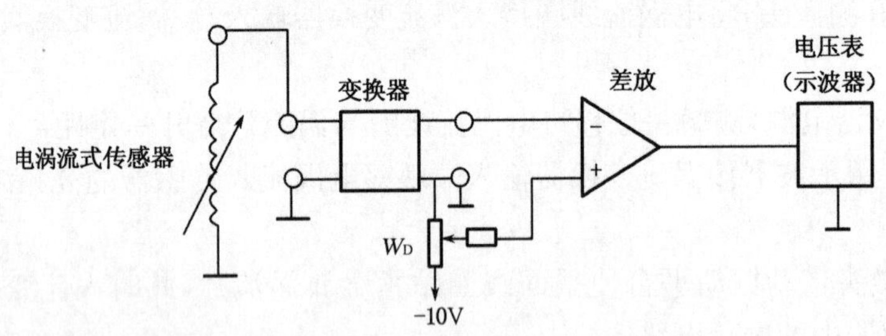

图 4-15-3　电涡流式传感器特性与应用实验原理图

【实验内容】

1. U 与 X 的关系研究

(1) 根据实验测量结果选择合适的电涡流片(考虑:线性度、线性范围). 安装好电涡流线圈和金属涡流片,注意两者必须保持平行(必要时可稍许调整探头角度). 安装好测微头. 按图 4-15-3 连接电路.

(2) 开启仪器电源. 差动放大器调零. 移动测微头使线圈与涡流片分开一定距离,此时输出端有一电压值输出. 用示波器接涡流变换器输入端观察电涡流式传感器的高频波形,信号频率约为 1 MHz.

(3) 用测微头带动振动平台使平面线圈贴紧金属涡流片,此时涡流变换器输出电压为零. 涡流变换器中的振荡电路停振.

(4) 旋动测微头使平面线圈离开金属涡流片,从电压表开始有读数起每位移 0.25 mm 记录一个读数,并用示波器观察变换器的高频振荡波形. 列表记录电压 U 与位移 X (表 4-15-3),作出 U-X 曲线,指出线性范围,求出灵敏度.

表 4-15-3　　电压 U 与位移 X 记录表

X/mm												
U/V												

2. 电涡流式传感器应用于位移测量

(1) 按图 4-15-3 接线. 平面线圈安装在最佳工作点(U-X 线性关系的中心点),直流稳压电源置±10 V 档,差动放大器在这里仅作为一个电平移动电路,增益置最小处(1 倍). 调节电桥 W_D,使系统输出为零.

(2) 调节圆盘位置 X_1 测量对应的差放输出电压 V_1,调节圆盘位置 X_2 测量对应的差放输出电压 V_2. 根据"U-X 特性图"找到输出电压 V_1 和 V_2 所对应的 X_1'和 X_2', X_1'和X_2'的间距即为应用电涡流式传感器的 U-X 特性所测量得到的位移(表 4-15-4).

表 4-15-4　　实验数据记录表

X_1/mm	X_2/mm	X_1'/mm	X_2'/mm
$S=\|X_1-X_2\|$		$S'=\|X_1'-X_2'\|$	

(3) 计算 S 和 S'的相对误差.

3. 电涡流式传感器应用于振幅测量

(1) 按图 4-15-3 接线. 平面线圈安装在最佳工作点(U-X 线性关系的中心点),直流稳压电源置±10 V 档,差动放大器在这里仅作为一个电平移动电路,增益置最小处(1 倍). 调节电桥 W_D,使系统输出为零.

(2) 松开测微头,接通激振器 I 使圆盘振动,调节低频振荡器频率,使其在 15～30 Hz 范围内变化,用示波器观察涡流变换器输出波形,记下 $V_{P\text{-}P}$值,同时利用"U-X 特性曲线"求出距离变化范围 $X_{P\text{-}P}$值. 振幅 $A=X_{P\text{-}P}/2$.

(3) 可同时用双踪示波器另一通道观察涡流变换器输入端的调幅波.

(4) 变化低频振荡器频率和幅值,提高振动圆盘振幅,用示波器可以看到变换器输出波形有失真现象,这说明电涡流式传感器的振幅测量范围是很小的.

注意事项:直流稳压电源−10 V 和接地端接电桥直流调平衡电位器 W_D 两端.

4. 电涡流式传感器应用于称重

(1) 按图 4-15-3 接线,差放增益为 1,差放输出接电压表 20 V 档,利用"电涡流式传感器特性研究”实验结果，将平面线圈安装在线性工作范围的起始点.

(2) 调整电桥 W_D，使系统输出为零.

(3) 在平台中间逐步加上砝码，记录 U、m 值，并做出 $U-m$ 曲线，计算灵敏度(表 4-15-5).

表 4-15-5　　U 与 m 记录表

m/g													
U/V													

(4) 取下砝码，放上一未知重量之物品，根据 $U-m$ 曲线大致求出被称物的重量，与电子天平测量值比较.

5. 电涡流式传感器应用于电机测试

当平面线圈与金属被测体的相对位置发生周期性变化时，电涡流及线圈阻抗的变化经涡流变换器转换为周期性的电压信号变化.

(1) 将电涡流线圈支架转一角度，安装于电机转盘上方，线圈与转盘面平行，在不碰擦的情况下相距越近越好.

(2) 实验电路如图 4-15-3 所示. 开启电机开关，调节转速，调整平面线圈在转盘上方的位置，用示波器观察差动放大器输出波形，使输出的脉动波较为对称.

(3) 仔细观察示波器中两相邻波形的峰值是否一样，如有差异则说明线圈与转盘面不平行，或是电机有振动现象.

(4) 将电压/频率表 2 kHz 档接入差动放大器输出端读信号频率 f，并与示波器读取的频率作比较. 转盘的转速 $=f/2$.

【思考题】

1. 思考电涡流式传感器是否可应用于时间、周期的测量?

2. 电涡流式传感器应用于质量测量的实验研究步骤依次为：________.

a. 测量描绘 $U-X$ 特性图线；b. 测量描绘 $U-m$ 特性图线；c. 选好金属涡流片并安装于载物平台上；d. 用电子称测量出 m^*；e. 将待测质量 m^* 的物体放于载物平台上，测量出输出电压 U^*，再根据 U^* 在 $U-m$ 特性图线找出 m^*. 其中，U 表示电涡流式传感器实验电路输出电压，X 表示位移，m 表示质量.

第 5 章　光学实验

5.1　薄透镜焦距测量

光学仪器均由各种光学元器件组成，其中透镜是最基本的成像元件. 所以了解透镜的重要参量——焦距，并熟悉透镜成像规律，是分析一切光学成像系统的基础.

本实验用共轭法、物距-像距法测定透镜焦距.

【实验目的】

(1) 掌握光路调整的基本方法；

(2) 共轭法测量凸透镜焦距，物距-像距法测量凹透镜焦距；

(3) 加深对凸透镜成像规律的感性认识.

【实验仪器】

待测凸透镜、待测凹透镜、白光源、屏架、物屏、像屏、三爪透镜夹 2 个.

【实验原理】

1. 共轭法测凸透镜焦距

薄透镜的近轴光线成像公式为

$$\frac{1}{u}+\frac{1}{v}=\frac{1}{f}, \quad f=\frac{uv}{u+v}. \tag{5-1-1}$$

式中，u 为物距；v 为像距；f 为透镜的焦距. 对薄透镜来说，u，v，f 均从光心算起，如图 5-1-1所示，测出 u 及 v，就可由式(5-1-1)计算出 f.

由于测量物距和像距系统误差较大，消除此系统误差的方法之一就是共轭法测凸透镜焦距，也叫两次成像法.

由凸透镜成像规律可知，如果物屏与像屏的相对位置 D 保持不变，而且 $D>4f$，则在物屏与像屏间移动透镜，可得两次成像. 当透镜移至位置 x_1 时，屏上得到一个倒立放大实像 A_1B_1；移至 x_2 处，屏上得到一个倒立缩小的实像 A_2B_2，光路如图 5-1-2 所示.

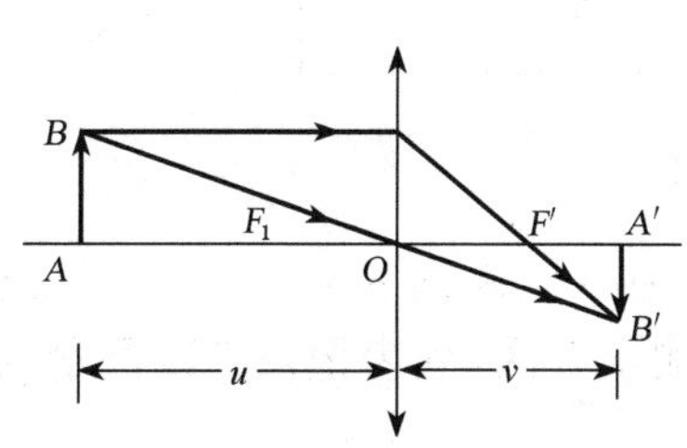

图 5-1-1　物距、像距与焦距的关系

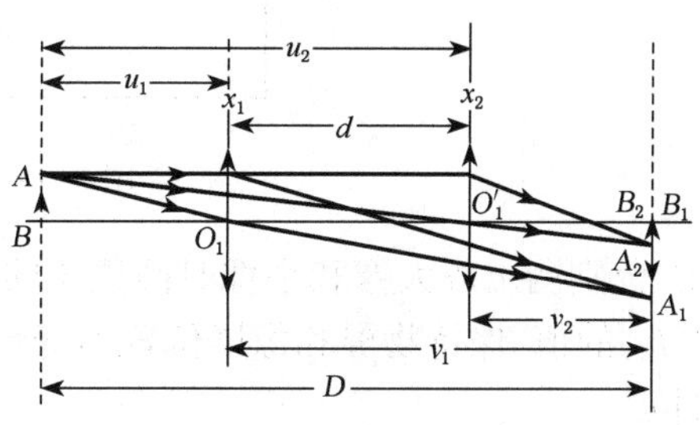

图 5-1-2　光路图

由图 5-1-2 可知,凸透镜在 x_1 位置时,有:

$$\frac{1}{u_1}+\frac{1}{v_1}=\frac{1}{f}, \quad \frac{1}{u_1}+\frac{1}{D-u_1}=\frac{1}{f}. \tag{5-1-2}$$

凸透镜在 x_2 位置时,有:

$$\frac{1}{u_2}+\frac{1}{v_2}=\frac{1}{f}, \quad \frac{1}{u_1+d}+\frac{1}{D-u_1-d}=\frac{1}{f}. \tag{5-1-3}$$

由式(5-1-2)和式(5-1-3)得: $u_1=\frac{D-d}{2}$. (5-1-4)

把式(5-1-4)代入式(5-1-2),简化后,得:$f=\frac{D^2-d^2}{4D}$.

所以测得 D 和 d,就可以算出凸透镜焦距. 须满足 $D>4f$ 的条件,否则像屏上不可能有两次成像. 这种方法不需要确切知道透镜光心在什么位置,只需要保证在两次成像过程中,透镜位置的标线和透镜光心之间的偏差保持恒定.

2. 物距-像距法测量凹透镜焦距

如图 5-1-3 所示,先用凸透镜 L_1 使物 AB 成缩小倒立的实像 $A'B'$,然后将待测凹透镜 L_2 置于凸透镜 L_1 与像 $A'B'$ 之间,如果 $O'A'<|f_{凹}|$,则通过 L_1 的光束经过 L_2 折射后,仍能成一实像 $A''B''$. 但应注意,对凹透镜 L_2 来讲,$A'B'$ 为虚物,物距 $u=-|O'A'|$,像距 $v=|O'A''|$,代入公式 $\frac{1}{u_1}+\frac{1}{v_1}=\frac{1}{f}$,就能计算出凹透镜焦距 $f_{凹}$.

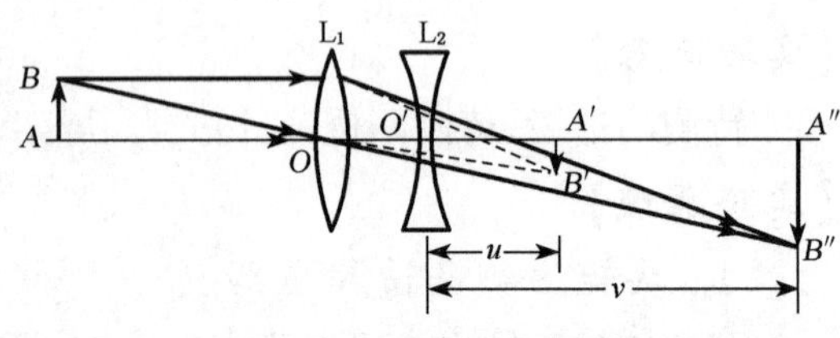

图 5-1-3　物距-像距法

【实验内容】

1. 用共轭法测凸透镜焦距

(1) 按图 5-1-4 组装光路图,让物屏、像屏之间的距离 $D>4f$. 固定物屏与像屏,测出 D 的值.

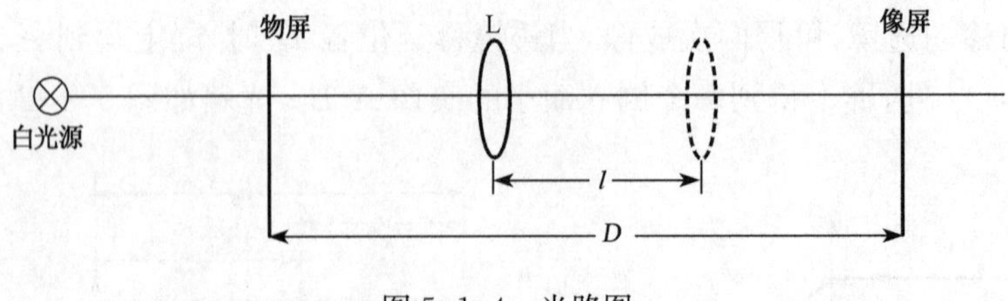

图 5-1-4　光路图

(2) 分别测出成大像和小像时凸透镜的位置 x_1 和 x_2,算出 $d=|x_2-x_1|$. 代入公式算出 $f_{凸}$ 的值. 保持物屏和像屏位置不变,再重复测量 5 次,列表记录各次测量的数据. 表格自拟.

注:调节时要达到等高共轴后才能测量.

2. 用物距-像距法测量凹透镜焦距

(1) 按图 5-1-5 组装光路，记下物屏位置 A，把凸透镜 L_1 放在光学平台上某个位置 O 处，使 $|OA| > 2f_凸$，再把像屏放在光学平台上，移动像屏，使一个清晰缩小的像出现在像屏上. 记下像屏位置 A'（光具座上带有刻度尺）.

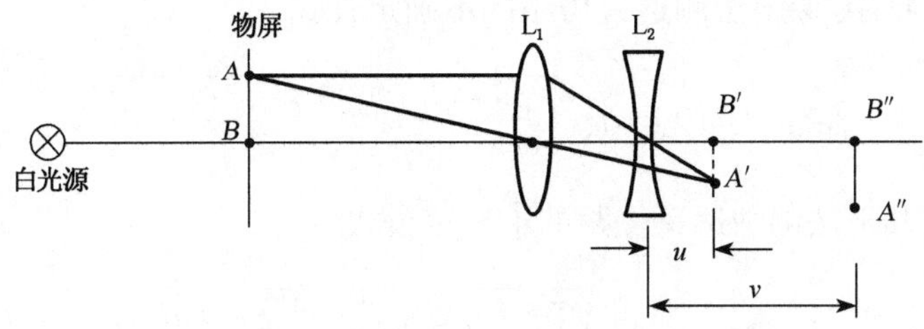

图 5-1-5　光路图

(2) 在凸透镜与像屏之间按图加入待测凹透镜 L_2，记下 L_2 的位置 O'，移动像屏直至屏上出现清晰的像，记下此时像屏位置 A''. 由此得物距 $u = -|O'A'|$，像距 $v = |O'A''|$ 代入公式可计算出 $f_凹$ 值. 保持物屏和凸透镜的位置不变重复上述步骤测量 5 次，列表记录所测数据(表 5-1-1).

表 5-1-1　　用物距-像距法测量凹透镜焦距

参数 / 测次	A'	O'	A''	$u = -\|O'A'\|$	$v = \|O'A''\|$
1					
2					
3					
4					
5					

3. 观察凸透镜成像规律

知道凸透镜的焦距 f 之后，就可以分成几种情况定性地观察凸透镜成像规律. 分别在 $u>2f$，$2f>u>f$，$f>u$ 三种典型条件下，观察像的虚实、大小、正倒情况，列表记录，表格自拟.

【注意事项】

(1) 透镜是易碎光学元件，应轻拿轻放. 不能用手触摸镜面，若欲清洁表面应该用擦镜纸轻轻擦拭.

(2) 光路调整时，先放上光源、物、白屏，并保证光源与物在同一水平线上，让白屏上的光斑与物等高.

(3) 在调节过程中，可用一张白纸切放在各个位置来检查整个光路是否共轴和等高.

(4) 放光源、物、白屏的底座用一维的底座，放透镜的底座用二维的底座(它可调节左右的偏离度，达到共轴的目的).

(5) 主要随机误差来自观察判别像的清晰程度上，应仔细观察、判断.

【思考题】

1. 如何用简单的光学方法判断透镜的凹凸，又如何估测凸透镜的焦距？
2. 共轭法中能获得二次成像的条件是什么？共轭法有何优点？
3. 物距-像距法测凹透镜焦距中，对第一次凸透镜所成的像有什么要求？
4. 请推导出物距-像距法测透镜焦距的不确定公式.

$$\left(答案为：U_f=\bar{f}\sqrt{\left[\frac{\bar{v}\cdot U_u}{\bar{u}(\bar{u}+\bar{v})}\right]^2+\left[\frac{\bar{u}\cdot U_v}{\bar{v}(\bar{u}+\bar{v})}\right]^2}\right)$$

5. 请推导出共轭法测凸透镜焦距的不确定公式.

$$\left[答案为：U_f=\sqrt{\left\{\frac{1}{4}\left[1+\left(\frac{\bar{d}}{\bar{D}}\right)^2\right]U_D\right\}^2+\left(\frac{\bar{d}}{2\bar{D}}U_d\right)^2}\right]$$

5.2 牛顿环测透镜曲率半径

光的干涉是光的波动性的一种表现."牛顿环"是一种分振幅等厚干涉现象，最早为牛顿所发现，但由于他主张光的微粒说而未能对它作出正确的解释.牛顿环干涉现象在光学加工中有广泛应用.

【实验目的】

(1) 了解牛顿环等厚干涉的原理和观察方法；

(2) 理解用牛顿环测量透镜曲率半径的方法；

(3) 掌握读数显微镜的使用；

(4) 学习用图解法和逐差法处理数据.

【实验仪器】

牛顿环、读数显微镜、钠光灯.

【实验原理】

牛顿环装置是由一块曲率半径较大的平凸玻璃透镜，以其凸面放在一块光学平面玻璃上构成的，如图 5-2-1 所示.平凸透镜的凸面与玻璃平板之间的空气层厚度从中心到边缘逐渐增加，若以平行单色光垂直照射到牛顿环上，则经空气层上、下表面反射的二光束存在光程差，它们在平凸透镜的凸面相遇后，将发生干涉.从透镜上看到的干涉花样是以玻璃接触点为中心的一系列明暗相间的圆环(图 5-2-2)，称为牛顿环.由于同一干涉环上各处的空气层厚度是相同的，因此它属于等厚干涉.

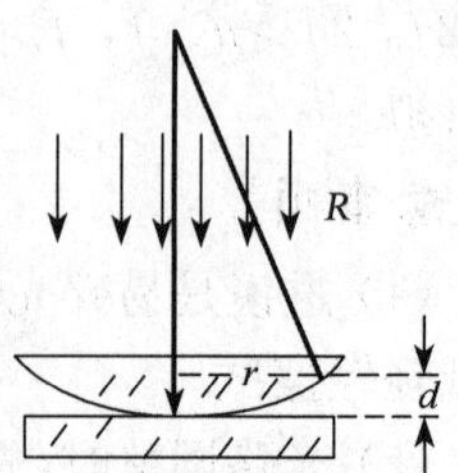

图 5-2-1　牛顿环装置

由图 5-2-1 可见，如设透镜的曲率半径为 R，与接触点 O 相距为 r 处的空气层厚度为 d，其几何关系式为

$$R^2=(R-d)^2+r^2=R^2-2Rd+d^2+r^2.$$

由于 $R\gg d$，可以略去 d^2，得：

$$d=\frac{r^2}{2R}. \tag{5-2-1}$$

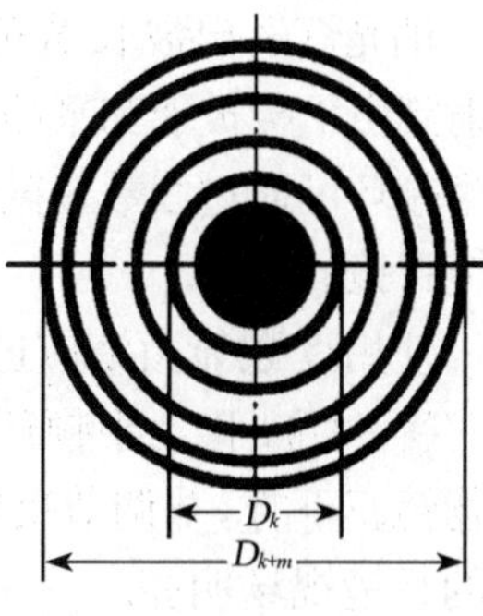

图 5-2-2　牛顿环图样

光线应是垂直入射的，计算光程差时还要考虑光波在平玻璃板上反射会有半波损失，从而带来 $\lambda/2$ 的附加程差，所以总程差为

$$\Delta=2d+\frac{\lambda}{2}. \tag{5-2-2}$$

而产生暗环的条件是：

$$\Delta=(2k+1)\frac{\lambda}{2}. \tag{5-2-3}$$

其中，$k=0, 1, 2, 3, \cdots$为干涉暗条纹的级数. 综合式(5-2-1)、式(5-2-2)和式(5-2-3)可得第 k 级暗环的半径为

$$r_k^2=kR\lambda. \tag{5-2-4}$$

由式(5-2-4)可知，如果单色光源的波长 λ 已知，测出第 k 的暗环半径 r_k，即可得出平凸透镜的曲率半径 R；反之，如果 R 已知，测出 r_k 后，就可计算出入射单色光波的波长 λ. 但是用此测量关系式往往误差很大，原因在于凸面和平面不可能是理想的点接触；接触压力会引起局部形变，使接触处成为一个圆形平面，干涉环中心为一暗斑. 或者空气间隙层中有了尘埃，附加了光程差，干涉环中心为一亮(或暗)斑，均无法确定环的几何中心. 实际测量时，我们可以通过测量距中心较远的两个暗环的半径 r_{k+m} 和 r_k 的平方差来计算曲率半径 R. 因为

$$r_k^2=kR\lambda,\quad r_{k+m}^2=(k+m)R\lambda,$$

两式相减可得：

$$r_{k+m}^2-r_k^2=Rm\lambda.$$

所以

$$R=\frac{r_{k+m}^2-r_k^2}{m\lambda}\quad 或\quad R=\frac{D_{k+m}^2-D_k^2}{4m\lambda}. \tag{5-2-5}$$

由式(5-2-5)可知，只要测出 D_{k+m} 与 D_k(分别为第 $k+m$ 与第 k 条暗环的直径)的值，就能算出 R 或 λ. 这样就可避免实验中条纹级数难于确定的困难，利用后一计算式还可克服确定条纹中心位置的困难.

【实验内容】

1. 牛顿环的调节

调节牛顿环装置上的三个调节螺丝，使牛顿环处在玻璃板中心，中心圆环不变形，且整个牛顿环不会松动.

2. 实验装置的调整

实验装置如图 5-2-3 所示.

钠光灯发出波长黄色光，经45°玻璃片反射后，垂直入射到由平板玻璃和平凸透镜组成的牛顿环元件上，形成的牛顿环可通过读数显微镜观察，观察时眼睛位于读数显微镜目镜的上方.

使用读数显微镜应进行下列三步调整：

① 对准. 移动牛顿环元件使牛顿环对准读数显微镜的物镜正下方，并调节反射玻璃片的角度使读数显微镜中的目镜视场明亮.

② 调焦. 调节目镜使十字叉丝清晰；旋转物镜调节手轮，使镜筒由最低位置缓缓上升，边升边观察，直至在目镜中看到聚焦清晰的牛顿环.

③ 消除视差.

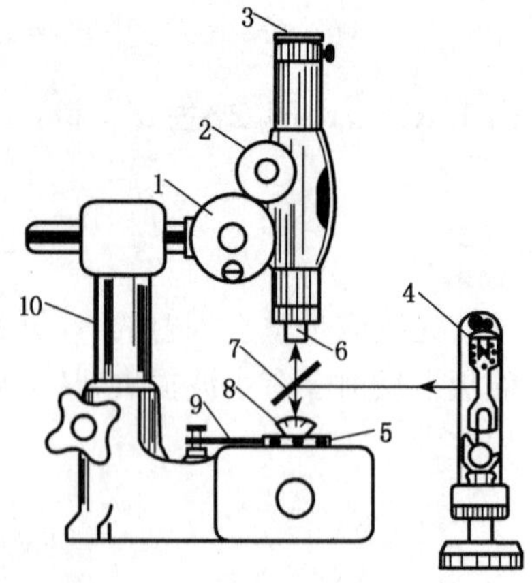

1—读数鼓轮；2—物镜调节手轮；3—目镜；4—钠光灯；5—平板玻璃；6—物镜；7—反射玻璃片；8—平凸透镜；9—载物台；10—支架

图5-2-3 实验装置图

3. 牛顿环的测量

(1) 请考虑如何测量才能保证测出的是牛顿环的直径而不是弦长.

(2) 转动读数显微镜读数鼓轮，同时在目镜中观察，使十字叉丝由牛顿环中央缓缓向右侧移动至第22环. 调整十字叉丝方位，使之一边与环相切，然后自22环起向左方向移动十字叉丝测出第20，19，18，…，11环的直径的右侧读数，然后继续移动鼓轮，穿过圆心，测出圆心另一边第11环到第20环的左侧读数；求得11—20环的直径（$D_{20} = |D_{20左} - D_{20右}|$）. 如图5-2-4所示. 在测量过程中，读数显微镜只能自始至终朝同一方向移动，不能中途倒退，否则会造成空程误差.

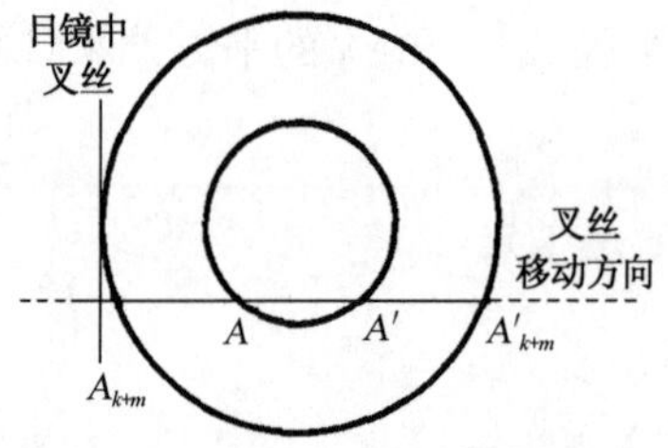

图5-2-4 直径法测量原理图

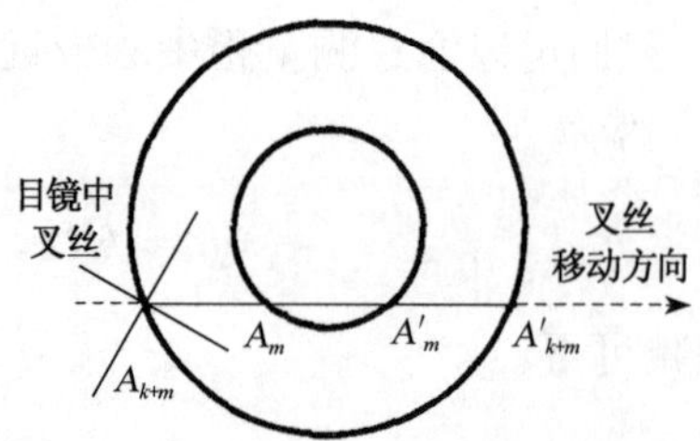

图5-2-5 弦长法测量原理图

注：十字叉丝的水平线不一定要经过圆心，最好是与圆心有一定的距离，想想为什么？

(3) 重复步骤(2)再测一次.

(4) 重复步骤(2)，但不测直径，而是测第20环到第11环的弦长(即十字叉丝与同一圆环两次相交的两点的距离，如A_{k+m}和A'_{k+m}之间的距离)，如图5-2-5所示.

求得各环的弦长$S_{k+m} = |A'_{k+m} - A_{k+m}|$.

【数据处理】

(1) 列表记录所有测量数据(表5-2-1).

(2) 将每次测直径所得的数据平分成两小组，按逐差法处理：即将各直径D_{k+m}，D_k代入公式$D_{k+m}^2 - D_k^2 = 4Rm\lambda$，可得$R_{11}$，$R_{12}$，… 和$R_{21}$，$R_{22}$，…；然后计算求出两次测

量所得的曲率半径 R_1，R_2 以及 $\bar{R}$（已知钠光灯的波长 $\lambda = 589.3$ nm）.

表 5-2-1　　实验数据记录表

	11	12	13	14	15	16	17	18	19	20
左边/mm										
右边/mm										
D/mm										
D^2/mm^2										

(3) 用弦长法测得的数据按图解法处理，由 $r_k^2 = kR\lambda$，可得 $S_k^2 = 4kR\lambda$. 作 S_k^2-k 的图线，求其斜率 α，并求出透镜的曲率半径 R.

【注意事项】

(1) 如牛顿环仪、透镜和显微镜的光学表面不清洁，要用专门的擦镜纸轻轻擦拭.

(2) 测量显微镜的测微鼓轮在每一次测量过程中只能向一个方向旋转，中途不能反转.

(3) 当用镜筒对待测物聚焦时，要防止显微镜物镜与待测物相碰.

(4) 显微镜的最佳清晰范围应调节在牛顿环第 11—20 环的位置附近.

【思考题】

1. 在实验图 5-2-1 中，牛顿环干涉条纹形成在哪一个玻璃面上？

2. 牛顿环干涉条纹的中心在什么情况下是暗的？什么情况下是亮的？

3. 为什么相邻两暗条纹（或亮条纹）之间的距离，靠近中心的要比边缘的大？

4. 为什么说测量显微镜测量的是牛顿环的直径，而不是显微镜内被放大了的直径？若改变显微镜的放大倍率，是否影响测量的结果.

5. 实验中为什么测牛顿环的直径而不是牛顿环的半径？

6. 实验中可用测量弦长代替直径的条件是什么？证明 $D_{k+m}^2 - D_k^2 = S_{k+m}^2 - S_k^2$，并辅助画图解释.

7. 如何用等厚干涉原理检验光学平面的表面质量？

8. 如果改用亮纹为观察对象，则透镜曲率半径的测量公式应怎么推导，测量公式是否有变化？

5.3　迈克尔孙干涉测激光波长

干涉仪是根据光的干涉原理制成的一种进行精密测量的仪器，在科学技术上有着广泛的应用. 干涉仪的形式很多，迈克尔孙干涉仪是其中的一种，并且它的测量应用很广，精度较高. 本实验利用它来测量激光的波长.

【实验目的】

(1) 了解迈克尔孙干涉仪的结构，学习调节方法；

(2) 利用点光源产生的同心圆干涉条纹测量激光的波长.

【实验仪器】

迈克尔孙干涉仪、一拖七激光光源、两个偏振器、网格板、钢板尺.

【实验原理】

1. 迈克尔孙干涉仪的结构与光路

(1) 迈克尔孙干涉仪的结构

迈克尔孙干涉仪的结构如图 5-3-1 所示，M_1 和 M_2 是两面经精细磨光的平面反射镜，M_1（5）是固定的，M_2（6）是活动的——松开锁紧螺钉(12)，转动粗动手轮(2)，M_2 能在精密导轨上前后移动. M_2 的镜面垂直于移动方向，当粗动手轮(2)对准某一刻线，微动手轮(10)对准零时，将粗动手轮用螺钉(12)锁紧，这时转动微动手轮，M_2 在精密导轨上作微小移动. 在两种情况下，移过的距离可由导轨标尺(7)，以及粗动手轮和微动手轮上的刻度读出.

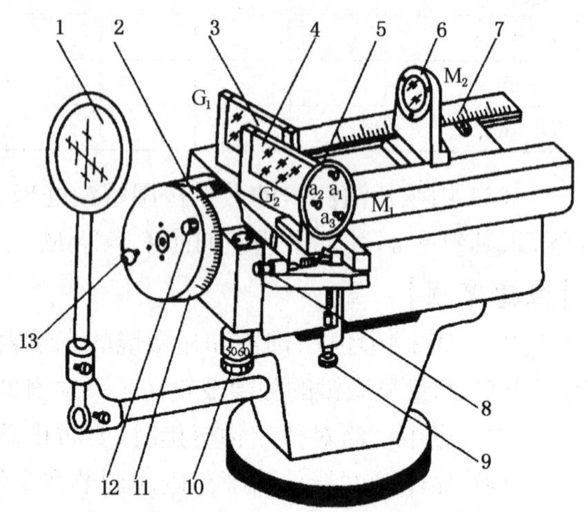

1—观察屏；2—粗动手轮；3—分光板；4—补偿片；5—固定反射镜；6—活动反射镜；7—导轨标尺；8—水平微调；9—垂直微调；10—微动手轮；11—刻度鼓轮；12—锁紧螺钉；13—粗调手柄

图 5-3-1　迈克尔孙干涉仪的结构

G_1 和 G_2 是两块材料、厚度一样的平行平面玻璃. 在 G_1(3)的一个表面上镀有半透明的铬(或铝)层，使射到它上面的光一半反射，另一半透射，G_1 称之为分光板. G_1、G_2 相互平行，且与 M_2 成 45°，调节 M_1 可使它与 M_2 互相垂直或成某一角度. 调节时，粗调用 M_1 背后三个(a_1，a_2，a_3)螺丝进行，细调用 M_1 下面的两个互相垂直、有弹簧的微动螺丝(8)和(9).

(2) 迈克尔孙干涉仪的光路

迈克尔孙干涉仪的光路图如图 5-3-2 所示. 光源上一点发出的光线射到半透明层 K 上被分为两部分：光线“1”和“2”.

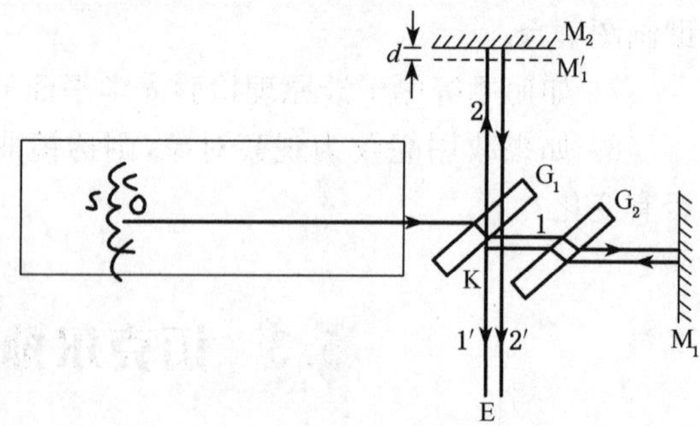

图 5-3-2　迈克尔孙干涉仪光路图

光线“2”射到 M_2 上被反射回来后，透过 G_1 到达 E 处. 光线“广透过 G_2 射到 M_1，被 M_1 反射回来后再透过 G_2 射到 K 上，再被 K 反射而到达 E 处. 这两条光线是由一条光线分出来的，所以它们是相干光.

如果没有 G_2，光线“2”到达 E 时通过玻璃片 G_1 三次，光线“1”通过 G_1 仅一次，这样两束光到达 E 时会存在较大的光程差. 放上 G_2 后，使光线“1”又通过玻璃片 G_2 两次，这样就补偿了光线“1”到达 E 时光路中所缺少的光程. 所以，通常将 G_2 称为补偿片.

光线“1”也可看作是从 M_1，在半透明镀膜层中的虚像 M_1' 反射来的，在研究干涉时，M_1' 与 M_1 是等效的.

2. 扩展光源照明产生的干涉图

(1) 等倾干涉

当 M_1' 和 M_2 严格平行时，所得的干涉为等倾干涉，所有倾角为 i 的入射光束. 由 M_2 和 M_1' 反射光线的光程差 Δ 均为

$$\Delta = 2d\cos i. \tag{5-3-1}$$

式中，i 为光线在 M_2 镜面的入射角，d 为空气薄膜的厚度，它们将处于同一级干涉条纹，并定位于无限远. 这时，在图 5-3-2 中的 E 处，放一会聚透镜，在其焦平面上(或用眼在 E 处正对 G_1 观察)，便可观察到一组明暗相间的同心圆纹. 这些条纹的特点是：①干涉条纹的级次以中心为最高. ②干涉条纹的分布是中心宽边缘窄.

在干涉条纹中心，因 $i=0$，如果不计反射光线之间的相位突变，由圆纹中心出现亮点的条件

$$\Delta = 2d = k\lambda. \tag{5-3-2}$$

得圆心处干涉条纹的级次

$$k = \frac{2d}{\lambda}. \tag{5-3-3}$$

当 M_2 和 M_1' 的间距逐渐增大时，对于任一级干涉条纹，例如第 k 级，必定以减少其 $\cos i_k$ 的值来满足 $2d\cos i_k = k\lambda$，故该干涉条纹向 i_k 变大($\cos i_k$ 变小)的方向移动，即向外扩展，这时，观察者将看到条纹好像从中心向外"涌出"；且每当间距 d 增加 $\lambda/2$ 时，就有一个条纹涌出. 反之，当间距由大逐渐变小时，最靠近中心的条纹将一个一个地"陷入"中心，且每陷入一个条纹，间距的改变亦为 $\lambda/2$. 因此，只要数出涌出或陷入的条纹数，即可得到平面镜 M_2 以波长 λ 为单位而移动的距离. 显然，若有 N 个条纹从中心涌出时，则表明 M_2 相对于 M_1' 移远了，则有

$$\Delta d = N\frac{\lambda}{2}. \tag{5-3-4}$$

反之，若有 N 个条纹陷入时，则表明 M_1 向 M_2' 移近了同样的距离. 根据式(5-3-4)，如果已知光波的波长，便可由条纹变动的数目，计算 M_2 移动的距离，这就是长度的干涉计量原理；反之，已知 M_1 移动的距离和干涉条纹变动的数目，便可确定光波的波长($\lambda = \frac{2\Delta d}{N}$).

对于相邻的 k 级和 $k-1$ 级干涉纹，有

$$2d\cos i_k = k\lambda,$$

$$2d\cos i_{k-1} = (k-1)\lambda.$$

将两式相减，当 i 较小时，并利用 $\cos i = 1 - \frac{i^2}{2}$，可得相邻条纹的角距离 Δi_k 为

$$\Delta i_k = i_k - i_{k-1} \approx \frac{\lambda}{2di_k}. \tag{5-3-5}$$

式(5-3-5)表明：d 一定时，视场里干涉条纹的分布是中心较宽（i_k 小，Δi_k 大），边缘较窄（i_k 大，Δi_k 小）；i_k 一定时，d 越小，Δi_k 越大，即条纹随着薄膜厚度 d 的减小而变宽. 所以在调节和测量时，应选择 d 为较小值，即调节 M_1 和 M_2 到分光板 G_1 上镀膜面的距离大致相同.

(2) 等厚干涉

当 M_1 和 M_2 有一很小的夹角 α，且当入射角 i 也较小时，一般为等厚干涉条纹，定位于空气薄膜表面附近. 此时，由 M_1 和 M_2' 反射光线的光程差仍近似为

$$\Delta = 2d\cos i = 2d\left(1-\frac{i^2}{2}\right).$$

① 在两镜面的交线附近处，因厚度 d 较小，di^2 的影响可略去，相干的光程差主要由膜厚 d 决定，因而在空气膜厚度相同的地方光程差均相同，即干涉条纹是一组平行于 M_1 和 M_2' 交线的等间隔的直线条纹.

② 在离 M_1 和 M_2' 的交线较远处，因 d 较大，干涉条纹变成弧形，且条纹弯曲的方向是背向两镜面的交线，这是由于式(5-3-5)中的 di^2 作用不容忽略所致. 由于同一 k 级干涉纹乃是等光程差点的轨迹，为满足 $2d\left(1-\frac{i^2}{2}\right)=k\lambda$，因此用扩展光源照明时，当 i 逐渐增大，必须相应增大 d 值，以补偿由 i 增大时起光程差的减小. 所以干涉条纹在 i 增大的地方要向 d 增加的方向移动，使条纹成为弧形，如图 5-3-3 所示. 随着 d 的增大，条纹弯曲越厉害.

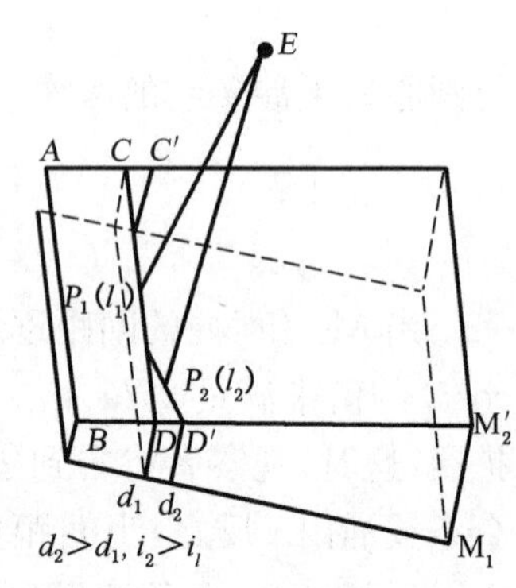

图 5-3-3

3. 白光照射下看到彩色干涉条纹的条件

对于等倾干涉，在 d 接近零时可以看到；对于等厚干涉，在 M_1、M_2' 的交线附近可以看到，因为在 $d=0$ 时，所有波长的干涉情况相同，不显彩色. 当 d 较大时因不同波长干涉条纹互相重叠，使照明均匀，彩色消失. 只有当 d 接近零时才可看到数目不多的彩色干涉条纹.

4. 点光源照明产生的非定域干涉图样

点光源 S 经 M_1 和 M_2' 的反射产生的干涉现象，等效于沿轴向分布的两个虚光源 S_1、S_2 所产生的干涉. 因从 S_1 和 S_2 发出的球面波在相遇的空间处处相干，故为非定域干涉，如图 5-3-4 所示. 激光束经短焦距扩束透镜后，形成高亮度的点光源 S，照明干涉仪. 若将观察屏 E 放在不同位置上，则可看到不同形状的干涉条纹.

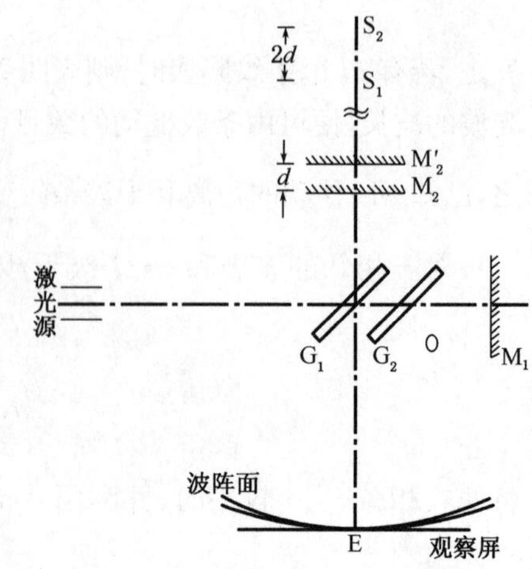

图 5-3-4　非定域干涉光路图

当观察屏 E 垂直于轴时，屏上呈现出圆形的干涉条纹. 同等倾条纹相似，在圆环中处，光程差最大，级次最高；当移动 M_1 使 d 增加时，圆环一个个地从中心“涌出”，当 d 减少时，圆环一个个地从中心“陷

入”. 每变动一个条纹，M_1 移动的距离亦为 $d/2$. 因此也可用以计量长度或测定波长.

【实验内容】

1. 迈克尔孙干涉仪的调节

(1) 打开一拖七激光电源，让激光光束以 45°角入射分光板 G_1，使两平面镜的入射光束均匀.

(2) 旋转粗动手轮，使 M_1 和 M_2 至分光板 G_1 镀膜面的距离大致相等(用钢板尺测量)，在观察屏处放上两个偏振片，此时会看到激光的双影(两行光点).

(3) 调节其中一片偏振片的方位，使光点的光强尽量变暗，然后仔细调节 M_1 或 M_2 背后的 3 个螺丝，改变 M_1 和 M_2 的相对方位，直至双影在水平方向和铅直方向均完全重合，这时将偏振片换成网格观察屏，此时在屏上就可观察到同心干涉条纹圆环.

(4) 细致缓慢地调节 M_1 下方的两个方向微调螺丝(水平与垂直方向微调)，使干涉条纹中心移到视场中央.

2. 测定激光波长

(1) 旋转粗调手轮，使平面镜 M_2 移动，让干涉同心圆环变粗. 并从条纹的“涌出”或“陷入”，判断 d 的变化，并观察 d 的取值与条纹粗细、疏密的关系. 当视场中出现清晰的、对比度较好的干涉圆环时，再慢慢地转动细调手轮，可以观察到视场中心条纹向外一个一个地涌出(或者向内陷入中心). 在此步骤中应尽量将干涉同心圆环调粗，以便于实验的观测.

(2) 进行测量前的零读数对齐：逆时针旋转细调手轮，将其零刻线调到划线位置处，并用手按住细调手轮，同时逆时针旋转粗调手轮，将它的粗调转盘上的读数刻线对准某一刻度线即可.

(3) 开始记数时，记录 M_2 镜的起点位置 d_1(干涉仪侧面的位置读数＋粗调转盘上的读数＋细调手轮上的读数)，继续转动细调手轮，数到条纹从中心向外涌出(或陷入)30 个环时，停止转动细调手轮，再记录 M_2 镜的终点位置 d_2，于是利用式(5-3-4)即可算出待测光波的波长.

(4) 继续转动细调手轮，向前测量 6 次数据，保证没有读数的回程差.(问：变化 1 环的 d 值如何求？两次 30 环的 d 值差是否合理，如何判断?)

【数据处理】

列表记录 d_0, d_1, d_2, …, d_7；将数据代入公式 $\lambda=\dfrac{2\Delta d}{N}$，用逐差法处理，求出 $\bar{\lambda}$，并与氦氖激光的理论波长(632.8 nm)比较，求其相对误差 E.

【注意事项】

(1) 迈克尔孙干涉仪是精密光学仪器，绝对不能用手触摸各光学元件.

(2) 调节平面镜 M_1 和 M_2 背面螺钉和微调螺钉时均应缓缓旋转.

(3) 不要让激光直射人眼.

(4) 震动对测量的影响甚大，要注意!

【思考题】

1. 根据迈克尔孙干涉仪的光路，说明各光学元件的作用.

2. 实验中如何利用干涉条纹测出单色光的波长？计算一下，若用钠光(波长为589.3 nm)，当 $N=100$ 时 Δd 应为多大？

3. 结合实验调节中出现的现象总结一下迈克尔孙干涉仪调节的要点及规律.

4. 实现等倾干涉的条件是什么？

5. 利用迈克尔孙白光干涉原理能测量哪些物理量？如何改装测量？

5.4 光的衍射

光的衍射现象是光的波动性的一种表现，也是近代光学技术(如光谱分析、晶体分析、全息技术等)的实验基础.

【实验目的】

(1) 观察各种衍射元件的衍射现象；

(2) 利用单缝衍射测激光波长.

【实验仪器】

OPS-2 光学平台、激光、衍射元件(单缝、单丝、圆孔、圆点、双缝、矩形孔、一维光栅和二维光栅)、像屏、游标卡尺、米尺、读数显微镜.

【实验原理】

单缝夫琅禾费衍射要求光源和接受衍射图样的屏幕都远离衍射物——单缝. 这样做的好处是用简单的计算就可以得出正确的结果，其光路如图 5-4-1 所示. S 是波长为 λ 的单色光源，置于透镜 L_1 的焦平面上，形成平行光束垂直照射到缝宽为 a 的单缝 AB 上，通过单缝后的衍射光经透镜 L_2 后会聚位于其焦平面的屏幕上 P 处，呈现出一组明暗相间按一定规律分布的衍射条纹. 由于 $I=I_0\left[\dfrac{\sin\left(\frac{\pi}{\lambda}a\sin\varphi\right)}{\left(\frac{\pi}{\lambda}\right)a\sin\varphi}\right]^2$，所以当

$$a\sin\varphi=k\lambda,\quad k=\pm1,\ \pm2,\ \pm3,\cdots\text{时},\tag{5-4-1}$$

k 级暗条纹所对应的衍射角为

$$\sin\varphi\approx\tan\varphi=\frac{x}{2L}.\tag{5-4-2}$$

x 为 $\pm k$ 级暗纹的间距，则可得波长为

$$\lambda=\frac{ax_k}{2kL}.\tag{5-4-3}$$

当单色光源为激光时，由于激光可看作近似的平行光，所以图 5-4-1 中就不需要透镜 L_1 和 L_2 了. 夫琅禾费单缝衍射的衍射图样如图 5-4-2 所示.

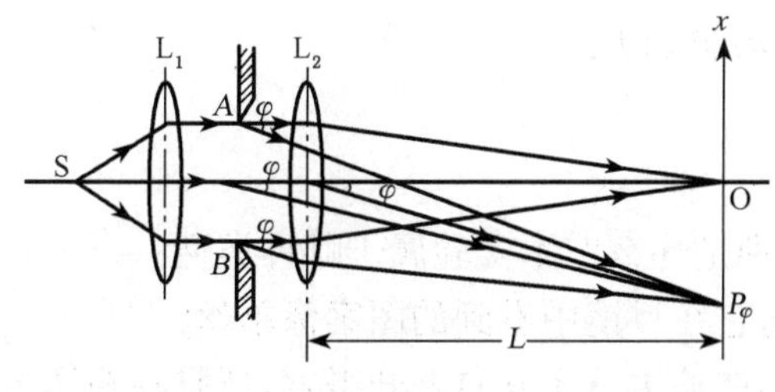

图 5-4-1　夫琅禾费单缝衍射光路图

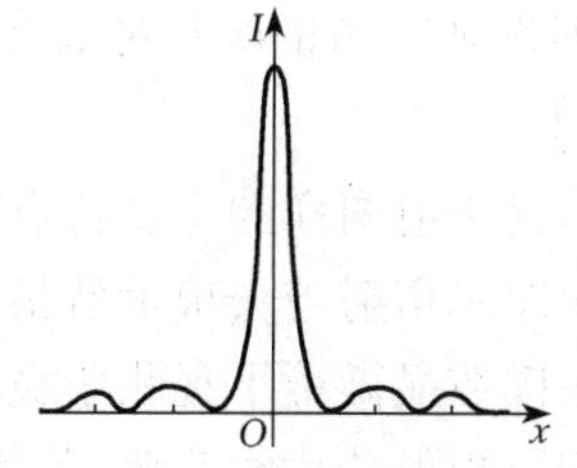

图 5-4-2　夫琅禾费单缝衍射图

【实验内容】

1. 观察和描绘各种衍射物的衍射现象

(1) 按图 5-4-1 安排好实验仪器.

(2) 观察各种衍射物的衍射图样，并描绘出单缝、圆孔、矩形孔、一维光栅和二维光栅的衍射图样.

(3) 观察并得出衍射物尺寸大小 a、衍射距离 L 与衍射现象之间的关系.

2. 用单缝衍射测激光波长

(1) 以最小的单缝为衍射参考物，以激光为光源，衍射距离至少 1 m 以上，生成衍射图样，然后用游标卡尺分别测出衍射图样的 ±1, ±2, ±3, ±4, ±5 级等暗纹之间的间距，用米尺测出衍射距离 L.

(2) 改变衍射距离 L，重复步骤(1)再测量两次.

(3) 用读数显微镜多次测量单缝尺寸的大小 a，求出其平均值. 表格自拟.

(4) 列表记录实验数据并进行数据处理(表 5-4-1).

表 5-4-1　实验数据记录表

$\pm k$	±1	±2	±3	±4	±5
x /mm					

像屏上暗纹遵从的公式为：$a\sin\varphi_k = k\lambda$，$k = 0, \pm1, \pm2, \pm3\cdots$. 其中，$a$ 为单缝尺寸，k 为衍射级数，φ_k 为第 k 级暗纹衍射角，$\pm k$ 级暗纹的间距 x 的测量修正为：$\overline{\frac{x_k}{k}} = \frac{\frac{x_1}{1}+\frac{x_2}{2}+\frac{x_3}{3}+\cdots+\frac{x_k}{k}}{k}$；所以波长的公式修正为

$$\lambda = \frac{a * \left(\overline{\frac{x_k}{k}}\right)}{2L}, \quad 其中\ \overline{\frac{x_k}{k}} = \frac{\frac{x_1}{1}+\frac{x_2}{2}+\frac{x_3}{3}+\cdots+\frac{x_k}{k}}{k}.$$

(5) 求出激光的波长 λ，并与其理论值(632.8 nm)进行对比，求相对误差 E_λ.

【注意事项】

(1) 眼睛不能直视激光，否则失明!!!

(2) 严禁用手触摸衍射元件的图案，容易刮花图案.

(3) 用读数显微镜多次测量单缝尺寸的大小 a 时，待测单缝要对焦清晰，且位置要摆

放正,否则带来的测量误差对最终测量结果影响大.

【思考题】

1. 单缝衍射图样的主要特点有哪些?

2. 菲涅尔衍射与夫琅禾费衍射的区别是什么? 本实验属于哪种类型?

3. 在读数显微镜下观测单缝时,为何它在目镜中看到的图案像单丝?

4. 如以矩形孔代替单缝,其衍射图样在长边 AB 方向上开得宽,还是在短边方向 AD 上开得宽些? 为什么? 并画图说明? ($AB>AD$)

5. 影响本实验的测量结果的因素有哪些? 请分析说明.

5.5 分光计的调节及三棱镜顶角和折射率的测量

光线在传播过程中,遇到不同介质的分界面时,会发生反射和折射,光线将改变传播的方向,结果在入射光与反射光或折射光之间就存在一定的夹角. 通过对某些角度的测量,可以测定折射率、光栅常数、光波波长、色散率等许多物理量. 因而精确测量这些角度,在光学实验中显得十分重要.

分光计是一种能精确测量上述要求角度的典型光学仪器,经常用来测量材料的折射率、色散率、光波波长和进行光谱观测等. 由于该装置比较精密,控制部件较多而且操作复杂,所以使用时必须严格按照一定的规则和程序进行调整,方能获得较高精度的测量结果.

分光计的调整思想、方法与技巧,在光学仪器中有一定的代表性,学会对它的调节和使用方法,有助于掌握操作更为复杂的光学仪器. 对于初次使用者来说,往往会遇到一些困难. 但只要在实验调整观察中,弄清调整要求,注意观察出现的现象,并努力运用已有的理论知识去分析、指导操作,在反复练习之后才开始正式实验,一般也能掌握分光计的使用方法,并顺利地完成实验任务.

【实验目的】

(1) 了解分光计的结构及基本原理,学习分光计的调整技术;

(2) 测定棱镜顶角、最小偏向角;

(3) 测定棱镜材料的折射率.

【实验仪器】

分光计、双面镜、钠光灯、三棱镜.

【实验原理】

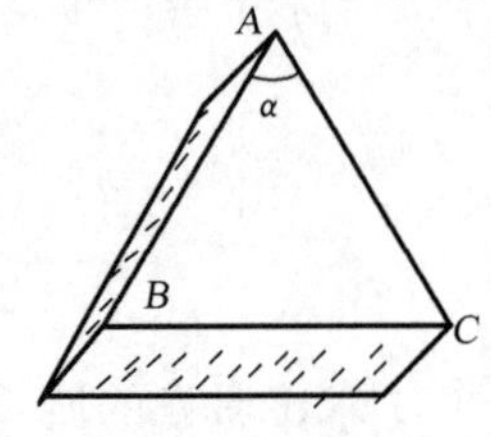

图 5-5-1 三棱镜示意图

三棱镜如图 5-5-1 所示,AB 和 AC 是透光的光学表面,又称折射面,其夹角 α 称为三棱镜的顶角;BC 为毛玻璃面,称为三棱镜的底面.

1. 反射法测三棱镜顶角 α

如图 5-5-2 所示,一束平行光入射于三棱镜,经过 AB 面和 AC 面反射的光线分别沿

T_1 和 T_2 方位射出，T_1 和 T_2 方向的夹角记为 θ，由几何学关系可知：$\alpha = \frac{\theta}{2} = \frac{1}{2}|T_2 - T_1|$.

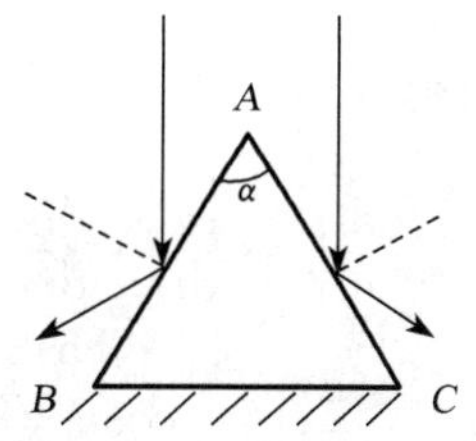

图 5-5-2　反射法测顶角

2. 自准法测三棱镜顶角 α

如图 5-5-3 所示，光线垂直入射于三棱镜的 AB 面，而沿原路反射回来，记下此时光线的入射位置 T_3，然后使光线垂直入射于三棱镜的 AC 面，也沿原路反射回来，记下此时光线的入射位置 T_4，则角 $\varphi = |T_4 - T_3|$，而角 $\alpha = 180° - \varphi = 180° - |T_4 - T_3|$.

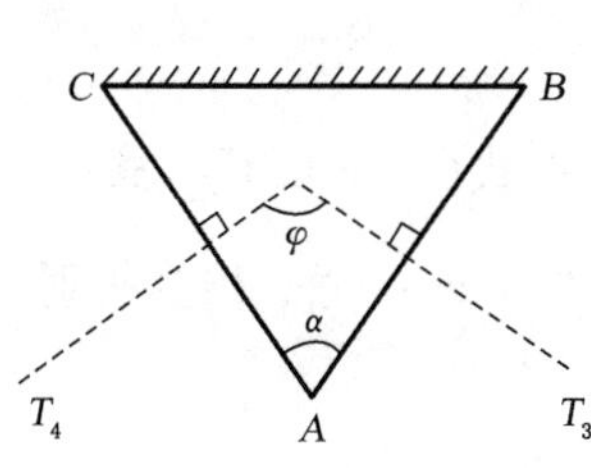

图 5-5-3　自准法测顶角

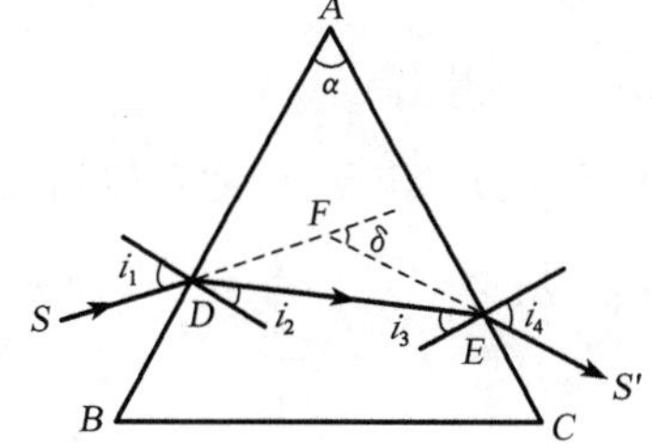

图 5-5-4　光在棱镜主截面内的折射

3. 最小偏向角法测三棱镜玻璃的折射率

图 5-5-4 表示单色光束沿 SD 方向射在三棱镜的 AB 面上，经过两次折射从 ES' 方向射出. $\triangle ABC$ 是三棱镜的主截面（垂直于各棱脊的横截面），图中所示光线和角度都在此平面内，入射光线与出射光线之间的夹角叫做偏向角，以 δ 表示. 由图 5-5-4 可见：

$$\delta = \angle FDE + \angle FED = (i_1 - i_2) + (i_4 - i_3).$$

因顶角 $\alpha = i_2 + i_3$，所以

$$\delta = (i_1 + i_4) - \alpha. \tag{5-5-1}$$

同一棱镜的顶角 α 和折射率 n 皆为定值，故 δ 只随入射角 i_1 而变. 由实验得知，在 δ 随 i_1 的变化中，对某一 i_1 值，δ 有一极小值，这就是最小偏向角 $\delta_{\min}$. 图 5-5-5 表示出这种变化关系. 按求极值的方法可以获得满足最小偏向角的条件.

由式(5-5-1)对 i_1 求导数得：$\frac{d\delta}{di_1} = 1 + \frac{di_4}{di_1}$，$\delta_{\min}$ 的必要条件是 $\frac{d\delta}{di_1} = 0$，

于是
$$\frac{di_4}{di_1} = -1. \tag{5-5-2}$$

按折射定律，光在 AB 面和 AC 面折射时有

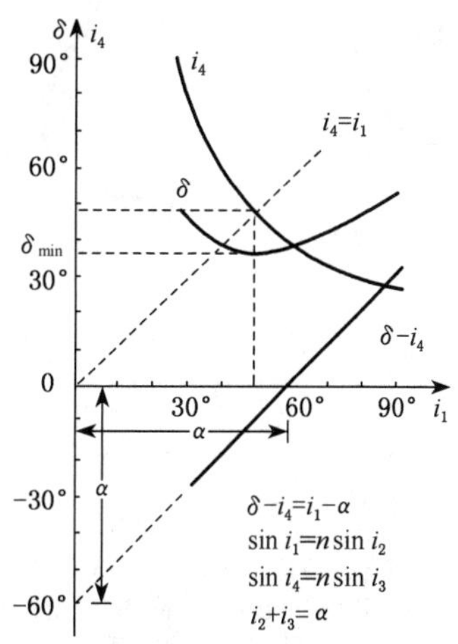

图 5-5-5　偏向角 δ、出射角 i_4 随入射角 i_1 的变化关系曲线

$$\sin i_1 = n\sin i_2, \quad \sin i_4 = n\sin i_3. \tag{5-5-3}$$

又可得

$$\frac{\mathrm{d}i_4}{\mathrm{d}i_1} = \frac{\mathrm{d}i_4}{\mathrm{d}i_3}\cdot\frac{\mathrm{d}i_3}{\mathrm{d}i_2}\cdot\frac{\mathrm{d}i_2}{\mathrm{d}i_1} = \frac{n\cos i_3}{\cos i_4}\cdot(-1)\cdot\frac{\cos i_1}{n\cos i_2} = -\frac{\cos i_3\sqrt{1-n^2\sin^2 i_2}}{\cos i_2\sqrt{1-n^2\sin^2 i_3}}$$

$$= -\frac{\cos i_3\sqrt{\sin^2 i_2+\cos^2 i_2-n^2\sin^2 i_2}}{\cos i_2\sqrt{\sin^2 i_3+\cos^2 i_3-n^2\sin^2 i_3}} = -\frac{\sqrt{1+(1-n^2)\tan^2 i_2}}{\sqrt{1+(1-n^2)\tan^2 i_3}}. \tag{5-5-4}$$

比较式(5-5-2)与式(5-5-4),有 $\tan i_2 = \tan i_3$,而 i_2 和 i_3 必小于 $\frac{\pi}{2}$,故

$$i_2 = i_3. \tag{5-5-5}$$

因此,由式(5-5-3)得出

$$i_1 = i_4. \tag{5-5-6}$$

可见,式(5-5-5)或式(5-5-6)为 δ 达到极小值的条件. 把式(5-5-6)代入式(5-5-1),得到 $\delta_{\min} = 2i_1 - \alpha$ 或 $i_1 = \frac{1}{2(\delta_{\min}+\alpha)}$,而 $\alpha = i_2 + i_3 = 2i_2$, $i_2 = \frac{\alpha}{2}$. 根据折射定律,

$$n = \frac{\sin i_1}{\sin i_2} = \frac{\sin\frac{1}{2}(\delta_{\min}+\alpha)}{\sin\frac{\alpha}{2}}. \tag{5-5-7}$$

结论:为了测量棱镜玻璃对空气的相对折射率 n,需要测量三棱镜的顶角 α 和棱镜对单色光的最小偏向角 $\delta_{\min}$.

4. 分光计的结构

分光计由四部分组成:自准直望远镜、平行光管、载物小平台和读数装置(图 5-5-6).

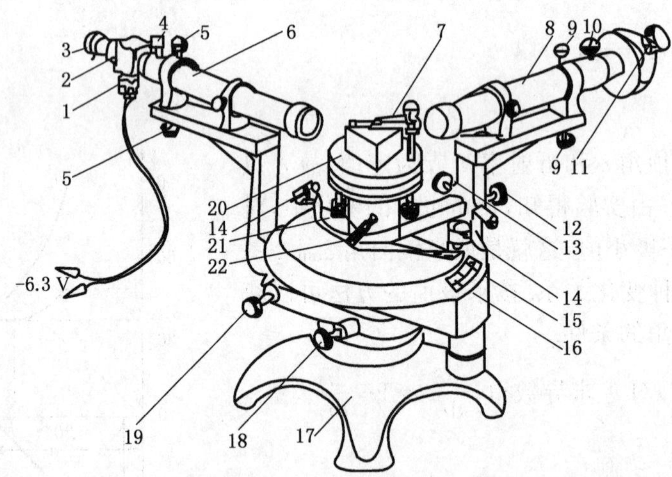

1—小灯; 2—分划板套筒; 3—目镜; 4—目镜筒制动螺丝; 5—望远镜倾斜度调整螺丝; 6—望远镜镜筒; 7—夹持待测件的弹簧片; 8—平等光管; 9—平等光管倾斜度的调整螺丝; 10—夹缝套筒制动螺丝; 11—狭缝宽度调节手轮; 12—游标圆盘制动螺丝; 13—游标圆盘微调螺丝; 14—放大镜; 15—游标圆盘; 16—刻度圆盘; 17—底座; 18—刻度圆盘制动螺丝; 19—刻度圆盘微调螺丝; 20—载物小平台

图 5-5-6 分光计

【实验内容】

1. 分光计的调整

在进行调整前，应先熟悉所使用的分光计中下列螺丝的位置：

① 目镜调焦(看清分划板准线)手轮；

② 望远镜调焦(看清物体)调节手轮(或螺丝)；

③ 调节望远镜高低倾斜度的螺丝；

④ 控制望远镜(连同刻度盘)转动的制动螺丝；

⑤ 调整载物台水平状态的螺丝；

⑥ 控制载物台转动的制动螺丝；

⑦ 调整平行光管上狭缝宽度的螺丝；

⑧ 调整平行光管高低倾斜度的螺丝；

⑨ 平行光管调焦的狭缝套筒制动螺丝.

然后具体的调整(要求做到三个水平两个垂直)方法如下：

(1) 目测粗调水平

将望远镜、载物台、平行光管用目测粗调成水平，并与分光计转轴垂直(粗调是后面进行细调的前提和细调成功的保证，这点很重要).

(2) 用自准法调整望远镜，使其聚焦于无穷远

① 调节目镜调焦手轮，直到能够清楚地看到分划板"准线"为止(这是调节"物"清晰).

② 接上照明小灯电源，打开开关，可在目镜视场中看到如图 5-5-7 所示的"准线"和带有绿色小十字的窗口.

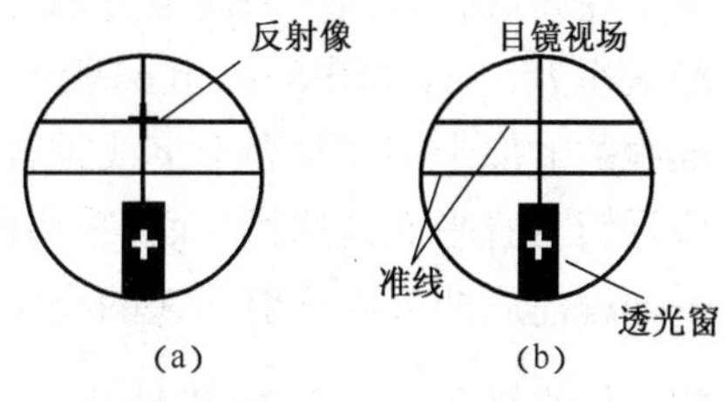

图 5-5-7　目镜视场

③ 将平面镜按图 5-5-8 所示方位放置在载物台上.这样放置是出于这样的考虑：若要调节平面镜的俯仰，只需要调节载物台下的螺丝 a_2 或 a_3 即可，而螺丝 a_1 的调节与平面镜的俯仰无关.

④ 沿望远镜外侧观察可看到平面镜内有一亮十字，轻缓地转动载物台，亮十字也随之转动.但若用望远镜对着平面镜看，往往看不到此亮十字，这说明从望远镜射出的光没有被平面镜反射到望远镜中.

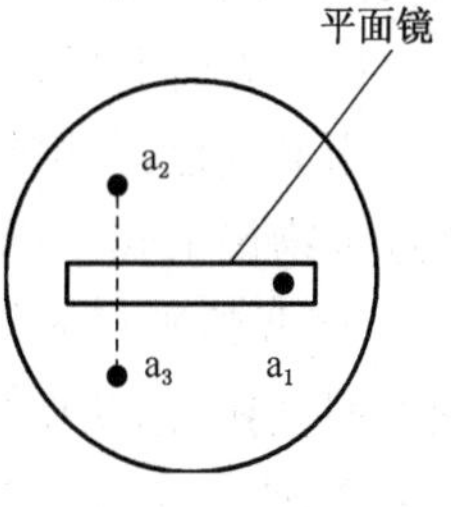

图 5-5-8　平面镜的放置

我们仍将望远镜对准载物台上的平面镜，调节镜面的俯仰，并转动载物台让反射光返回望远镜中，使由透明十字发出的光经过物镜后(此时从物镜出来的光还不一定是平行光)，再经平面镜反射，由物镜再次聚焦，于是在分划板上形成模糊的像斑(注意：调节是否顺利，以上步骤是关键).然后先调物镜与分划板间的距离，再调分划板与目镜的距离使从目镜中既能看清准线，又能看清亮十字的反射像.注意使准线与亮十字的反射像之间无视差，如有视差，则需反复调节，予以消除.如果没有视差，说明望远镜已聚焦于无穷远(这是找到"反射像"并调节"像"

清晰).

(3) 调整望远镜光轴,使之与分光计的转轴垂直

平行光管与望远镜的光轴各代表入射光和出射光的方向.为了测准角度,必须分别使它们的光轴与刻度盘平行.刻度盘在制造时已垂直于分光计的转轴.因此,当望远镜与分光计的转轴垂直时,就达到了与刻度盘平行的要求.

具体调整方法为:平面镜仍竖直置于载物台上,使望远镜分别对准平面镜前后两镜面,利用自准法可以分别观察到两个亮十字的反射像.如果望远镜的光轴与分光计的转轴相垂直,而且平面镜的反射镜面又与转轴平行,则转动载物台时,从望远镜中可以两次观察到由平面镜前后两个面反射回来的亮十字像与分划板准线的上部十字线完全重合,如图5-5-9(c)所示.若望远镜光轴与分光计转轴不垂直,平面镜反射面也不与转轴相平行,则转动载物台时,从望远镜中观察到的两个亮十字反射像必然不会同时与分划板准线的上部十字线重合,而是一个偏低,一个偏高,甚至只能看到一个.这时需要认真分析,确定调节措施,切不可盲目乱调.重要的是必须先粗调:即先从望远镜外面目测,调节到从望远镜外侧能观察到两个亮十字像;然后再细调:从望远镜视场中观察,当无论以平面镜的哪一个反射面对准望远镜,均能观察到亮十字时,如从望远镜中看到准线与亮十字像不重合,它们的交点在高低方面相差一段距离,如图5-5-9(a)所示.此时调整望远镜高低倾斜螺丝使差距减小为$h/2$,如图5-5-9(b)所示.再调节载物台下的水平调节螺丝,消除另一半距离,使准线的上部十字线与亮十字线重合,如图5-5-9(c)所示.之后,再将载物台旋转180°,使望远镜对着平面镜的另一面,采用同样的方法调节.如此反复调整,直至转动载物台时,从平面镜前后两表面反射回来的亮十字像都能与分划板准线的上部十字线重合为止.这时望远镜光轴和分光计的转轴相垂直,常称这种方法为逐次逼近各半调整法(也称为$\frac{h}{2}$法).然后用手转动平面镜旋转90°,再调节载物台下的水平调节螺丝a_1,让亮十字像与分划板准线的上部十字线的水平线重合.

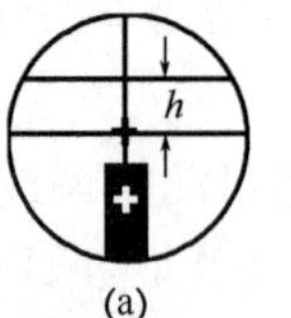

(a)

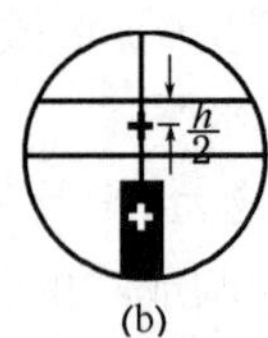

(b)

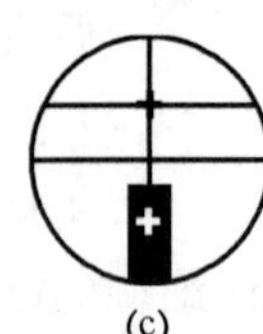
(c)

图5-5-9 十字像与分划板准线的位置关系

(4) 调整平行光管,使平行光管的光轴与分光计的转轴垂直

用前面已经调整好的望远镜调节平行光管.当平行光管射出平行光时,则狭缝成像于望远镜物镜的焦平面上,在望远镜中就能清楚地看到狭缝像,并与准线无视差.

① 调整平行光管产生平行光.取下载物台上的平面镜,关掉望远镜中的照明小灯,用钠灯照亮狭缝,从望远镜中观察来自平行光管的狭缝像,同时调节平行光管狭缝与透镜间的距离,直至能在望远镜中看到清晰的狭缝像为止,然后调节缝宽使望远镜视场中的缝宽约为1 mm.

② 调节平行光管的光轴与分光计转轴相垂直.望远镜中看到清晰的狭缝像后,转动狭缝(但不能前后移动)至水平状态,调节平行光管倾斜螺丝,使狭缝水平像被分划板的中央十字线上、下平分,如图5-5-10(a)所示.这时平行光管的光轴已与分光计转轴相垂

直. 再把狭缝转至铅直位置,并需保持狭缝像最清晰而且无视差,位置如图 5-5-10(b)所示.

至此分光计已基本调整好,使用时必须注意分光计上除刻度圆盘制动螺丝及其微调螺丝外,其他螺丝不能任意转动,否则将破坏分光计的工作条件,需要重新调节.

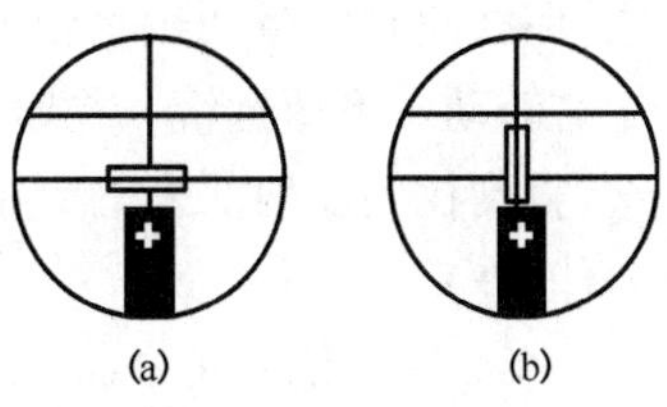

图 5-5-10　像与分划板位置

2. 测量

在正式测量之前,请先弄清你所使用的分光计中下列各螺丝的位置:①控制望远镜(连同刻度盘)转动的制动螺丝;②控制望远镜微动的螺丝.

(1) 反射法测三棱镜的顶角 α

如图 5-5-2 所示,使三棱镜的顶角对准平行光管,开启钠光灯,使平行光照射在三棱镜的 AC、AB 面上,旋紧游标盘制动螺丝,固定游标盘位置,放松望远镜制动螺丝,转动望远镜(连同刻度盘)寻找 AB 面反射的狭缝像,使分划板上竖直线与狭缝像基本对准后,旋紧望远镜螺丝,用望远镜微调螺丝使竖直线与狭缝完全重合,记下此时两对称游标上指示的读数 T_1、T'_1. 转动望远镜至 AC 面进行同样的测量得 T_2、T'_2. 可得:

$$\theta = |T_2 - T_1|, \quad \theta' = |T'_2 - T'_1|.$$

三棱镜的顶角 α 为

$$\alpha = \frac{1}{2}\left[\frac{1}{2}(\theta + \theta')\right].$$

改变一下三棱镜的摆放位置,重复测量三次取平均值,列表记录所有的数据,表格自拟.

(注意三棱镜的摆放位置,使三棱镜摆放在载物台中心偏向望远镜的位置,同时让三棱镜的底面与平行光管的出射光线垂直,而且三棱镜的顶角处在出射光束的中间,使左右分束的出射光束大致平分,这样可以保证在望远镜中都能看到反射像.)

(2) 自准法测三棱镜顶角 α

将三棱镜放在载物台上,由于重新放置,所以位置可能会有微小的变化,经三棱镜 AB 面和 AC 面反射回来的亮十字像可能不会与分划板准线的上部十字线完全重合,如图 5-5-9(c)所示. 由于上面调节使望远镜光轴一定处在水平状态,可不再调望远镜高低倾斜螺丝,只调节载物台下的水平调节螺丝,使经三棱镜 AB 面和 AC 面反射回来的亮十字像与分划板准线的上部十字线完全重合.

如图 5-5-3 所示,光线垂直入射于三棱镜的 AB 面,而沿原路反射回来的亮十字像与分划板准线的上部十字线完全重合,记下此时光线的入射位置 T_3、T'_3,然后使光线垂直入射于三棱镜的 AC 面,也沿原路反射回来的亮十字像与分划板准线的上部十字线完全重合,记下此时光线的入射位置 T_4、T'_4.

可得 $\varphi = |T_4 - T_3|$, $\varphi' = |T'_4 - T'_3|$.

三棱镜的顶角 $\alpha = 180° - \frac{1}{2}(\varphi + \varphi')$.

改变一下三棱镜的摆放位置,重复测量三次取平均,列表记录所有的数据,表格自拟.

(注意:如果当望远镜正对三棱镜的 AB 面或 AC 面时,找不到反射回来的十字叉丝像,那么此时应微调载物台下的水平调节螺丝,想一想应选择调节哪个螺丝比较好?然后左右转动一下望远镜,寻找反射回来的十字叉丝像,如此反复调节载物台下的水平调节螺丝,直到找到反射回来的十字叉丝像,在此过程中均不得调节望远镜的倾斜度调整螺丝,为什么?)

(3) 最小偏向角 $\delta_{\min}$ 的测量

按图摆放好三棱镜,分别放松游标盘和望远镜的制动螺丝,转动游标盘(连同三棱镜)使平行光射入三棱镜的 AC 面,如图 5-5-11 所示.然后旋紧固定分光计读数内盘的螺丝,转动望远镜在 AB 面处寻找平行光管中狭缝的像;找到后,松开固定分光计读数内盘的螺丝,同时旋紧固定望远镜的螺丝,然后缓慢地转动游标盘(连同三棱镜),使在望远镜中观察到的狭缝像向偏向角减小的方向(向左)移动,这样才能找到最小偏向角(若望远镜中观察到的狭缝像离开视场,则松开固定望远镜的螺丝,移动望远镜跟随狭缝像,继续转动游标盘去寻找最小偏向角);当随着游标盘的继续转动,狭缝像不再继续向偏向角减小的方向(向左)移动,而是向相反的方向移动;那么当游标盘转动到某一位置时,狭缝像正要开始向相反方向(向右)移动时的偏向角,我们称为最小偏向角.此时固定游标盘,轻轻地转动望远镜,使分划板上竖直线与狭缝像对准,记下两游标指示的读数,记为 T_5、T'_5;然后取下三棱镜,转动望远镜使它直接对准平行光管,并使分划板上竖直线与狭缝像对准,记下对称的两游标指示的读数,记为 T_6、T'_6,可得

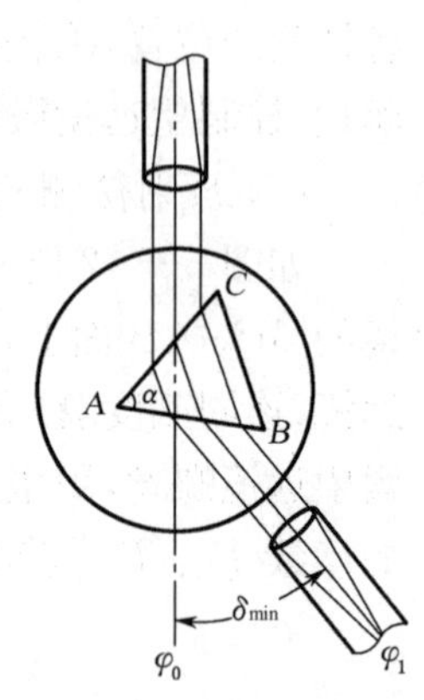

图 5-5-11　最小偏向角的测量

$$\delta_{\min}=\frac{1}{2}(|T_6-T_5|+|T'_6-T'_5|).$$

改变一下三棱镜的摆放位置,重复测量三次求平均,列表记录所有的数据,表格自拟.

(注意三棱镜的摆放位置,应保证平行光管的出射光束完全地射入三棱镜的 AC 面,并且 AB 面的位置就大致与平行光管的方向成 90°,这样的摆放位置才比较容易找到最小偏向角.)

3. 代入公式求三棱镜的折射率

可得三棱镜的折射率

$$n=\frac{\sin\frac{1}{2}(\delta_{\min}+\alpha)}{\sin\frac{\alpha}{2}}.$$

【注意事项】

(1) 望远镜、平行光管上的镜头,三棱镜、平面镜的镜面不能用手摸、揩.如发现有尘埃时,应该用镜头纸轻轻揩擦.三棱镜、平面镜不准磕碰或跌落,以免损坏.

(2) 分光计是较精密的光学仪器,要加倍爱护,不应在制动螺丝锁紧时强行转动望远

镜，也不要随意拧动狭缝.

(3) 测量数据前务须检查分光计的几个制动螺丝是否锁紧，若未锁紧，取得的数据会不可靠.

(4) 测量中应正确使用望远镜转动的微调螺丝，以便提高工作效率和测量准确度.

(5) 游标读数过程中，由于望远镜可能位于任何方位，故应注意望远镜转动过程中是否过了刻度的零点. 如越过刻度零点，则必须按式 $360° - |\theta' - \theta|$ 来计算望远镜的转角. 例如当望远镜由位置Ⅰ转到位置Ⅱ时，双游标的读数分别如表 5-5-1 所示.

表 5-5-1　　游标读数示例

望远镜位置	Ⅰ	Ⅱ
左游标读数	175°45′	295°43′
右游标读数	355°43′	115°45′

由左游标读数可得望远镜转角为：$\varphi_{左} = \theta'_{\mathrm{I}} - \theta_{\mathrm{I}} = 119°58'$.

由右游标读数可得望远镜转角为：$\varphi_{右} = 360° - |\theta'_{\mathrm{II}} - \theta_{\mathrm{II}}| = 119°58'$.

(6) 要认清每个螺丝的作用再调整分光计，不能随便乱拧. 掌握各个螺丝的作用可使分光计的调节与使用事半功倍.

(7) 对调整好的望远镜系统，它的倾斜度调节螺丝不能再随便拧动，否则会前功尽弃.

(8) 望远镜的调整是一个重点. 首先转动目镜手轮看清分划板上的十字线，而后伸缩目镜筒看清亮十字像.

【思考题】

1. 分光计由哪几部分组成？读数盘为何要设置两个游标读数？
2. 分光计调整的要求是什么？望远镜的反射像调整位置与平行光管狭缝像的调整位置有何不同？
3. 转动载物台上的平面镜时，望远镜中看不到由镜面反射的绿十字像，应如何调节？
4. 使由镜面反射的绿十字像与分划板准线的上部十字线完全重合，应如何调节？
5. 如何判断最小偏向角？

5.6　用分光计测量光栅常数和光波波长

光的衍射是波动光学的基本现象之一，它说明光的直线传播是衍射现象不显著时的近似结果. 研究光的衍射不仅有助于加深对光的波动性的理解，还有助于进一步学习近代光学实验技术，如光谱分析、晶体结构分析、全息照相、光学信息处理等.

光栅是由一组数目很多、排列紧密、均匀的平行狭缝(或刻痕)组成，是根据多缝衍射原理制成的一种分光元件，它能产生谱线间距较宽的匀排光谱. 所得光谱线的亮度比用棱镜分光时小些，但光栅的分辨本领比棱镜大. 光栅不仅适用于可见光，还能用于红外和紫外光波.它不仅用于光谱学,还广泛用于计量、光通信、信息处理等方面.光栅在结构上可分为平面光栅、阶梯光栅和凹面光栅等几种.从光的传播过程方面又可分为透射式和反射式两类.过去制作光栅都是在精密的刻线机上用金刚钻在玻璃表面刻出许多平行等距刻痕做成原刻光栅.实验室中通常使用的光栅是由原刻光栅复制而成的.20 世纪 60 年代以来,随着激光技术的发展又制作了"全息光栅".目前实验室中两者均有使用.

【实验目的】

(1) 观察光栅的衍射光谱,理解光栅衍射的基本规律;

(2) 进一步熟悉分光计的调节和使用;

(3) 测定光栅常数 d 和汞原子光谱的部分特征波长.

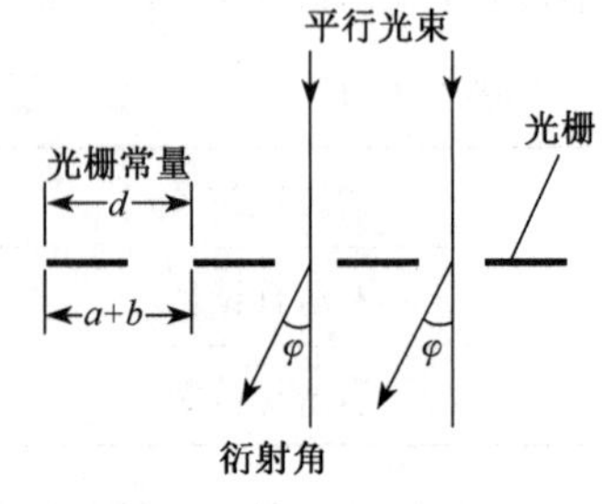

图 5-6-1 光栅常数

【实验仪器】

分光计、光栅、汞灯.

【实验原理】

1. 光栅常数、光栅方程、光栅光谱

根据夫琅禾费衍射理论,当波长为 λ 的平行光束投射到光栅平面(图 5-6-1)时,光波将在各个狭缝处发生衍射,经过所有狭缝衍射的光波又彼此发生干涉,这种由衍射光形成的干涉条纹是定域于无穷远处的.若在光栅后面放置一个汇聚透镜,则在各个方向上的衍射光经过汇聚透镜后都汇聚在它的焦平面上,得到的衍射光的干涉条纹根据光栅衍射理论,衍射光谱中明条纹的位置由式(5-6-1)决定:

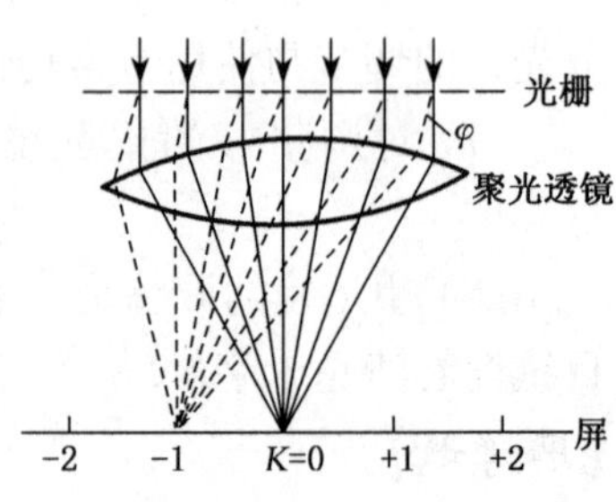

图 5-6-2 衍射条纹

$$(a+b)\sin\varphi_K = \pm K\lambda \quad 或 \quad d\sin\varphi_K = \pm K\lambda \quad (K = 1, 2, 3, \cdots). \tag{5-6-1}$$

式中,$d = a + b$ 称为光栅常数;λ 为入射光的波长;K 为明条纹的级数;φ_K 是 K 级明条纹的衍射角.如图 5-6-2所示.

如果入射光不是单色光,则由式(5-6-1)可以看出,在中央明条纹处($K=0$, $\varphi_K=0$),各单色光的中央明条纹重叠在一起.除零级条纹外,对于其他的同级谱线,因各单色光的波长 λ 不同,其衍射角 φ_K 也各不相同,于是复色入射光将被分解为单色光.因此,在透镜焦平面上将出现按波长次序排列的单色谱线,称为光栅的衍射光谱.相同 K 值谱线组成的光谱称为 K 级光谱.如图 5-6-3 所示为普通低压汞灯的第一级衍射光谱.它的每一级光谱中有 4 条特征谱线:紫色 $\lambda_1=435.8$ nm;绿色 $\lambda_2=546.1$ nm;黄色两条 $\lambda_3=577.0$ nm, $\lambda_4=579.1$ nm.

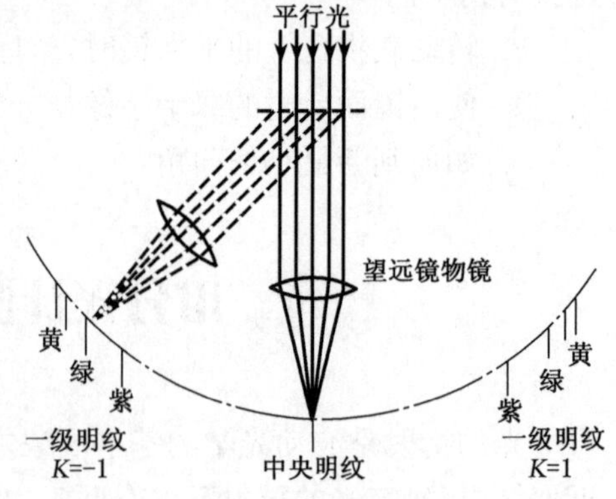

图 5-6-3 汞的第一级衍射光谱

2. 光栅常数与汞特征谱线波长的测量

由式(5-6-1)可知,如果已知某单色光的波长为 λ,用分光计测出 K 级光谱中该色条纹的衍射角 φ_K ,即可算出光栅常数 d;反之,已知光栅常数 d,用分光计测出 K 级光谱中某一条纹的衍射角 φ_K ,也可算出该条纹所对应的单色光的波长 λ.

【实验内容】

1. 调整分光计

为满足平行光入射的条件及衍射角的准确测量,分光计的调整必须满足下述要求:平行光管发出平行光,望远镜适合于观察平行光,并且两者的光轴都垂直于分光计的主轴(详细的调整方法参见分光计的调整与使用实验).

2. 调节光栅

要求达到的条件:

(1) 光栅平面与平行光管的光轴垂直.

(2) 光栅刻线与分光计主轴平行;如图 5-6-4 所示放置光栅于载物台上. 利用望远镜自准法使光栅平面与平行光管光轴垂直.

具体方法:首先让望远镜筒的中心光轴与平行光管的中心光轴对齐(标志是狭缝的像与视场中叉丝的竖线相重合),然后锁紧望远镜制动螺丝,然后转动载物台并调节螺丝钉 a_1 和 a_3 使光栅面反射回来的绿十字像与分划板上的叉丝上方交点重合. 随即固定载物台,然后放开望远镜制动螺丝. 转动望远镜观察汞灯衍射光谱,中央零级为白色亮纹;望远镜转至左、右两边时,均可看到分立的 4 条彩色谱线. 若发现左、右两边光谱线不在同一水平线上时,可通过调节螺丝 a_2,使两边谱线处于同一水平线上(不可再调节螺丝钉 a_1 和 a_3).

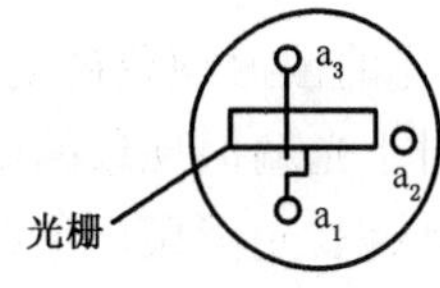

图 5-6-4　光栅的放置

(3) 调节平行光管狭缝宽度,以能够分辨出两条紧靠的黄色谱线为准.

3. 光栅常量与光谱波长的测量

(1) 以绿色光谱线的波长 $\lambda=546.1\ \text{nm}$ 作为已知,测出其第一级光谱的衍射角 φ,为了消除偏心差,应同时读下 T 和 T' 两游标,对 $K=+1$ 对记下 T_1 和 T_1',对 $K=-1$ 对记下 T_{-1}和 T'_{-1},则所测得 $\varphi=\dfrac{1}{4}(|T_1-T_{-1}|+|T'_1-T'_{-1}|)$. 重复测 3 次,计算光栅常量.

(2) 以绿色光谱测量计算所得的光栅常量为已知,按上述步骤分别测出紫色与两条黄色谱线的 φ 角,也先重复测 3 次. 求得汞光谱的两条黄线和一条紫线的波长与标准值比较并计算相对误差(表 5-6-1).

表 5-6-1　光栅光谱测量数据

K	+1 级				−1 级			
	黄光 2	黄光 1	绿光	紫光	紫光	绿光	黄光 1	黄光 2
T								
T'								

【注意事项】

(1) 零级谱线很强,长时间观察会伤害眼睛.

(2) 汞灯的紫外线很强,不可直视.

(3) 汞灯在使用时不要频繁启闭,否则会降低其寿命.

【思考题】

1. 对于同一光源,分别利用光栅分光和棱镜分光,所产生的光谱有何区别?

2. 用式(5-6-1)测量时应保证什么条件? 如何保证?

3. 分光计调整的要求有哪些?

4. 如果光栅平面与转轴平行,但刻痕与转轴不平行,则整个光谱有什么异常?

5. 若光线不是垂直射向光栅,而是以一定的角度值(i)入射,请问测量公式该如何更改?

5.7 光的偏振

光的偏振现象证明了光波是横波.光的偏振现象的发现,使人们进一步认识了光的本性;对于光偏振现象的研究,又使人们对光的传播(反射、折射、吸收和散射等)的规律有了新的认识.光偏振现象在光学计量、晶体性质和实验应力分析、光学信息处理等方面有着广泛的应用.

【实验目的】

(1) 观察光的偏振现象,加深对光偏振基本规律的认识.

(2) 熟悉常用的起偏振和检偏振的方法.

(3) 了解椭圆偏振光、圆偏振光的产生方法和各种波片的作用原理.

(4) 利用分光计测量待测物的布儒斯特角及其折射率.

【实验仪器】

分光计、钠灯、偏振元件、半波片、$\frac{1}{4}$波片、数字式光强检流计.

【实验原理】

1. 偏振光的基本概念

光是横电磁波.光波电矢量固定在某一平面内振动时称为平面偏振光(也称线偏振光),光波电矢量的振动方向和光的传播方向所构成的平面称为该偏振光的偏振面.

当偏振面的取向和光波电矢量的大小随时间作有规律的变化,且光波电矢量末端在垂直于传播方向的平面上的轨迹呈椭圆或圆时,称为椭圆偏振光或圆偏振光.

通常光源发出的光波,具有与光传播方向相垂直的一切可能的振动方向,即它的振动面的取向是杂乱的和随机变化的,这种光称为自然光.

2. 获得和检验偏振光的常用方法

将自然光变成偏振光的器件称起偏器,用来检验偏振光的器件称检偏器.实际上,起偏器和检偏器是互相通用的.下面介绍几种常用的起偏方法和有关定律.

(1) 利用偏振片起偏和检偏(马吕斯定律)

某些二向色性晶体(如硫酸碘奎宁、硫酸金鸡钠碱、电气石等)对两个互相垂直的电矢量振动具有不同的吸收本领. 这种选择性吸收性质,称为二向色性.

在透明塑料薄膜上涂敷一层二向色性的微晶(例如硫酸碘奎宁)然后拉伸薄膜,使二向色性晶体沿拉伸方向整齐排列,把薄膜夹在两片透明塑料片或玻璃片之间便成为偏振片,它有一个偏振化方向. 当自然光射到偏振片上时,振动方向与偏振化方向垂直的光被吸收;振动方向与偏振化方向平行的光能透过,从而获得偏振光. 如图 5-7-1(a)所示. 但由于吸收不完全,所得的偏振光只能达到一定的偏振度,视偏振片的质量而定.

若在偏振片 P_1 后面再放一块偏振片 P_2,P_2 就可以检验经 P_1 后的光是否为偏振光,即 P_2 起了检偏器的作用. 当起偏器 P_1 和检偏器 P_2 的偏振化方向间有一夹角 θ,如图 5-7-1(b)所示,则通过检偏器 P_2 的偏振光强度满足马吕斯定律

$$I = I_0 \cos^2\theta. \tag{5-7-1}$$

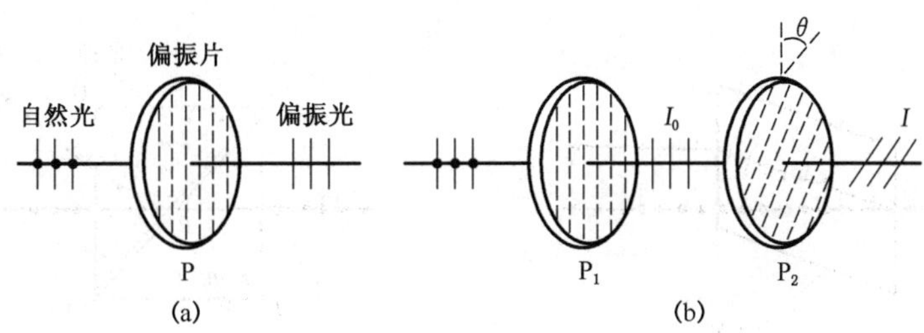

图 5-7-1　马吕斯定律光路图

偏振片是一种应用较广泛的“起偏”器件,用它可获得截面积较大的偏振光束.

(2) 利用反射和折射起偏(布儒斯特定律)

自然光在两种介质的分界面上反射和折射时,反射光和折射光就能成为部分偏振光或完全偏振光. 部分偏振光是指光波电振动矢量只在某一确定的方向上占相对优势. 实验与理论证明:在反射光中,垂直于入射面的光振动较强;在折射光中平行于入射面的光振动较强,如图 5-7-2(a)所示. 布儒斯特于 1812 年指出,反射光偏振化程度决定于入射角. 入射角满足

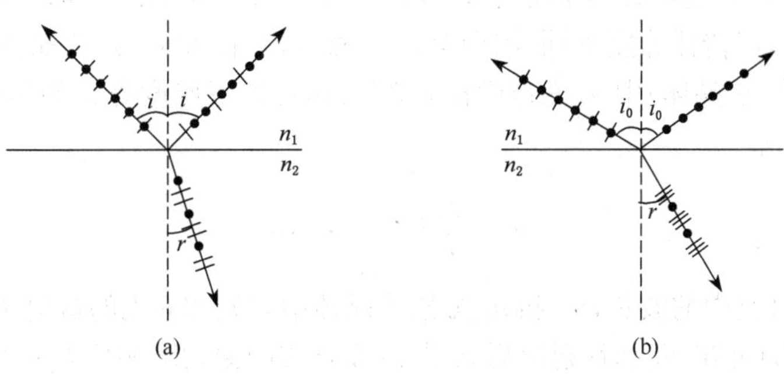

图 5-7-2　反射和折射起偏

$$\tan i_B = \frac{n_2}{n_1},\tag{5-7-2}$$

反射光成为完全偏振光，如图 5-7-2(b)所示. 式(5-7-2)称为布儒斯特定律，i_B 称为起偏角或布儒斯特角. 可以证明：当入射角为起偏角时，反射光和折射光传播方向是相互垂直的.

当光线自空气射向玻璃 ($n_2 = 1.5$) 时，$i_B = 56°$.

利用多块玻璃叠成玻璃堆，可使折射光偏振程度提高.

(3) 利用双折射晶体起偏

某些单轴晶体(如方解石、冰洲石等)具有双折射现象. 这类晶体中存在这样一个方向，沿着这方向传播的光不发生双折射，该方向称为光轴. 沿其他方向射入晶体的光，分为两束完全偏振光，其中一束光的振动垂直于传播方向和晶体光轴方向所决定的平面(主平面)，称为寻常光(或 o 光)；另一束光的振动在主平面内，称为非常光(或 e 光)，它不遵守光的折射定律，如图 5-7-3(a)所示.

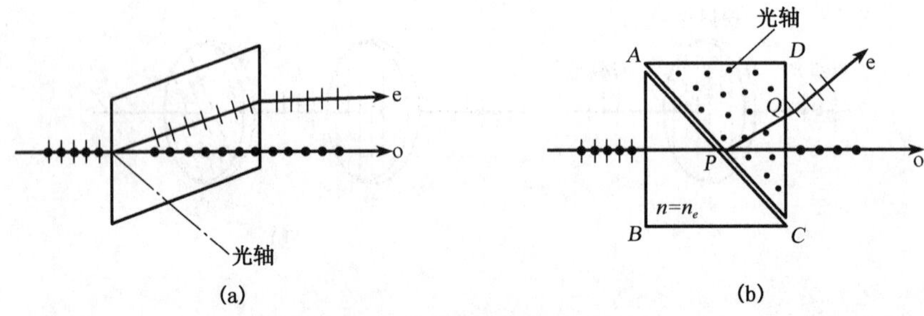

图 5-7-3　晶体双折射起偏

为使出射的两束光分得足够开，可用双折射晶体制成特殊棱镜来获得偏振光. 常用的有尼科耳棱镜和渥拉斯顿棱镜. 价格相对便宜的是由玻璃、方解石组成的直角棱镜，如图 5-7-3(b)所示. 玻璃直角棱镜 ABC 的折射率等于方解石对 e 光的折射率，方解石棱镜 ADC 的光轴垂直于纸面，垂直入射到 AB 面上的一束自然光无偏折地通过 ABC 到达两棱镜的分界面 P 点，进入棱镜 ADC 后，e 光无偏折地射出(因为 $n=n_e$)，o 光则先后在 P 点和 Q 点两次折射，从而获得分得很开的偏振光 o 光和 e 光.

*3. 波片与圆偏振光、椭圆偏振光

当平面偏振光垂直入射到厚度为 d，表面平行于自身光轴的单轴晶片时，o 光和 e 光沿同一方向前进，但传播速度不同，因而会产生相位差. 在方解石(负晶体)中，e 光速度比 o 光快，而在石英(正晶体)中，o 光速度比 e 光快. 因此经过厚度为 d 的晶片后，o 光和 e 光之间产生的相位差

$$\delta = \frac{2\pi}{\lambda}(n_o - n_e)d.\tag{5-7-3}$$

式中，λ 为光在真空中的波长；n_o 和 n_e 分别为晶体中 o 光和 e 光的折射率.

由式(5-7-3)可知，经晶片射出后，o 光、e 光合成的振动随相位差 δ 的不同，就有不同的偏振方式. 在偏振技术中，常将这种能使互相垂直的光振动产生一定相位差的晶体片叫

做波片.

(1) 如晶片厚度能使 $\delta = 2k\pi$, $k=0, 1, 2, 3, \cdots$,则这晶片称为全波片,平面偏振光通过全波片后,其偏振态不变.

(2) 如晶片厚度能使 $\delta = (2k+1)\pi$, $k=0, 1, 2, 3, \cdots$,则这晶片称为半波片(或 $\frac{\lambda}{2}$ 片). 与晶片光轴成 α 角的平面偏振光,通过半波片后,仍为平面偏振光,但其振动面转过 2α 角.

(3) 如晶片厚度能使 $\delta = \frac{1}{2}(2k+1)\pi$, $k=0, 1, 2, 3, \cdots$,则这晶片称为 $\frac{1}{4}$ 波片(或 $\frac{\lambda}{4}$ 片). 平面偏振光通过 $\frac{1}{4}$ 波片后一般变为椭圆偏振光,当 $\alpha = 0$ 或 $\frac{\pi}{2}$ 时,出射的光为平面偏振光;而当 $\alpha = \frac{\pi}{4}$ 时,出射的光为圆偏振光.

【实验内容】

1. 各种起偏方法的研究

(1) 利用偏振片起偏和检偏

实验装置和光路如图 5-7-4 所示.

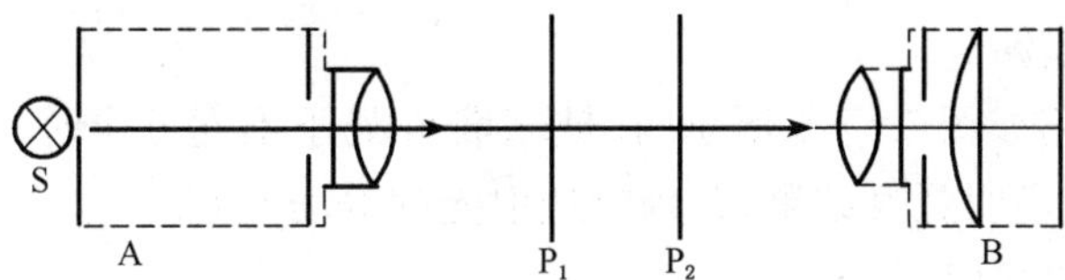

图 5-7-4　偏振片起偏和检偏

其中,S 为单色光源(钠灯),A 为分光计上的平行光管,B 为分光计上的望远镜,P_1 为起偏器,P_2 为检偏器(注:起偏器与检偏器为相同元件).

① 调整好分光计.

② 在平行光管前安放一偏振片 P_1 作为起偏器,然后观察光强随 P_1 旋转时有无变化,记录观察到的情况并说明原因.

③ 使起偏器 P_1 的偏振化方向沿竖直方向(可由偏振器上刻度盘指针判断). 把检偏器 P_2 安放在望远镜的物镜前,并旋转一周,同时观察通过检偏器 P_2 的光强变化规律,找出透射光最暗和最亮时,检偏器 P_2 刻度盘上前后两次所指示的位置相差的角度值. 记录观察到的情况并对观察结果进行说明,表格自拟.

④ 使起偏器 P_1 的偏振化方向沿水平方向(可由偏振器上刻度盘指针判断). 把检偏器 P_2 旋转一周,同时观察通过检偏器 P_2 的光强变化规律,找出透射光最暗和最亮时,检偏器 P_2 刻度盘上前后两次所指示的位置相差的角度值. 记录观察到的情况并对观察结果进行说明,表格自拟.

(2) 利用反射起偏(求磨砂镜的折射率)

实验装置和光路如图 5-7-5 所示,其中,S 为单色光源(钠灯),A 为分光计上的平行光管,B 为分光计上的望远镜,P_2 为检偏器,M 为背面磨砂的平面反射镜(无弯折面为磨砂面).

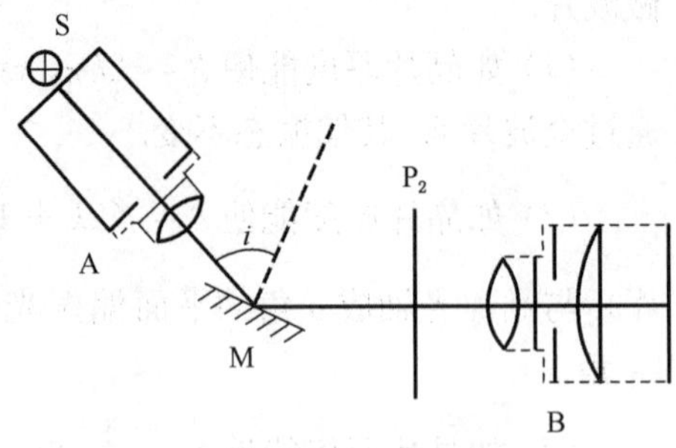

图 5-7-5 反射起偏光路图

① 利用分光计测角度,测量当反射光为完全平面偏振光时的入射角:让光线以不同的入射角照射到背面磨砂的反射镜 M 上;先使检偏器 P_2 的偏振化方向沿竖直方向(可由偏振器上刻度盘指针判断),转动分光计的转盘,在分光计的望远镜中观察到反射光线后,把 P_2 旋转 90°,同时观察通过 P_2 的光强是否完全变为零(即亮度最暗);若通过 P_2 的光强还未完全变为零,则继续改变入射角的大小,直至达到布儒斯特角为止,此时通过 P_2 的光强完全变为零,观察到的亮度最暗.记下此时分光计的转盘位置 T_1、T_1',然后去掉平面反射镜 M,转动望远镜,让它正对平行光管中的狭缝亮线,再记下这时分光计的转盘位置 T_2、T_2',则取得前后转动的夹角值:$\theta=\frac{|T_2-T_1|+|T_2'-T_1'|}{2}$,重复测量 3 次,列表记录数据,表格自拟.

② 将测量出的布儒斯特角 θ 代入公式 $i_B=\frac{\pi-\theta}{2}$ 和 $\tan i_B=\frac{n_2}{n_1}$ $(n_1=1)$,求出平面反射镜的折射率,即 n_2 的大小.

*(3) 利用折射起偏

实验装置和光路如图 5-7-6 所示.在玻璃堆 G 处于不同方位时,利用 P_2 检测透射光的强度及偏振状态.说明观察结果,并判断透射光的振动方向.

*(4) 利用双折射起偏

① 实验装置和光路如图 5-7-7 所示.

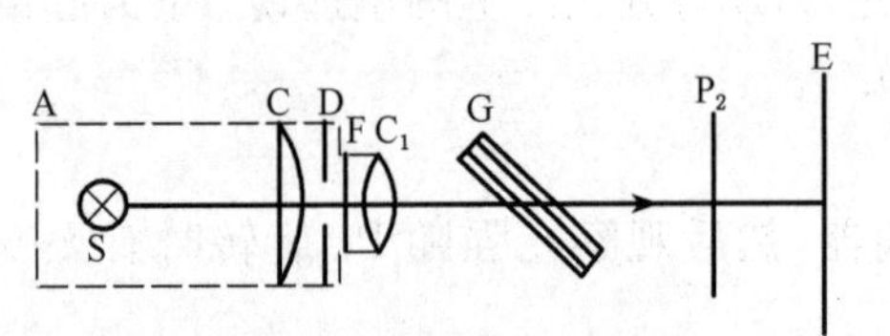

图 5-7-6 实验装置和光路

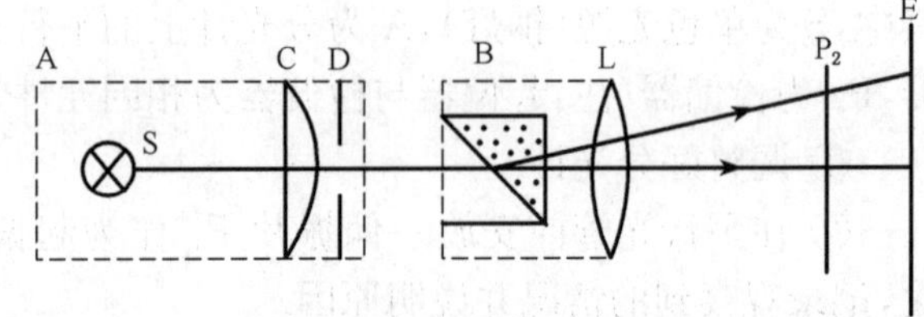

图 5-7-7 实验装置与光路

其中 P_2 先不用.照明灯 S 前只装聚光镜 C 和光阑 D. B 为双折射棱镜,其前端装有投影物镜 L;适当调整 B(连同 L)的位置;使屏 E 上可观察到两个大小相等而分开的像,转动 B 观察此两像变化情况,并分析一下哪个像对应 o 光?哪个像对应 e 光?

② 在 B,L 后装上检偏器 P_2,旋转 P_2 观察.说明双折射产生的两束透射光的偏振方向是否正交?并区分出 o 光和 e 光.

*2. 半波片的作用(平面偏振光通过半波片后的现象研究)

① 按图 5-7-8 布置光路,使 P_1 与 P_2 正交,此时在屏 E 上可看到消光现象.在 P_1 与 P_2 间插入半波片 G,旋转 G 一周,可看到几次消光?解释这种现象.

② 将 G 转任意角度破坏消光现象,再把 P_2 转一周,可看到几次消光?并说明通过半

波片后，光变为怎样的偏振态.

③ 再使 P_1 与 P_2 正交，插入 G 使出现消光，然后将 G 转 15°破坏消光现象，转动 P_2 再使消光出现，记录 P_2 所转动的角度 ϕ. 然后依次将 G 转 30°, 45°, 60°, 75°, 90°，重复上述步骤，记录各次消光时 P_2 转过的角度 ϕ(表 5-7-1). 总结一下有何规律并作出解释.

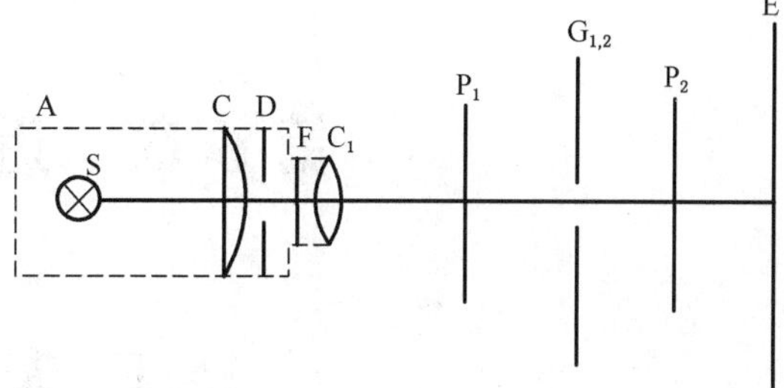

图 5-7-8　平面偏振光通过半波片的光路图

表 5-7-1　平面偏振光通过半波片后的测量数据

θ	0°	15°	30°	45°	60°	75°	90°
ϕ							

*3. $\frac{1}{4}$波片的作用(圆偏振光和椭圆偏振光的获得)

光路图仍为图 5-7-8，将半波片换成$\frac{1}{4}$波片，研究$\frac{1}{4}$波片每转过 15°后，透过$\frac{1}{4}$波片后光束的偏振状态及其性质，解释实验中观察到的现象.

*4. 验证马吕斯定律

按图 5-7-1 装配光学元件，出射光的强度用数字式光强检流计来测量，改变 θ 角的大小(每次改变 15°)，测量出射光的强度(表 5-7-2)，并验证马吕斯定律，得出实验结论.

表 5-7-2　马吕斯定律验证测量数据

θ	0°	15°	30°	45°	60°	75°	90°
I							

【注意事项】

(1) 从偏振器木盒中取放各元件时，应轻拿轻放，不能用手摸偏振片的表面，拿出后不能随便乱放，实验完毕后应放回木盒中.

(2) 在实验过程中应注意区分平面反射镜与磨砂镜，两者外形相似，但镜片不同.

【思考题】

1. 获得偏振光有哪几种方法？它们各需要什么条件？
2. 什么是自然光、部分偏振光和平面偏振光？用一片偏振片能否把它们区别开来？
3. 何谓双折射？两折射光是什么性质的光？互成什么关系？
4. 转动半波片(或$\frac{1}{4}$波片)时，观测检偏器后出现的消光位置有什么意义？
5. 试说明区别圆偏振光和自然光及椭圆偏振光和部分偏振光的方法.
6. 偏振光在日常生活与生产中有何应用？

第6章 近代物理实验

6.1 夫兰克-赫兹

1913年，丹麦物理学家玻尔(N. Bohr)提出了一个氢原子模型，并指出原子存在能级. 该模型在预言氢光谱的观察中取得了显著的成功. 根据玻尔的原子理论，原子光谱中的每根谱线表示原子从某一个较高能态向另一个较低能态跃迁时的辐射.

1914年，德国物理学家夫兰克(J. Franck)和赫兹(G. Hertz)对勒纳用来测量电离电位的实验装置作了改进，他们同样采取慢电子(几个到几十个电子伏特)与单元素气体原子碰撞的办法，但着重观察碰撞后电子发生什么变化(勒纳则观察碰撞后离子流的情况). 通过实验测量，电子和原子碰撞时会交换某一定值的能量，且可以使原子从低能级激发到高能级. 直接证明了原子发生跃变时吸收和发射的能量是分立的、不连续的，证明了原子能级的存在，从而证明了玻尔理论的正确，因而获得了1925年诺贝尔物理学奖.

夫兰克-赫兹实验至今仍是探索原子结构的重要手段之一，实验中用的"拒斥电压"筛去小能量电子的方法，已成为广泛应用的实验技术.

【实验目的】

通过测定氩原子的第一位激发电位(即中肯电位)，证明原子能级的存在. 学习用图像分析法得出结论.

【实验仪器】

FH-2智能夫兰克-赫兹实验仪、示波器.

【实验原理】

波尔提出的原子理论指出：

(1) 原子只能较长地停留在一些稳定状态(简称为定态). 原子在这些状态时，不发射或吸收能量；各定态有一定的能量，其数值是彼此分离的. 原子的能量不论通过什么方式发生改变，它只能从一个定态跃迁到另一个定态.

(2) 原子从一个定态跃迁到另一个定态而发射或吸收辐射时，辐射频率是一定的. 如果用 E_m 和 E_n 分别代表有关两定态的能量的话，辐射的频率 ν 决定于如下关系：

$$h\nu = E_n - E_m. \tag{6-1-1}$$

式中，普朗克常数 $h=6.63\times10^{-34}\,\mathrm{J\cdot s}$.

为了使原子从低能级向高能级跃迁，可以通过具有一定能量的电子与原子相碰撞进行能量交换的办法来实现.

在正常的情况下原子所处的定态是低能态，称为基态，其能量为 E_1. 当原子以某种形式获得能量时，它可由基态跃迁到较高的能量的定态，称为激发态. 激发态能量为 E_2 的称为第一激发态，从基态跃迁到第一激发态所需的能量称为临界能量，数值上等于E_2-E_1.

通常在两种情况下可让原子状态改变，一是当原子吸收或发射电磁辐射时，二是用其他粒子碰撞原子而交换能量时. 用电子轰击原子实现能量交换最方便，因为电子的能量 eU，可通过改变加速电势 U 来控制. 夫兰克-赫兹实验就是用这种方法证明原子能级的存在.

如果电子的能量 eU 很小时，电子和原子只能发生弹性碰撞，几乎不发生能量交换；设初速度为零的电子在电位差为 U_0 的加速电场作用下，获得能量 eU_0. 当具有这种能量的电子与稀薄气体原子（比如十几个乇的氩原子）发生碰撞时，电子与原子发生非弹性碰撞，实现能量交换. 如以 E_1 代表氩原子的基态能量、E_2 代表氩原子的第一激发态能量，那么当氩原子吸收从电子传递来的能量恰好为

$$eU_0 = E_2 - E_1, \tag{6-1-2}$$

这时，氩原子就会从基态跃迁到第一激发态. 而且相应的电位差称为氩的第一激发电位（或称压得中肯电位）. 测定出这个电位差 U_0，就可以根据式(6-1-2)求出氩原子的基态和第一激发态之间的能量差了（其他元素气体原子的第一激发电位亦可依此法求得）. 夫兰克-赫兹实验的原理图如图 6-1-1 所示.

在充氩的夫兰克-赫兹管中，电子由热阴极出发，阴极 K 和第二栅极 G2 之间的加速电压 V_{G2K}使电子加速. 在板极 A 和第二栅极 G2 之间加有反向拒斥电压 V_{G2A}. 管内空间电位分布如图 6-1-2 所示. 当电子通过 K—G2 空间进入 G2—A 空间时，如果有较大的能量（$\geqslant eV_{G2A}$），就能冲过反向拒斥电场而达板极形成板流，为微电流计表检出. 如果电子在 K—G2 空间与氩原子碰撞，把自己一部分能量传给氩原子而使后者激发的话，电子本身所剩余的能量就很小，以致通过第二栅极后已不足于克服拒斥电场而被折回到第二栅极，这时，通过微电流计表的电流将显著减小.

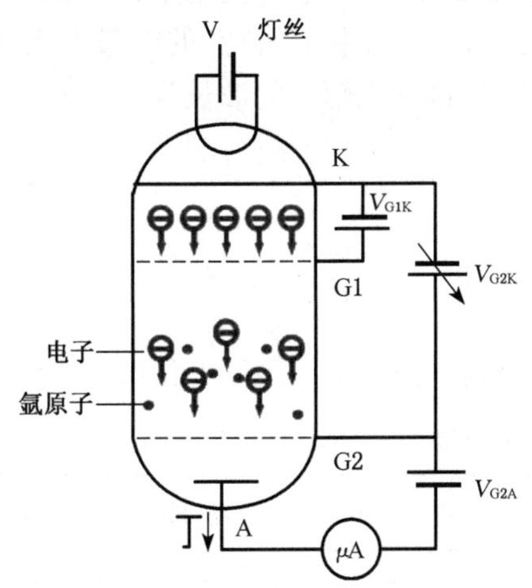

图 6-1-1　夫兰克-赫兹实验原理图

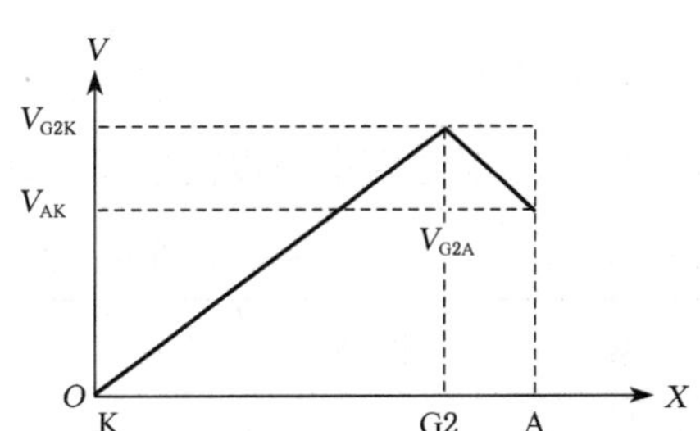

图 6-1-2　夫兰克-赫兹管管内空间电位分布

实验时，使 V_{G2K}电压逐渐增加并仔细观察电流计的电流指示，如果原子能级确实存

在，而且基态和第一激发态之间存在确定的能量差的话，就能观察到如图 6-1-3 所示的 I_A-V_{G2K} 曲线. 图 6-1-3 所示的曲线反映了氩原子在 K—G2 空间与电子进行能量交换的情况. 当 K—G2 空间电压逐渐增加时，电子在 V_{G2K} 空间被加速而取得越来越大的能量. 但起始阶段，由于电压较低，电子的能量较少，即使在运动过程中它与原子相碰撞也只有微小的能量交换（为弹性碰撞）. 穿过第二栅极的电子所形成的板流 I_A 将随第二栅极电压 V_{G2K} 的增加而增大；如图 6-1-3 的 Oa 段，当 K—G2 间的电压达到氩原子的第一激发电位 U_0 时，电子在第二栅极附近与氩原子相碰撞，将自己从加速电场中获得的全部能量交给后者，并且使后者从基态激发到第一激发态. 而电子本身由于把全部能量交给了氩原子，即使穿过了第二栅极也不能克服反向拒斥电场而被折回第二栅极（被筛选掉）.

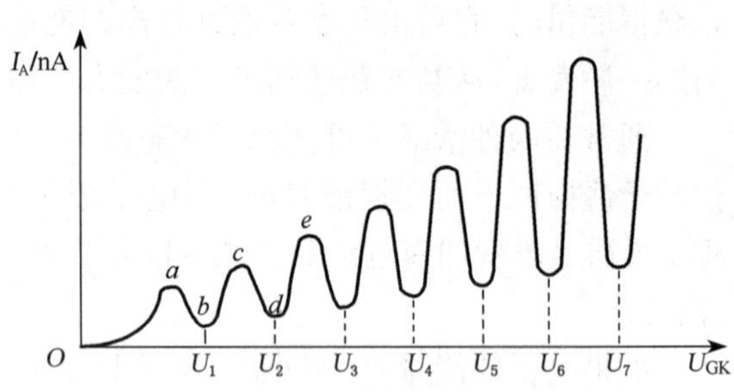

图 6-1-3　夫兰克-赫兹管的 I_A-V_{GK} 曲线

所以，板极电流将显著减小（图 6-1-3 所示 ab 段）. 随着第二栅极电压的增加，电子的能量也随之增加，在与氩原子相碰撞后还留下足够的能量，可以克服反向拒斥电场而达到板极 A，这时电流又开始上升（bc 段）. 直到 K—G2 间电压是二倍氩原子的第一激发电位时，电子在 K—G2 间又会二次碰撞而失去能量，因而又会造成第二次板极电流的下降（cd 段），同理，凡在

$$V_{G2K}=nU_0\ (n=1,\ 2,\ 3,\ \cdots) \tag{6-1-3}$$

的地方板极电流 I_A 都会相应下跌，形成规则起伏变化的 I_A-V_{G2K} 曲线. 而各次板极电流 I_A 下降相对应的阴、栅极电压差 $U_{n+1}-U_n$ 应该是氩原子的第一激发电位 U_0.

本实验就是要通过实际测量来证实原子能级的存在，并测出氩原子的第一激发电位（公认值为 $U_0=11.5$ V）. 原子处于激发态是不稳定的. 在实验中被慢电子轰击到第一激发态的原子要跳回基态，进行这种反跃迁时，就应该有 eU_0（电子伏特）的能量发射出来. 反跃迁时，原子是以放出光量子的形式向外辐射能量. 这种光辐射的波长为

$$eU_0=h\nu=h\frac{c}{\lambda}. \tag{6-1-4}$$

对于氩原子，$\lambda=\frac{hc}{eU_0}=\frac{6.63\times10^{-34}\times3.00\times10^{8}}{1.6\times10^{-19}\times11.52}\ \text{m}=1\,081\ \text{Å}$.

如果夫兰克-赫兹管中充以其他元素，则可以得到它们的第一激发电位（表 6-1-1）.

表 6-1-1　　几种元素的第一激发电势

元 素	钠(Na)	钾(K)	锂(Li)	汞(Hg)	氦(He)	氩(Ar)
第一激发电势 U_0/V	2.12	1.63	1.84	4.90	21.2	11.5
λ/A	5 898	7 664	6 707.8	2 500	584.3	1 081

【实验内容】

1. 准备

(1) 熟悉实验仪使用方法(附录).

(2) 按照要求连接夫兰克-赫兹管各组工作电源线，检查无误后开机. 开机后的初始状态如下：

① 实验仪的“1 mA”电流档位指示灯亮，表明此时电流的量程为 1 mA 档；电流显示值为 000.0 μA.

② 实验仪的“灯丝电压”档位指示灯亮，表明此时修改的电压为灯丝电压；电压显示值为 000.0 V；最后一位在闪动，表明现在修改位为最后一位.

③ “手动”指示灯亮，表明仪器工作正常.

2. 氩元素的第一激发电位测量

(1) 手动测试

① 设置仪器为“手动”工作状态，按“手动/自动”键，“手动”指示灯亮.

② 设定电流量程(电流量程可参考机箱盖上提供的数据)，按下相应电流量程键，对应的量程指示灯点亮.

③ 设定电压源的电压值(设定值可参考机箱盖上提供的数据)，用↓/↑，←/→键完成，需设定的电压源有：灯丝电压 V_F、第一加速电压 V_{G1K}、拒斥电压 V_{G2A}.

④ 按下“启动”键，实验开始. 用↓/↑，←/→键完成 V_{G2K} 电压值的调节，从 0.0 V 起，按步长 1 V(或 0.5 V)的电压值调节电压源 V_{G2K}，同步记录 V_{G2K} 值和对应的 I_A 值，同时仔细观察夫兰克-赫兹管的板极电流值 I_A 的变化(可用示波器观察). 切记为保证实验数据的唯一性，V_{G2K} 电压必须从小到大单向调节，不可在过程中反复；记录完成最后一组数据后，立即将 V_{G2K} 电压快速归零.

⑤ 重新启动. 在手动测试的过程中，按下启动按键，V_{G2K} 的电压值将被设置为零，内部存储的测试数据被清除，示波器上显示的波形被清除，但 V_F、V_{G1K}、V_{G2A}、电流档位等的状态不发生改变. 这时，操作者可以在该状态下重新进行测试，或修改状态后再进行测试.

建议：手动测试 I_A-V_{G2K}，进行一次或修改 V_F 值再进行一次.

(2) 自动测试

智能夫兰克-赫兹实验仪除可以进行手动测试外，还可以进行自动测试.

进行自动测试时，实验仪将自动产生 V_{G2K} 扫描电压，完成整个测试过程；将示波器与实验仪相连接，在示波器上可看到夫兰克-赫兹管板极电流随 V_{G2K} 电压变化的波形.

① 自动测试状态设置

自动测试时 V_F、V_{G1K}、V_{G2A} 及电流档位等状态设置的操作过程，夫兰克-赫兹管的连线操作过程与手动测试操作过程一样.

② V_{G2K} 扫描终止电压的设定

进行自动测试时，实验仪将自动产生 V_{G2K} 扫描电压. 实验仪默认 V_{G2K} 扫描电压的初始值为零，V_{G2K} 扫描电压大约每 0.4 s 递增 0.2 V. 直到扫描终止电压.

要进行自动测试，必须设置电压 V_{G2K} 的扫描终止电压.

首先，将“手动/自动”测试键按下，自动测试指示灯亮；按下 V_{G2K} 电压源选择键，V_{G2K} 电压源选择指示灯亮；用↓/↑，←/→键完成 V_{G2K} 电压值的具体设定. V_{G2K} 设定终止值建议以不超过 80 V 为好.

③ 自动测试启动

将电压源选择选为 V_{G2K}，再按面板上的“启动”键，自动测试开始.

在自动测试过程中，观察扫描电压 V_{G2K} 与夫兰克-赫兹管板极电流的相关变化情况（可通过示波器观察夫兰克-赫兹管板极电流 I_A 随扫描电压 V_{G2K} 变化的输出波形）. 在自动测试过程中，为避免面板按键误操作，导致自动测试失败，面板上除“手动/自动”按键外的所有按键都被屏蔽禁止.

④ 自动测试过程正常结束

当扫描电压 V_{G2K} 的电压值大于设定的测试终止电压值后，实验仪将自动结束本次自动测试过程，进入数据查询工作状态.

测试数据保留在实验仪主机的存贮器中，供数据查询过程使用，所以，示波器仍可观测到本次测试数据所形成的波形. 直到下次测试开始时才刷新存贮器的内容.

⑤ 自动测试后的数据查询

自动测试过程正常结束后，实验仪进入数据查询工作状态. 这时面板按键除测试电流指示区外，其他都已开启. 自动测试指示灯亮，电流量程指示灯指示于本次测试的电流量程选择档位；各电压源选择按键可选择各电压源的电压值指示，其中 V_F、V_{G1K}、V_{G2A} 三电压源只能显示原设定电压值，不能通过按键改变相应的电压值. 用↓/↑，←/→键改变电压源 V_{G2K} 的指示值，就可查阅到在本次测试过程中，电压源 V_{G2K} 的扫描电压值为当前显示值时，对应的夫兰克-赫兹管板极电流值 I_A 的大小，记录 I_A 的峰、谷值和对应的 V_{G2K} 值（为便于作图，在 I_A 的峰、谷值附近需多取几点）.

⑥ 中断自动测试过程

在自动测试过程中，只要按下“手动/自动键”，手动测试指示灯亮，实验仪就中断了自动测试过程，回复到开机初始状态. 所有按键都被再次开启工作. 这时可进行下一次的测试准备工作.

本次测试的数据依然保留在实验仪主机的存贮器中，直到下次测试开始时才被清除. 所以，示波器仍会观测到部分波形.

⑦ 结束查询过程回复初始状态

当需要结束查询过程时，只要按下“手动/自动”键，手动测试指示灯亮，查询过程结束，面板按键再次全部开启. 原设置的电压状态被清除，实验仪存储的测试数据被清除，实验仪回复到初始状态.

建议：“自动测试”应变化两次 V_F 值，测量两组 I_A-V_{G2K} 数据. 若实验时间允许，还可变化 V_{G1K}、V_{G2A} 进行多次 I_A-V_{G2K} 测试.

【数据处理】

(1) 在坐标纸上描绘各组 I_A-V_{G2K} 数据对应曲线.

(2) 计算每两个相邻峰或谷所对应的 V_{G2K} 之差值 ΔV_{G2K}，并求出其平均值 $\bar{u}_0$，将实验值 $\bar{u}_0$ 与氩的第一激发电位 $U_0=11.61$ V 比较，计算相对误差，并写出结果表达式.

(3) 请对不同工作条件下的各组曲线和对应的第一激发电位进行比较，分析哪些量发生了变化，哪些量基本不变，为什么?

【附录】

实验仪面板简介及操作说明

1. 夫兰克-赫兹实验仪前后面板说明

(1) 夫兰克-赫兹实验仪前面板

夫兰克-赫兹实验仪前面板如图 6-1-4 所示，以功能划分为八个区：

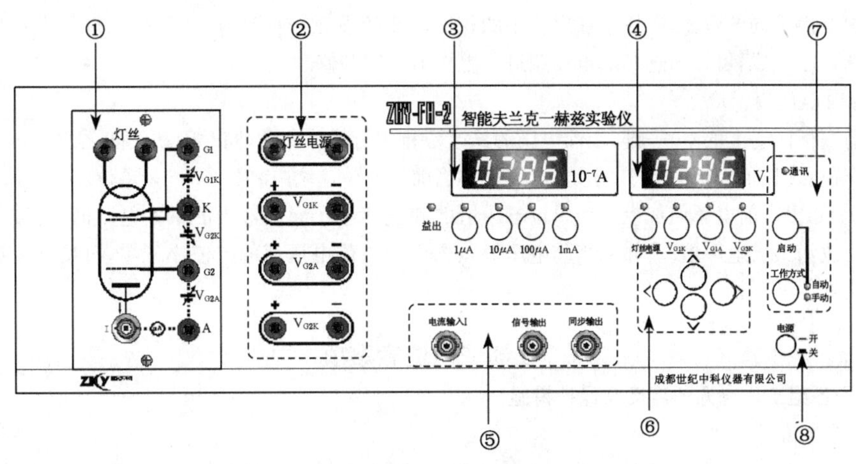

图 6-1-4　夫兰克-赫兹实验前面板

区①是夫兰克-赫兹管各输入电压连接插孔和板极电流输出插座.

区②是夫兰克-赫兹管所需激励电压的输出连接插孔，其中左侧输出孔为正极，右侧为负极.

区③是测试电流指示区：四位七段数码管指示电流值；四个电流量程档位选择按键用于选择不同的最大电流量程档；每一个量程选择同时备有一个选择指示灯指示当前电流量程档位.

区④是测试电压指示区：四位七段数码管指示当前选择电压源的电压值；四个电压源选择按键用于选择不同的电压源；每一个电压源选择都备有一个选择指示灯指示当前选择的电压源.

区⑤是测试信号输入输出区：电流输入插座输入夫兰克-赫兹管板极电流；信号输出和同步输出插座可将信号送示波器显示.

区⑥是调整按键区，用于：改变当前电压源电压设定值；设置查询电压点.

区⑦是工作状态指示区：通信指示灯指示实验仪与计算机的通信状态；启动按键与工作方式按键共同完成多种操作.

区⑧是电源开关.

(2) 夫兰克-赫兹实验仪后面板

夫兰克-赫兹实验仪后面板上有交流电源插座，插座上自带有保险管座；如果实验仪已升级为微机型，则通信插座可联计算机，否则，该插座不可使用.

2. 基本操作

(1) 夫兰克-赫兹实验仪连线说明

在确认供电电网电压无误后，将随机提供的电源连线插入后面板的电源插座中.

连接面板上的连接线(连线图见附录). 务必反复检查，切勿连错!!!

(2) 开机后的初始状态

开机后,实验仪面板状态显示如下:①实验仪的"1 mA"电流档位指示灯亮,表明此时电流的量程为 1 mA 档;电流显示值为 000.0 μA(若最后一位不为零,属正常现象);②实验仪的"灯丝电压"档位指示灯亮,表明此时修改的电压为灯丝电压;电压显示值为 000.0 V;最后一位在闪动,表明现在修改位为最后一位;③"手动"指示灯亮,表明此时实验操作方式为手动操作.

(3) 变换电流量程

如果想变换电流量程,则按下在区③中的相应电流量程按键,对应的量程指示灯点亮,同时电流指示的小数点位置随之改变,表明量程已变换.

(4) 变换电压源

如果想变换不同的电压,则按下在区④中的相应电压源按键,对应的电压源指示灯随之点亮,表明电压源变换选择已完成,可以对选择的电压源进行电压值设定和修改.

(5) 修改电压值

按下前面板区⑥上的←/→键,当前电压的修改位将进行循环移动,同时闪动位随之改变,以提示目前修改的电压位置. 按下面板上的↑/↓键,电压值在当前修改位递增/递减一个增量单位.

注意:①如果当前电压值加上一个单位电压值的和值超过了允许输出的最大电压值,再按下↑键,电压值只能修改为最大电压值. ②如果当前电压值减去一个单位电压值的差值小于零,再按下↓键,电压值只能修改为零.

仪器使用注意事项

1. 管子各组工作电源的连接及保护措施

(1) 工作电源的连接

先不要开电源,各工作电源请按图 6-1-5 连接,千万不能错!!! 待老师检查后再打开电源("信号输出"接示波器观察,"同步输出"可以不接).

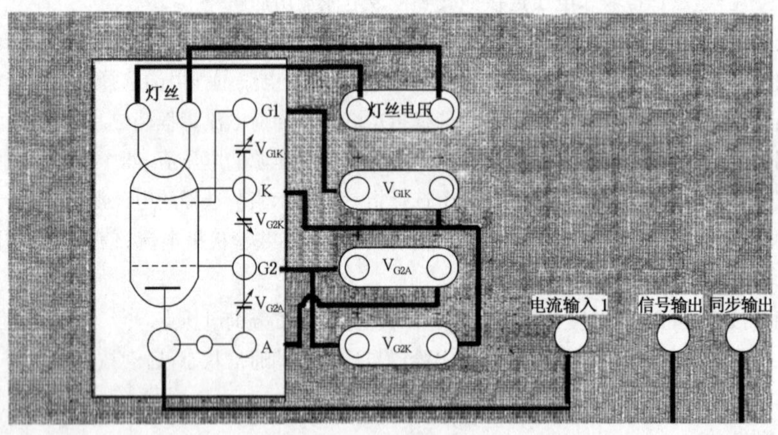

图 6-1-5 前面板接线图

(2) 保护措施

灯丝电源:①具有输出端短路保护功能,并伴随报警声(长笛声). 当出现报警声时应立即关断主机电源并仔细检查面板连线. 输出端短路时间不应超过 8 s,否则会损坏元器件. ②测量灯丝电压输出端:若面板显示的设置电压与相应的输出电压误差大,输出电压为一恒定值;无电压输出,则说明此组电源已经损坏.

V_{G1K}电源:具有输出端短路保护功能,但无声音报警功能.

V_{G2K}电源:①具有输出端短路保护功能,并伴随报警声(断续笛音). 出现报警声时应立即关断主机电源并仔细检查面板连线. 输出端短路时间不应超过 8 s,否则会损坏元器件. ②测量 V_{G2K} 电压输出端:若面板显示的设置电压与相应的输出电压误差大;输出电压某一恒定值;无电压输出则说明此组电源已经损坏.

V_{G2K} 电压误加到灯丝上,会发出断续的报警笛音;若误加到夫兰克-赫兹管的 V_{G1K} 或 V_{G2A} 上,实验开始时,随 V_{G2K} 电压的增大,面板电流显示无明显变化,而无波形的输出. 上述现象发生时应立即关断主机电源,仔细检查面板连线,否则极易损坏仪器内的夫兰克-赫兹管.

注意:① 当各组电源输出端自身短路时,在面板上虽能显示设置电压,但此时输出端已无电压输出,若及时排除短路故障,则输出端输出电压应与其设置的电压一致. ②虽仪器内置有保护电路,面板连线接错在短时间内不会损坏仪器,但时间稍长会影响仪器的性能甚至损坏仪器,特别是夫兰克-赫兹管,各组工作电源有额定电压限制,应防止由于连线接错对其误加电压而造成损坏,因此在通电前应反复检查面板连线,确认无误后,再打开主机电源. 当仪器出现异常时,应立即关断主机电源.

2. 实验仪工作参数的设置

夫兰克-赫兹管极易因电压设置不合适而遭受损坏. 新管请按机箱上盖的标牌参数设置. 若波形不理想,可适量调节灯丝电压、V_{G1K}、V_{G2A}(灯丝电压的调整建议先控制在标牌参数的±0.3 V 范围内小步进行,若波形幅度不好,再适量扩大调整范围),以获得较理想的波形.

灯丝电压不宜过高,否则加快 FH 管老化.

V_{G2K} 不宜超过 85 V,否则管子易被击穿.

由于夫兰克-赫兹管使用过程中的衰老,每只管子的最佳状态会发生变化,有经验的使用者可参照原参数在下列范围内重新设定标牌参数.

灯丝电压:DC　0～6.3 V;

第一栅压 V_{G1K}: DC　0～5 V;

第二栅压 V_{G2K}: DC　0～85 V;

拒斥电压 V_{G2A}: DC　0～12 V.

6.2　密立根油滴

【实验目的】

(1) 了解 OM99 CCD 型油滴仪的原理、结构和操作方法;

(2) 验证电荷的不连续性及测量基本电荷的电量.

【实验仪器】

OM99 CCD 型密立根油滴仪.

【实验原理】

一个质量为 m,带电量为 q 的油滴处在两块平行极板之间,在平行极板未加电压时,油滴受重力作用而加速下降,由于空气阻力的作用,下降一段距离后,油滴将作匀速运动,速度为 v_g,这时重力与阻力平衡(空气浮力忽略不计),如图 6-2-1 所示. 根据斯托克斯定律,粘滞阻力为

$$f_r = 6\pi a\eta v_g. \tag{6-2-1}$$

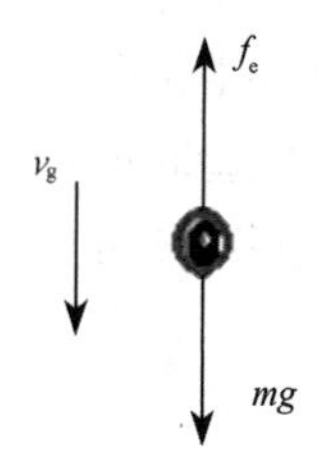

图 6-2-1　受力图

式中，η 是空气的黏滞系数，a 是油滴的半径.

这时有

$$6\pi a\eta v_{\mathrm{g}} = mg. \tag{6-2-2}$$

当在平行极板上加电压 U 时，油滴处在场强为 E 的静电场中，设电场力 qE 与重力相反，如图 6-2-2 所示，使油滴受电场力加速上升，由于空气阻力作用，上升一段距离后，油滴所受的空气阻力、重力与电场力达到平衡(空气浮力忽略不计)，则油滴将以匀速上升，此时速度为 v_{e}，则有：

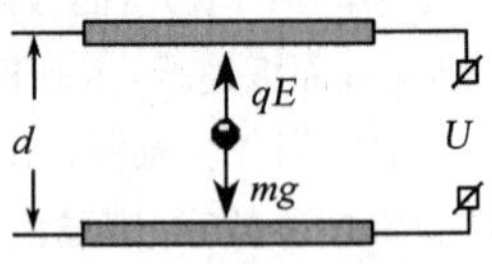

图 6-2-2　油滴受力图

$$6\pi a\eta v_{\mathrm{e}} = qE - mg. \tag{6-2-3}$$

又因为

$$E = \frac{U}{d}, \tag{6-2-3}$$

由上述式(6-2-1)、式(6-2-2)、式(6-2-3)可解出

$$q = mg\,\frac{d}{v}\left(\frac{v_{\mathrm{g}} + v_{\mathrm{e}}}{v_{\mathrm{g}}}\right). \tag{6-2-4}$$

为测定油滴所带电荷 q，除应测出 U、d 和速度 v_{e}、v_{g} 外，还需知油滴质量 m，由于空气中悬浮和表面张力作用，可将油滴看作圆球，其质量为

$$m = \frac{4}{3}\pi a^3 \rho. \tag{6-2-5}$$

式中，ρ 是油滴的密度.

由式(6-2-1)和(6-2-5)，得油滴的半径

$$a = \left(\frac{9\eta v_{\mathrm{g}}}{2\rho g}\right)^{\frac{1}{2}}. \tag{6-2-6}$$

考虑到油滴非常小，空气已不能看成连续媒质，空气的黏滞系数 η 应修正为

$$\eta' = \frac{\eta}{1 + \dfrac{b}{pa}}. \tag{6-2-7}$$

式中，b 为修正常数，p 为空气压强，a 为未经修正过的油滴半径，由于它在修正项中，不必计算得很精确，由式(6-2-6)计算就够了.

实验时取油滴匀速下降和匀速上升的距离相等，设都为 l，测出油滴匀速下降的时间 t_{g}，匀速上升的时间 t_{e}，则

$$v_{\mathrm{g}} = \frac{l}{t_{\mathrm{g}}},\ v_{\mathrm{e}} = \frac{l}{t_{\mathrm{e}}}. \tag{6-2-8}$$

将式(6-2-5)、式(6-2-6)、式(6-2-7)、式(6-2-8)代入式(6-2-4)，可得

$$q=\frac{18\pi}{\sqrt{2\rho g}}\left[\frac{\eta l}{1+\frac{b}{pa}}\right]^{\frac{3}{2}}\frac{d}{U}\left(\frac{1}{t_e}+\frac{1}{t_g}\right)\left(\frac{1}{t_g}\right)^{\frac{1}{2}}.$$

令

$$K=\frac{18\pi}{\sqrt{2\rho g}}\left[\frac{\eta l}{1+\frac{b}{pa}}\right]^{\frac{3}{2}}d,$$

得

$$q=K\left(\frac{1}{t_e}+\frac{1}{t_g}\right)\left(\frac{1}{t_g}\right)^{\frac{1}{2}}\frac{1}{U}. \tag{6-2-9}$$

此式是动态(非平衡)法测油滴电荷的公式.

下面导出静态(平衡)法测油滴电荷的公式.

调节平行极板间的电压,使油滴不动,$v_e=0$,即 $t_e\to\infty$,由式(6-2-9)可得

$$q=K\left(\frac{1}{t_g}\right)^{\frac{3}{2}}\frac{1}{U}\quad 或者\quad q=\frac{18\pi}{\sqrt{2\rho g}}\left[\frac{\eta l}{t\left(1+\frac{b}{pa}\right)}\right]^{\frac{3}{2}}\frac{d}{U}. \tag{6-2-10}$$

式(6-2-10)即为静态法测油滴电荷的公式.

为了求电子电荷 e,对实验测得的各个电荷 q 求最大公约数,就是基本电荷 e 的值,也就是电子电荷 e,也可以测得同一油滴所带电荷的改变量 Δq_1(可以用紫外线或放射源照射油滴,使它所带电荷改变),这时 Δq_1 应近似为某一最小单位的整数倍,此最小单位即为基本电荷 e.

【实验内容】

1. 仪器连接

将 OM99 面板上最左边带有 Q9 插头的电缆线接至监视器后背下部的插座上,然后接上电源即可开始工作. 注意,一定要插紧,保证接触良好,否则图像紊乱或只有一些长条纹.

2. 仪器调整

调节仪器底座上的三只调平手轮,将水泡调平. 由于底座空间较小,调手轮时应将手心向上,用中指和无名指夹住手轮调节较为方便.

照明光路不需调整. CCD 显微镜对焦也不需用调焦针插在平行电极孔中来调节,只需将显微镜筒前端和底座前端对齐,然后喷油后再稍稍前后微调即可. 在使用中,前后调焦范围不要过大,取前后调焦 1 mm 内的油滴较好.

3. 开机使用

打开监视器和 OM99 油滴仪的电源,在监视器上先出现“OM98 CCD 微机密立根油滴仪 南京大学 025-3613625”字样,5 s 后自动进入测量状态,显示出标准分划板刻度线及 U 值、s 值. 开机后如想直接进入测量状态,按一下“计时/停”按钮即可.

如开机后屏幕上的字很乱或字重叠,先关掉油滴仪的电源,过一会再开机即可.

面板上 K_1 用来选择平行电极上极板的极性,实验中置于“+”或“-”位置均可,一般不常变动. 使用最频繁的是 K_2 和 W 及“计时/停”(K_3).

监视器门前有一小盒,压一下小盒盒盖就可打开,内有 4 个调节旋钮. 对比度一般置

于较大(顺时针旋到底或稍退回一些),亮度不要太亮.如发现刻度线上下抖动,这是“帧抖”,微调左边起第二只旋钮即可解决.

4. 仪器维护

喷雾器内的油不可装得太满,否则会喷出很多“油”而不是“油雾”,堵塞上电极的落油孔.每次实验完毕应及时揩擦上极板及油雾室内的积油!

喷油时喷雾器的喷头不要深入喷油孔内,防止大颗粒油滴堵塞落油孔.

喷雾器的使用请参看本节附录.

OM99 油滴仪电源保险丝的规格是 0.75 A.如需打开机器检查,一定要拔下电源插头再进行!

5. 测量练习

练习是顺利做好实验的重要一环,包括练习控制油滴运动,练习测量油滴运动时间和练习选择合适的油滴.

选择一颗合适的油滴十分重要.大而亮的油滴必然质量大,所带电荷也多,而匀速下降时间则很短,增大了测量误差,给数据处理带来困难.通常选择平衡电压为 200～300 V,匀速下落 1.5 mm(6 格)的时间在 8～20 s 的油滴较适宜.喷油后,K_2 置“平衡”档,调 W 使极板电压为 100～300 V,注意几颗缓慢运动、较为清晰明亮的油滴.试将 K_2 置“0 V”档,观察各颗油滴下落大概的速度,从中选一颗作为测量对象.对于 10 英寸(1 英寸$=2.54\times10^{-2}$m)监视器,目视油滴直径在 0.5～1 mm 的较适宜.过小的油滴观察困难,布朗运动明显,会引入较大的测量误差.

判断油滴是否平衡要有足够的耐性.用 K_2 将油滴移至某条刻度线上,仔细调节平衡电压,这样反复操作几次,经一段时间观察油滴确实不再移动才认为是平衡了.

测准油滴上升或下降某段距离所需的时间,一是要统一油滴到达刻度线什么位置才认为油滴已踏线,二是眼睛要平视刻度线,不要有夹角.反复练习几次,使测出的各次时间的离散性较小,并且对油滴的控制比较熟练.

6. 正式测量

实验方法可选用平衡法(静态法)测量、动态法测量和同一油滴改变电荷法(第三种方法要用到汞灯,选做).

(1) 平衡法(静态法)测量.可将已调平衡的油滴用 K_2 控制移到“起跑”线上(一般取第 2 格上线),按 K_3(计时/停),让计时器停止计时(值未必要为零),然后将 K_2 拨向“0 V”,油滴开始匀速下降的同时,计时器开始计时.到“终点”(一般取第 7 格下线)时迅速将 K_2 拨向“平衡”,油滴立即静止,计时也立即停止,此时电压值和下落时间值显示在屏幕上,进行相应的数据处理即可.

(2) 动态法测量.分别测出加电压时油滴上升的速度和不加电压时油滴下落的速度,代入相应公式,求出 e 值,此时最好将 K_2 与 K_3 的联动断开.油滴的运动距离一般取 1～1.5 mm.对某颗油滴重复 5～10 次测量,选择 10～20 颗油滴,求得电子电荷的平均值 $\bar{e}$.在每次测量时都要检查和调整平衡电压,以减小偶然误差和因油滴挥发而使平衡电压发生变化.

(3) 同一油滴改变电荷法.在平衡法或动态法的基础上,用汞灯照射目标油滴(应选择颗粒较大的油滴)，使之改变带电量，表现为原有的平衡电压已不能保持油滴的平衡，然后用平衡法或动态法重新测量.

【数据处理】

平衡法依据公式为　$$q=\frac{18\pi}{\sqrt{2\rho g}}\left[\frac{\eta l}{t_g\left(1+\frac{b}{pa}\right)}\right]^{\frac{3}{2}}\frac{d}{U}.$$

式中，$$a=\sqrt{\frac{9\eta l}{2\rho g t_g}}.$$

油的密度　$\rho = 981\ \mathrm{kg\cdot m^{-3}}$ (20℃)；

重力加速度　$g = 9.7916\ \mathrm{m\cdot s^{-2}}$ (福州)；

空气黏滞系数　$\eta = 1.83\times 10^{-5}\ \mathrm{kg\cdot m^{-1}\cdot s^{-1}}$；

油滴匀速下降距离　$l = 1.5\times 10^{-3}\ \mathrm{m}$；

修正常数　$b = 6.17\times 10^{-6}\ \mathrm{m\cdot cmHg}$ (1 mmHg = 133.322Pa)；

大气压强　$p = 76.0\ \mathrm{cmHg}$；

平行极板间距离　$d = 5.00\times 10^{-3}\ \mathrm{m}$.

式中的时间 t_g 应为测量数次时间的平均值. 实际大气压可由气压表读出.

计算出各油滴的电荷后，求它们的最大公约数，即为基本电荷 e 值. 若求最大公约数有困难，可用作图法求 e 值. 设实验得到 m 个油滴的带电量分别为 $q_1, q_2, \cdots, q_m$，由于电荷的量子化特性，应有 $q_i = n_i e$，此为一直线方程，n 为自变量，q 为因变量，e 为斜率. 因此 m 个油滴对应的数据在 n-q 坐标中将在同一条过圆点的直线上，若找到满足这一关系的直线，就可用斜率求得 e 值.

将 e 的实验值与公认值比较，求相对误差(公认值 $e = 1.60\times 10^{-19}$C).

【思考题】

1. 对实验结果造成影响的主要因素有哪些?
2. 如何判断油滴盒内平行极板是否水平? 不水平对实验结果有何影响?
3. CCD 成像系统观测油滴比直接从显微镜中观测有何优点?

【附录】

OM99 油滴仪简介

1. 仪器结构

仪器主要由油滴盒、CCD 电视显微镜、电路箱、监视器等组成.

油滴盒是个重要部件，加工要求很高，其结构见图 6-2-3.

从图 6-2-3 上可以看到，上下电极形状与一般油滴仪不同. 取消了造成积累误差的“定位台阶”，直接用精加工的平板垫在胶木圆环上，这样，极板间的不平行度、极板间的间距误差都可以控制在 0.01 mm 以下. 在上电极板中心有一个 0.4 mm 的油雾落入孔，在胶木圆环上开有显微镜观察孔和照明孔.

在油滴盒外套上有防风罩，罩上放置一个可取下的油雾杯，杯底中心有一个落油孔及一个挡片，用来

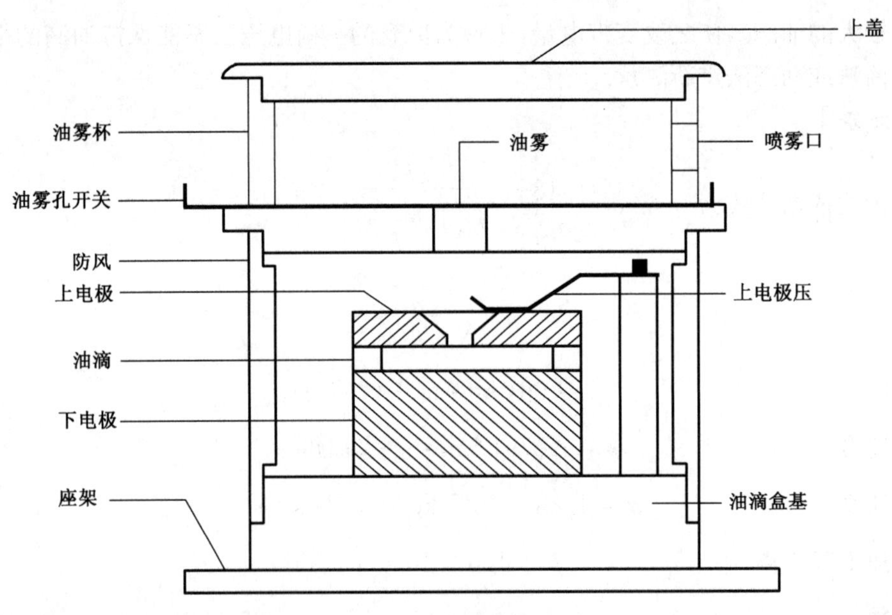

图 6-2-3　油滴盒结构图

开关落油孔.

在上电极板上方有一个可以左右拨动的压簧,注意,只有将压簧拨向最边位置,方可取出上极板! 这一点也与一般油滴仪采用直接抽出上极板的方式不同,为的是保证压簧与电极始终接触良好.

照明灯安装在照明座中间位置,在照明光源和照明光路设计上也与一般油滴仪不同.传统油滴仪的照明光路与显微光路间的夹角为 120°,现根据散射理论,将此夹角增大为 150° ～ 160°,油滴像特别明亮.一般油滴仪的照明灯为聚光钨丝灯,很易烧坏,OM99 油滴仪采用了带聚光的半导体发光器件,使用寿命极长,为半永久性.

CCD 电视显微镜的光学系统是专门设计的,体积小巧,成像质量好.由于 CCD 摄像头与显微镜是整体设计,无须另加连接圈就可方便地装上拆下,使用可靠、稳定,不易损坏 CCD 器件.

电路箱体内装有高压产生、测量显示等电路.底部装有三只调平手轮,面板结构见图 6-2-4.由测量显示电路产生的电子分划板刻度,与 CCD 摄像头的行扫描严格同步,相当于刻度线是做在 CCD 器件上的,所以,尽管监视器有大小,或监视器本身有非线性失真,但刻度值是不会变的.

OM99 油滴仪备有两种分划板,标准分划板 A 是 8×3 结构,垂直线视场为 2 mm,分八格,每格值为 0.25 mm.为观察油滴的布朗运动,设计了另一种 X、Y 方向各为 15 小格的分划板 B.用随机配备的标准显微物镜时,每格为 0.08 mm;换上高倍显微物镜后(选购件),每格值为 0.04 mm,此时,观察效果明显,油滴运动轨迹可以满格.

进入或退出分划板 B 的方法是,按住“计时/停”按扭大于 5 s 即可切换分划板.

在面板上有两只控制平行极板电压的三档开关,K_1 控制着上极板电压的极性,K_2 控制极板上电压的大小.当 K_2 处于中间位置即“平衡”档时,可用电位器调节平衡电压.打向“提升”档时,自动在平衡电压的基础上增加 200～300 V 的提升电压,打向“0 V”档时,极板上电压为 0 V.

为了提高测量精度,OM99 油滴仪将 K_2 的“平衡”、“0 V”档与计时器的“计时/停”联动.在 K_2 由“平衡”打向“0 V”,油滴开始匀速下落的同时开始计时,油滴下落到预定距离时,迅速将 K_2 由“0 V”档打向“平衡”档,油滴停止下落的同时停止计时.这样,在屏幕上显示的是油滴实际的运动距离及对应的时间,提供了修正参数.这样可提高测距、测时精度.根据不同的教学要求,也可以不联动(关闭联动开关即可).

由于空气阻力的存在,油滴是先经一段变速运动然后进入匀速运动的.但这变速运动时间非常短,远

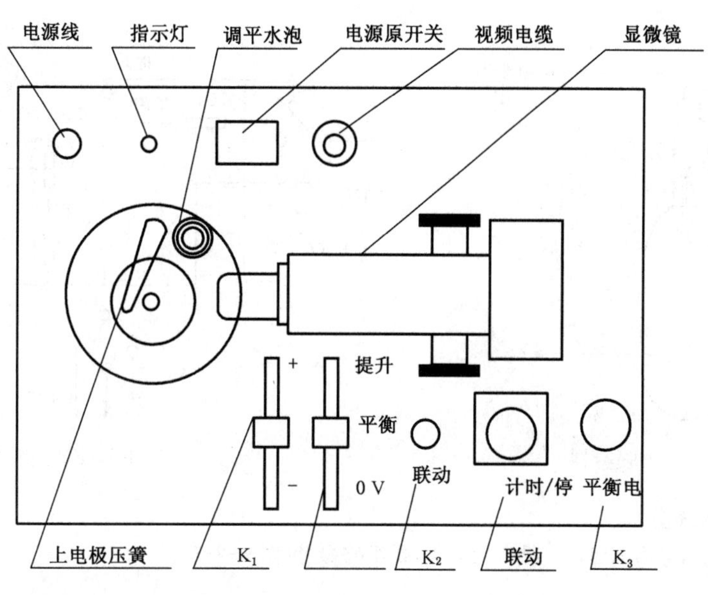

图 6-2-4

小于 0.01 s，与计时器精度相当. 可以看作当油滴自静止开始运动时，油滴是立即作匀速运动的；运动的油滴突然加上原平衡电压时，将立即静止下来. 所以，采用联动方式完全可以保证实验精度.

OM99 油滴仪的计时器采用"计时/停"方式，即按一下开关，清零的同时立即开始计数，再按一下，停止计数，并保存数据. 计时器的最小显示为 0.01 s，但内部计时精度为 1 μs，也就是说，清零时刻仅占用 1 μs.

2. 主要技术指标

平均相对误差：<3%；　　平行极板间距离：5.00 mm±0.01 mm；

极板电压：±DC　0～700 V 可调；　　提升电压：200 V～300 V；

数字电压表：0～999 V±1 V；　　数字毫秒计：0～99.99 s±0.01 s；

电视显微镜：放大倍数"60×"（标准物镜），"120×"（选购物镜）；

分划板刻度：2 种分划板，电子方式，垂直线视场分八格，每格值 0.25 mm；

电源：～220 V，50 Hz.

3. 油的密度温度变化表

OM99 CCD 微机密立根油滴选用上海产中华牌 701 型钟表油，其密度随温度的变化如表 6-2-1 所示.

表 6-2-1　　**密立根油滴的密度随温度的变化**

T/℃	0	10	20	30	40
ρ/(kg·m^{-3})	991	986	981	976	971

4. 喷雾器使用说明

喷雾器（图 6-2-5）使用时请注意以下几点：

① 用滴管从油瓶里吸取油，由灌油处滴入喷雾器里，不要太多，油的液面 3～5 mm 高已足够，千万不可高于喷管上口；②喷雾器的喷雾出口比较脆弱，一般将其置于油滴仪的油雾杯圆孔外 1～2 mm 即可，不必伸入油雾杯内喷油；③如果喷雾器里还有剩余的油，不用时将请喷雾器立置（例如放在杯子里），否则油会泄漏至实验台上；④每学期结束后，将喷雾器里剩余的油倒出，空捏几次，以清空喷雾器.

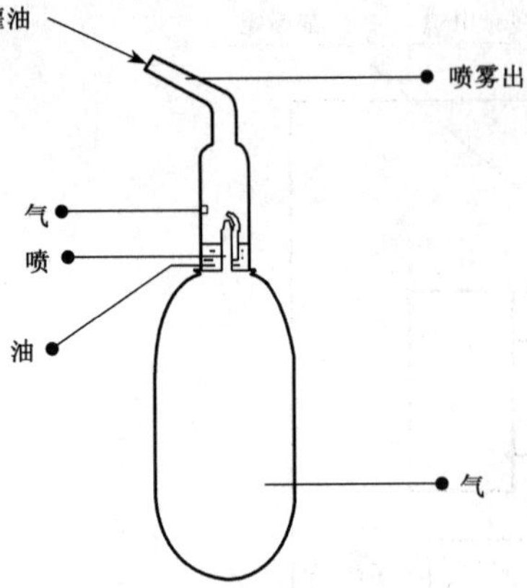

图 6-2-5　喷雾器

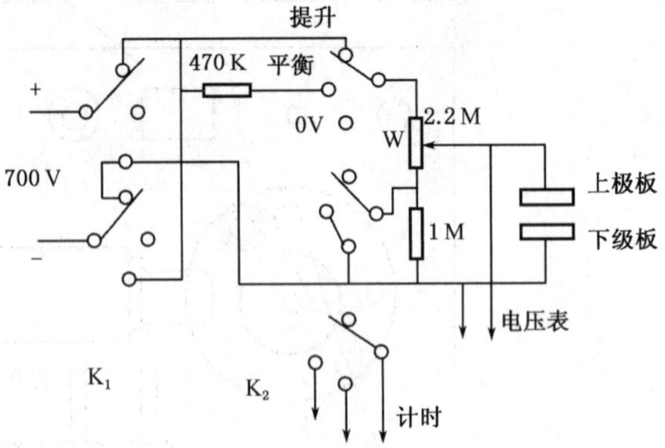

图 6-2-6　K1，K2 接线图

5. K1，K2 接线图

K1，K2 所用型号为 KBD5 三档六刀开关，供维修参考(图 6-2-6).

6.3　光电效应

【实验目的】

(1) 了解光电效应的规律，加深对光的量子性的理解；

(2) 测量普朗克常数 h；

(3) 学习验证爱因斯坦光电效应方程的实验方法.

【实验仪器】

ZKY-GD-4 智能光电效应(普朗克常数)实验仪系统(图 6-3-1).

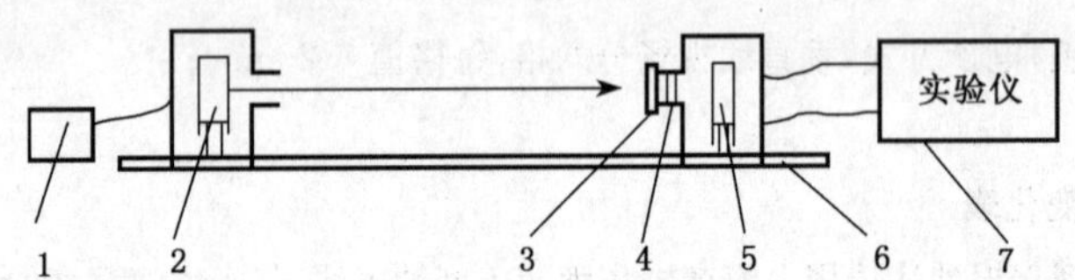

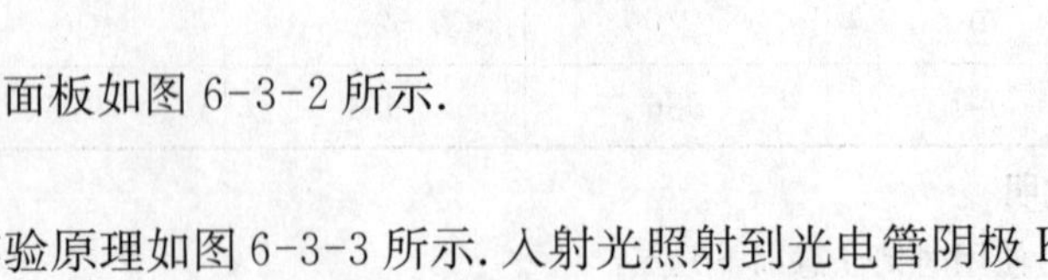

1—汞灯电源；2—汞灯；3—滤色片；4—光阑；5—光电管；6—基座；7—实验仪

图 6-3-1　仪器结构图

实验仪的调节面板如图 6-3-2 所示.

【实验原理】

光电效应的实验原理如图 6-3-3 所示. 入射光照射到光电管阴极 K 上，产生的光电子在电场的作用下向阳极 A 迁移构成光电流，改变外加电压 U_{AK}，测量出光电流 I 的大小，即可得出光电管的伏安特性曲线.

光电效应的基本实验事实如下：

(1) 对应于某一频率，光电效应的 I-U_{AK} 关系如图 6-3-4 所示. 从图中可见，对一定

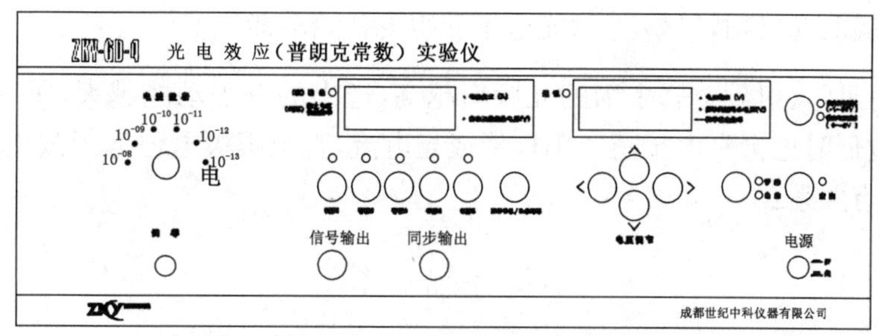

图 6-3-2　实验仪调节面板

的频率,有一电压 U_0,当 $U_{AK} \leqslant U_0$ 时,电流为零,这个相对于阴极的负值的阳极电压 U_0,被称为截止电压.

(2) 当 $U_{AK} \geqslant U_0$ 后,I 迅速增加,然后趋于饱和,饱和光电流 I_M 的大小与入射光的强度 P 成正比.

(3) 对于不同频率的光,其截止电压的值不同,如图 6-3-5 所示.

(4) 作截止电压 U_0 与频率 ν 的关系图如图 6-3-6 所示. U_0 与 ν 成正比关系. 当入射光频率低于某极限值 ν_0(ν_0 随不同金属而异)时,不论光的强度如何,照射时间多长,都没有光电流产生.

(5) 光电效应是瞬时效应. 即使入射光的强度非常微弱,只要频率大于 ν_0,在开始照射后立即有光电子产生,所经过的时间至多为 10^{-9} s 的数量级.

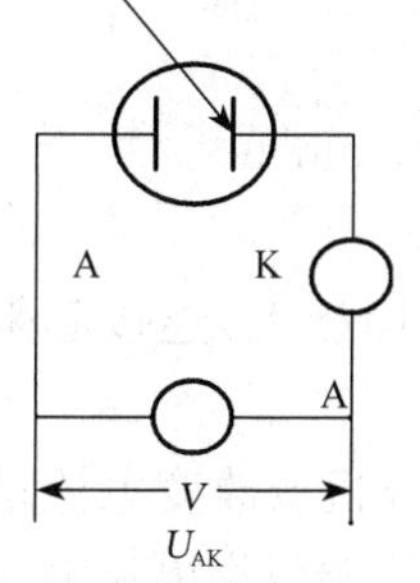

图 6-3-3　光电效应实验原理

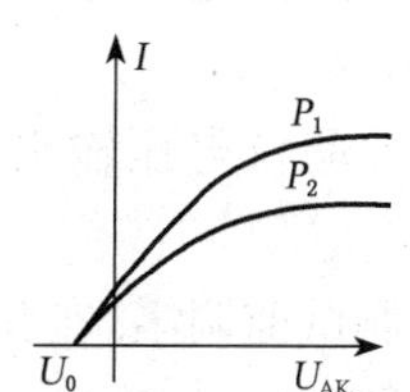

图 6-3-4　同一频率,不同光强时光电管的伏安

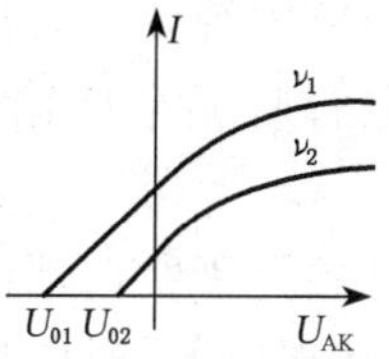

图 6-3-5　不同频率时光电管的伏安特性曲线

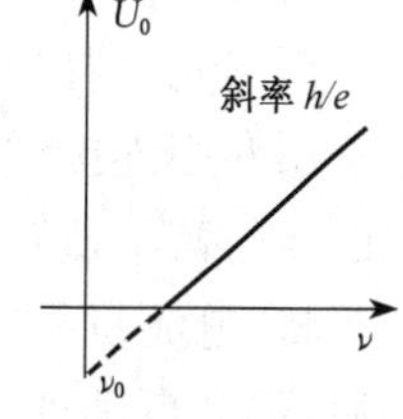

图 6-3-6　截止电压 U 与入射光频率 ν 的关系图

按照爱因斯坦的光量子理论,光能并不像电磁波理论所想象的那样,分布在波阵面上,而是集中在被称之为光子的微粒上,但这种微粒仍然保持着频率(或波长)的概念,频率为 ν 的光子具有能量 $E = h\nu$, h 为普朗克常数. 当光子照射到金属表面上时,一次为金属中的电子全部吸收,而无需积累能量的时间. 电子把这能量的一部分用来克服金属表面对它的吸引力,余下的就变为电子离开金属表面后的动能,按照能量守恒原理,爱因斯坦提出了著名的光电效应方程:

$$h\nu = \frac{1}{2}m\upsilon_0^2 + A. \tag{6-3-1}$$

式中，A 为金属的逸出功，$\frac{1}{2}mv_0^2$ 为光电子获得的初始动能.

由该式可见，入射到金属表面的光频率越高，逸出的电子动能越大，所以即使阳极电位比阴极电位低时也会有电子落入阳极形成光电流，直至阳极电位低于截止电压，光电流才为零，此时有关系：

$$eU_0 = \frac{1}{2}mv_0^2. \tag{6-3-2}$$

阳极电位高于截止电压后，随着阳极电位的升高，阳极对阴极发射的电子的收集作用越强，光电流随之上升；当阳极电压高到一定程度，已把阴极发射的光电子几乎全收集到阳极，再增加 U_{AK} 时 I 不再变化，光电流出现饱和，饱和光电流 I_M 的大小与入射光的强度 P 成正比.

光子的能量 $h\nu_0 < A$ 时，电子不能脱离金属，因而没有光电流产生. 产生光电效应的最低频率（截止频率）是 $\nu_0 = A/h$.

将式(6-3-2)代入式(6-3-1)可得：

$$eU_0 = h\nu - A. \tag{6-3-3}$$

此式表明截止电压 U_0 是频率 ν 的线性函数，直线斜率 $k = h/e$，只要用实验方法得出不同的频率对应的截止电压，求出直线斜率，就可算出普朗克常数 h.

爱因斯坦的光量子理论成功地解释了光电效应规律.

【实验内容】

1. 测试前准备

将实验仪及汞灯电源接通（汞灯及光电管暗箱遮光盖盖上），预热 20 min.

调整光电管与汞灯距离为约 40 cm 并保持不变.

用专用连接线将光电管暗箱电压输入端与实验仪电压输出端（后面板上）连接起来（红—红，蓝—蓝）.

将“电流量程”选择开关置于所选档位，进行测试前调零. 实验仪在开机或改变电流量程后，都会自动进入调零状态. 调零时应将光电管暗箱电流输出端 K 与实验仪微电流输入端（后面板上）断开，旋转“调零”旋钮使电流指示为“000.0”. 调节好后，用高频匹配电缆将电流输入连接起来，按“调零确认/系统清零”键，系统进入测试状态.

若要动态显示采集曲线，需将实验仪的“信号输出”端口接至示波器的“Y”输入端，“同步输出”端口接至示波器的“外触发”输入端. 示波器“触发源”开关拨至“外”，“Y 衰减”旋钮拨至约“1 V/格”，“扫描时间”旋钮拨至约“20 μs/格”. 此时示波器将用轮流扫描的方式显示 5 个存储区中存储的曲线，横轴代表电压 U_{AK}，纵轴代表电流 I.

2. 测普朗克常数 h

测量截止电压时，“伏安特性测试/截止电压测试”状态键应为截止电压测试状态. “电流量程”开关应处于 10^{-13} A 档.

使“手动/自动”模式键处于手动模式.

将直径 4 mm 的光阑及 365.0 nm 的滤色片装在光电管暗箱光输入口上，打开汞灯遮光盖.

此时电压表显示 U_{AK} 的值，单位为伏；电流表显示与 U_{AK} 对应的电流值 I，单位为所选择的“电流量程”. 用电压调节键→、←、↑、↓可调节 U_{AK} 的值，→、←键用于选择调节位；↑、↓键用于调节值的大小.

从低到高调节电压(绝对值减小)，观察电流值的变化，寻找电流为零时对应的 U_{AK}，以其绝对值作为该波长对应的 U_0 的值，并将数据记于表 6-3-1 中. 为尽快找到 U_0 的值，调节时应从高位到低位，先确定高位的值，再顺次往低位调节.

依次换上 404.7 nm，435.8 nm，546.1 nm，577.0 nm 的滤色片，重复以上测量步骤.

表 6-3-1　　**$U_0-\nu$ 关系**　　(光阑孔 Φ=______mm)

波长 λ_i/nm	365.0	404.7	435.8	546.1	577.0
频率 ν_i($\times 10^{14}$ Hz)	8.214	7.408	6.879	5.490	5.196
截止电压 U_{0i}(手动)/V					

3. 测光电管的伏安特性曲线

此时，“伏安特性测试/截止电压测试”状态键应为伏安特性测试状态. “电流量程”开关应拨至 10^{-10} A 档，并重新调零.

将直径 4 mm 的光阑及所选谱线的滤色片装在光电管暗箱光输入口上.

测伏安特性曲线选用“手动/自动”模式中的“手动”档，测量的最大范围为 $-1\sim50$ V，自动测量时步长为 1 V，仪器功能及使用方法如前所述.

记录所测 U_{AK} 及 I 的数据到表 6-3-2 中，在坐标纸上作对应于以上波长及光强的伏安特性曲线.

表 6-3-2　　**$I-U_{AK}$ 关系**

U_{AK}/V												
I/($\times 10^{-10}$ A)												
U_{AK}/V												
I/($\times 10^{-10}$ A)												

在 U_{AK} 为 50 V 时，测量并记录对同一谱线、同一入射距离，光阑直径分别为 2 mm，4 mm，8 mm 时对应的电流值于表 6-3-3 中，验证光电管的饱和光电流与入射光强成正比.

表 6-3-3　　**I_M-P 关系**　　(U_{AK}=______V，λ=______nm，L=______mm)

光阑孔 Φ			
I/($\times 10^{-10}$ A)			

在 U_{AK} 为 50 V 时，测量并记录对同一谱线、同一光阑时，光电管与入射光在不同距离，如 300 mm，400 mm 等对应的电流值于表 6-3-4 中，同样验证光电管的饱和电流与入射光强成正比.

表 6-3-4　　　I_M-P 关系　　　（U_{AK}=______V，λ=______nm，Φ=______mm）

入射距离 L/mm	300	320	340	360	380	400
$I/(\times 10^{-10}$ A)						

【注意事项】

(1) 为提高测定精度，每测定一种滤色片的截止电压，要注意零点是否漂移并作必要的调整.

(2) 增加反向电压使电流表回零，应极细心地进行，以免增大误差.

(3) 光电管在使用中应尽量减少强光的照射时间，以防光电管老化而降低灵敏度.

(4) 产生误差的主要原因是由于采用一般滤色片，不能得到单色光，各滤色片透过了某些比标明的波长更短的光.

【思考题】

1. 理论上，测出各频率的光照射下阴极电流为零时对应的 U_{AK}，其绝对值即该频率的截止电压，然而实际上由于光电管的阳极反向电流、暗电流、本底电流及极间接触电位差的影响，实测电流并非阴极电流，实测电流为零时对应的 U_{AK} 也并非截止电压，试分析它们对本实验的具体影响及应该如何减小影响.

2. 光电效应有哪些重要的规律？这些规律中哪些是波动说无法解释的？

3. 用光子说解释爱因斯坦的光电效应方程.

6.4　塞曼效应

【实验目的】

(1) 了解用法布里-珀洛干涉仪测波长差值的方法.

(2) 观察汞(5461Å，绿色光)谱线的塞曼效应，并且测定 e/m 的值.

【实验仪器】

WPZ 塞曼效应仪一套，包括：①电磁铁；②笔型汞灯；③供电箱：输出稳定直流 0～5 A，满足笔型汞灯启动的工作电压；④法布里-珀洛标准具；⑤滤光片；⑥偏振片；⑦1/4 波片；⑧CCD 摄像头；⑨导轨；⑩滑座；⑪电脑.

【实验原理】

将光线通过强磁场时，光谱中的一条谱线会分裂成几条谱线，分裂后的谱线是偏振的，谱线分裂的条数随光子跃迁能级的不同而不同. 这种现象称为塞曼效应. 谱线分裂为三条的叫作正常塞曼效应，能够用经典电磁理论给予解释. 在实际实验中发现分裂的谱线往往多于三条，我们把它称之为反常塞曼效应，反常塞曼效应只有用量子理论才能得到满意的解释. 塞曼效应是研究原子能级结构的重要方法之一.

1. *原子的总磁矩和总角动量的关系*

原子中的电子既作轨道运动也作自旋运动. 在 LS 耦合的情况下，原子的总轨道磁矩

μ_L 与总轨道角动量 P_L 的关系为

$$\mu_L = \frac{e}{2m}P_L, \quad P_L = \sqrt{L(L+1)}\eta. \tag{6-4-1}$$

总自旋磁矩 μ_S 与总自旋角动量 P_S的关系为

$$\mu_S = \frac{e}{2m}P_S, \quad P_S = \sqrt{S(S+1)}\eta. \tag{6-4-2}$$

其中的 L, S 都是量子数，轨道角动量和自旋角动量合成原子的总角动量，轨道磁矩和自旋磁矩合成原子的总磁矩 μ. 总磁矩矢量 μ 不在总角动量的方向上. 但由于 μ 绕 P_J 的进动，只有在 P_J 方向的投影 μ_J 对外界来说平均效果不为零. 由量子力学可得 μ_J 与 P_J 的大小关系为

$$\mu_J = g\frac{e}{2m}P_J, \quad P_J = \sqrt{J(J+1)}\eta.$$

其中 g 称为朗德因子，可以算出为

$$g = 1 + \frac{J(J+1) - L(L+1) + S(S+1)}{2J(J+1)}. \tag{6-4-3}$$

它表征了原子的总磁矩与总角动量的关系，并且决定了分裂后的能级在磁场中的磁矩.

2. 外磁场对原子能级的作用

原子总磁矩在外磁场中受力矩 $N = \mu_J \times B$ 的作用(图 6-4-1)，该力矩使总角动量 P_J 绕磁场方向作进动. 这时附加能量 ΔE 为

$$\Delta E = -\mu_J B\cos\alpha = g\frac{e}{2m}P_J B\cos\beta. \tag{6-4-4}$$

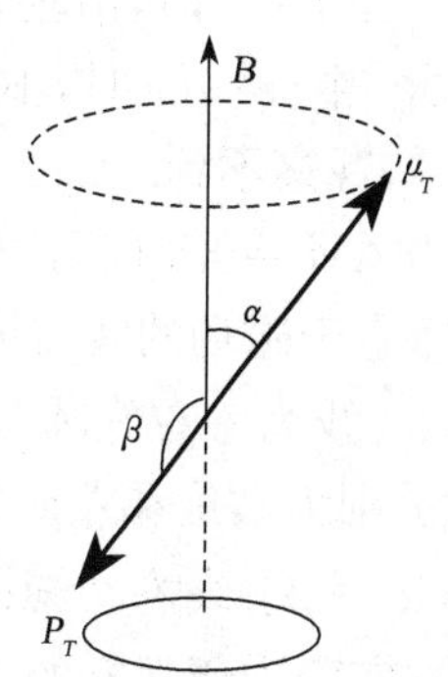

图 6-4-1　外磁场中原子总角动量 P_J 的进动

其中角 α 和 β 的意义见图 6-4-1. 由于 P_J 在磁场中的取向是量子化的，即

$$P_J B\cos\beta = M\eta, \quad M = J, J-1, \cdots, -J. \tag{6-4-5}$$

磁量子数 M 共有 $2J+1$ 个值. 式(6-4-5)代入式(6-4-4)得：

$$\Delta E = Mg\frac{e\eta}{2m}B. \tag{6-4-6}$$

这样，无外磁场时的一个能级在外磁场的作用下分裂成 $2J+1$ 个子能级. 每个子能级的附加能量正比于外磁场 B，并且与朗德因子 g 有关.

3. 塞曼效应的选择定则

设未加磁场时跃迁前后的能级为 E_2 和 E_1，则谱线的频率 ν 决定于

$$h\nu = E_2 - E_1.$$

在磁场中，上下能级分裂为 $2J_2+1$ 和 $2J_1+1$ 个子能级，附加能量分别为 ΔE_2 和 ΔE_1，则新的谱线频率满足：

$$h\nu' = E_2 + \Delta E_2 - (E_1 + \Delta E_1). \tag{6-4-7}$$

所以分裂后谱线与原谱线的频率差为

$$\Delta\nu = \nu' - \nu = \frac{1}{h}(\Delta E_2 - \Delta E_1) = (M_2 g_2 - M_1 g_1)\frac{eB}{4\pi m}. \tag{6-4-8}$$

用波数表示为

$$\Delta\tilde{\nu} = (M_2 g_2 - M_1 g_1)\frac{eB}{4\pi mc}. \tag{6-4-9}$$

令 $L = \dfrac{eB}{4\pi mc} = 0.467B$，$L$ 称为洛仑兹单位，B 的单位为 T(特斯拉).

但是，并非任何两个能级都是可能的，跃迁必须满足定则：$\Delta M = 0, \pm 1$.

当 $\Delta M = 0$ 时，沿垂直于磁场的方向观察，得到光振动方向平行于磁场的线偏振光，称为 π 线(当 $J_2 = J_1$ 时，不存在 $M_2 = 0 \to M_1 = 0$ 的跃迁). 沿平行于磁场的方向观察时，光强度为零，观察不到.

当 $\Delta M = \pm 1$ 时，产生 $\sigma^{\pm}$ 线，合称 σ 线. 沿垂直于磁场的方向观察，得到的光振动方向都是垂直于磁场的线偏振光. 当光线的传播方向平行于磁场方向时，σ^{+} 线为一左旋圆偏振光，σ^{-} 线为一右旋圆偏振光. 当光线的传播方向反平行于磁场方向时，观察到的 σ^{+} 线和 σ^{-} 线分别为右旋和左旋圆偏振光.

4. 汞绿线在外磁场中的塞曼效应

本实验中所观察的汞绿线(5461Å)对应于跃迁 6s7s3s1→6s6p3p2. 两个能级的朗德因子 g 分别是 2 和 $\frac{3}{2}$. 将两个能级在外磁场中的能级分裂，绘成图 6-4-2. 由图可见，上下能级在外磁场中分裂为 3 个和 5 个能级. 跟据跃迁选择定则，有 9 种跃迁，在能级图下方画出了与各跃迁相应的谱线在光谱上的位置，它们的波数从左到右增加，并且是等距的. 为便于区分，将 π 线画在横线上方，σ 线画在横线下方. 各线段的长度表示光谱线的相对强度.

【实验内容】

1. 调节 F-P 标准具

点燃汞灯，不加磁场($I=0$)，将标准具放在导轨上，使光轴与汞灯在同一水平线上，聚光透镜与汞灯之间的距离要大于透镜的焦距 80 mm，直接用肉眼去看干涉环，应该整个视野充满绿色圆环. 如果标准具有三个螺丝压力不均，即两反射面未达到平行，圆环并不圆.

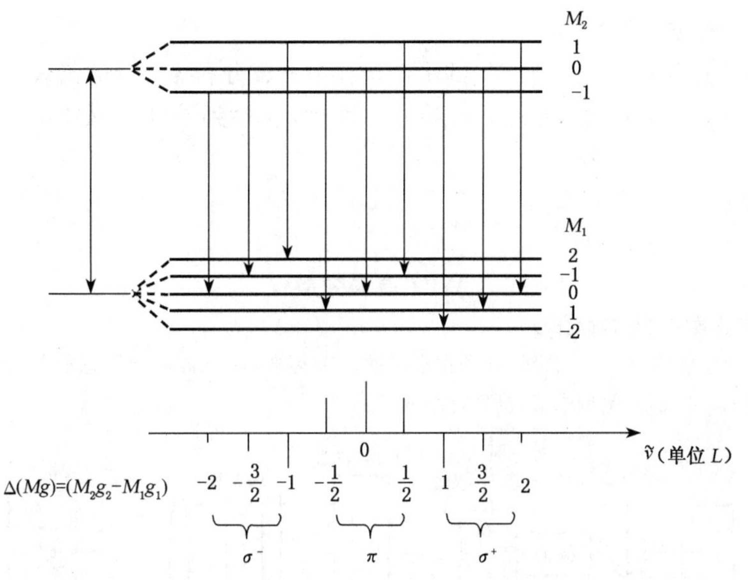

图 6-4-2　汞绿线在外磁场中的塞曼效应

将肉眼上下左右移动观看，会看到干涉环在某一方向上扩张，另一方向上在收缩. 如果在环扩张的方向旋紧螺丝加大压力或在环收缩方向放松螺丝减少压力，能调节在这方向上的反射面平行. 同法，调节其他螺丝，直至三个螺丝方向上均达到圆环既不扩张又不收缩为止. 注意要轻微调整，不可用力过猛.

2. 垂直于磁场方向观察塞曼分裂

从垂直于磁场方向观察，在外磁场作用下一条干涉条纹将分裂为 9 条干涉条纹，在标准具和读数望远镜之间放上偏振片，如果偏振片的偏振方向为水平时，可看到 π 成分的 3 条谱线，即 3 个环，偏振方向为垂直时，只能看到 σ 成分的 6 条谱线，即 6 个外部的圆环，用调好目镜的读数望远镜观看圆环，会看到放大 6 倍的清晰圆环像. 逐渐增加电磁铁的电流，会看到干涉圆环逐渐变粗，最后原来的一个环向内和向外各分出 4 个环，为便于测量，加入偏振片并旋转偏振片，直到每级干涉条纹只剩下 π 成分的 3 条条纹，记下此时的电流 I，从 I-B 曲线上查出 B 值. 从读数望远镜中测量 $k-1$ 级、$k-2$ 级所有干涉圆环直径.

3. 观察纵向塞曼效应

将电磁铁的磁芯抽出，转动电磁铁 90°，再将标准具向后移动与电磁铁极芯孔相靠近，用读数望远镜观察纵向塞曼效应. 当磁场增加时，只能看到横向的 σ 成分的 6 个外环，这 6 个环皆为左、右旋的圆偏振光，在偏振片前再加上 1/4 波片，使圆偏振光变为互相垂直的线偏振光，再转动偏振片，会区分出左、右旋圆偏振光. 实验结束，要及时减小电磁铁电流为零.

4. 数据处理

用逐差法处理数据求得分裂后相邻两个圆环的 $D'^2_k - D^2_k$，求出 $D^2_1 - D^2_2$，用公式(6-4-14)求得 e/m 值.

【思考题】

1. 怎样观察和分辨 σ 成分中的左旋和右旋偏振光?

2. 如何调整 F-P 标准具?

3. 怎样区分横向塞曼效应产生的干涉条纹中 π 成分和 σ 成分的谱线?

4. 调节 F-P 标准具时,如眼睛向某方向移动,观察到干涉纹从中心冒出来,应如何调节?

【附录】

WPZ 塞曼效应仪

1. WPZ 塞曼效应仪结构简介

WPZ 塞曼效应仪(图 6-4-3,图 6-4-4)由电磁铁、F-P 标准具(2 mm)、干涉滤光片、会聚透镜、偏振片、CCD、导轨、电脑、1/4 波片、笔型汞灯、高斯计组成.

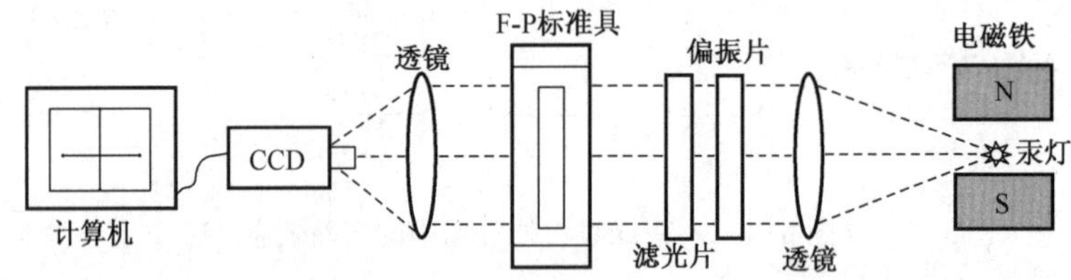

图 6-4-3 WPZ 塞曼效应仪结构示意图

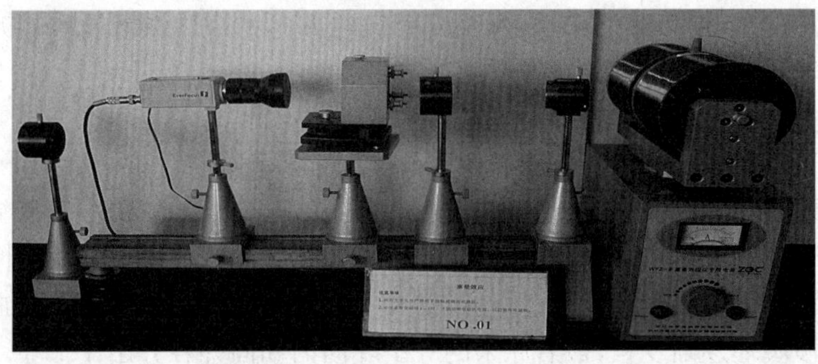

图 6-4-4 WPZ 塞曼效应仪实物图

(1) 干涉滤光片. 其作用是只允许 546.1 nm 的绿光通过,滤掉 Hg 原子发出的其他谱线,从而得到单色光.

(2) 偏振片. 在垂直于磁场方向观察时用以鉴别 π 成分和 σ 成分.

(3) CCD 摄像头. CCD 是电荷耦合器件的简称,是一种金属氧化物-半导体结构的器件,具有光电转换、信息存储和信号传输(自扫描)的功能,在图像传感、信息处理和存储多方面有着广泛的应用. 本实验中,经由 F-P 标准具出射的多光束,经透镜会聚相干,呈多光束干涉条纹成像于 CCD 光敏面,利用 CCD 的光电转换功能,将其转换为电信号"图像",由荧光屏显示,因为 CCD 是对弱光极为敏感的光放大器件,故荧屏上呈现明亮、清晰的 F-P 干涉图像.

(4) F-P 标准具. 由两块平行的光学玻璃(或石英)板中间夹有一个热胀系数很小的石英(或铟钢)间隔圈组成. 两玻璃板表面磨成光学平面,并且内表面精确平行,间隔圈的厚度起伏 $<\lambda/20$; 内表面镀有 ZnS-MgF 多层介质高反射膜,使波长为 546.1 nm 的入射光多次反射获得多光束干涉,从而具有极高的分辨率($10^5\sim10^7$);为了消除两平板的内、外表面反射光产生的干涉条纹的重叠,特别使外表面与内表面加工成 60°左右的夹角;非固定式的标准具,还可更换不同厚度的间隔圈,用三个螺丝调节玻璃上三点压力,

来达到精确的平行.

2. F-P 标准具的原理

(1) F-P 标准具的结构

F-P 标准具由两块平行平面玻璃板和夹在中间的一个间隔圈组成. 平面玻璃板内表面镀有一层高反膜,间隔圈用膨胀系数很小的材料制作,用来保证两块平面玻璃板之间有很高的平行度和稳定的间距. 在外面用三个螺丝调节其三点的压力,使其达到精确平衡.

F-P 标准具的光路如图 6-4-4 所示. 当单色平行光束 S_0 以某一小角度入射到标准具的 M 平面上时,光束在 M 和 M′两表面上经过多次反射和透射,分别形成一系列相互平行的反射光束 1, 2, 3, …及透射光束 1′, 2′, 3′, …,任何相邻光束间的光程差 Δl 相同,为: $\Delta l = 2nd\cos\theta$. 其中 d 为两平行板间的间距,θ 为光束折射角,n 为平行板间介质折射率,在空气中使用标准具时可取 $n=1$. 这一系列平行并有一定光程差的光在无穷远处或透镜的焦平面上发生干涉,形成等倾干涉条纹. 当光程差为波长的整数倍时产生干涉极大,即: $2nd\cos\theta = k\lambda$, k 为整数,称为干涉级.

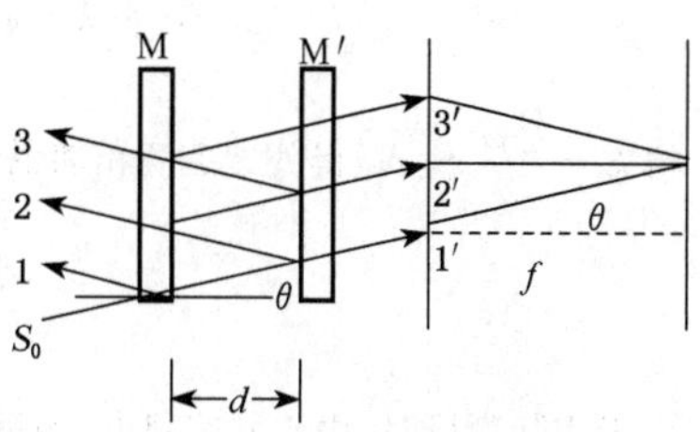

图 6-4-4　F-P 标准具光路图

(2) 微小波长差的测量

考虑两束具有微小波长差的单色光 λ_1 和 λ_2, 设 $\lambda_1 < \lambda_2$ 入射时的情况,通过 F-P 标准具后,将分别形成一套干涉条纹,如果入射光的波长差逐渐加大,使得 λ_1 的第 k 级亮环与 λ_2 的第 $k-1$ 级亮环重叠,有 $2d\cos\theta = k\lambda_1 = (k-1)\lambda_2$, 考虑一般接近于正入射情况下, $\sin\theta \approx 0$, 可以得到

$$\Delta\lambda = \lambda_2 - \lambda_1 = \frac{\lambda_1\lambda_2}{2d}.$$

由于 λ_1 和 λ_2 的差别很小, $\lambda_1\lambda_2 = \lambda_1^2 = \lambda^2$, 这样上式为

$$\Delta\lambda = \frac{\lambda^2}{2d}.$$

或用波数表示:

$$\Delta\tilde{u} = \frac{1}{2d}.$$

$\Delta\lambda$ 或 $\Delta\tilde{V}$ 定义为标准具的自由光谱范围. 它表明在给定间隔厚度 d 的标准具中,若入射光的波长在 $\lambda \sim \lambda + \Delta\lambda$ 之间(或波数在 $u \sim u + \Delta\tilde{u}$ 之间)则所产生的干涉圆环不重叠. 若被研究的谱线波长差大于自由光谱范围,两套条纹之间就要发生重叠或错级,给分析辨认带来困难.

应用 F-P 标准具测量各分裂谱线的波长或波长差是通过测量干涉环的直径实现的. 如图 6-4-4 所示,用透镜(焦距 f)把 F-P 标准具的干涉圆环成像在焦平面上,则出射角为 θ 的圆环,其直径 D 与透镜焦距 f 间的关系为 $\tan\theta = \frac{D}{2f}$. 对于近中心的圆环,$\theta$ 很小,可认为 $\tan\theta \approx \sin\theta \approx \theta$. 因此,有关角度的参数可用标准具和系统的其他参数表示:

$$\cos\theta = 1 - 2\sin^2\frac{\theta}{2} = 1 - \frac{\theta^2}{2} = 1 - \frac{D^2}{8f^2}.$$

因此,观察的亮条纹的直径应满足

$$2nd\cos\theta = 2nd\left(1 - \frac{D_k^2}{8f^2}\right) = k\lambda. \tag{6-4-10}$$

由式(6-4-10)可推得,同一波长 λ 相邻两级 k 级和 $k-1$ 级圆环直径的平方差为

$$\Delta D^2 = D_{k-1}^2 - D_k^2 = \frac{4f^2\lambda}{d}. \tag{6-4-11}$$

可见干涉圆环直径的平方差是与干涉级无关的常数.

对于另一种波长 λ' 的 k 级条纹,同样由式(6-4-10)可得:

$$2nd\left(1-\frac{D'^2_k}{8f^2}\right)=k\lambda'. \tag{6-4-12}$$

由式(6-4-5),式(6-4-6),式(6-4-7)可得波长差的表达式:

$$\Delta\lambda=\lambda-\lambda'=\frac{d}{4f^2nk}(D'^2_k-D^2_k)=\left(\frac{D'^2_k-D^2_k}{D^2_{k-1}-D^2_k}\right)\frac{\lambda}{k}.$$

将 $k=\dfrac{2nd}{\lambda}$ 代入,得分裂后两相邻谱线的波长差为

$$\Delta\lambda=\frac{\lambda^2}{2nd}\left(\frac{D'^2_k-D^2_k}{D^2_{k-1}-D^2_k}\right). \tag{6-4-13}$$

由于实际测量时,中心 k 值很大,测量非中心级次的条纹所引起的误差可忽略.

对于反常塞曼效应,相邻两环的波数差为 $\dfrac{1}{2}L$,由波数差和波长差的关系 $\Delta\tilde{\nu}=-\dfrac{\Delta\lambda}{\lambda^2}$,代入式(6-4-13)得:

$$\frac{e}{m}=\frac{4\pi c}{Bd}\left(\frac{D'^2_k-D^2_k}{D^2_{k-1}-D^2_k}\right). \tag{6-4-14}$$

已知 B 和 d,从塞曼分裂的条纹中测出各环直径,就可计算 e/m 值.

第 7 章　设计性实验

7.1　设计性实验概述

1. 设计性实验的性质与特点

设计性实验是物理专业学生进行力学、热学、电磁学、光学实验后的一门总结性课程，是以上基础实验课程的检验，是学生从事科学实验工作的引导. 它的主要任务与目标是：学习物理实验的设计方法与设计思想；培养学生初步具有综合性实验设计工作的能力；培养学生实事求是、一丝不苟、严格认真的科学态度与工作作风.

设计性实验所应具有的特点：

(1) 内容具有多样性，即涉及两个或两个以上的专门实验技能.

(2) 难度适当，在所规定的时间内，大多数学生能按时较好地完成.

(3) 从设计实验方案，验证方案的可行性，到动手做实验，测量记录原始数据，分析处理实验数据，撰写实验报告等，每个环节均要求每个学生独立完成，教师仅起启发和引导作用.

(4) 通过设计性实验，不仅使学生巩固了所学的相关理论知识，而且有效地训练和提高了他们的独立实验能力.

2. 设计性实验基本要求

(1) 在进入实验室进行实验操作前，应根据任务要求认真学习、查找有关资料，确定测量原理的方案. 并认真对拟定的方案进行可行性论证，拟定实验(调试、测试)步骤.

(2) 将所拟定的设计方案报指导教师审批，并根据指导教师提出的意见进行修定. 待指导教师确定后方可进行实验.

(3) 应利用 2～4 学时的时间在实验室里根据所设计的实验计划进行实验，直到成功为止.

(4) 实验结束后，认真进行数据处理，并写出实验报告. 实验报告内容应包括：实验目的、实验原理、实验步骤、原始数据、数据处理、现象分析、实验结论等.

7.2　设计性实验选题

7.2.1　PN 结正向电流与正向电压的关系随温度的变化情况

【任务要求】

(1) 温度一定，对 PN 结电流与电压的关系特性进行实验研究. 在 30℃～100℃的温度范围内,取 3 个特定温度进行实验研究.

(2) 对 PN 结电流与电压的关系特性以及其关系特性随温度的变化情况进行实验总结.

【实验器材】

TH-J 型 PN 结正向压降温度特性实验组合仪,TH-J 型 PN 结样品实验仪,其他自选.

7.2.2 研究液体中超声波传播速度与液体温度的关系

【任务要求】

研究液体中超声波传播速度与液体温度的关系.

【方案提示】

高于室温用热开水掺入;低于室温用冰块溶化.

【实验器材】

声速测量仪,温度计,金属热电阻,其他自选.

7.2.3 惠斯通电桥灵敏度与检测电流计内阻的关系研究

【任务要求】

(1) 写出测量原理方法,画出原理图.

(2) 选择测量仪器,并进行实验.

(3) 写出实验步骤,画出数据记录表格.

(4) 实验数据分析.

【方案提示】

研究监测指示仪表选用数字电流计时,数字电流计内阻对惠斯通电桥测量灵敏度的影响.

电桥灵敏度的实验研究方法:选择合适的电源输出电压,选取 R_1, R_2, R_3, R_X 使惠斯通电桥平衡($U_0=0$),而后让其中 3 个桥臂电阻保持不变、令其余一个变化(不妨假定 R_1,R_2, R_3 保持不变、而 R_X 变化 ΔR_X),则电桥输出电压偏离平衡为 ΔU_0,电桥输出电压对桥臂电阻的相对变化反应灵敏度即为电桥灵敏度:

$$S=\frac{\Delta U_0}{\frac{\Delta R_X}{R_X}\times 100\%}.$$

数字电流计内助采取串接电阻箱改变.

【实验器材】

DHQJ-3 教学用非平衡电桥 1 台,电阻箱 2 个,数字电流计(数字万用表)1 台,其他自选.(或用自组电桥:电阻箱 5 个,数字毫伏表(数字万用表)1 台,直流稳压电源 1 台.)

7.2.4 惠斯通电桥灵敏度与检测毫伏表内阻的关系研究

【任务要求】

(1) 写出实验测量原理方法,画出原理图.

(2) 选择测量仪器,并进行实验.

(3) 写出实验步骤,画出数据记录表格.

(4) 实验数据分析.

【方案提示】

研究监测指示仪表选用数字毫伏表时,数字毫伏表内阻对惠斯通电桥测量灵敏度的影响.

电桥灵敏度的实验研究方法:选择合适的电源输出电压,选取 R_1, R_2, R_3, R_X 使惠斯通电桥平衡($U_0=0$),而后让其中 3 个桥臂电阻保持不变、令其余一个变化(不妨假定 R_1, R_2, R_3 保持不变、而 R_X 变化 ΔR_X),则电桥输出电压偏离平衡为 ΔU_0,电桥输出电压对桥臂电阻的相对变化反应灵敏度即为电桥灵敏度:

$$S=\frac{\Delta U_0}{\frac{\Delta R_X}{R_X}\times 100\%}.$$

数字毫伏表内采取并联电阻箱改变.

【实验器材】

DHQJ-3 教学用非平衡电桥 1 台,电阻箱 2 个,数字毫伏表(数字万用表)1 台,其他自选.(或用自组电桥:电阻箱 5 个,数字毫伏表(数字万用表)1 台,直流稳压电源 1 台.)

7.2.5 用电位差计测量微安表内阻

【任务要求】

(1) 写出实验测量原理方法,画出原理图.

(2) 选择测量仪器.

(3) 写出实验步骤,画出数据记录表格.

(4) 实验数据分析.

【方案提示】

电路电流不能超过微安表量程 100 μA,测微安表内阻约 2 000 Ω. ①用待测表指示电流. ②不用待测表指示电流.

【实验器材】

UJ31 型电位差计,待测微安表,数字检流计,直流稳压电源,电阻箱,标准电阻(1 000 Ω,用电阻箱替代),滑线变阻器,其他自选.

7.2.6 用电位差计校准电流表和电压表

【任务要求】

用电位差计校准电流表和电压表.

【方案提示】

电路电流不能超过微安表量程 100 μA,测微安表内阻约 2 000 Ω.

【实验器材】

UJ31 型电位差计,待测微安表(量程 100 μA),数字检流计,ZX21 型电阻箱,标准电阻(1 000 Ω),直流稳压电源,滑线变阻器,其他自选.

7.2.7 霍尔元件特性研究

【任务要求】

利用“螺线管磁场实验仪”研究霍尔元件特性:$V_H = K_H I_S I B$.

【方案提示】

不同 B 的条件下,研究 V_H 与 I_S 的关系,找出 V_H 与 I_S 的线性关系范围.说明 V_H 与 I_S 的线性关系范围是否与 B 有关.说明霍尔元件用于电流测量的原理.如何设计一个由霍尔元件构成的电流表.

【实验器材】

TH-S 型螺线管磁场测定实验组合仪,其他自选

7.2.8 惠斯通电桥灵敏度与电源内阻的关系研究

【任务要求】

(1) 写出实验测量原理方法,画出原理图.

(2) 选择测量仪器,并进行实验.

(3) 写出实验步骤,画出数据记录表格.

(4) 实验数据分析与处理.

【方案提示】

可以选择在等臂电桥的情况下进行实验.桥臂总电阻分别选取几百欧姆、十几千欧姆、几百千欧姆,三种情况下进行实验研究.

电桥灵敏度的实验研究方法:选择合适的电源输出电压,选取 R_1, R_2, R_3, R_X 使惠斯通电桥平衡($U_0=0$),而后让其中 3 个桥臂电阻保持不变、令其余一个变化(不妨假定 R_1、R_2、R_3 保持不变,而 R_X 变化 ΔR_X),则电桥输出电压偏离平衡为 ΔU_0,电桥输出电压对桥臂电阻的相对变化反应灵敏度即为电桥灵敏度:

$$S = \frac{\Delta U_0}{\frac{\Delta R_X}{R_X} \times 100\%}.$$

电源内助采取串联电阻箱改变.

【实验器材】

电阻箱 5 个,数字毫伏表(数字万用表)1 台,直流稳压电源 1 台.

7.2.9　研究二极管的伏安特性随温度的变化

【任务要求】

在不同温度下研究二极管的伏安特性.

【方案提示】

二极管如要浸入水中须经过绝缘处理(如浸漆).

【实验器材】

GDM-8135 台式数字万用表,数字电流表,温度控制器与加热器.

7.2.10　比较热敏电阻和金属热电阻的温度特性

【任务要求】

测量并描绘电阻温度(R-T)关系图线,计算电阻随温度变化的灵敏度与线性度.

【实验器材】

非平衡电桥、温度控制器、热敏电阻、金属热电阻.

7.2.11　比较热敏电阻和金属热电阻的伏安特性

【任务要求】

(1) 在室温下测量比较;

(2) 在恒温控制的水中测量比较.

【方案提示】

待测元件应经过处理(如上漆),使其在水中绝缘.

【实验器材】

非平衡电桥、温度控制器、热敏电阻、金属热电阻、数字电压表、电流表.

7.2.12　显微镜的组装及放大率的测定

【任务要求】

组装出能实用的显微镜并测出它的实际放大率.

【方案提示】

在 $m = m_o m_e = \frac{v_1}{u_1} \cdot \frac{D}{f_e}$ 的基础上推出符合实际的经验公式.

【实验器材】

光学平台及磁性底座、透镜、三爪透镜夹、尺子、白光源,其他自选.

7.2.13　平行光管检测透镜成像质量

【任务要求】

(1) 了解平行光管的结构及工作原理,掌握平行光管的调整方法.

(2) 学会用平行光管测量凸透镜和透镜组的焦距.

(3) 用平行光管测定凸透镜,透镜组的鉴别率.

【方案提示】

(1) 透镜焦距公式为 $f=\frac{f'}{y'}$,式中 f 为被测透镜焦距,f' 为平行光管焦距实测值,y' 为玻罗板上所选用线距实测值($A'B'=Y'$),y 为测微目镜上玻罗板低频线的距离($AB=Y$,即测量值).

(2) 仪器的最小分辨角为 $\alpha=1.22\frac{\lambda}{D}$,式中 α 的单位为弧度,D 为入射光瞳直径,λ 为光波波长.

(3) 鉴别率角值为 $\theta=\frac{2\alpha}{f'}206\,256''$,式中 θ 为角值,α 为条纹宽度,f' 为平行光管焦距.

【实验器材】

CPG550 型平行光管及附件、若干个不同的透镜,其他自选.

7.2.14 光栅特性的研究

【任务要求】

(1) 选择一定的方法和仪器,测出所给衍射光栅的四个主要特性参数:光栅常量 d、角色散率 ψ,分辨本领 R 和衍射效率 η.

(2) 观察分辨本领 R 与光栅狭缝数目 N 的关系. 挡住光栅的一部分,减少狭缝数目 N,观察钠光灯的纳双线随 N 的减少而发生的变化.

(3) 筹备实验仪器和进行实验,并进行数据处理,得出结论.

【方案提示】

(1) 光栅的常量 d:$d=a+b$,a 为光栅狭缝宽度,b 为相邻狭缝间不透明部分宽度.

(2) 色散率 ψ: $\psi=\frac{\mathrm{d}\varphi}{\mathrm{d}\lambda}$,定义为单位波长间隔内两单色谱线之间的衍射角之差. 由 $d\sin\varphi_k=k\lambda$,可知 $\psi=\frac{k}{d\cos\varphi_k}$.(只求第一级,并得出光栅的角色散率与棱镜的角色散率的比较结论.)

(3) 分辨本领 R: $R=\frac{\bar{\lambda}}{\Delta\lambda}$,定义为两条刚刚可以被分开的谱线的波长差除平均波长. 根据瑞利条件,所谓两条刚刚可以被分开的谱线可规定为:波长相差 $\Delta\lambda$ 的两条相邻谱线,其中一条谱线的最亮处落在另一条谱线的最暗处. 可以证明,对于宽度一定的光栅,R 的理论极限值 $R_m=kN=k\frac{L}{d}$,而实测值将小于 kN. 式中,k 为光谱级数,N 为参加衍射的光栅狭缝数,L 为入射光束范围内的光栅宽度,d 为光栅常量(平行光管的出光口径为 22 mm).

(4) 衍射效率 η: $\eta=\frac{I_1}{I_0}\times100\%$,$I_1$ 为第一衍射级光谱的强度,I_0 为零级光谱的强度.

【实验器材】

分光计、钠灯、汞灯、光栅、可调狭缝读数显微镜、测光强用的 WJF 型数字检流计、其他自选.

7.2.15　双棱镜的折射率及小锐角的测量

【任务要求】

（1）测量出双棱镜的折射率及其小锐角的大小；

（2）要求设计方案中画出光路图.

【方案提示】

（1）测双棱镜的小锐角可从“分光计测三棱镜的顶角”实验中类似进行测量. 要理解双棱镜两面分别得到的 3 个和 4 个十字叉丝像的来源.

（2）测双棱镜的折射率 n 时，由 $n=\frac{\sin i}{\sin \alpha}$ 可得，i 为入射角，α 为小锐角.（光路设计：令光线从双棱镜底边面一定角度入射，折射后，在斜边面垂直反射回来，到底边面再折射，原路返回到望远镜筒中，得到亮十字叉丝的像. 此为入射光线的位置，其与底边面法线的夹角就是入射角.）

【实验器材】

分光计、钠灯、双棱镜、其他自选.

7.2.16　用掠入法测三棱镜的折射率的测量

【任务要求】

测量出三棱镜的折射率，要求设计方案中画出光路图.

【方案提示】

参考掠入法测液体的折射率的实验，光源采用线光源.

【实验器材】

分光计、钠灯、三棱镜、其他自选.

7.2.17　用布儒斯特法测三棱镜的折射率的测量

【任务要求】

测量出三棱镜的折射率. 要求设计方案中画出光路图.

【方案提示】

参考光的偏振实验，光源采用线光源.

【实验器材】

分光计、钠灯、三棱镜、其他自选.

7.2.18　单缝衍射的光强分布测量

【任务要求】

用光电元件测量单缝衍射的相对光强分布，掌握其分布规律.

【方案提示】

（1）单缝衍射原理.

(2) 由硅光电池的光电特性可知，光电流和入射光能量成正比，只要工作电压不太小，光电流和工作电压无关，光电特性是线性关系.

【实验器材】

半导体激光器，可调宽狭缝，硅光电池(光电探头)，一维光强测量装置，WJF 型数字检流计，小孔屏和 WGZ-IIA 导轨，其他自选.

7.2.19 用迈克尔孙干涉测量薄膜的厚度

【任务要求】

利用迈克尔孙(白光)干涉的原理，测出薄膜的厚度.

【方案提示】

先用激光为光源调出干涉条纹，再用白光源调出彩色干涉条纹. 然后在其中一条光路上放入薄膜，并测出它的厚度.

【实验器材】

激光源、白光源、迈克尔孙干涉仪、其他自选.

7.2.20 固体和液体的介电常数测量

【任务要求】

(1) 通过查找资料，理解和掌握固体和液体的介电常数测量原理及方法；

(2) 设计出固体和液体的介电常数的方案；

(3) 筹备实验仪器和进行实验，并进行处理；

(4) 学习减少系统误差的实验方法；

(5) 比较实验结果，得出结论.

【方案提示】

(1) 用电桥法测量固体电介质相对介电常数；

(2) 用频率法测量液体电介质相对介电常数；

(3) 关键公式：

$$\varepsilon_r = \frac{C_{串} \cdot t}{\varepsilon_0 S - C_{串}(D-t)} \quad \text{(电桥法)};$$

$$\varepsilon_r = \frac{\dfrac{1}{f_2^2} - \dfrac{1}{f_1^2}}{\dfrac{1}{f_{02}^2} - \dfrac{1}{f_{01}^2}} \quad \text{(频率法)}.$$

【实验器材】

介电常数测试仪，LCR 万用数字电桥，频率计，千分尺，游标卡尺，待测固体和液体，其他自选.

7.2.21　利用光纤测量光速

【任务要求】

通过测量光在介质(光纤)中的传播时的时间差,从而得到光在已知折射率的介质(光纤)中的传播速度,进而得到光在真空中的速度.

【方案提示】

图 7-2-1 给出一个参考方案,同时根据方框的提示采用具体的器件设计成具体的电路. 信号源可采用实验室提供的 GX1000 光纤实验仪,由它产生调制电脉冲信号,调制 LD 光源的工作电流. 探测器在 B 端(光纤输出端)测量脉冲的上升沿的时间位置,而后探测器在 A 端(光纤输入端)测出脉冲上升沿的时间位置,两者的时间差即为光在光纤中的传播时间.

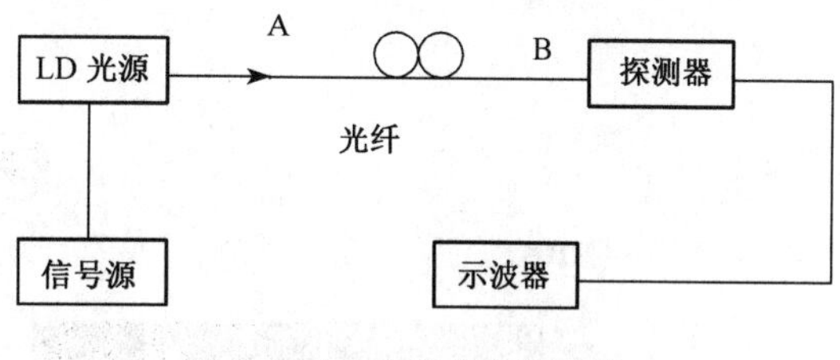

图 7-2-1　参考实验装置图

【实验器材】

GX1000 光纤实验仪、光学实验导轨、半导体激光器+二维调整架、三维光纤调整架+光纤夹、光纤 (200 m)、光纤座+磁吸、光探头+二维调整架、功率指示计、光纤刀、显示屏.

7.2.22　压电陶瓷位移和振动的干涉测量

【任务要求】

(1) 利用迈克尔孙干涉仪测量压电陶瓷的位移和振动,掌握迈克尔孙干涉仪测量微小长度变化的基本原理.

(2) 了解压电陶瓷的电致伸缩特性.

【方案提示】

迈克尔孙干涉仪能够测量微小的长度变化,测量精度可达到波长数量级. 压电陶瓷在电压的驱动下可产生微小形变,因而可以用迈克尔孙干涉仪测量. 位移的测量可以通过观察记录干涉条纹的移动来实现,而振动的幅度的测量可以通过测量干涉条纹的来回移动数目来进行.

由于条纹的来回移动速度较快,无法用目测的办法,因而可借助光电探测器来监测条纹的来回移动,并将光电探测器的输出信号用示波器显示. 为了定量测量压电陶瓷的振动幅度,必须将驱动电压同时输入至示波器的另一个通道. 在设计实验方案时,必须考虑驱动电压的幅度变化和频率变化对光电探测器输出的不同影响. 在实验前,必须推导出计算压电陶瓷振动幅度的公式,同时还要考虑如何减小在具体的实验过程中可能出现的系统测量误差.

【实验器材】

光学隔振平台、半导体激光器(650 nm,4 mW;含二维调整架)、分束镜、反射镜、压电陶瓷附件、二维可调扩束镜、白屏、驱动电源、光探头、示波器(双踪,20 MHz).

附录 A　DS1000 系列数字示波器使用

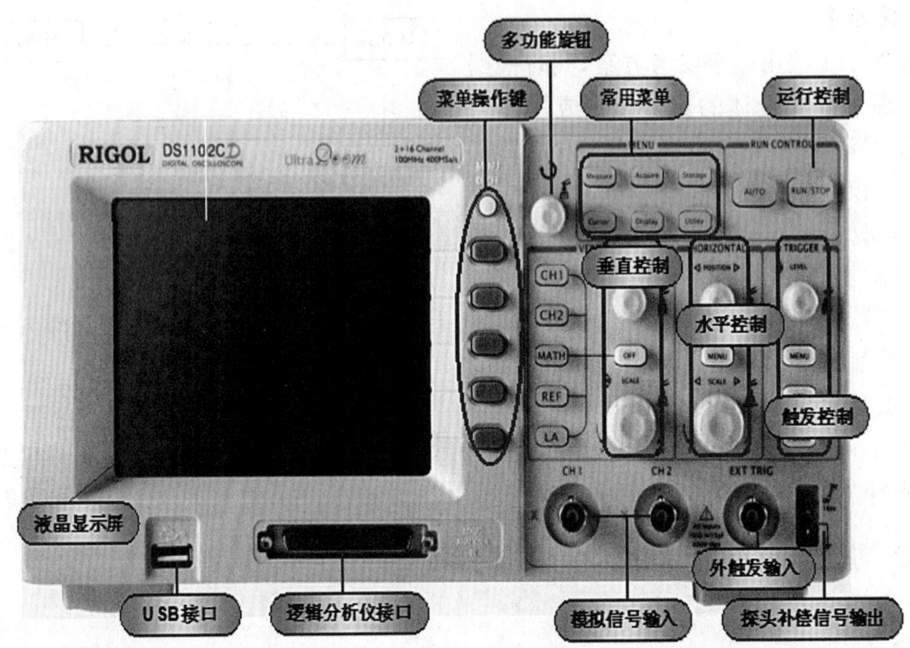

当您得到一款新型示波器时，首先需要了解示波器的操作面板，DS1000 系列数字示波器也不例外，它向用户提供简单而功能明晰的前面板，以进行基本的操作. 面板上包括旋钮和功能按键. 旋钮的功能与其他示波器类似. 显示屏右侧的一列 5 个灰色按键为菜单操作键(自上而下定义为 1 号至 5 号). 通过它们，您可以设置当前菜单的不同选项；其他按键为功能键，通过它们，您可以进入不同的功能菜单或直接获得特定的功能应用.

DS1000 系列示波器向用户提供简单而功能明晰的前面板，以进行所有的基本操作. 各通道的标度和位置旋钮提供了直观的操作，完全符合传统仪器的使用习惯，用户不必花大量的时间去学习和熟悉示波器的操作，即可熟练使用. 为加速调整，便于测量，用户可直接按“AUTO”键，立即获得适合的波形显现和档位设置. 它是根据输入的信号，自动调整电压倍率、时基以及触发方式，以最好形态显示出来. 应用自动设置要求被测信号的频率大于或等于 50 Hz，占空比大于 1%.

使用自动设置方法：①将被测信号连接到信号输入通道. ②按下 AUTO 按钮. 示波器将自动设置垂直、水平和触发控制. 如需要，可手工调整这些控制使波形显示达到最佳.

1. *初步操作指南*

1) 初步了解垂直系统

如图 A-1 所示，在垂直控制区(VERTICAL)有一系列的按键、旋钮. 下面的练习逐步引导您熟悉垂直设置的使用.

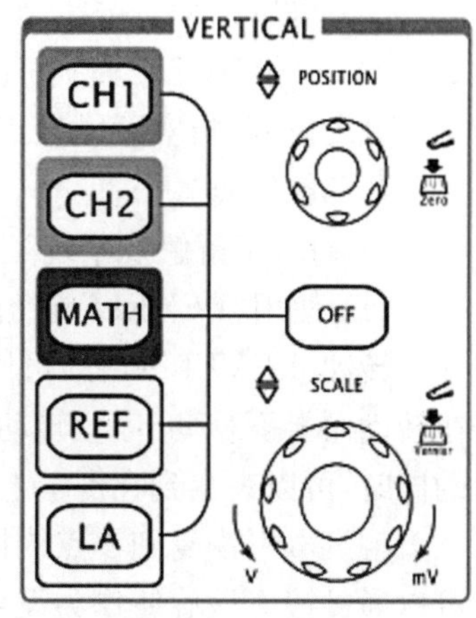

图 A-1 垂直控制系统

(1) 使用垂直"POSITION"旋钮在波形窗口居中显示信号. 垂直"POSITION"旋钮控制信号的垂直显示位置. 当转动垂直"POSITION"旋钮时,指示通道地(GROUND)的标识跟随波形而上下移动.

① 测量技巧:如果通道耦合方式为 DC 方式,可以通过观察波形与信号地之间的差距来快速测量信号的直流分量. 如果耦合方式为 AC 方式,信号里面的直流分量被滤除. 这种方式方便您用更高的灵敏度显示信号的交流分量.

② 双模拟通道垂直位置恢复到零点快捷键:旋动垂直"POSITION"旋钮不但可以改变通道的垂直显示位置,更可以通过按下该旋钮作为设置通道垂直显示位置恢复到零点的快捷键.

(2) 改变垂直设置,并观察因此导致的状态信息变化.

可以通过波形窗口下方的状态栏显示的信息,确定任何垂直档位的变化. 转动垂直"SCALE"旋钮改变—Volt/div(伏/格)垂直档位,可以发现状态栏对应通道的档位显示发生了相应的变化. 按"CH1"、"CH2"、"MATH"、"REF" 、"LA"等按键,屏幕显示对应通道的操作菜单、标志、波形和档位状态信息. 按"OFF" 按键关闭当前选择的通道.

Coarse/Fine(粗调/微调)快捷键:可通过按下垂直"SCALE"旋钮作为设置输入通道的粗调/微调状态的快捷键,然后调节该旋钮即可粗调/微调垂直档位.

2) 初步了解水平系统

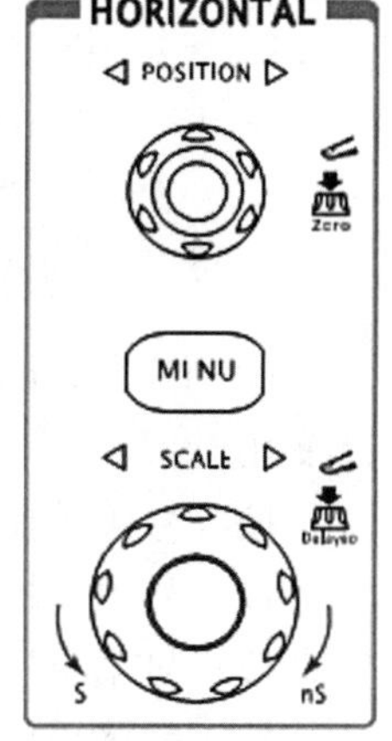

图 A-2 水平控制区

如图 A-2 所示,在水平控制区(HORIZONTAL)有一个按键、两个旋钮. 下面的练习逐渐引导熟悉水平时基的设置.

(1) 使用水平"SCALE"旋钮改变水平档位设置,并观察因此导致的状态信息变化.

转动水平"SCALE"旋钮改变— s/div(秒/格)水平档位,可以发现状态栏对应通道的档位显示发生了相应的变化. 水平扫描速度从 2 ns 至 50 s,以 1—2—5 的形式步进.

Delayed(延迟扫描)快捷键:水平"SCALE"旋钮不但可以通过转动调整— s/div(秒/格),更可以按下切换到延迟扫描状态.

(2) 使用水平"POSITION"旋钮调整信号在波形窗口的水平位置.

水平"POSITION"旋钮控制信号的触发位移. 当应用于触发位移时,转动水平"POSITION"旋钮时,可以观察到波形随旋钮而水平移动.

触发点位移恢复到水平零点快捷键:水平"POSITION"旋钮不但可以通过转动调整信号在波形窗口的水平位置,更可以按下该键使触发位移(或延迟扫描位移)恢复到水平零点处.

(3) 按"MENU"按钮,显示 TIME 菜单.在此菜单下,可以开启/关闭延迟扫描或切换 Y-T、X-Y 和 ROLL 模式,还可以设置水平触发位移复位.

触发位移:指实际触发点相对于存储器中点的位置.转动水平"POSITION"旋钮,可水平移动触发点.

3) 初步了解触发系统

(1) 使用"LEVEL"旋钮改变触发电平设置.

转动"LEVEL"旋钮,可以发现屏幕上出现一条桔红色的触发线以及触发标志,随旋钮转动而上下移动.停止转动旋钮,此触发线和触发标志会在约 5 s 后消失.在移动触发线的同时,可以观察到在屏幕上触发电平的数值发生了变化.

触发电平恢复到零点快捷键:旋动垂直"LEVEL"旋钮不但可以改变触发电平值,更可以通过按下该旋钮作为设置触发电平恢复到零点的快捷键.

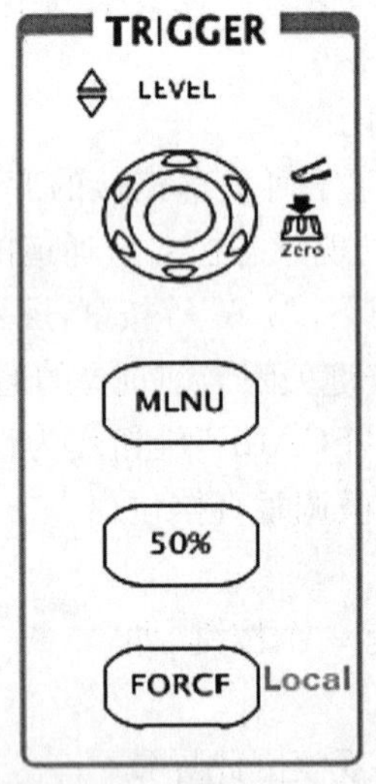

图 A-3 触发控制区

图 A-4 触发操作菜单

(2) 使用 MENU 调出触发操作菜单(图 A-4),改变触发的设置,观察由此造成的状态变化.

按 1 号菜单操作按键,选择边沿触发;

按 2 号菜单操作按键,选择信源选择为CH1;

按 3 号菜单操作按键,设置边沿类型为上升;

按 4 号菜单操作按键,设置触发方式为自动;

按 5 号菜单操作按键,进入触发设置二级菜单,对触发的耦合方式、触发灵敏度和触发释抑时间进行设置.

注:改变前三项的设置会导致屏幕右上角状态栏的变化.

(3) 按 50% 按钮,设定触发电平在触发信号幅值的垂直中点.

(4) 按 FORCE 按钮,强制产生一触发信号,主要应用于触发方式中的"普通"和"单次"模式.

2. 高级操作指南

1) 设置垂直系统

通道的设置：每个通道有独立的垂直菜单．每个项目都按不同的通道单独设置．按"CH1"(图 A-5)或"CH2"功能按键，系统显示 CH1 或 CH2 通道的操作菜单，说明见表 A-1.

表 A-1　　CH1 通道操作菜单

功能菜单	设定	说　明
耦合	交流 直流 接地	阻挡输入信号的直流成分 通过输入信号的交流和直流成分 断开输入信号
带宽限制	打开 关闭	限制带宽至 20 MHz，以减少显示噪音 满带宽
探头	1× 5× 10× 50× 100× 500× 1000×	根据探头衰减因数选取其中一个值，以保持垂直标尺读数准确
数字滤波		设置数字滤波
(下一页)		进入下一页菜单(以下相同，不再说明)

图 A-5　CH1 功能按钮

数学运算菜单说明如表 A-2 和图 A-6 所示.

表 A-2　　数学运算菜单

功能菜单	设定	说　明
操作	A+B A−B A×B FFT	信源 A 与信源 B 波形相加 信源 A 波形减去信源 B 波形 信源 A 与信源 B 波形相乘 FFT 数学运算
信源 A	CH1 CH2	设定信源 A 为 CH1 通道波形 设定信源 A 为 CH2 通道波形
信源 B	CH1 CH2	设定信源 B 为 CH1 通道波形 设定信源 B 为 CH2 通道波形
反相	打开 关闭	波形反相显示 波形正常显示

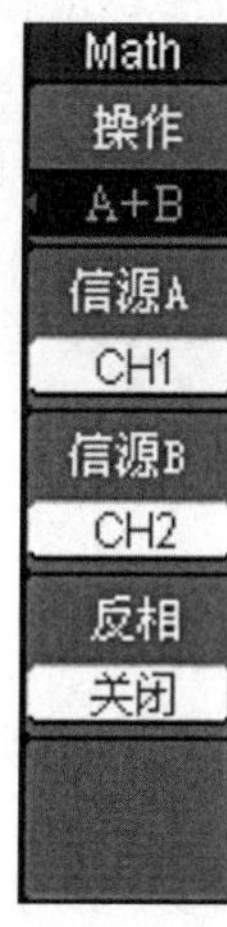

图 A-6　数学运算菜单

2) 设置水平系统

水平控制按键 MENU：显示水平菜单(表 A-3，图 A-7).

表 A-3　水平控制菜单

功能菜单	设定	说　明
延迟扫描	打开 关闭	进入 Delayed 波形延迟扫描. 关闭延迟扫描.
时基	Y-T	Y-T 方式显示垂直电压与水平时间的相对关系.
	X-Y	X-Y 方式在水平轴上显示通道 1 幅值，在垂直轴上显示通道 2 幅值.
	Roll	Roll 方式下示波器从屏幕右侧到左侧滚动更新波形采样点.
采样率		显示系统采样率.
触发位移	复位	调整触发位置到中心零点.

图 A-7　水平菜单

Y-T 方式：此方式下 Y 轴表示电压量，X 轴表示时间量.

X-Y 方式：此方式下 X 轴表示通道 1 电压量，Y 轴表示通道 2 电压量.

滚动方式：当仪器进入滚动模式，波形自右向左滚动刷新显示. 在滚动模式中，波形水平位移和触发控制不起作用. 一旦设置滚动模式，时基控制设定必须在 500 ms/div，或更慢.

X-Y 方式使用(常用于观察李萨如图形)：李萨如图形如图 A-8 所示：

注意：示波器在正常 Y-T 方式下可应用任意采样速率捕获波形. 欲在 X-Y 方式下同样可以调整采样率和通道的垂直档位. X-Y 方式缺省的采样率是100 MSa/s. 一般情况下，将采样率适当降低，可以得到较好显示效果的李沙育图形.

以下功能在 X-Y 显示方式中不起作用.

- LA 功能(仅 DS1000D 系列)

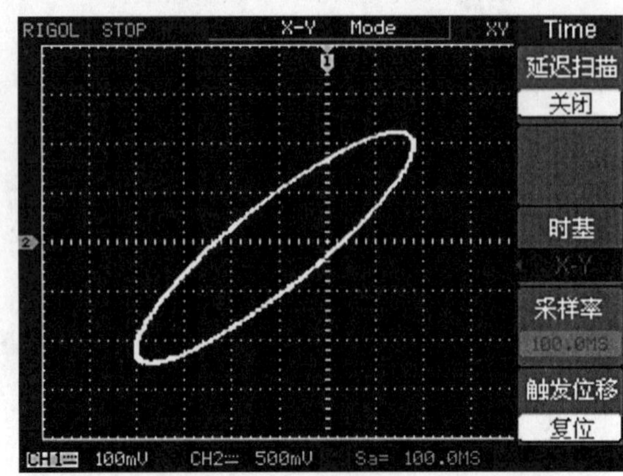

图 A-8　李萨如图

- 自动测量模式
- 光标测量模式
- 参考或数学运算波形
- 延迟扫描(Delayed)
- 矢量显示类型
- 水平"POSITION"旋钮
- 触发控制

触发方式有边沿、脉宽、斜率、视频、交替和持续时间触发等方式触发.

边沿触发:当触发输入沿给定方向通过某一给定电平时,边沿触发发生.

脉宽触发:设定一定的触发条件捕捉特定脉冲.

视频触发:对标准视频信号进行场或行视频触发.

斜率触发:根据信号的上升或下降速率进行触发.

交替触发:稳定触发不同步信号.

码型触发:码型触发通过查找指定码型识别触发条件.

持续时间触发:在满足码型条件后的指定时间内触发.

(1) 信源

触发可从多种信源得到:有输入通道(CH1、CH2)、外部触发(EXT)和 AC Line(市电)三种. 输入通道:最常用的触发信源是输入通道(可任选一个). 被选中作为触发信源的通道,无论其输入是否被显示,都能正常工作. 外部触发:这种触发信源可用于在两个通道上采集数据的同时在第三个通道上触发. 例如,可利用外部时钟或来自待测电路的信号作为触发信源. EXT 触发源都 使用连接至 EXT TRIG 接头的外部触发信号.

EXT 可直接使用信号,您可在信号触发电平范围在 －1. 2 V 至 ＋1. 2 V 时使用 EXT.

AC Line:即交流电源. 这种触发信源可用来显示信号与动力电,如照明设备和动力提供设备之间的关系. 示波器将产生触发,无需人工输入触发信号. 在使用交流电源作为触发信源时,触发电平设定为零伏,不可调节.

(2) 触发方式

决定示波器在无触发事件情况下的行为方式. 本示波器提供三种触发方式:自动,普通和单次触发. 自动触发:这种触发方式使得示波器即使在没有检测到触发条件的情况下也能采样波形. 当示波器在一定等待时间(该时间可由时基设置决定)内没有触发条件发生时,示波器将进行强制触发. 当强制进行无效触发时,示波器虽然显示波形,但不能使波形同步,则显示的波形将不稳定. 当有效触发发生时,显示器上的波形是稳定的. 可用自动方式来监测幅值电平等可能导致波形显示不稳定的因素,如动力供应输出等.

(3) 耦合

触发耦合决定信号的何种分量被传送到触发电路. 耦合类型包括直流,交流,低频抑制和高频抑制.

直流:让信号的所有成分通过.

交流:阻挡直流成分并衰减 10 Hz 以下信号.

低频抑制：阻挡直流成分并衰减低于 8 kHz 的低频成分.

高频抑制：衰减超过 150 kHz 的高频成分.

3) 设置测量系统

如图 A-9 所示，在 MENU 控制区的 MEASURE 为自动测量功能按键. 下面的介绍使您逐渐熟悉 DS1000E 系列强大的测量功能.

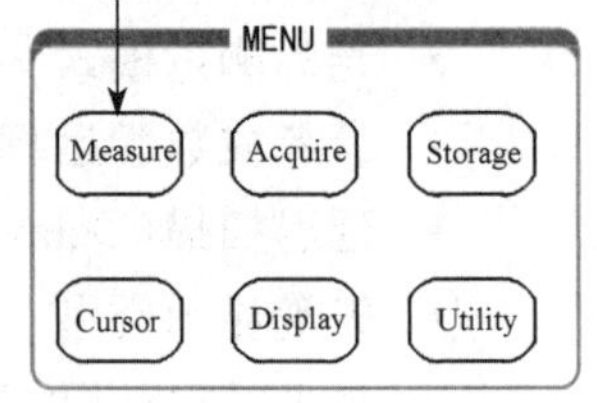

图 A-9　MENU 控制区

菜单说明：按 MEASURE 自动测量功能键(图 A-10)，系统显示自动测量操作菜单(表 A-4). 本示波器具有 20 种自动测量功能. 包括峰峰值、最大值、最小值、顶端值、底端值、幅值、平均值、均方根值、过冲、预冲、频率、周期、上升时间、下降时间、正占空比、负占空比、延迟 1→上升沿、延迟 1→下降沿、正脉宽、负脉宽的测量，共 10 种电压测量和 10 种时间测量.

表 A-4　自动测量操作菜单

功能菜单	设　定	说　明
信源选择	CH1 CH2	设置被测信号的输入通道
电压测量		选择测量电压参数
时间测量		选择测量时间参数
清除测量	长存储 普通	清除测量结果
全部测量	打开 关闭	关闭全部测量显示 打开全部测量显示

图 A-10　MEASURE 菜单

注：全部测量选“打开”，可以显示波形的实时参数. 如图 A-11 所示.

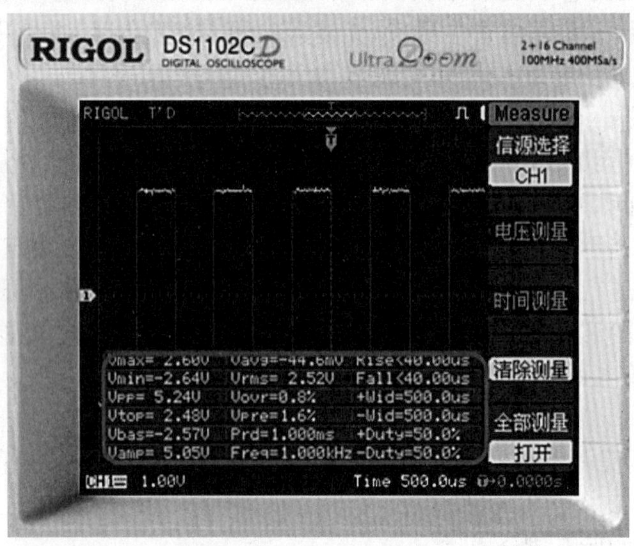

图 A-11　波形实时参数

4）设置采样系统

如图 A-12 所示，在 MENU 控制区的 ACQUIRE 为采样系统的功能按键.

使用 ACQUIRE 按钮弹出如图 A-13 所示采样设置菜单. 通过菜单控制按钮调整采样方式（表 A-5）.

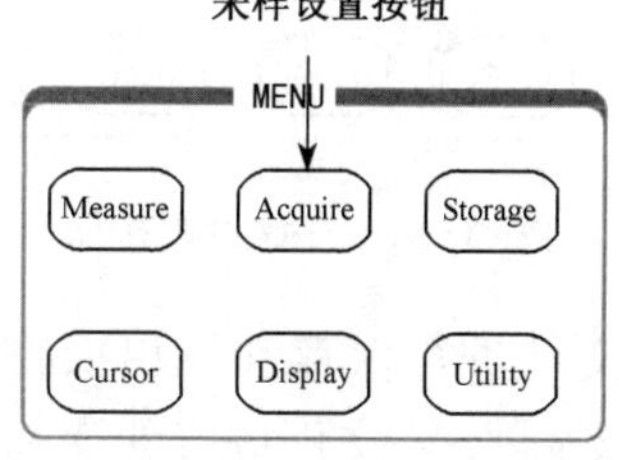

图 A-12　采样设置按钮

表 A-5　采样设置菜单

功能菜单	设定	说　明
获取方式	普通 平均 峰值检测	打开普通采样方式 设置平均采样方式 打开峰值检测方式
平均次数	2 ⋮ 256	以 2 的倍数步进，从 2 到 256 设置平均次数
采样方式	实时采样 等效采样	设置采样方式为实时采样 设置采样方式为等效采样
存储深度	长存储 普通	设置存储深度为 500 kpts 或 1 Mpts 设置存储深度为 8 kpts 或 16 kpts
Sinx/x	打开 关闭	选择 Sinx/x 插值方式 选择线性插值方式

图 A-13　采样设置菜单

实时采样：实时采样方式在每一次采样采集满内存空间. 实时采样率最高为 1 GSa/s. 在 50 ns 或更快的设置下，示波器自动进行插值算法，即在采样点之间插入光点.

等效采样：即重复采样方式. 等效采样方式利于细致观察重复的周期性信号，使用等效采样方式可得到比实时采样高得多的 40 ps 的水平分辨率，即等效 25 GSa/s.

普通：示波器按相等的时间间隔对信号采样以重建波形.

平均获取方式：应用平均值获取方式可减少所显示信号中的随机或无关噪音. 在实时采样或等效采样方式下采样数值，然后将多次采样的波形平均计算.

峰值检测方式：通过采集采样间隔信号的最大值和最小值，获取信号的包络或可能丢失的窄脉冲. 在此获取方式下，可以避免信号的混淆，但显示的噪声比较大.

5）设置存储和调出系统

如图 A-14 所示，在 MENU 控制区的 STORAGE 为存储系统的功能按键.

使用 STORAGE 按钮弹出存储设置菜单. 您可以通过该菜单对示波器内部存储区和

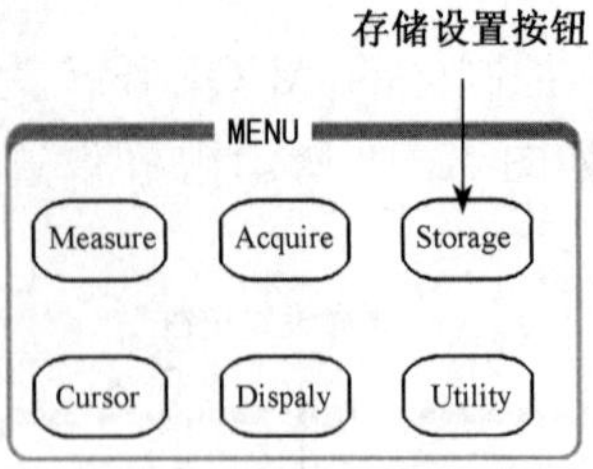

图 A-14　存储设置按钮

USB 存储设备上的波形和设置文件进行保存和调出操作，也可以对 USB 存储设备上的波形文件、设置文件、位图文件以及 CSV 文件进行新建和删除操作，不能删除仪器内部的存储文件，但可将其覆盖. 操作的文件名称支持中英文输入.

6）设置光标测量系统

如图 A-15 所示，在 MENU 控制区的 CURSOR 为光标测量功能按键. 光标模式允许用户通过移动光标进行测量. 光标测量分为 3 种模式：

（1）手动方式

光标 X 或 Y 方式成对出现，并可手动调整光标的间距. 显示的读数即为测量的电压或时间值. 当使用光标时，需首先将信号源设定成您所要测量的波形.

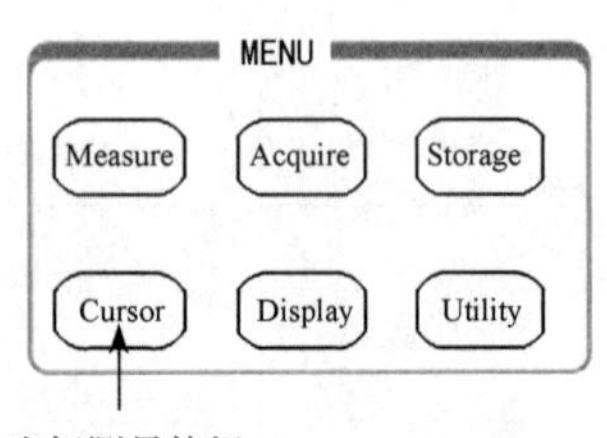

图 A-15　光标测量系统

（2）追踪方式

水平与垂直光标交叉构成十字光标. 十字光标自动定位在波形上，通过旋动多功能旋转旋钮可以调整十字光标在波形上的水平位置. 示波器同时显示光标点的坐标.

（3）自动测量方式

通过此设定，在自动测量模式下，系统会显示对应的电压或时间光标，以揭示测量的物理意义. 系统根据信号的变化，自动调整光标位置，并计算相应的参数值.

注意：此种方式在未选择任何自动测量参数时无效.

Y 光标：Y 光标是进行垂直调整的水平虚线，通常指 Volts 值，当信源为数学函数时，测量单位与该数学函数相对应.

X 光标：是进行水平调整的垂直虚线，通常指示相对于触发偏移位置的时间. 当信源为 FFT 时，X 光标代表频率.

7）设置显示系统

如图 A-16 所示，在 MENU 控制区的 DISPLAY 为显示系统的功能按键.

使用 DISPLAY 按钮弹出如图 A-17 所示设置菜单. 通过菜单控制按钮调整显示方式（表 A-6）.

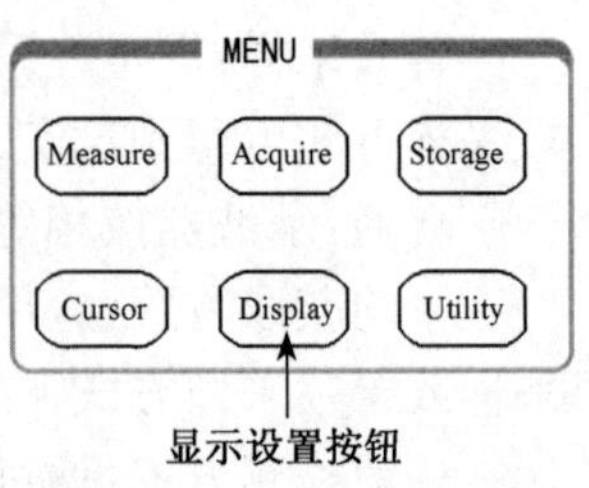

图 A-16　显示控制按钮

表 A-6　　　　　　　　　　显示设置菜单

功能菜单	设定	说　明
显示类型	矢量 点	采样点之间通过连线的方式显示 直接显示采样点
清除显示		清除所有屏幕显示波形
波形保持	关闭 无限	记录点以高刷新率变化 记录点一直保持，直至波形保持功能被关闭
波形亮度		设置波形亮度

图 A-17　显示设置菜单

8）辅助系统功能设置

注：此功能设置（图 A-18）中有一常用的功能——频率计，打开此功能，可以作为硬件频率计来使用，能真实地显示波形的频率大小.

9）使用执行按钮

执行按键包括 AUTO（自动设置）和 RUN/STOP（运行/停止）

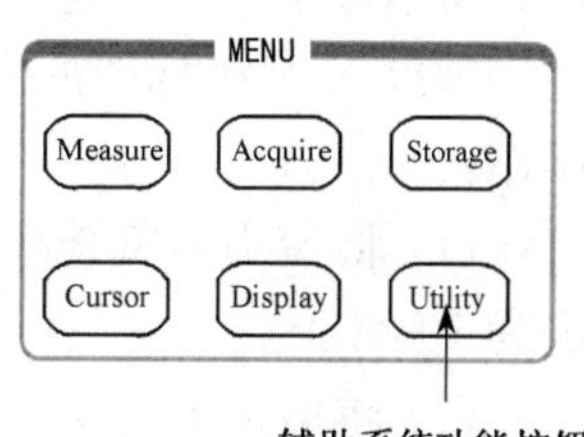

图 A-18　辅助系统功能按钮

AUTO（自动设置）：自动设定仪器各项控制值，以产生适宜观察的波形显示.（此键最为常用，对初学者入门适用，一按波形就显示出来，然后再按显示需要进行适当微调.）

RUN/STOP（运行/停止）：运行和停止波形采样. 在实时采样时，按下此键，波形冻住，显示最后的显示图像，再按此键，波形恢复实时采样.

注意：在停止的状态下，对于波形垂直档位和水平时基可以在一定的范围内调整，相当于对信号进行水平或垂直方向上的扩展.

3. 使用实例

1）例一：测量简单信号

观测电路中一未知信号，迅速显示和测量信号的频率和峰峰值.

1. 显示信号

欲迅速显示该信号，请按如下步骤操作：

（1）将探头菜单衰减系数设定为 10×，并将探头上的开关设定为 10×.

（2）将通道 1 的探头连接到电路被测点.

（3）按下 AUTO（自动设置）按钮.

示波器将自动设置使波形显示达到最佳. 在此基础上，可以进一步调节垂直、水平档位，直至波形的显示符合您的要求.

2. 进行自动测量

示波器可对大多数显示信号进行自动测量. 欲测量信号频率和峰峰值，请按如下步骤操作：

(1) 测量峰峰值

按下 MEASURE 按钮以显示自动测量菜单.

按下 1 号菜单操作键以选择信源CH1.

按下 2 号菜单操作键选择测量类型:电压测量.

在电压测量弹出菜单中选择测量参数:峰峰值. 此时,可以在屏幕左下角发现峰峰值的显示.

(2) 测量频率

按下 3 号菜单操作键选择测量类型: 时间测量.

在时间测量弹出菜单中选择测量参数:频率. 此时,可以在屏幕下方发现频率的显示.

注意:测量结果在屏幕上的显示会因为被测信号的变化而改变.

2) 例二:X-Y 功能的应用

查看两通道信号的相位差:测试信号经过一电路网络产生的相位变化.

将示波器与电路连接,监测电路的输入输出信号.

欲以 X-Y 坐标图的形式查看电路的输入输出,请按如下步骤操作:

(1) 将探头菜单衰减系数设定为 10×,并将探头上的开关设定为 10×.

(2) 将通道 1 的探头连接至网络的输入,将通道 2 的探头连接至网络的输出.

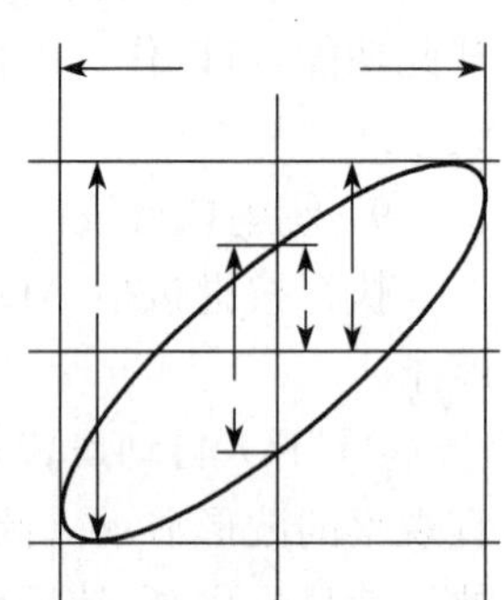

图 A-19　椭圆示波图形法

(3) 若通道未被显示,则按下 CH1 和 CH2 菜单按钮.

(4) 按下 AUTO(自动设置)按钮.

(5) 调整垂直 SCALE 旋钮使两路信号显示的幅值大约相等.

(6) 按下水平控制区域的 MENU 菜单按钮以调出水平控制菜单.

(7) 按下时基菜单框按钮以选择 X-Y. 示波器将以李萨如图形模式显示网络的输入输出特征.

(8) 调整垂直 SCALE 、垂直 POSITION 和水平 SCALE 旋钮使波形达到最佳效果.

(9) 应用椭圆示波图形法观测并计算出相位差(图 A-19).

根据 $\sin\theta=A/B$ 或 C/D,其中 θ 为通道间的相差角,A, B, C, D 的定义见图 A-19. 因此可以得出相差角,即:$\theta=\pm\arcsin(A/B)$ 或 $\pm\arcsin(C/D)$. 如果椭圆的主轴在Ⅰ、Ⅲ象限内,那么所求得的相位差角应在Ⅰ、Ⅳ象限内,即在$(0\sim\pi/2)$或$(3\pi/2\sim2\pi)$内. 如果椭圆的主轴在Ⅱ、Ⅳ象限内,那么所求得的相位差角应在Ⅱ、Ⅲ象限内,即在$(\pi/2\sim\pi)$或$(\pi\sim3\pi/2)$内.

3) 例三:捕捉单次信号

方便地捕捉脉冲、毛刺等非周期性的信号是数字示波器的优势和特点. 若捕捉一个单次信号,首先需要对此信号有一定的先验知识,才能设置触发电平和触发沿. 例如,如果脉冲是一个 TTL 电平的逻辑信号,触发电平应该设置成 2 伏,触发沿设置成上升沿触发. 如果对于信号的情况不确定,可以通过自动或普通的触发方式先行观察,以确定触发电平和触发沿.

操作步骤如下：

1. 如前例设置探头和 CH1 通道的衰减系数.

2. 进行触发设定.

(1) 按下触发(TRIGGER)控制区域 MENU 按钮,显示触发设置菜单.

(2) 在此菜单下分别应用 1～5 号菜单操作键设置触发类型为边沿触发、边沿类型为上升沿、信源选择为CH1、触发方式为单次、触发设置→耦合为直流.

(3) 调整水平时基和垂直档位至适合的范围.

(4) 旋转触发(TRIGGER)控制区域旋钮,调整适合的触发电平.

(5) 按RUN/STOP执行按钮,等待符合触发条件的信号出现.如果有某一信号达到设定的触发电平,即采样一次,显示在屏幕上.

利用此功能可以轻易捕捉到偶然发生的事件,例如幅度较大的突发性毛刺:将触发电平设置到刚刚高于正常信号电平,按“RUN/STOP”按钮开始等待,则当毛刺发生时,机器自动触发并把触发前后一段时间的波形记录下来.通过旋转面板上水平控制区域(HORIZONTAL)的水平“POSITION”旋钮,改变触发位置的水平位置可以得到不同长度的负延迟触发,便于观察毛刺发生之前的波形.

附录B 常用物理量数值表

表 B-1 基本物理常数

物理量	符号	主　值	单　位
真空中的光速	c	$2.997\,924\,58\times10^{6}$	米·秒$^{-1}$
电子的电荷	e	$1.602\,189\,2\times10^{-19}$	库
普朗克常数	h	$6.626\,176\times10^{-34}$	焦·秒
阿佛加德罗常数	N_0	$6.022\,045\times10^{22}$	摩$^{-1}$
原子质量单位	u	$1.660\,565\,5\times10^{-27}$	千克
电子的静止质量	m_s^e	$9.109\,534\times10^{-31}$	千克
电子的荷质比	e/m_s	$1.758\,804\,7\times10^{11}$	库·千克$^{-1}$
法拉第常数	F	9.648 456×104	库·摩$^{-1}$
氢原子的里德伯常数	R_H	$1.096\,776\times10^{7}$	米$^{-1}$
摩尔气体常数	R	8.314 41	焦·摩$^{-1}$·开$^{-1}$
波耳兹曼常数	k	$1.380\,662\times10^{-23}$	焦·开$^{-1}$
洛喜密德常数	n	$2.687\,19\times10^{25}$	米$^{-3}$
万有引力常数	G	$6.672\,0\times10^{-11}$	牛·米^{2}·千克$^{-2}$
标准大气压	P_0	101 325	帕
冰点的绝对温度	T_0	273.15	开
标准状态下声音在空气中的速度	$v_{声}$	331.46	米·秒$^{-1}$
标准状态下干燥空气的密度	$\rho_{空气}$	1.293	千克·米$^{-3}$
标准状态下水银的密度	$\rho_{水银}$	13 595.04	千克·米$^{-3}$
标准状态下理想气体的摩尔体积	V_m	$22.413\,83\times10^{-3}$	米^{2}·摩$^{-1}$
真空的介电系数(电容率)	E_0	$8.854\,188\times10^{-12}$	法·米$^{-1}$
真空的磁导率	h_0	$12.566\,371\times10^{-7}$	亨·米$^{-1}$
钠光谱中黄线的波长	λ_D	589.3×10^{-9}	米

表 B-2 国际制词头

因数		词头	代号	
			中文	国际
倍数	10^{18}	艾可萨(exa)	艾	E
	10^{15}	拍它(peta)	拍	P
	10^{12}	太拉(tera)	太	T
	10^{9}	吉咖(giga)	吉	G
	10^{6}	兆(mega)	兆	M
	10^{3}	千(dilo)	千	k
	10^{2}	百(hccto)	百	h
	10^{1}	十(deca)	十	da
数分	10^{-1}	分(deci)	分	d
	10^{-2}	厘(ccnti)	厘	c
	10^{-3}	毫(milli)	毫	m
	10^{-6}	微(micro)	微	μ
	10^{-9}	纳诺(nano)	纳	n
	10^{-12}	皮可(pico)	皮	p
	10^{-15}	飞母托(femto)	飞	f
	10^{-18}	阿托(atto)	阿	a

表 B-3 在 20℃ 时常用固体和液体的密度

物质	密度 ρ/(kg·m^{-3})	物质	密度/(kg·m^{-3})
铝	2 698.9	水银玻璃	2 900～3 000
铜	8 960	窗玻璃	2 400～2 700
铁	7 874	冰(0℃)	880～920
银	10 500	甲醇	792
金	19 320	乙醇	789.4
钨	19 300	乙醚	714
铂	21 450	汽车用汽油	710～720
铅	11 350	氟里昂-12	1 329
锡	7 298	变压器油	840～890
水银	13 546.3	甘油	1 350
钢	7 600～7 900	蜂蜜	1 435
石英	2 500～2 870		

表 B-4　在海平面上不同纬度处的重力加速度

纬度 ϕ/度	g/(m·s^{-2})	纬度 ϕ/度	g/(m·s^{-2})
0	9.780 49	50	9.810 79
5	9.780 88	55	9.815 15
10	9.782 04	60	9.819 24
15	9.783 94	65	9.822 94
20	9.786 52	70	9.826 14
25	9.789 69	75	9.828 73
30	9.793 38	80	9.830 65
35	9.797 46	85	9.833 82
40	9.801 80	90	9.832 21
45	9.806 29		

注:福州本地的重力加速度为 9.791 6 m·s^{-2}.

表 B-5　在 20℃时某些金属的弹性模量(杨氏模量)

金　属	杨氏模量 E	
	E/(×10^9 N·m^{-2})	E/(N·m^{-2})
铝	69～70	7.000～7.100×10^{10}
钨	407	4.150×10^{11}
铁	186～206	1.900～2.100×10^{11}
铜	103～127	1.050～1.300×10^{11}
金	77	7.900×10^{10}
银	69～80	7.000～8.200×10^{10}
锌	75	8.000×10^{10}
镍	203	2.050×10^{11}
铬	235～245	2.400～2.500×10^{11}
合金钢	206～216	2.100～2.200×10^{11}
碳　钢	196～206	2.000～2.100×10^{11}
康　铜	160	1.630×10^{11}

表 B-6　　在 20℃ 时与空气接触的液体的表面张力系数

液　体	$\sigma/(\times10^{-3}\,N\cdot m^{-1})$	液　体	$\sigma/(\times10^{-3}\,N\cdot m^{-1})$
航空汽油(在 10℃ 时)	21	甘油	63
石油	30	水银	513
煤油	24	甲醇	22.6
松节油	23.8	在 0℃ 时	24.5
水	72.75	乙醇	22.0
肥皂溶液	40	在 60℃ 时	18.4
弗利昂-12	9.0	在 0℃ 时	24.1
蓖麻油	36.4		

表 B-7　　常用物质的折射率(相对空气)

物质名称	n_D	物质名称	温度/℃	n_D
熔凝石英	1.458 4	水	20	1.333 0
冕牌玻璃 K_6	1.511 1	乙醇	20	1.361 4
冕牌玻璃 K_8	1.515 9	甲醇	20	1.328 8
冕牌玻璃 K_9	1.516 3	丙醇	20	1.359 1
重冕玻璃 ZK_8	1.612 6	二硫化碳	18	1.625 5
重冕玻璃 ZK_6	1.614	三氯甲烷	20	1.446
火石玻璃 F_1	1.605 5	加拿大树胶	20	1.530
重火石玻璃 ZF_1	1.647 5	苯	20	1.501 1
重火石玻璃 ZF_6	1.755 0		n_D(绝对),15℃	
方解石(o 光)	1.658 4		气压:$1.013\,25\times10^5$ Pa	
方解石(e 光)	1.486 4	氢	1.000 27	
		氦	1.000 30	
		空气	1.000 29	

表 B-8　　常用光源的光谱线波长

光源	λ/nm	光源	λ/nm	光源	λ/nm
低压钠灯	589.59	低压汞灯	579.07	He 光谱管	607.43
	588.99		576.96		603.00
氦氖激光	632.80		546.96		597.55
			491.60		594.48
H 光谱管	656.28		435.83		588.19
	486.13		407.78		585.25
	434.05		404.66		582.02
	410.17				576.44
					540.06
					534.11
					533.08

参考文献

[1] 丁慎训,张连芳.物理实验教程[M].2版.北京:清华大学出版社,2002.

[2] 杨述武,赵立竹,沈国土.普通物理实验(一,二,三,四册)[M].4版.北京:高等教育出版社,2007.

[3] 吕斯骅,段家忯.基础物理实验[M].北京:北京大学出版社,2002.

[4] 郑发家.物理实验教程[M].合肥:中国科学技术出版社,2005.

[5] 黄志高,大学物理实验[M].北京:高等教育出版社,2008.

[6] 黄建群,胡险峰,雍志华.大学物理实验[M].成都:四川大学出版社,2005.

[7] 马黎君.大学物理实验[M].北京:中国建材工业出版社,2004.

[8] 王殿元.大学物理实验[M].北京:北京邮电大学出版社,2005.

[9] 熊永红,张昆实,任忠明,等.大学物理实验(第一册)[M].北京:科学出版社,2007.

[10] 任忠明,张炯,王阳恩,等.大学物理实验(第二册)[M].北京:科学出版社,2007.

[11] 蒋达娅,肖井华,朱洪波,等.大学物理实验教程[M].3版.北京:北京邮电大学出版社,2011.